Trichology

임상 헤어 두피 관리

– 화상 이미지 문진 –

이향욱 · 유미금 · 김정숙 · 정미경 · 김정남 공저

光 文 閣

머리글

건강한 모발은 인간을 보호하고 아름다움을 유지하는 역할을 할 뿐만 아니라 우리들의 건강 상태 변화를 육안으로 체크할 수 있는 중요한 '건강 지표'의 하나가 되고 있습니다.

탈모에 있어서 모발의 손실과 손상은 현대인들의 생활과 습관에 밀접하고 다양한 원인과 증상으로 나타나고 있고 그에 대처하기 위해서는 이론과 임상에 근거한 전문적 지식을 필요로 합니다.

두개피 관리는 전문 학문 분야로 많은 관심을 끌고 있지만, 그동안 근거 중심 실무에 기초한 지식을 갖춘 전문인과 실제 임상 사례에 대한 근거한 전문 자료 부족으로 독자적인 영역으로 자리매김하는데 많은 어려움이 있습니다.

두개피 관리는 탈모 진행 과정을 이해하는 것부터 시작됩니다.

《임상 헤어 두피 관리》의 출간은 두피의 실제 임상 사례에 근거한 자료들로 두개피 관리에 필수적인 구체적 상담을 도와줄 것입니다. 그리고 이러한 상담을 통해 체계적인 두개피 관리에 대한 의사결정과 문제 해결에 훌륭한 지침서 역할을 할 것입니다.

임상 시술에 몸을 아끼지 않고 모델이 되어 주셨던 장병식님, 책 출판을 도와주신 많은 분들과 책 나오기를 손꼽아 기다려 주었던 두개피 전문 관리자 여러분, 그리고 광문각출판사 박정태 사장님께 감사드립니다.

《임상 헤어 두피 관리》가 두피 전문 관리자 여러분에게 유익하고 소중한 참고서가 되길 바랍니다.

2012년 여름

저자 대표 이 향 욱

목차

제1장
Scalp Care 탈모 형태 이미지 분석

제2장
Scalp Care 두피 관리

제3장
Scalp Care 문제성 두개피 이미지 분석

제4장
Scalp Care 모근 이미지 분석

제5장
Scalp Care 탈모 유형 분석 문진

제6장
Scalp Care 탈모 유형 분석 문진

제7장
Scalp Care 탈모 임상 시술 순서

편집후기

Scalp Care 탈모 형태 이미지

Chapter 01

1. 탈모

- 탈모는 정상적으로 자라던 모발이 여러 가지 원인으로 빠지면 탈모라고 한다.
- 탈모는 유전적(선천적)인 영향과 염색, 파마, 스타일제품 남용, 스트레스, 환경 등 후천적인 영향으로 진행 되고 있다.
- 초기 탈모 연령이 여러 가지 원인으로 40대 ~ 30대~20대로 빨라지고 있는 것으로 나타난다.
- 대부분 사람들은 특정 질환이 없는 이상 두피에는 전혀 관심을 두지 않고 깨끗하게 세정하는 것이 두개피를 관리 했다고 생각한다.

1) 탈모의 정의

- 탈모는 모발의 생산이 중단 되었을 때 일어나는 것이다.
- 연료가 부족 할 때 ⇒ 영양부족
- 철로이동 고장(원료 운반 불능) ⇒ 혈관장애
- 공장의 노후 ⇒ 모모 세포의 노화
- 호르몬장애, 미네랄, 철, 비타민 부족 ⇒ 모발 생성 장애

2) 탈모 나이별 분석 진행 도표

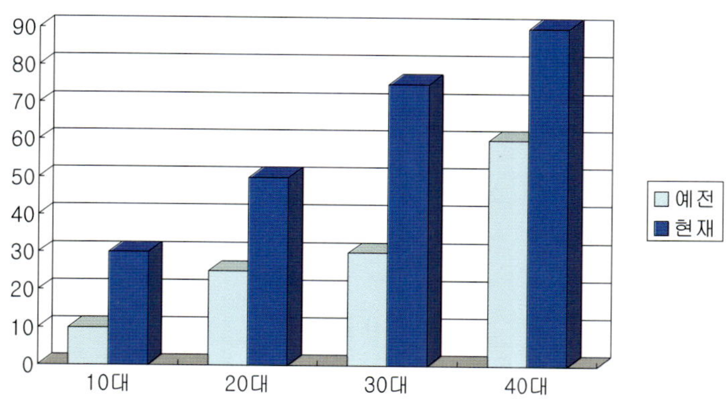

● **10대**

인터넷, 과도한 학습으로 인한 수면 부족, 또래집단 속에 있는 텃세, 학업의 고민 짝사랑하는 여자에 대한 망설임, 가정 형편 가족의 위기(다툼과 화해)는 탈모로 진행 된다.

● **20대**

정체모를 불안감(불확실한 장래, 배우자선택), 정체성 혼란(졸업 진로 문제, 취업 후 대인관계)등 스트레스로 인한 탈모는 예전에 40대에서 나타나던 현상이 20대에서 나타나고 있다.

● **중년층**

자녀, 별거, 이혼, 사별, 직업(과도한 업무, 근무환경), 질병, 성격, 대인관계, 생활고 등으로 여성 탈모도 점차 늘어나고 있다.

● **남성**

M 형태 (유전)와 U형태(노화)로 탈모 형태가 진행된다.

● **여성**

두상의 전두부에서부터 모발이 가늘어지고 서서히 빈모화하는 형태로 진행 된다.

3) 두상 부위에 나타나는 탈모의 유형

(1) **M형 탈모**

전 두부(두상 앞 부위)유전

(2) **휴지기 탈모**

두 정부(정수리) 신체(오장 육부) 장애

(3) **신경성 탈모**

측 두부 (두상 옆 부위), 신경성 장애

(4) **유전, 질병, 탈모**

후두부 (두상 뒷 부위), 유전,신경성, 면역성장애

(5) **확산성 탈모**

두상 전체 노화

2. 탈모의 형태

1. 남성 탈모

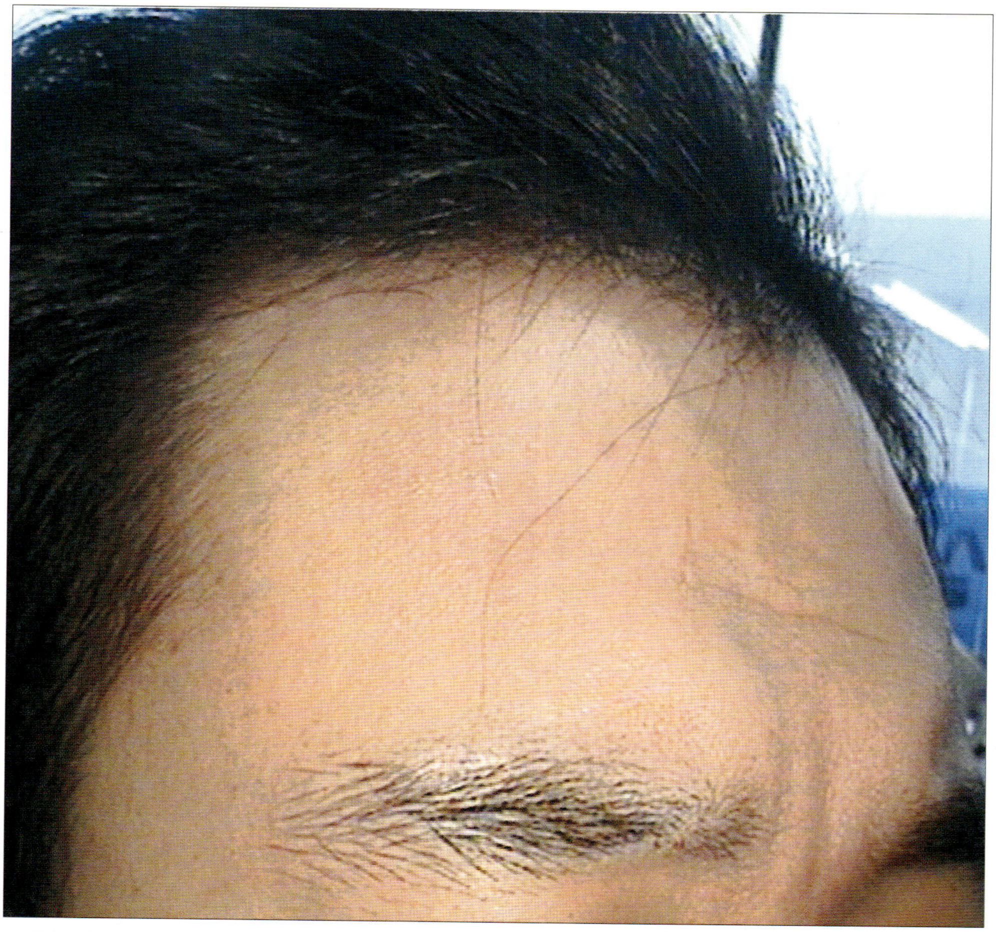

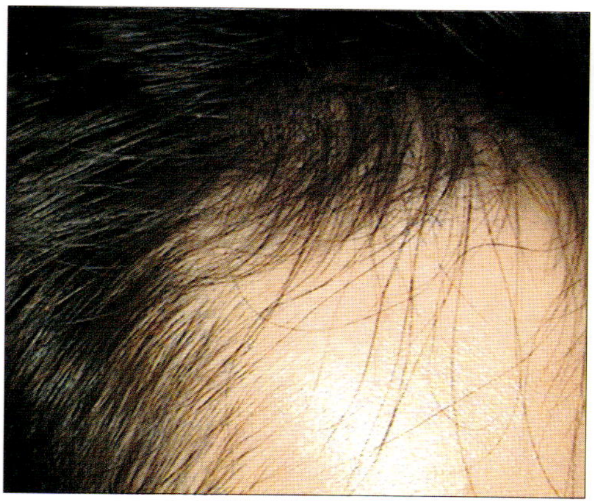

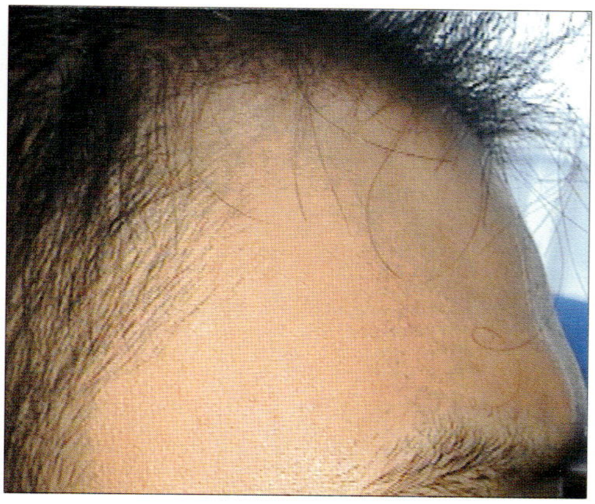

■ 남성 탈모 형태

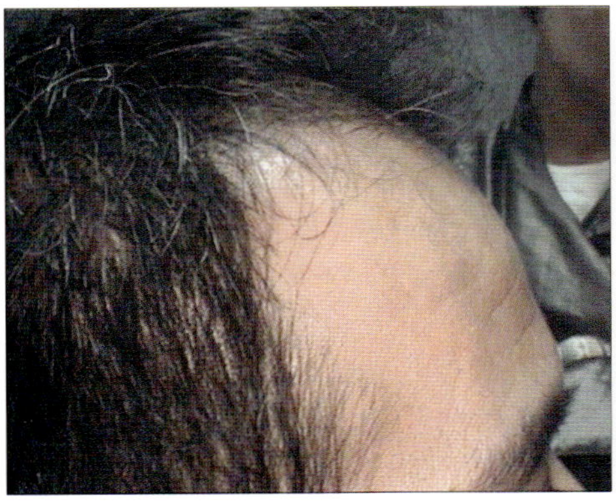
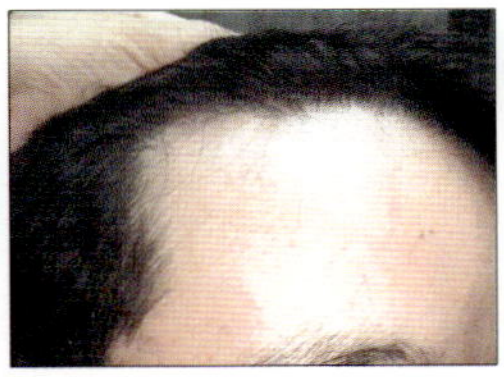
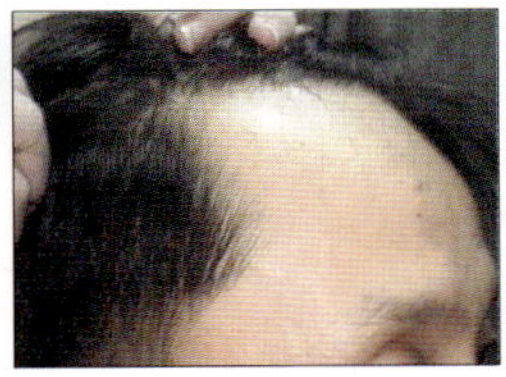
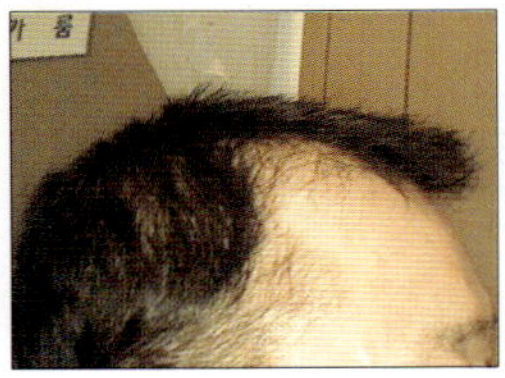
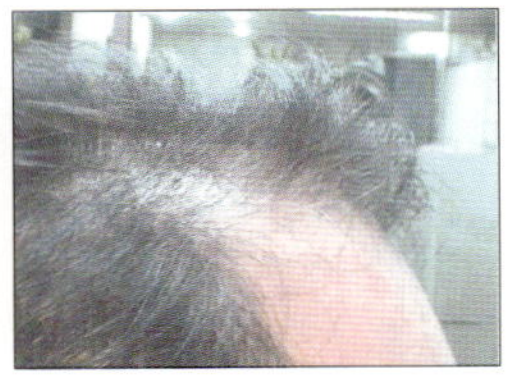

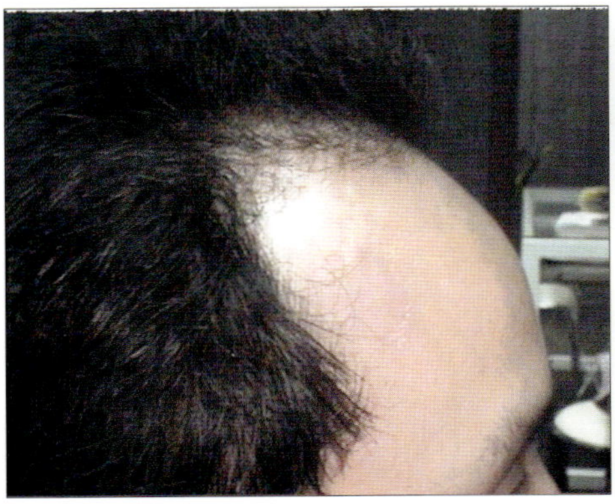
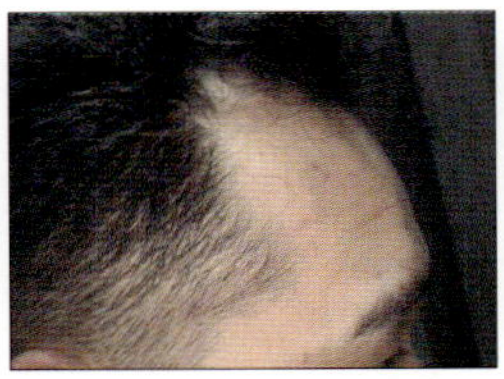
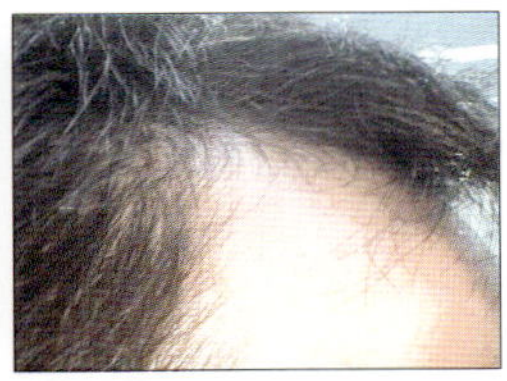
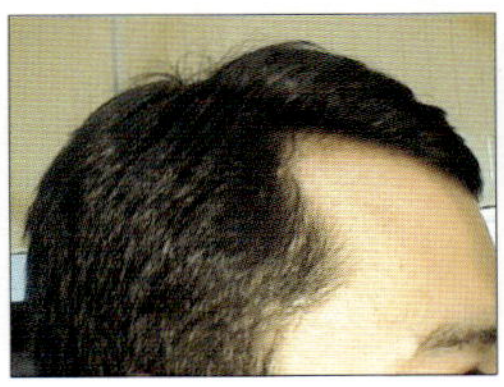
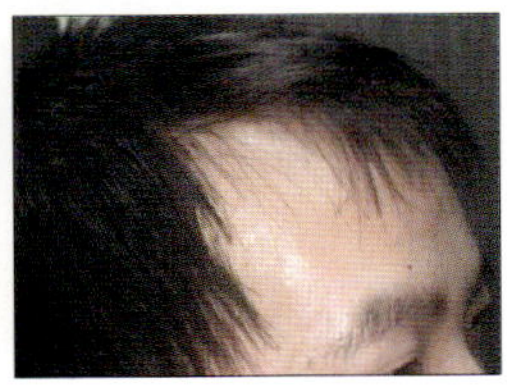

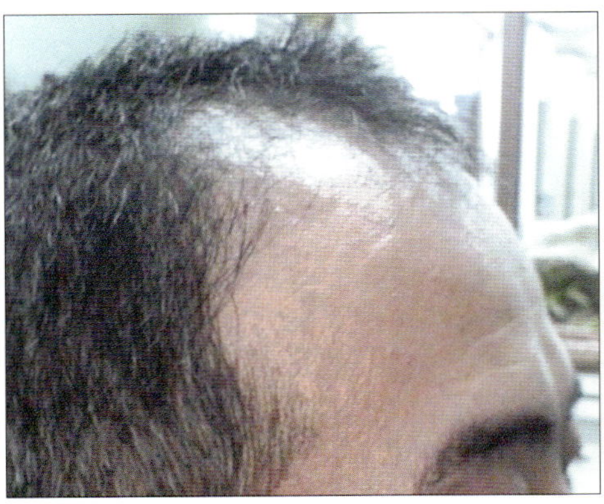
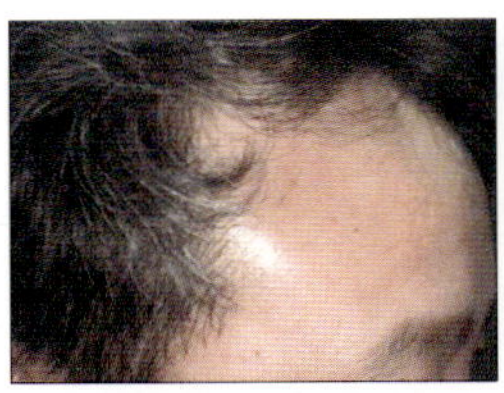
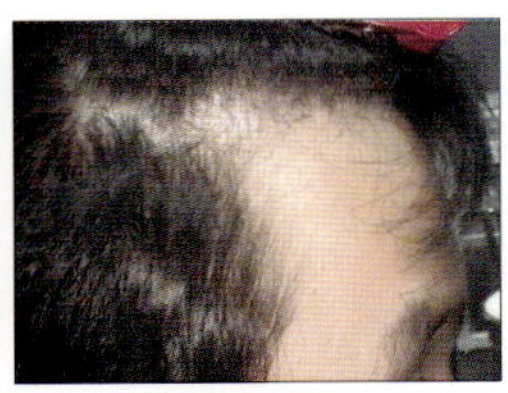
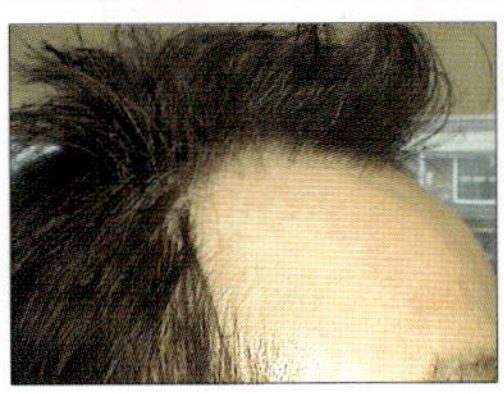
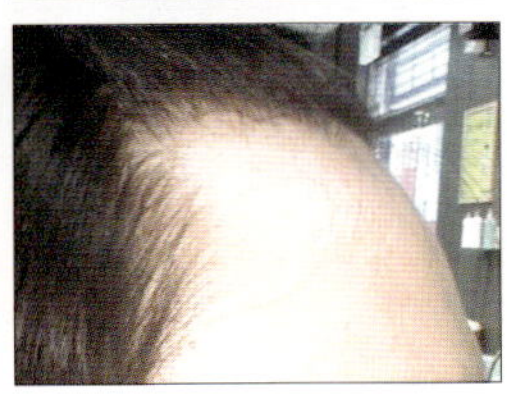

■ 남성 장년성 탈모

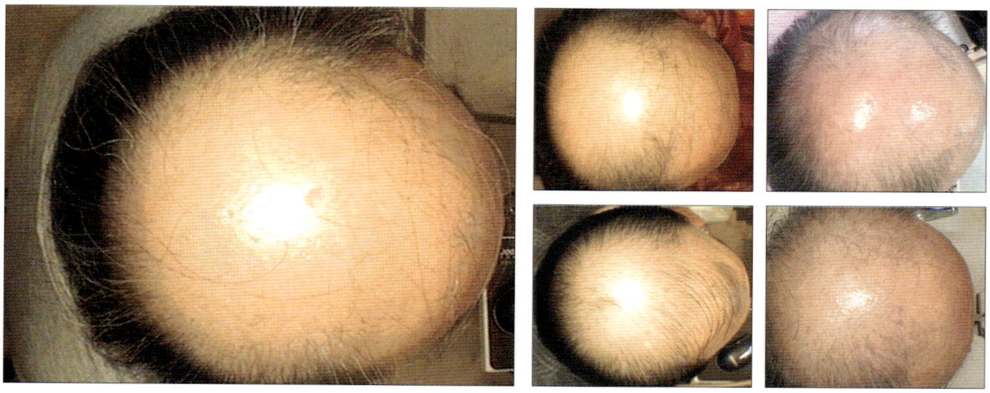

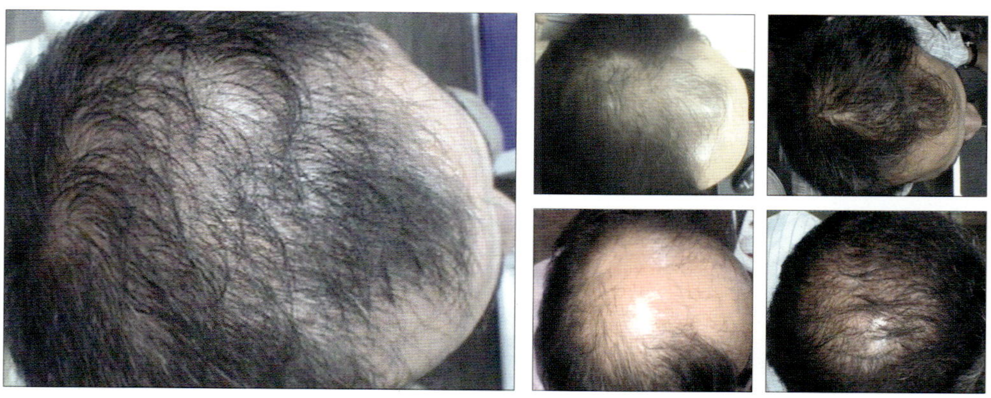

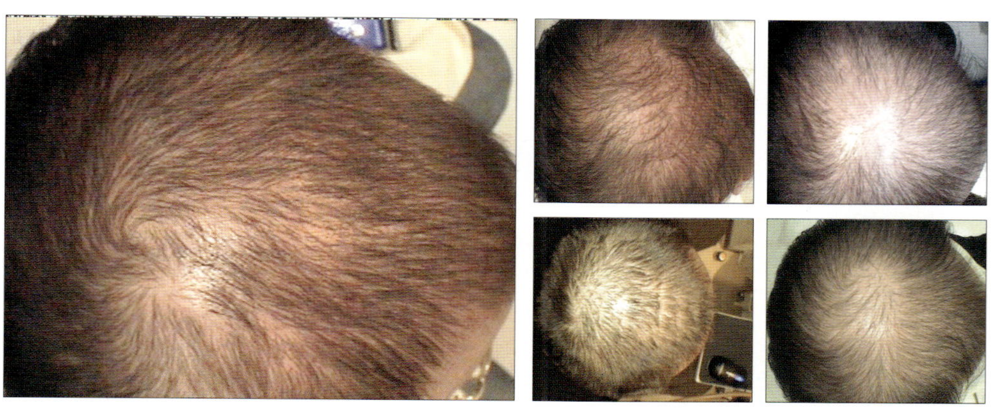

■ 남성 장년성 탈모

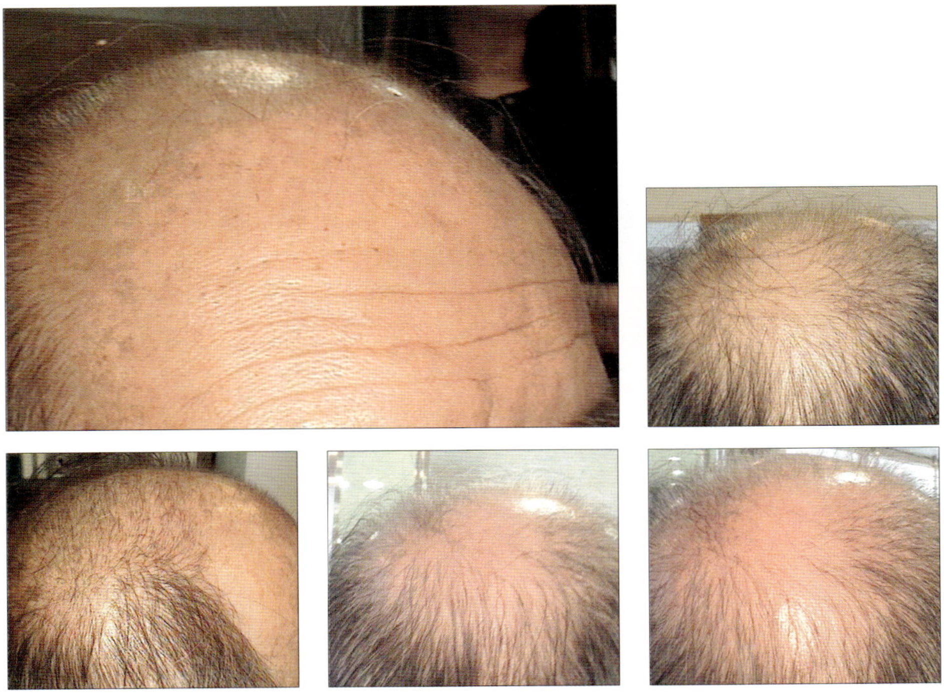

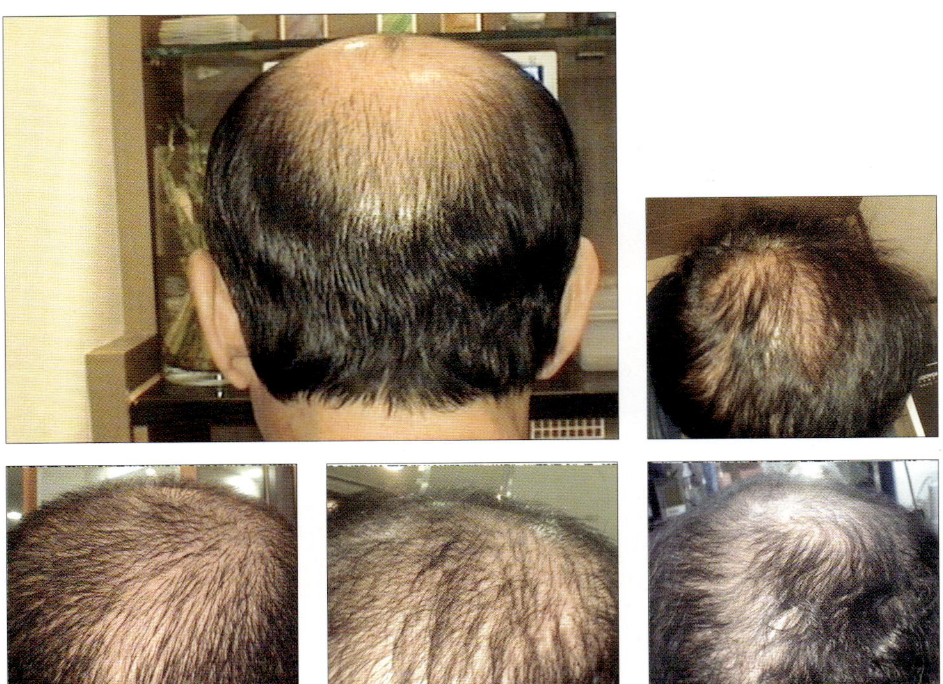

3. 여성 탈모

■남성형 여성 휴지기 탈모

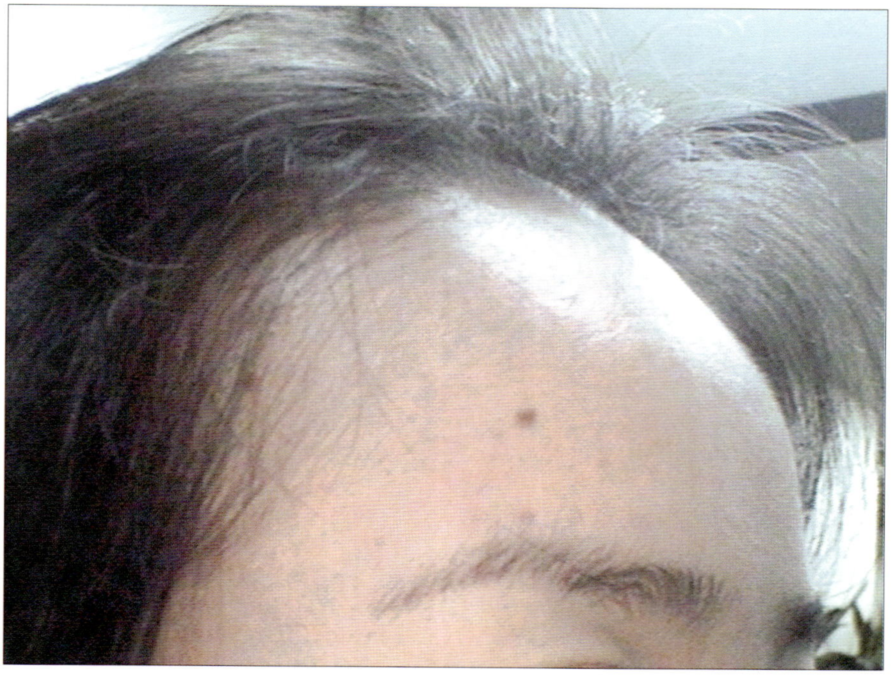

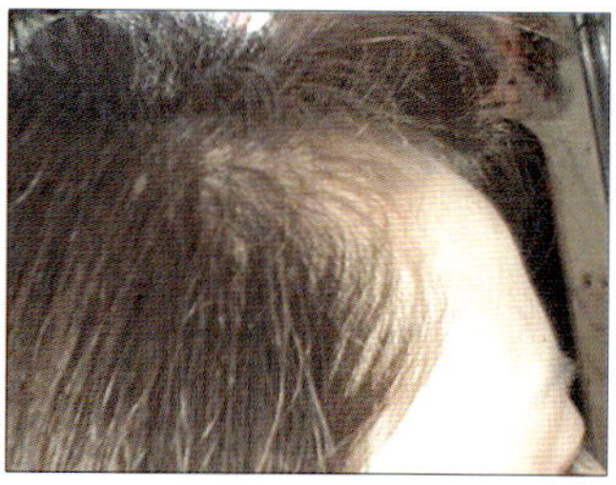

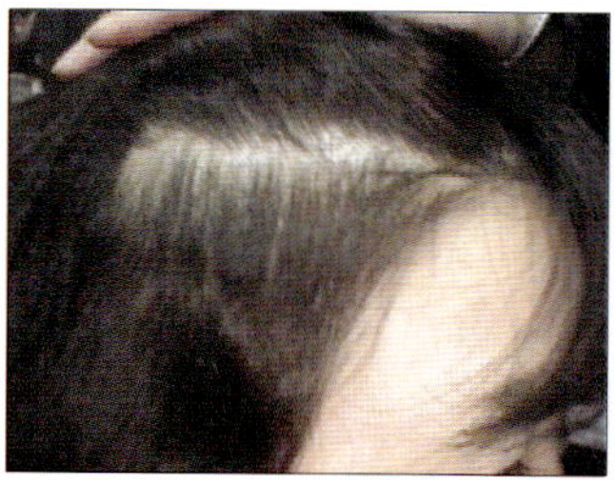

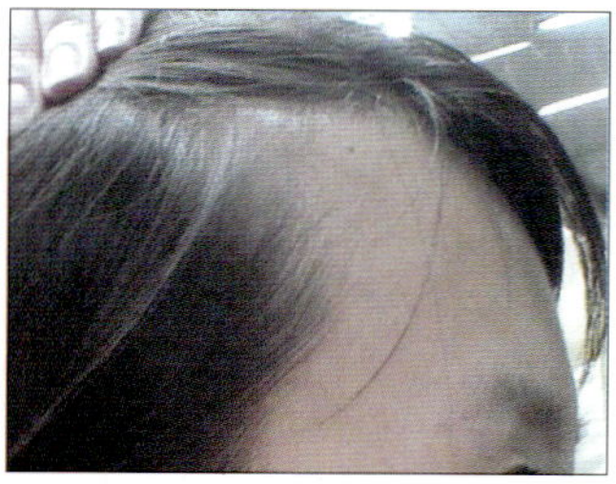

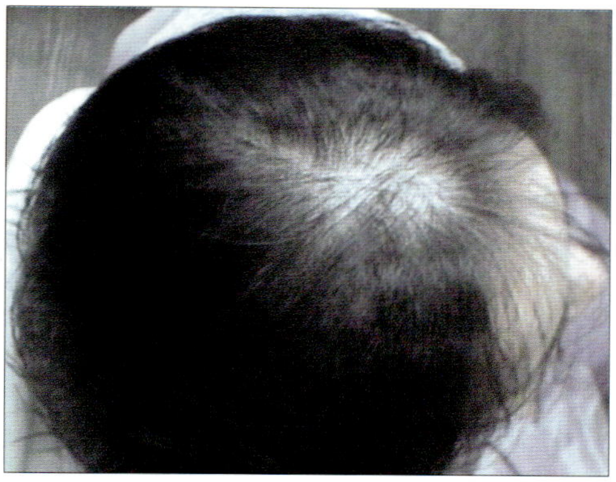

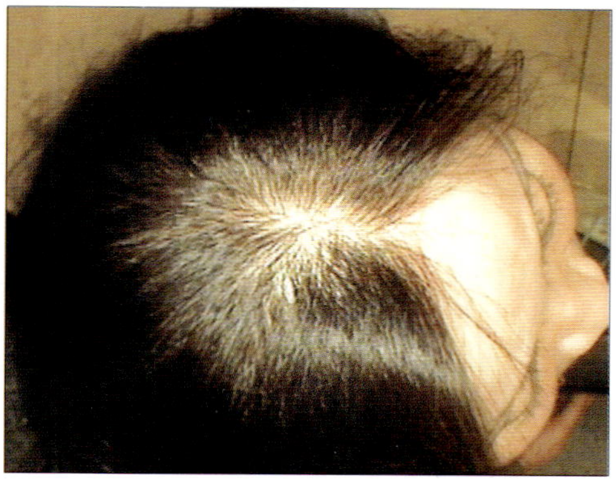

■ 여성 휴지기(확산성) 탈모

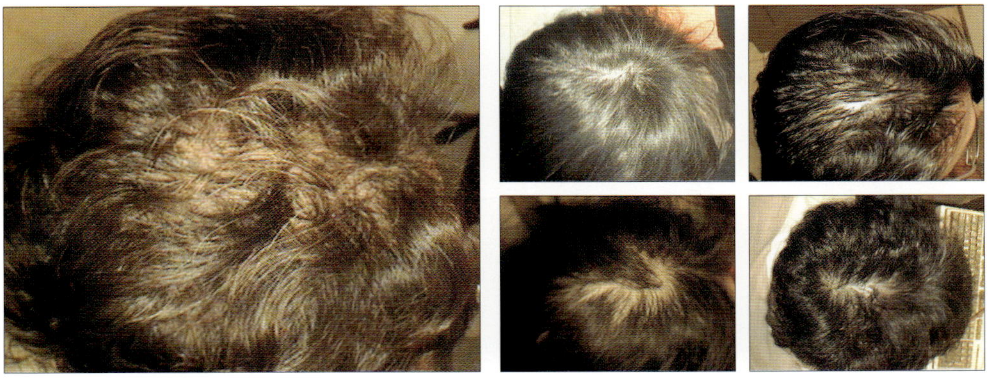

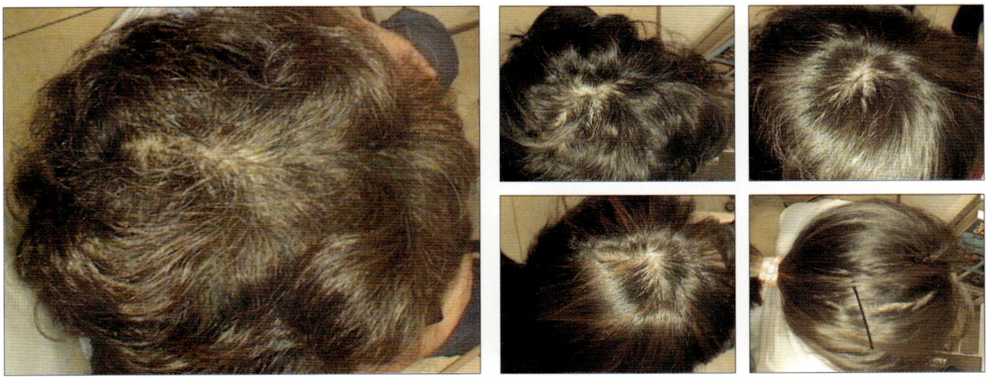

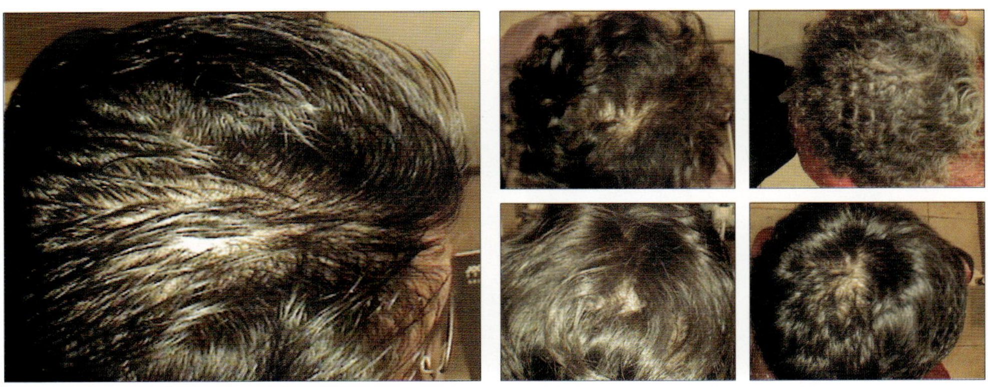

■ 여성 탈모(가르마형)

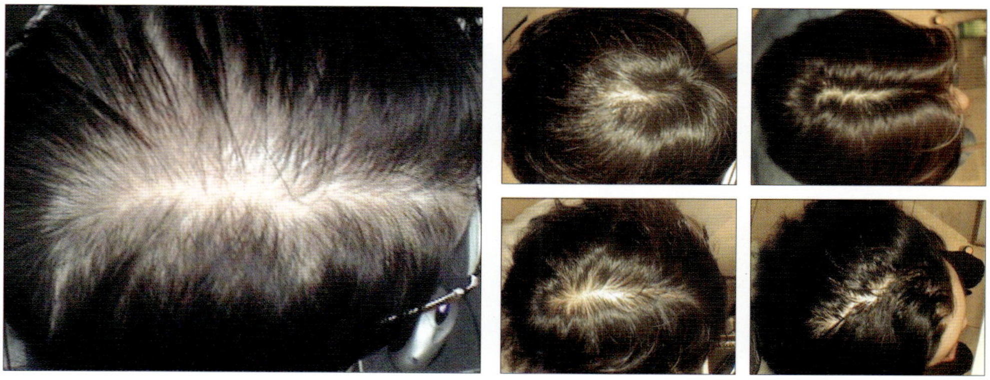

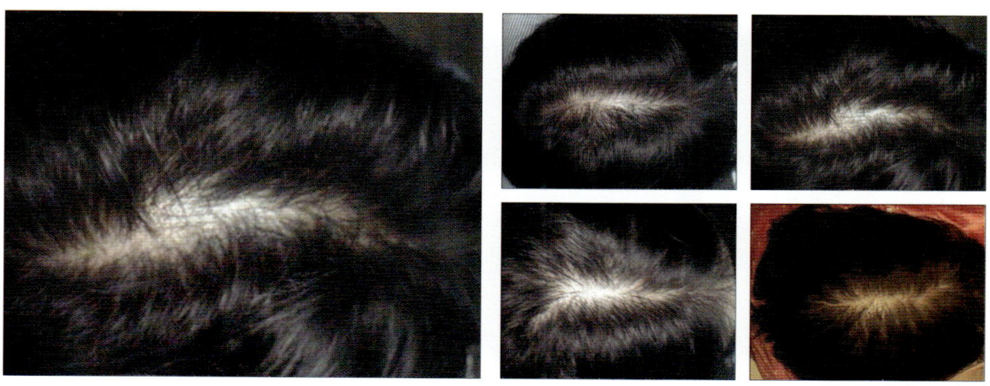

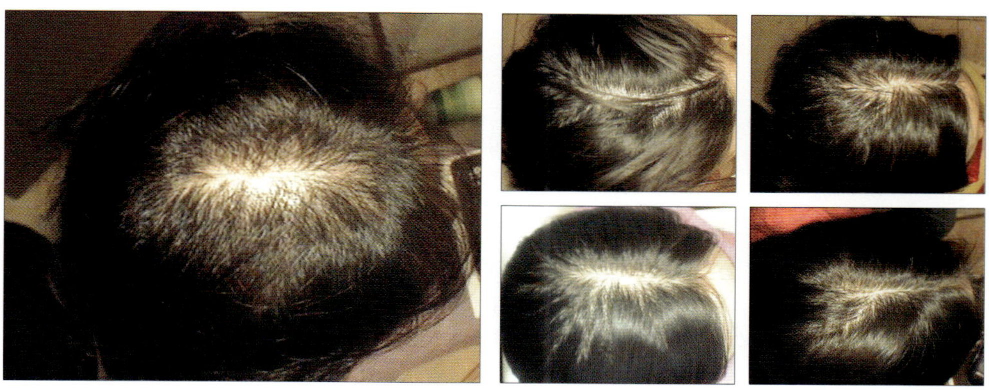

■ 여성 탈모(가르마형)

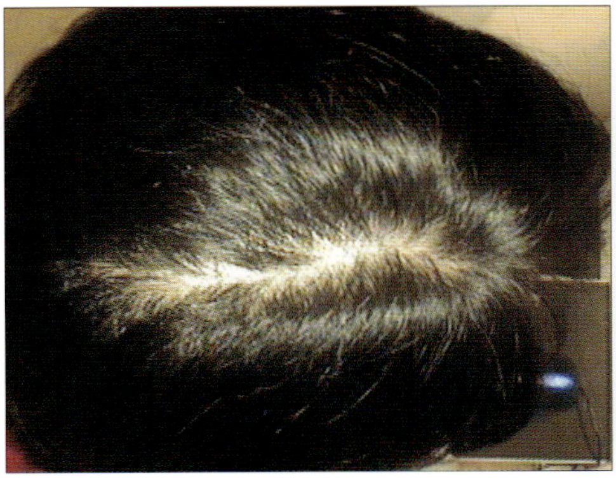
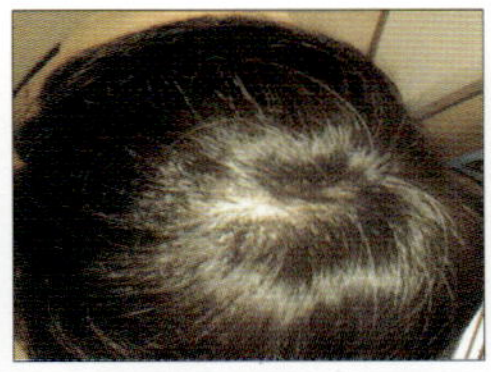
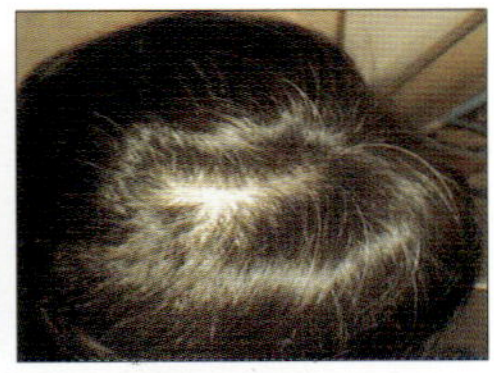
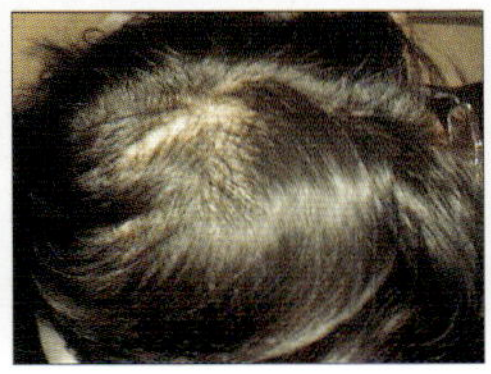
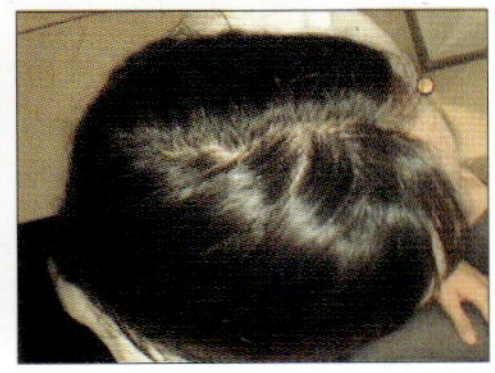

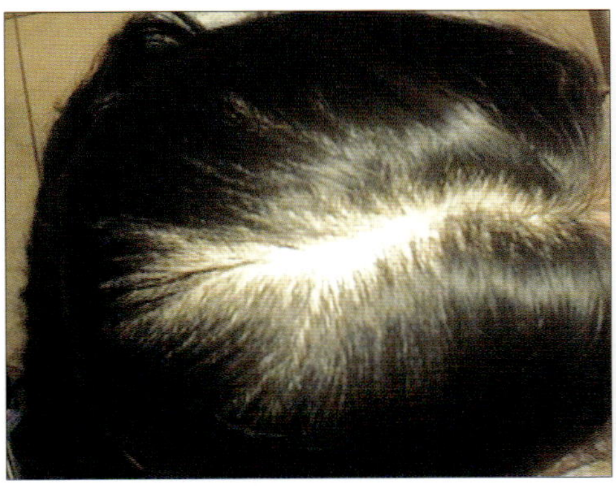
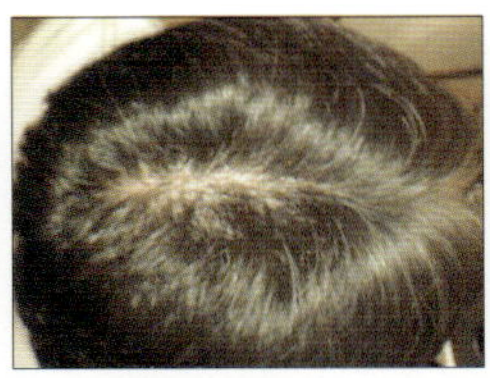
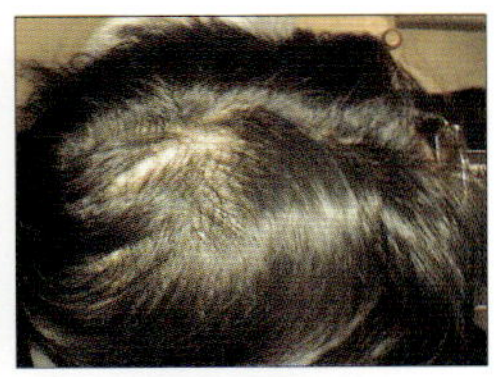
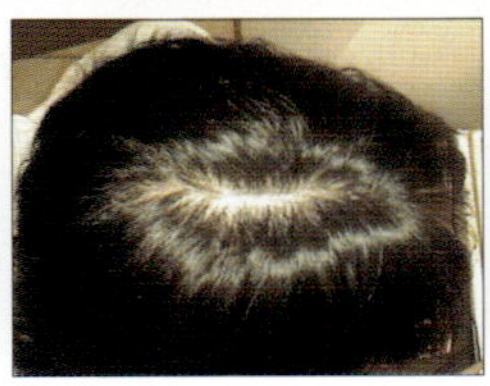
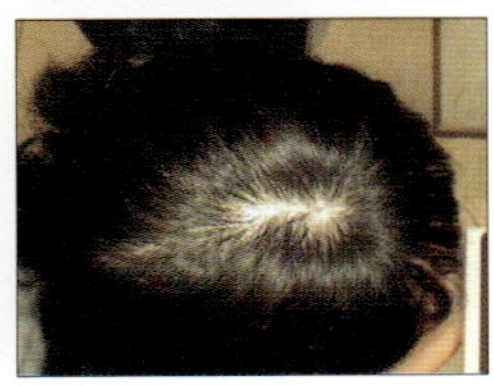

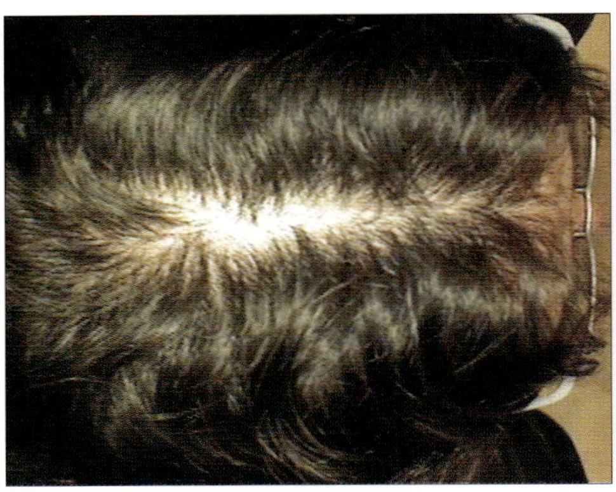
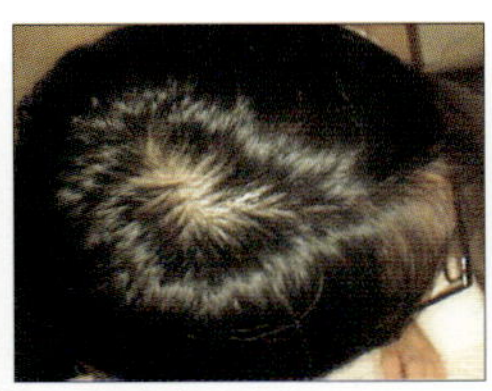
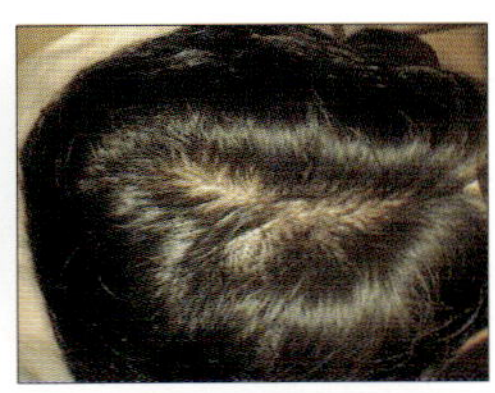
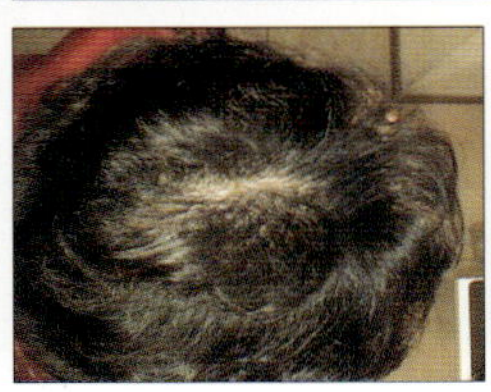
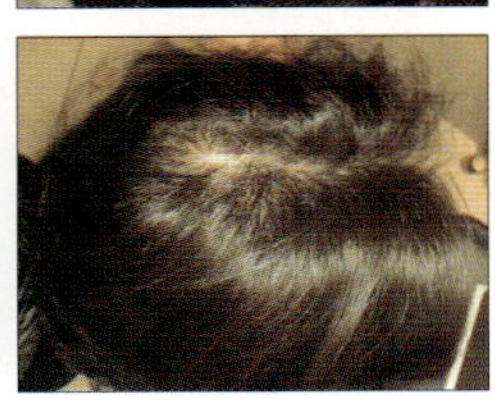

6. 병인성 탈모

■ 원형 탈모

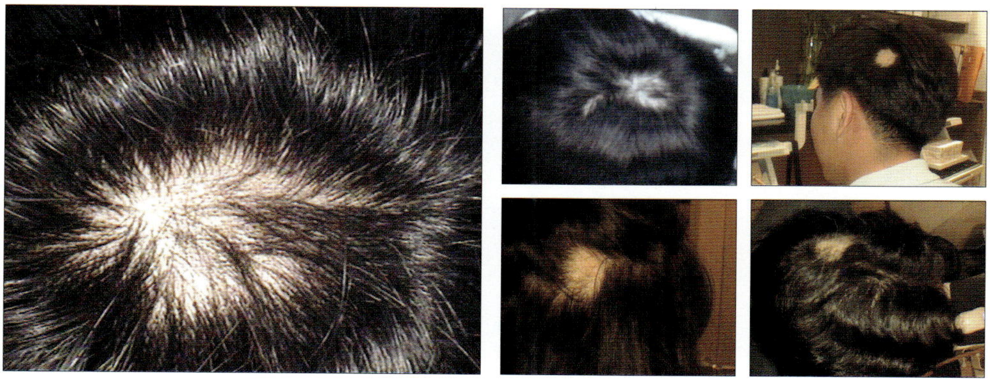

■ 사행성 탈모

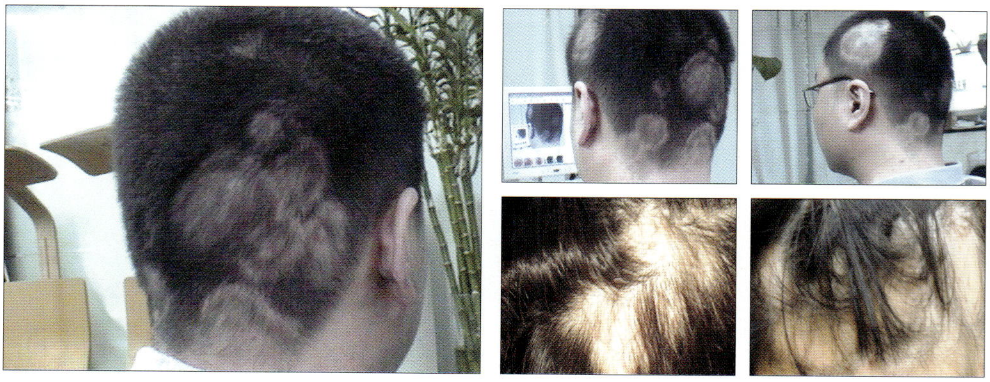

■ 다발성 탈모

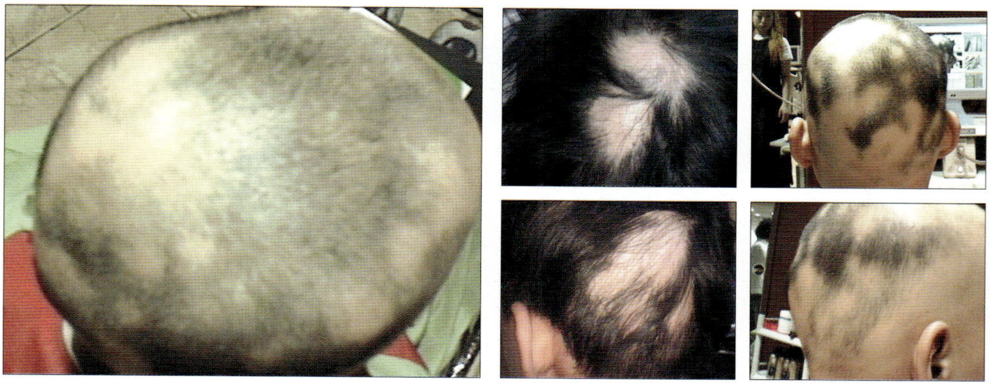

※병인성 탈모 형태

■전두 탈모

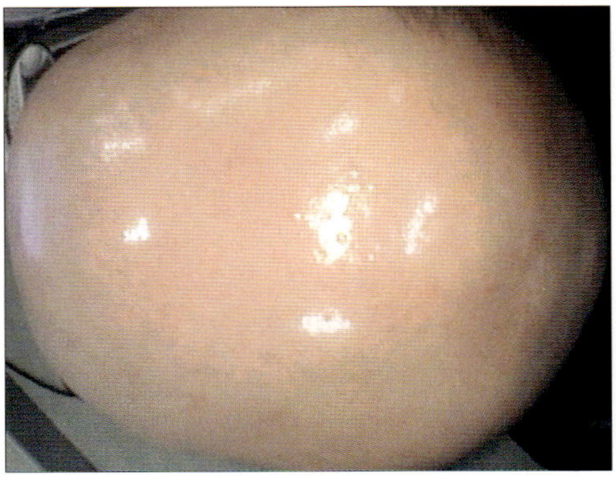

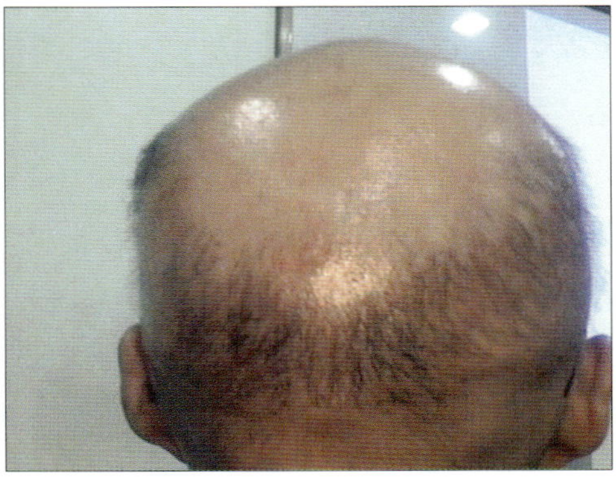

■내분비이상 탈모

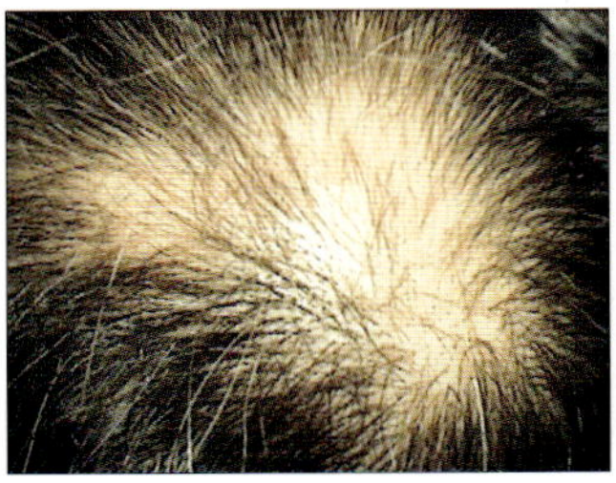

■산후탈모

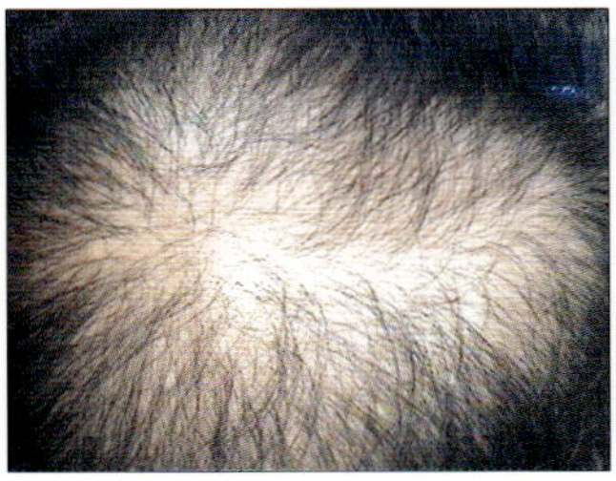

■항암제 부작용

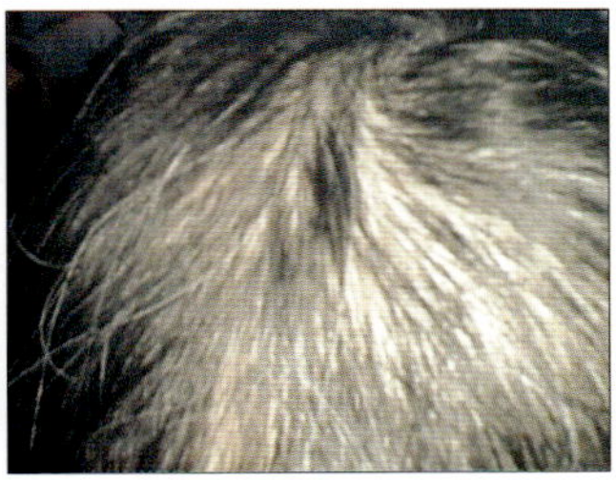

■화학제품 부작용(펌, 염모제)

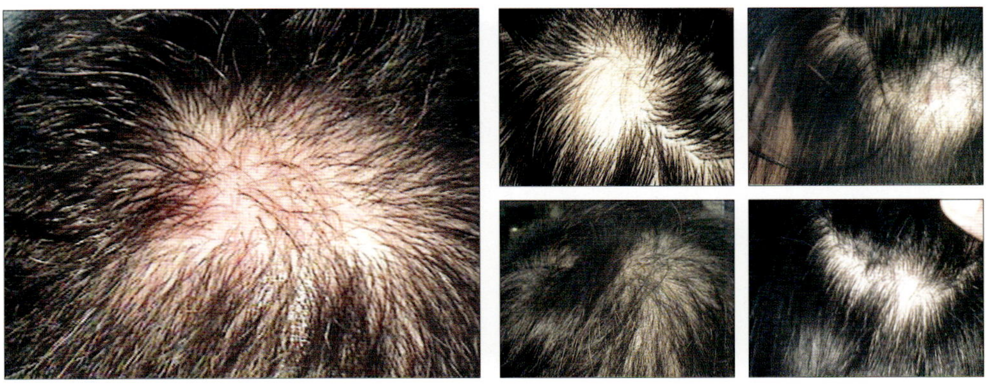

3. 두피 문제

표피, 진피, 피하지방 단면

1. 두개피

- 두개피(Scalp)는 피부와 같은 생리기능으로, 많은 모세혈관의 작용으로 혈액 순환이 활발하고 피지선이 발달되어 있는 복잡한 구조를 가지고 있다.
- 두개피와 두개골 사이에는 근육층이 없다.
- 두개피에 노폐물 이물질이 쌓이면 혈액순환장애, 산소 흡수장애 등 여러 가지 문제가 발생 된다.
- 표피 및 진피층 구조를 갖는 각각의 세포는 독특한 특징과 기능이 있음

1) 두개피의 기능

- **보호작용**
  - 진피의 탄력섬유 피하지방층
  - 약산성 pH는 세균감염 세균 활성화 억제 작용
  - 수분 소실 방지, 수분 침투 방지
- **멜라닌 색소**
  - 자외선 차단, 유해산소 처리
- **체온조절**
  - 피하지방층, 피부 모세 혈관
- **지각작용**
  - 압각, 촉각, 온도감각, 통각
- **기타**
  - VitaminD생성, 호흡작용 (폐호흡의 1%정도)

2. 두개피의 구조

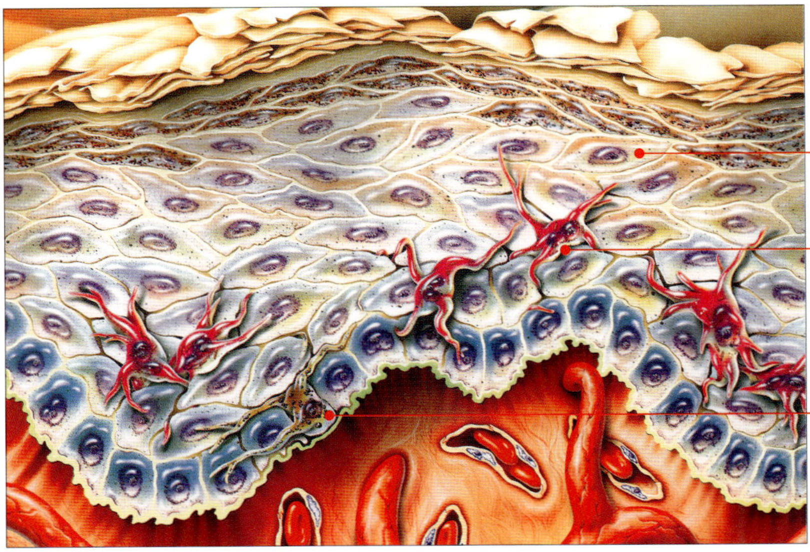

1) 표피

(1)표피의 기능

- 자외선에 의한 광노화나 암발생 등을 막음
- 줄기세포를 통해 생명유지와 증식
- 화학적 자극 물질, 알러지 유발 물질 세균 미생물 등의 침입을 막음
- 피부 외모 개선
- 피부결, 보습력, 피부색상

● **각질화 과정(keratinization)**

- 기저층에서 각질형성세포 분열 과립층에서 각질세포로 분화되어 표면에서 각화

● **랑거한스세포(Langerhans cell)**

- 면역기능

● **각질형성세포(keratinocyte)**

- 면역, 염증조절 물질 분비

● **멜라닌형성세포(melanocyte)**

- 자외선에 의한 광 노화나 암 발생 등을 억제

● **표피의 생체 리듬 (28일 + – 3일)**

● **기저층에서 과립층까지 세포이동과정은 14일**

● **각질층에서 피부 보호 작용을 한 후 떨어져 나가기까지 14일**

- 각질층의 건조가 진행되면 피부표면은 갈라지고 거칠어지는데 이는 노화가 촉진 되는 과정으로, 각질층을 건강하게 유지하기 위해서는 피부에 적당한 수분을 공급 하여 피부의 항상성(Homeostasis)을 유지시켜 주어야 한다.

(2) 표피의 두께

얼굴 0.03 mm ~ 0.3 mm 손 · 발바닥 0.1 mm ~ 0.8 mm

(3) 표피의 각화과정

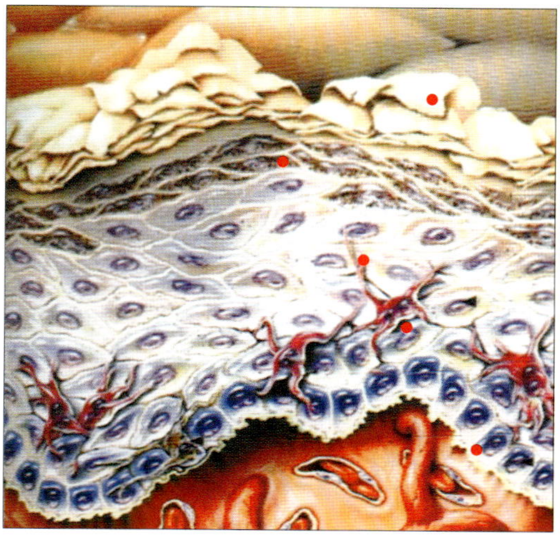

〈표피 단면도〉

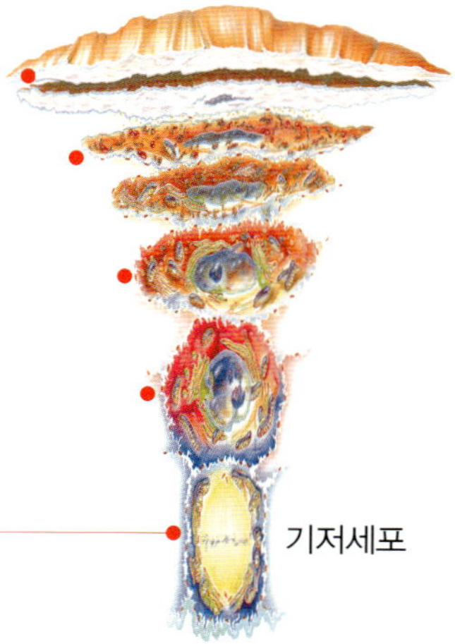

〈표피 단면도〉

2) 표피의 구성

- 각질층 (Horny Layer), 투명층(Clear Layer), 과립층(Granular Layer),
- 유극층(Prickle Cell Layer), 기저층(Basal Cell Layer)

(1) 각질층(Horny Layer)

- 각질세포(Keratinocyte세포핵이 없음)는 데스모좀으로 연결됨
  - 다각형의 편편하고 건조한 각질세포는 케라틴섬유질(keratin filament) 지질(filaggrin), 천연보습인자(NMF 약 38%)
  - 각질세포 형성(8 ~ 12층)
  - 피부의 보호작용
  - 단백질세포내 지질성분형성으로 천연보습인자(NMF)는 표면 보호
  - 각질세포들은 하루에 약 0.5~1.0g씩 떨어져 나감

(2) 투명층

- 손이나 발바닥에 생명력이 없는 지방형태의 반 유동성 물질인 엘라이딘(Eleidin)이 단백질로 구성되어 있어 투명하게 보이며 빛을 굴절 시키고 차단 시키는 기능과 외부로부터 피부에 수분 흡수를 방지 한다.

(3) 과립층 (Stratum Granulosum)

- 3 ~ 5층
  - 퇴화세포로 케라틴 섬유(keratin filament), 각질유리질산(keratohyalin) 유황 단백질 성분은 입자형태로 빛을 굴절시켜 피부를 맑게 한다.

※케라토하이알린(keratohyalin granule)
  - 케라틴 합성 효소 프로필라그린 함유
  - 필라그린 전환 케라틴 섬유질 형성

(4) 유극층(가시층)

- 5 ~ 10층
  - 세포와 세포 사이 지질성분물질이 데스모좀 결합
    ※데스모좀 · 지질
  - 세라마이드, 콜레스테롤, 지방산
  - 분해효소(단백질, 지방, 당)
- 새로운세포가 분열 증식하여 산소와 영양을 공급 색깔을 조절
- 랑게르한스세포(Langerhan's cell)는 면역기능을 담당하고 있다.

(5) 기저층 (Stratum Basale)

- 줄기세포
- 표피간세포(epidermal stem cell)가 지속적으로 분열하여 새로운 세포를 만들어서 피부 표면으로 밀어 올림
- 멜라닌형성세포(melanocyte)는 표피에 적황색 또는 흑갈색의 멜라닌(melanin)을 생성하여 각질형성세포로 공급
- 모세혈관 망으로부터 영양공급
- 세포가 증식하여 새로증식하여 피부에 산소와 영양을 공급 색소세포(Melanocyte), 각질 형성세포(Keratinocyte), 랑게르한스세포(Langerhan's cell), 비만세포(Mast cell), 머켈 세포(Merkel cell), 케라틴(Keratin)과 케라틴 변하여 연각질, 경각질로 구성

3) 진피

※ 진피에는 유두층(papillarya layer), 망상층(reticular layer), 신경, 혈관, 림프관, 콜라겐(Collagen), 엘라스틴(Elastin), 지질(Grund subtance), 섬유아세포(fibroblast)

(1) 진피의 구조

- 진피는 표피 밑에 있는 두꺼운 층
- 피부의 95% 표피의 1.5 ~ 40배 두께0.5 ~ 4 mm
- 진피는 태생 12주에 신경을 제외하고 중배엽에서 배양된다.
- 진피에 있는 신경은 Melanocyte와 같은 배엽에서 발생한다.
- 표피세포에 진피의 모세 혈관에서 산소와 영양을 공급 하는 역할을 한다.

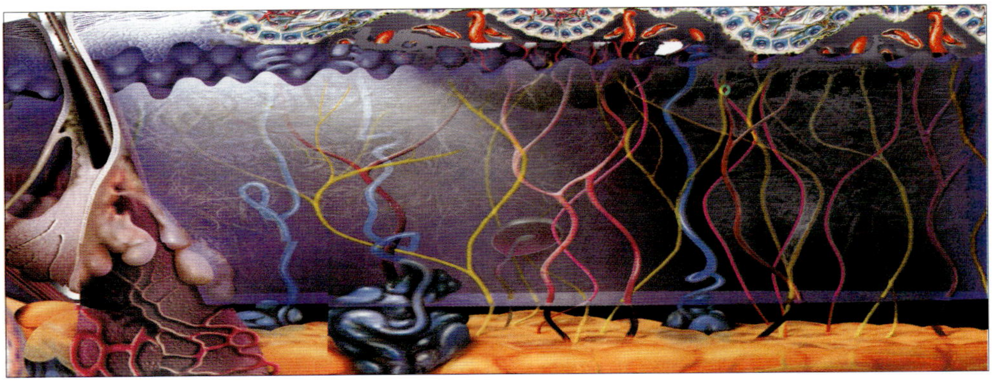

(2) 진피의 구성

단백질Collagen · Elastin, 당 단백질Fibronectin, 당질Mucopolysaccharid

- 유두층(papillarya layer)
  유두, 모세혈관, 림프선, 신경 종말기관, 구성
- 망상층(reticular layer)
  피부의 유연성, 팽륜성, 탄력성
- 신경, 혈관, 림프관

⊙ 감각 신경원의 신경 종말인 여러 종류 감각 수용기(sensoryreceptor)가 분포

- 감각신경섬유 (기계적 수용기) 압력,촉감
  압력, 온도, 통증, 조직 손상, 근육, 변화 감지
- 마이스너소체 (기계적 수용기) 피부 위를 움직이는 대상물 감지
  입술, 손톱, 손바닥, 발바닥, 유두 외부생식기
- 파치니 소채 (기계적 수용기)
  손, 발, 음경, 음핵, 요도, 유방, 근육의 힘줄,관절의 인대, 피하조직 속에 존재 조직 내의 진동(심부압력, 떨림) 온도변화을 감지, 강한 압박에 내부 압각과 자극이 연관되어 있다.

- 콜라겐(Collagen) 교원섬유
  피부의 결합조직으로 섬유아세포(Fibroblast)에서 생성되며 탄력을 만드는 섬유단백질인 탄력소(elastin)로 구성되어 있고 화학 물질에도 저항력이 강하고 피부에 탄력(장력)을 부여 한다.

※ 피부노화현상의 형태학적 변화의 피부주름은 유전 물질인 DNA와 RNA의 아미노산배열의 변화와 탄력섬유 의 손실 및 세포기능의 저하에 의한다.

4) 피하지방

(1) 피하층(subcutaneous)

- 피부의 가장 아래층에 있고 피하조직 이다.
- 진피, 근육, 골격, 사이에 지방과 섬유가 결합된 피하 조직 이다.
- 피하조직의 두께는 부위, 성별, 연령에 따라 다르고 차이도 심하다.

(2) 기능

- 인체 내 20%를 차지하는 중요성분으로 농축된 에너지원(1g 당 9kcal)이다
- 지방 조직 구성성분 지용성 비타민, 필수 지방산(당질, 단백질,)
- 신체기관, 뼈, 근육, 체온조절, 중요장기, 외부의 열과 충격, 압력으로부터 절연체로서 보호 작용을 한다.
- 과잉 섭취된 여분의 지방은 피하지방조직에 글리코겐으로 저장하고 일부는 중성지방으로 전환되어 피하, 복강, 근육 등에 저장해 차후 에너지원으로 사용 된다.
- 여성의 곡선미에도 관여 한다.

(3) 지방의 종류

- 단순지방, 복합지방, 유도지방

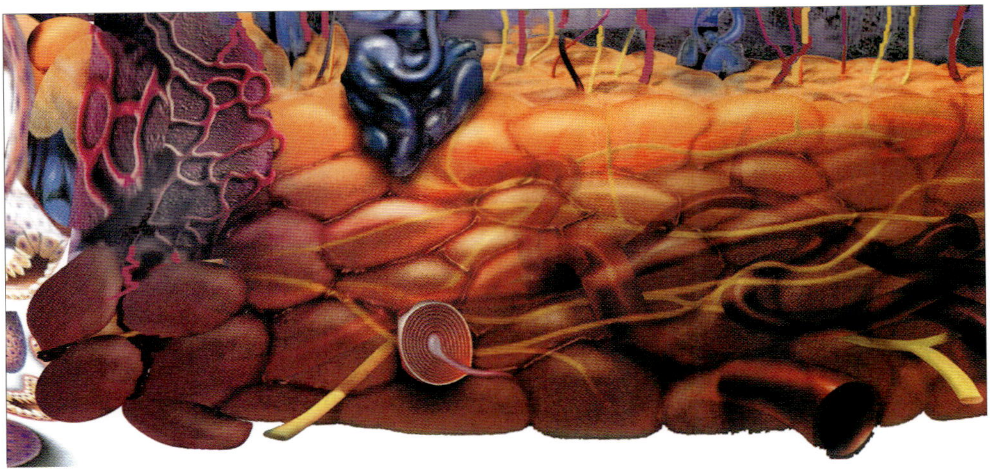

⊙ **단순지방**

인체 내 저장 형태로 존재하는 지방의 95%

- 굳기름(fat)
  상온에서 고체로 존재하며 포화도가 높은 동물성 지방을 다량 함유하고 있다.
- 기름(oil) (불포화 지방산)
  상온에서 액체의 형태로 존재하며 식물성기름과 생선기름이 여기에 속한다.

⊙ **복합지방 [리포이드 lipoid] 인지질. 당지질**

- 인지질
  레시틴 · 케파린 · 스핀고미에린 · 포스포이노시티드
- 당지질
  셀레브로시드 · 간글리오시드
- 아미노기나 인산 에스테르를 함유하는 복잡한 것이 많고, 생체 내에서는 신경 작용의 전달하는 뇌나 신경조직, 집중해 있다
- 세포의 기본적인 구성 성분으로, 단독으로는 존재하지 않고 단백질과 공존하는 리포 단백질이다.

⊙ **유도지방**

- (콜레스테롤. Cholesterol)은 동물성 지방에만 존재한다.
- 인 지질과 인체에 폭 넓게 이용된다.
- 유도지방의 역할
- 세포막 구성, 비타민 D 합성, 부신 호르몬 (에스트로겐, 안드로겐) 담즙(지방소화)의 재료
- 심장 질환, (관상동맥질환, 협심증, 심장 심근경색)원인
- 인체는 외부 식품의 섭취를 통하지 않고도 인체내에서 하루 필요한 콜레스테롤이 저절로 생겨나며 동물성 지방을 많이 섭취하면 인체내에서 콜레스테롤은 더욱 많이 생성된다.

※모발의 영양 흡수 경로

● 뇌⇒신경전달⇒섭취⇒소화관⇒영양흡수⇒혈액⇒체순환⇒모세혈관⇒폐순환

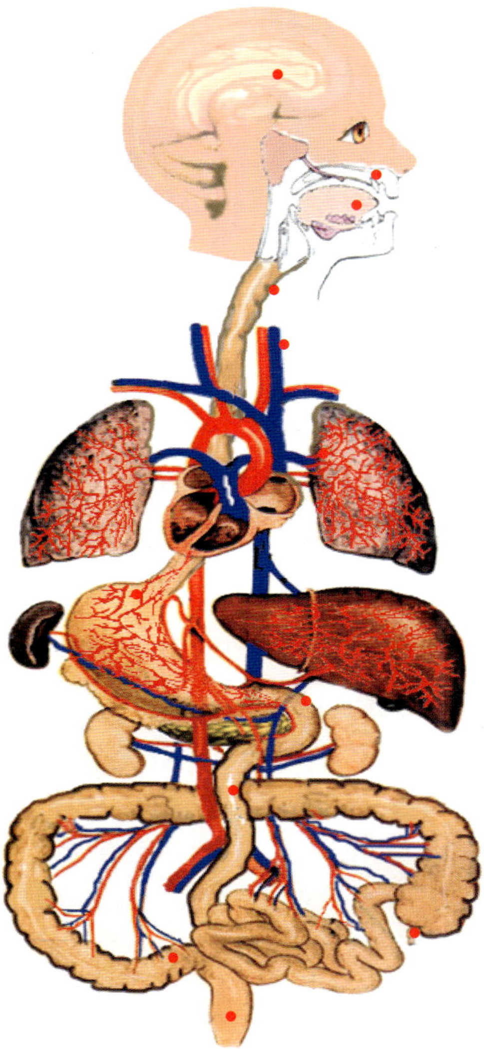

5) 영양 흡수 과정

뇌 – 인체 통제

치아 – 음식물을 잘게 부순다.

혀 – 음식물을 골고루 섞는다.

식도 – 음식물을 위로 보내준다.

대동맥

심장 – 혈액순환

위 – 염산을 분비하여 살균작용, 단백질을 분해 한다.

십이지장 – 간에서 만들어진 쓸개즙은 음식물을 분해 시킨다.

소장 – 쓸개즙의 유화작용으로 단백질, 탄수화물, 지방,을 분해 한다.

대장 – 소장에서 영양분을 흡수하고 내려온 찌꺼기의 물을 흡수한다.

맹장

항문 – 배출

※ 소화를 도와 주는 기능

- 침샘~침샘은 음식을 씹을 때 침과 음식을 고루 섞이게 하여 소화를 잘 되게 해준다.
- 간~인체에 있는 독성물질을 분해하고 포도당(탄수화물)을 쓸개에 저장.
- 쓸개(담낭)은 ~ 담즙을 저장하고, 농축하고, 음식을 섭취하면 담즙을 십이지장으로 배출시키는 기능
- 이자~소화 효소를 만들고 분비, 탄수화물, 단백질, 지방을 모두 분해 시킨다.

6) 세포

세포막
세포의 필요한 물질의 출입 제어

미도콘도리아
세포에서 에너지 생산

골지체

핵세포
세포의 기본물질인 DNA를 염색체형으로 저장하고 핵은 세포의 모든 활동을 제어

조면 소포체

세포구멍
세포의 이동통로

미세 융모
물질과 물질을 전달 · 교환

※ 피부노화현상의 형태학적 변화의 피부주름은 유전 물질인 DNA와 RNA의 아미노산 배열의 변화와 탄력섬유의 손실 및 세포기능의 저하에 의한다.

잠깐! 세포(Cell)에 관한 몇 가지 상식.

세포는 인체를 포함한 모든 생물들의 기본 단위이다.
생물체 – 〉 기관 – 〉 조직 –〉 세포 –〉 분자
생물체는 소화기관, 생식기관 등 여러 가지의 기관(Organ)으로 이루어져 있고, 이 기관들은 각종 조직(Tissue)으로 이루어 지고, 이러한 조직들은 생명의 기본 단위인 세포(Cell)로 구성되어 있다.
세포들은 여러 가지 신호를 기관에서 기관으로, 세포에서 세포로 옮겨주는 역할을 하는 여러 가지의 분자들(Biomolecule)로 이루어져 있다.

※ 단백질(효소)는 세포와 조직을 결합 시켜주는 역할을 담당 한다.
※ 세포와 단백질의 관계

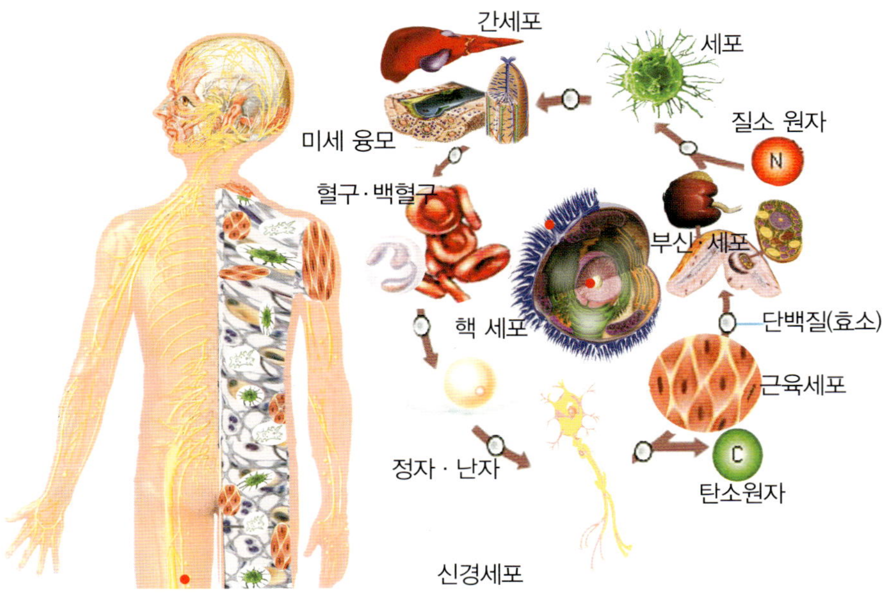

3. 피부의 부속 기관

피지선, 한선, 모발, 손,발톱

1) 땀샘(Sweat gland

에크린(Ecrine) 선과 아포크린(apocrine) 선으로 분류 한다.

(1) 에크린(Ecrine)선

- 에크린선은 전신에 걸쳐 진피와 피하지방층에 있으며 노폐물을 배설하고 체온, 정신적 긴장, 혈액의 수분량을 조절하고 약품, 음료, 음식의 자극에 의해 분비가 촉진된다.
- 손바닥, 발바닥, 이마, 코,겨드랑이, 서혜부등에 많이 분포 되어 있다.
- 산도는 pH3.8～5.6인 약산성으로 무취, 무색으로 지속적으로 배출 된다.

(2) 아포크린(apocrine)선

- 진피의 망상층과 피하지방층 신경과 혈관이 분포되어 부교감신경게의 일부처럼 기능을 한다.
- 피부의 표면으로 몸 안의 독소(노폐물, 유독 물질)들의 배출로 체온과 신체의 밸런스를 유지한다
- 천연 보습 인자을 함유한 수분으로 피부표면에서 피지를 용해 시켜 산성 성분인 피지막을 형성 하여 세균, 유해물질로부터 우리 몸을 보호하는 작용을 한다.
- 사춘기 이후에 발달하므로 제2차 성장의 하나로 본다.
- 땀은 진하여 유백색을 띠고 피부표면에서 박테리아의 분해작용을 하며 부패한 버터와 같은 냄새가 난다.
- 겨드랑이, 유두, 배꼽, 성기, 항문, 주위 특정 부위에만 존재한다.
- 전신에 존재～생후 3개월 퇴화～사춘기 이후 활동～갱년기 이후 퇴화 분비 감소한다.

2) 피지선

(1) 피지의 분비

- 남성 호로몬은 피지분비 촉진 작용
  사춘기에 절정
- 여성 호르몬은 피지분비 억제작용
  노화에 의해 분비가 감소

(2) 피지의 역할

- 체내의 유독 물질은 피지와 분비되고 피지에는 필수 지방산인 리놀산, 콜레스테롤, 인지질등의 성분의 지방산 자체가 살균작용을 하고 땀과 피지를 유화시켜 피부표면에 엷은 보호막을 형성하여 알칼리, 유해 물질과 독성 물질의 침투를 막고 자극으로부터 피부를 보호하고 피부를 윤기 있고 부드럽게 한다.

(3) 피지의 성질

- 피지선의 기능이 활발해지면 5α－환원 효소활동은 남성 호르몬인 테스토스테론을 5α－DHT로 환원시켜 모모 세포의 증식, 모발의 생성자체를 억제, 발육과 성장에 영향을 주게 되며 두개피의 표면에 지성비듬이 많아진다.

※ 지질(Grund subtance)

- 단백질로 조직과 조직을 결합 시켜주는 역할을 담당 하고 있다.

※ 모발의 줄기 세포

- 기저 세포에서 줄기 세포가 피부, 모발, 손톱, 발톱으로 생성되어 인체의 일부가 되어 기능이 다 할 때 까지 활동하고 소실되면 또 다시 생성 된다,

발모는 모낭 깊숙이 있는 모발생성 줄기세포가 활성 되어야 한다.

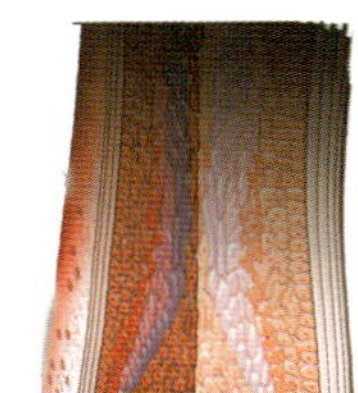

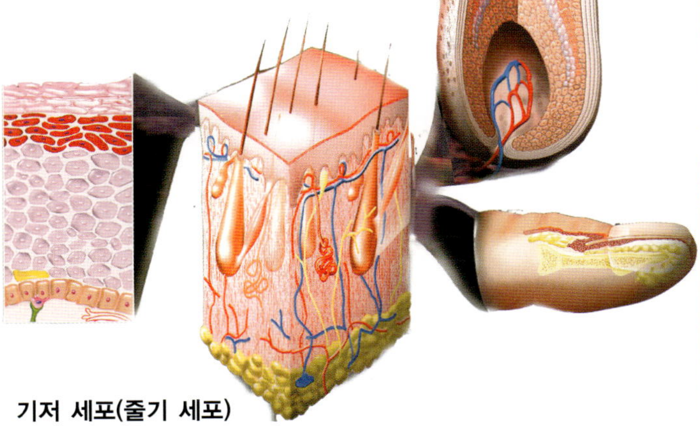

기저 세포(줄기 세포)

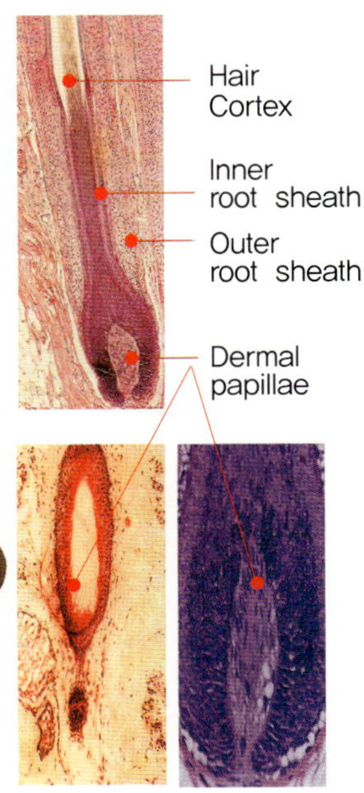

4. 모발

1. 모발

1) 모발의 역할

- 우리 몸에 있는 모든 털을 이야기 한다.
- 모발은 손바닥, 발바닥, 입술, 유두를 제외한 전신에 있는 피부 부속기관 이다.
- 모발은 촉각이나 통각을 전달하는 작용을 한다.
- 모발은 외부의 기계적, 화학적 자극으로부터 신체를 보호하며, 유해물질의 침
- 입을 방지하며 추위와 더위로부터 체온을 유지하는 작용을 담당한다
- 모발은 외모를 표출하고 장식하는 매개체로서 좋은 역할을 담당하고 있다.

2) 모발의 종류

- 단 모 : 콧털, 속눈썹, 눈썹
- 팔다리 : 솜털
- 성모 : 모발

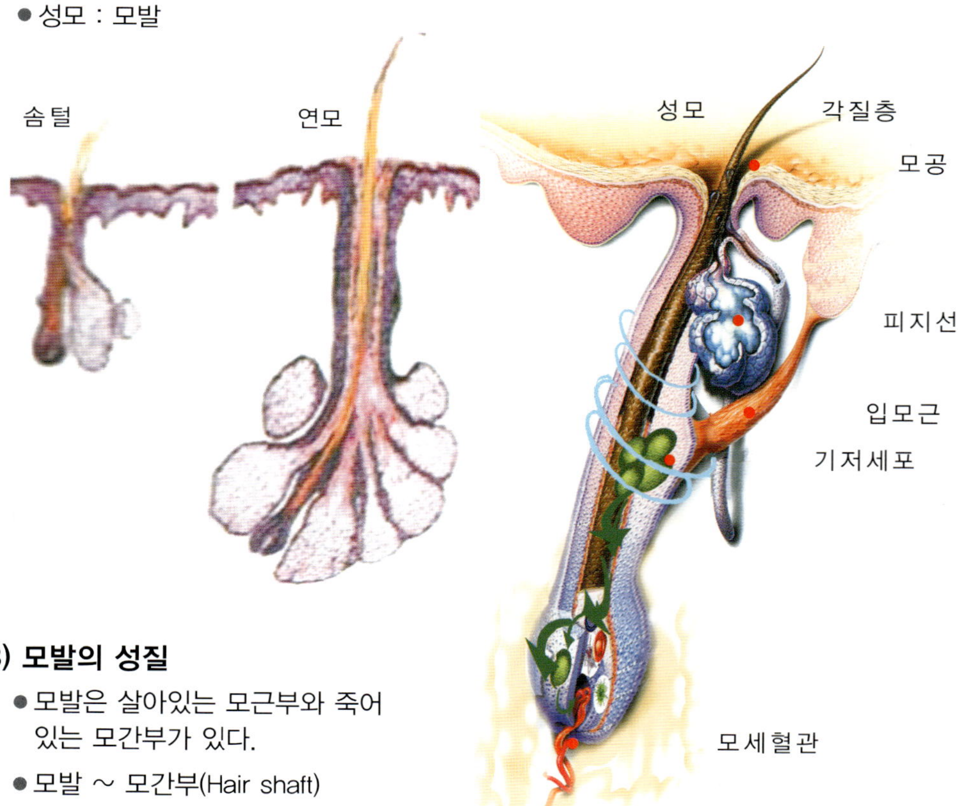

3) 모발의 성질

- 모발은 살아있는 모근부와 죽어 있는 모간부가 있다.
- 모발 ~ 모간부(Hair shaft)
- 모근 ~ 모근부(Hair root)

2. 모발(hair) 발생

- 모유두 상부에 많이 분포되어 있는 모기질세포(모모세포)는 모모 세포와 모유두가 결합하여 세포분열이 왕성하게 분열 증식하여 모발을 발생 시키면 케라틴이 모낭 안에서 단단하게 결합되고 새로운 성장을 하게 된다.

※ 모발의 발생 과정

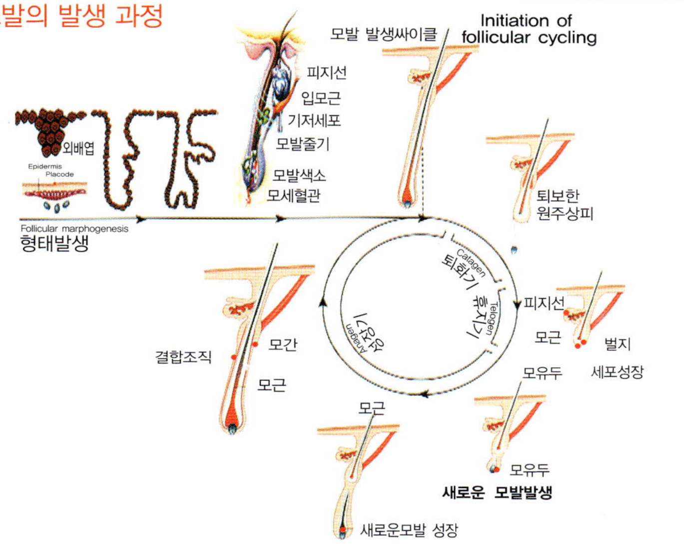

1) 모발의 발생시기

- 태내에 9～12주 사이에 신경계와 뇌와 같은 시기에 배엽 되어 발생한다.
- 외배엽 ～ 피부, 모발, 뇌, 신경계
- 중배엽 ～ 골격, 근육, 심방, 혈관 신장, 생식선
- 내배엽 ～ 소화기계통의 내장

2) 모발 수명

- 약3～6년 (평생 – 18～20번) 건강한 헤어 사이클(3~6년)을 가진 모발은 굵고 튼튼하며 한곳에서 2~3가닥이 같이 나온다
- 남자 : 3~5년
- 여자 : 4~6년
- 성장기 모발의 변화는 음식, 호르몬, 비타민 등의 영향에 의해 올 수 있다.
- 일생을 보내고 휴지기에 있는 모발은 새로운 모발을 위로 밀어 올려서 자연 탈락 시킨다.

3) 모발의 변화

- 취모(베네모)➡연모➡성모로 인체의 성장과 변화에 따라 모발의 굵기도사람에 따라 다르다.

4) 모발의 영양 흡수과정

- 영양 흡수는 외부로부터 물질을 섭취하면 소화 효소로 소화 (소장에서 흡수)된 물질 (단백질)은 혈액으로 운반되어 혈액의 체순환 과정에서 모세혈관에 의해 모기저 세포에 도착하여 대사과정(모발에 영양공급)을 만들고, 체내에서 에너지를 발생시켜 생명현상 (생명유지 · 성장 · 건강유지 등)을 유지한다.
- 음식 · 침 · 위액 · 췌액 · 소장액 · 소화 · 단백질 · 체순환(혈액 · 모세혈관) · 기저세포 · 대사과정

3. 모발의 성장기

〈성장기〉 〈퇴화기〉 〈휴지기〉 모발,발생 〈발생기〉 모발,탈락

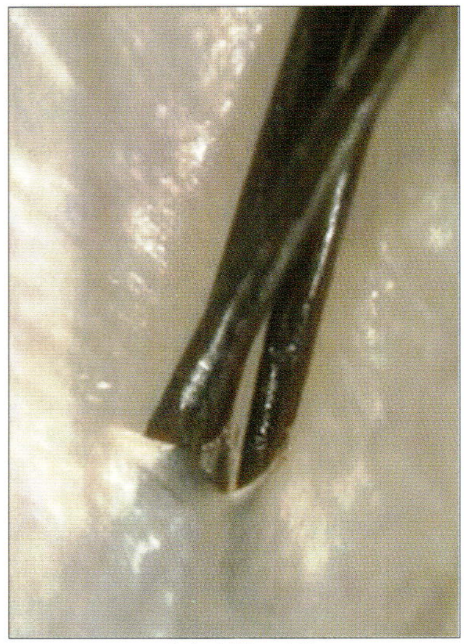

〈건강한 모발〉

1) 성장기

- 모발은 하루에 0.2~0.5mm정도 자라며 낮보다 밤에 더 자라고 가을, 겨울보다 봄, 여름에 성장이 빠르다

2) 퇴하기

- 성장기(세포분열)을 멈추고 쉬는 시기
- 약 3 ~ 6주,
- 전체 모발의 1 ~ 2%
- 모발의 모근은 진피를 거쳐 표피부근으로 상승 위축되고, 모유두 세포가 곤봉 모양으로 붙어 있다.

3) 휴지기

- 3~4개월,
- 전체 모발 5~15% 성장이 정지하고 머무는 기간 새로운 모발이 형성되고 모근은 모낭에서 1/3 정도로 위쪽으로, 새로운 모발에 밀려 두피표면 가까이 있다가 탈모 (자연 탈모)가 된다.
- 휴지기 모발탈락은 하루에 60~80개
- 휴지기기간은 3~4개월이며 전체모발의 5~15%가 이 시기에 해당된다.

4) 모발의 발생

- 모모 – 혈구 – 모유두 – 모수질 – 모피질 – 모표피 – 초소피 – 내상피근[헉슬리층 – 헤렌층] – 외상피근 하부에서 위로 이동하여 피지선의 개구부 근처에서 소멸되고 모발만 남게 된다.

4. 모낭 주변의 구조

1)모포, Hair folliocle

- 주머니 모양
- 내 모낭~ 상피성 모낭 ~ 외모낭 ~ 결합직성 모낭으로 이루어져 있다.
- 상피성모낭은 결합직성 모낭의 내부에 위치해 있다.
- 모발의 성장을 돕고 보호하는 역할을 하고 있다.
- 모낭안쪽에는 내모근(상피성 모낭)과 바깥에는 외모근(결합직성모낭) 두 겹으로 구성되어 있다.
- 상피성모낭은 모발을 보호하고 모근(내모근)과 같이 각화한다.
- 결합직성모낭은 피부의 표피를 이루는 세포로 모발의 재생과 성장에 관여하고 상피성 모낭의 바깥쪽은 간엽세포로 혈관과 신경이 분포되어 모유두와 연결되어 있다.
- 외모근 ~ 상피세포의 분열된 조직으로 위쪽으로 올라가서 피부의 표피와 만나게 된다.

2) 모유두(Hair papilla)

- 모발이 증식되어 성장하는데 매우 중요한 역할을 하고 있다.
- 유두 모양으로 모세 혈관에서 모구에 영양을 공급하여 모발을 성장시킨다.

3) 모구 (모반, Hair bulb)

- 유두의 윤곽으로 기저세포가 2～3개 층으로 모발의 증식은 이 모구 세포 중 3분의 1도 안되는 수 많이 증식하여 모발이 된다.
- 모구에는 멜라닌 색소를 만드는 세포(멜라노사이트)가 있어 모발의 색을 만들어낸다.

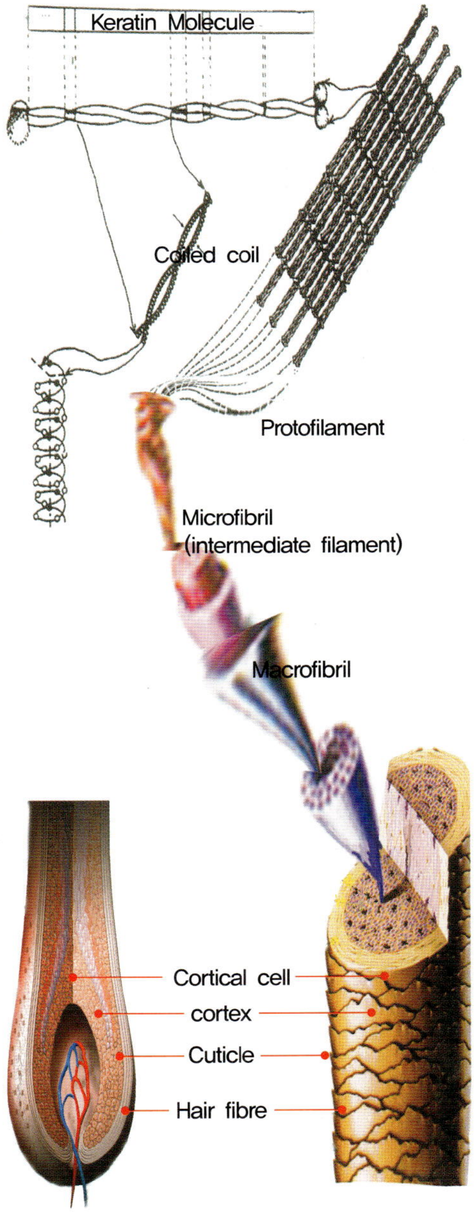

기저층의 줄기 세포는(아미노산 18종, 미네랄, 당질 등) 모발 생성성분으로 모발을 성장 시키고 있다.

4) 모낭의 변화

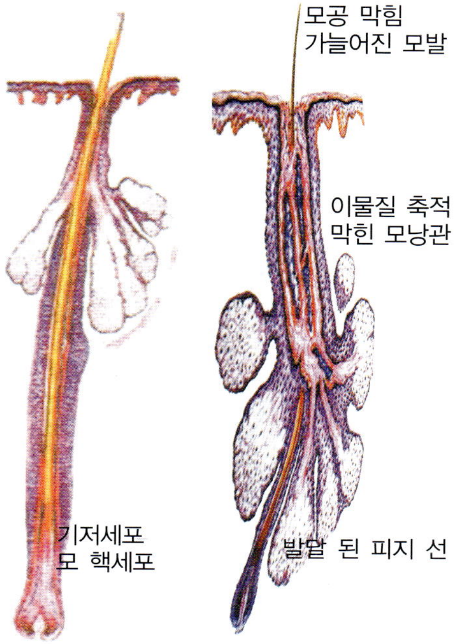

모공 염증

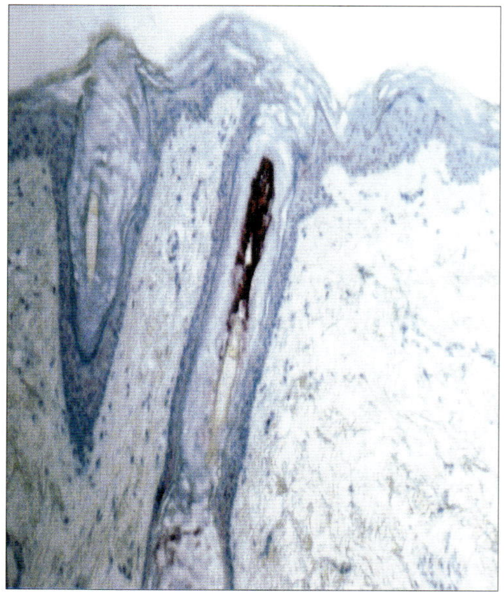

⊙ **모낭의 변화 원인**

- 스트레스, 신경. 정신적인 요소
- 두뇌의 자율신경변화
- 몸의 바이오리듬이 바뀜 [28일 + –3일]
- 두피의 혈류장애,
- 남성호르몬의 영향
- 감염질환
- 체내의 분비물 (배설된 땀, 피지, 노폐물)
- 환경에 의한 것 (공기 중 분진, 오염[유기성 물질] 세균 미생물)
- 두발 화장품 (펌, 염색, 샴푸,헤어 스타일 제품의 잔여물)
- 이물질 (모공 속 이물질축적은 모공을 막고 모발이 가늘어지고 염증을 유발 탈모로 진행된다)

※ 탈모는 90%이상이 두피에 문제로 발생된다.

5. 모발의 변화

성모~ 연모 ~ 취모 ~ 솜털

(1) 1차 변화(성모 ~ 연모)

- 1~2년 정도에는 모발이 가늘어 진다.
- 3~4년 정도 지나면 모발이 힘이 없고 앞머리가 가라앉는다.

(2) 2차 변화(연모 ~ 취모)

- 탈모는 3 ~ 4년 정도가 지나서야 본인이 알게 된다.
- 가는 모발과 솜털 같은 모발들도 보이기 시작한다.

(3) 3차 변화(취모 ~ 솜털) 탈모가 진행된다

- 새로 난 모발도 모주기가 짧아져서 성장하지 못하고 빠진다.
- 하루에 50~80가닥 정도 빠지던 모발이 탈모가 진행되면서 하루에 100~200개까지 빠질 수 가 있다.
- 유전형태의 M자부분의 모발이 가늘어 졌다면 다른 부위보다 몇 년 정도 먼저 탈모가 시작되었다고 보면 된다.
- 탈락되는 휴지기 모발은 두피관리를 받아도 바로 건강한 모발로 성장하지 않는다.

(4) 모발의 색소변화

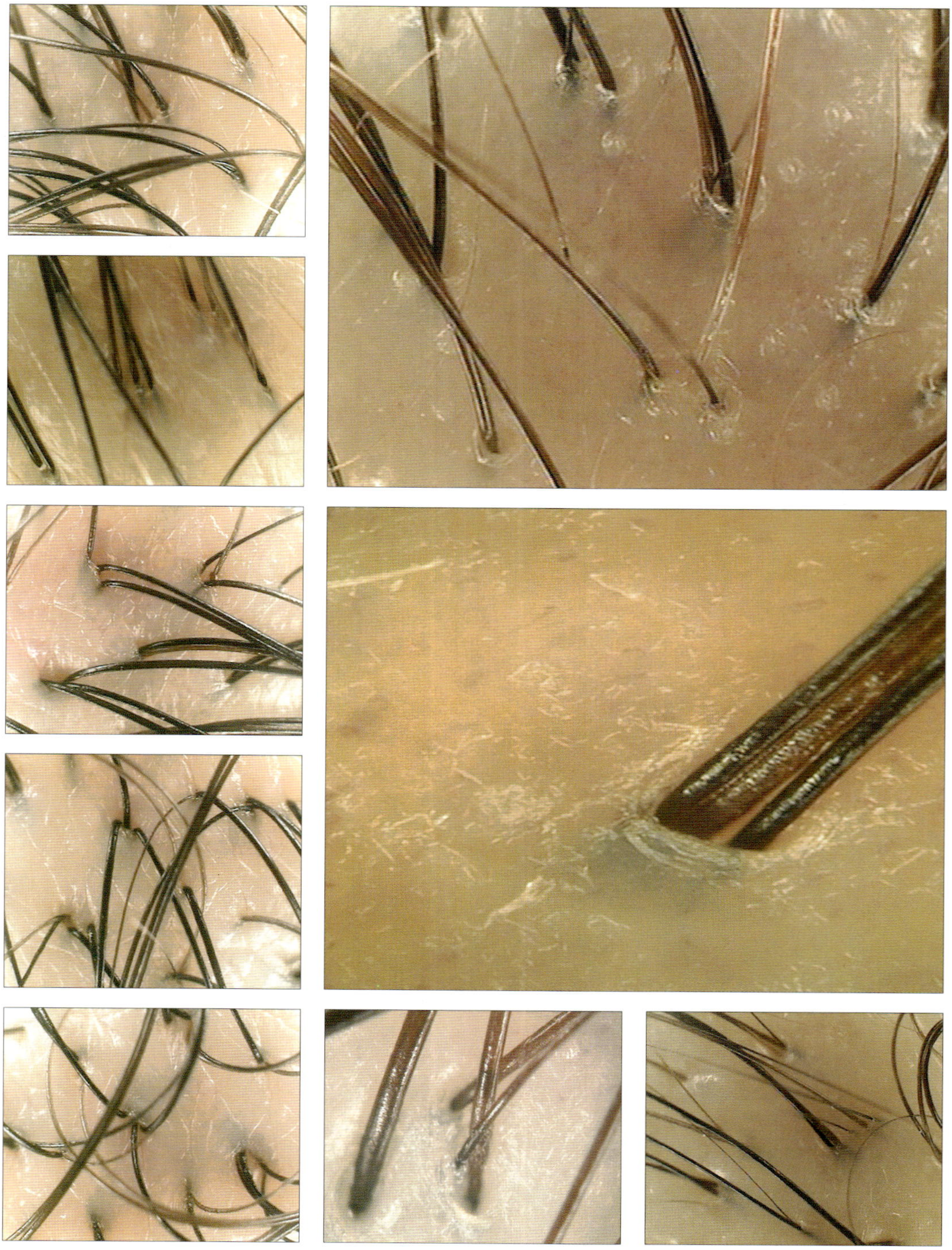

Scalp Care 두개피관리

Chapter 02

1. 두개피 관리

※두개피 관리는 건강과 청결에서 시작해야 된다.

1. 두개피 관리의 목적

- 두개피 관리를 통하여 고객의 건강과 탈모 예방에 목적을 둔다.
- 두개피관리 임상학 이미지 분석은 두개피관리에 기본이다.
- 탈모는 자신의 몸에 이상이 생겼다는 신호를 보내는 것이다.
- 두개피관리는 탈모 예방에 기본이 되는 관리 프로그램이다.
- 건강한 두개피는 곧 자신의 건강 지표이다.
- 두개피관리는 두개피에서 일어나는 문제들을 이해 해야 된다.
- 두개피관리는 모발이 휴지기로 변해서 빠진 후 2~3개월 뒤, 신생모가 다시 나올 동안 모공이 막히지 않게 하는 역할을 한다.
- 두개피관리는 두개피를 직접 자극하여 혈액순환을 도와주는 데 목적을 둔다.
- 모공주변 및 두개피를 감싸고 있는 잔여물과 각질을 효과적으로 제거하기 위한 것이다.
- 두개피의 혈액순환이 잘 되도록 하여 스트레스를 해소하고 모발의 영양공급, 외부로부터 2차적인 영양분과 두개피의 진정 보습 흡수를 높이기 위해 한다.

2.탈모에 노출된 사람들

- 소아. 어린이(과중한 학원)
- 청소년 (심리적 부담, 운동 부족)
- 청년기 (화학 제품 오 남용)
- 장년기 (스트레스)
- 유전적 (외가의 영양이 50%)
- 산후 (호르몬, 영양)
- 질병, 수술, 방사선, 성병(임질, 매독), 장티프스(고열), 감기(몸 안의 발열)
- 잘못된 생활 습관(생활 패턴의 변화)

3. 두개피 관리 시기

- 탈모시기가 3~4년인 경우
- 탈모 진행된 지 5~6년인 경우
- 탈모가 10년 이상 진행된 경우

- 관리를 시작하면 헤어 싸이클이 바뀌면서 굵은 모발로 자라기 때문에 탈모 초기에 시작하면 관리기간이 짧아진다.
- 탈모의 진행 기간에 따라 관리비용과 관리기간에는 차이가 있다.
- 두개피 관리나 탈모 제품을 사용하면 당장 탈모가 멈추거나 몇 달만에 모발이 정상적으로 자라난다고 생각 하면 좀 더 신중하게 생각해 보아야 한다.

4. 두개피 관리 후 나타나는 증상

- 두개피 관리를 시작했다고 이미 휴지기로 변해있는 모발들이 안 빠지진 않다.
- 관리몇 달 후에 모발이 더 빠지면 혹시 관리 부작용이 아닐까 생각할 수도 있지만, 탈모는 두개피관리를 시작한 후에는 휴지기 모발의 탈락은 많아 진다.
- 관리 때문에 빠지는 것이 아니라 탈모 사이클에 의해서 관리 전까지 빠지던 휴지기 모발이 갑자기 멈추지는 않기 때문이다.
- 탈모는 몇 년에 걸쳐서 서서히 진행 되기 때문에 막힌 모공을 열어준다고 해서 굵은 모발이 바로 나오지는 않는다.
- 두개피 관리 후 세포들의 활동으로 모낭에 영양 공급이 원할해져 모낭이 다시 활동을 시작해 모발을 만들어 내게 된다.
- 막혀 있던 모공에서는 취모가 나오고 수명이 다해서 빠지면 연모가 나오고 빠지면 모발은 굵고 튼튼한 성모가 나오는 헤어싸이클의 변화에 좌우된다.
- 어떤 탈모 관리도 몇 개월 만에 될 수는 없다.
- 두개피 관리 후 몇 달이 지나면 모발밀도가 취모가 많이 발생되 점점 좁아지지만 모발이 성모의 굵기로 바뀌려면 최소 2년 이상의 시간이 소요된다.
- 유전으로 인한 탈모도 더 이상 문제가 되지 않는다.
- 탈모시기가 오래 안된 분들 같은 경우 기간이 짧게 걸리기도 한다.

5. 두개피 문제 자가진단법

- 모발이 빠지는 수가 눈에 띄게 늘어나고 100개 이상이면 초기탈모
- 자고 나면 베게 근처나 모발을 감을 때 모발이 많이 빠진다.
- 모발이 가늘어지고 윤기가 없고 갈라지고 잘 끊어진다.
- 모발의 성장기는 4~6년, 퇴행기 3~6주, 휴지기 2~3개월
- 두개피에 유분이 많아 끈쩍 끈적 하고 냄새가 나며 가렵고 손으로 긁으면 손톱에 이물질이 묻어 나온다
- 지성(지루성)두피는 모낭이 막혀 새로운 모발이 나오지 못한다.

- 나는 모발보다 빠지는 모발이 더 많다.
- 생활 습관이 원인으로 신체의 리듬이 깨지면 모발이 성장하기 어렵다.
- 비듬이 있다 (건성비듬(초기)지성비듬(염증)
- 사이드 두개피는 유연성이 있어 움직이는데 두정부 두피는 딱딱하고 움직이지 않고 만지면 아프다.
- 두개피가 두개골에 흡착되어 급속히 얇아지면서 모발에 영양 공급 장애로 모발 소실, 탈모로 진행 된다.
- 자주 몸이 아프고 기운이 없으며 쉬 피로하다.
- 수술로 입원했거나 약물과 주사를 많이 사용했다.
- 이마가 조금씩 넓어져 간다.
- 정신성 질환으로 병원에 다닌 일이 있다.
- 뒷목과 어깨가 뻐근하고 아프다.
- 잠이 잘 오지 않고 입맛이 없다.
- 감기가 잘 걸리고 피곤하여 몸에서 열이 발생 된다.
- 성병을 앓은 경험이 있다.
- 당뇨병, 고혈압, 저혈압, 신장, 간 기능, 갑상선 기능장애가 있다.
- 눈이 자주 충혈되고 눈이 뻑뻑하여 눈물이 나오지 않거나 입이 자주 말라 답답하다.
- 자주 가슴이 두근거리며 불안하다.
- 얼굴이나 몸이 후끈거리고 열이 자주 나며 땀이 많이 난다.
- 여드름, 기미가 나고 피부가 거칠며 화장이 받지 않는다.
- 생리불순이 계속되고 생리통, 냉, 대하 증세가 있다
- 두개피에 화상이나 타박상을 입었다

※ 탈모 예방

- 탈모를 예방하려면 먼저 두개피를 이해하고 피부에서 모발이 발생하고 성장하는 과정에서 탈모가 되는 헤어 싸이클을 알아 둘 필요가 있다.
- 생활 습관, 식습관을 개선하고 두개피와 모발에 대한 잘못된 상식을 바로 잡는 것이 탈모를 예방할 수 있는 기본 상식이다.
- 모발을 구성하는 주성분이 단백질이기 때문에 충분한 단백질을 섭취해야 한다.
- 탈모는 몸 전체의 건강이상으로 나타난다
- 환경의 변화로 하루에 한 번 샴푸는 기본이다.
- 식생활 개선은 인스턴트 식품과 술 · 담배 · 튀김류를 멀리 해야 되고, 편식은 피하고 제철에 나는 야채, 과일의 고른 영양소를 섭취 해야 된다.
- 생활 습관 개선은 유산소 운동과 근력 운동으로 건강을 유지 해야 된다.

2. 두개피문진

1. 두개피관리용 기기

두개피 이미지분석기기와 관리용 기기로 분류된다.

1) 관리용 기기사용 목적

- **문제해결**
  - 순환기와 두개피 근육을 풀어주기 위해 사용하고 세정용, 영양침투적으로 사용되고 있다.
- **관리용 기기**
  - 이온 스티머 – 두개피 마사지기 – 아쿠아펀치 – 미용레이져 – 셕션기 – 전위기 등 여러가지 기구들이 사용된다.

2) 이미지 문진기기 종류

- 컴퓨터 화상 이미지분석기, 현미경

- **컴퓨터**

  예전 = 모니터 ~ 데이터저장 불가

  현재 = 컴퓨터 ~ 데이터저장 가능

  ※ 사용 전 화상 이미지분석기 렌즈 부위 살균, 소독
- **측정부위**
  - 문제부위 → 전두부 → 두정부 → 후두부 → 측두부 순으로 체크한다.

  ※ 고객과 일정한 거리 유지하고 세정 시간에 따른 두개피 이미지 분석
- **측정방법**
  - 컴퓨터 이미지 화상렌즈로 두개피의 정확한 데이터 분석 후 저장 한다.
  - 육안 검사 스파츌라를 이용 각질량 체크
- **현미경 – 모낭충과 모근초를 분석**

3) 배율별 이미지 분석

- 건강한 모발은(흙갈색)
- 휴지기 모발은(갈색)임을 알 수 있다
- 모발 성질의 변화 유무를 알아본다.
- 모발의 색깔에 변화가 있는지 알아본다.
- 이상 탈모와 위축모, 흰머리 등의 발생을 체크한다.
- 두개피 상태는 어떤가? 두개피에 이상이 나타난 부위를 체크한다.
- 탈모의 양이 과도한지 판단
- 모근이 정상인지 판단
- 조직적인 모발손상이 있는지 판단
- 곰팡이균에 감염되었는지 판단
- 탈모의 유형과 심각성 판단
- 모발 결의 손상과 단백질 부족이 의심되는지 판단
- 유전적인 문제가 있는지 판단

2. 두개피 이미지 분석기 렌즈 배율

1) 기본배율

- 두상 전체의 탈모 진행
- 전두부 · 두정부 형태
- 탈모 정도, 기간
- 생성되는 형태(부분화 확산)
- 유전적인 문제가 있는지 판단

2) 40배율

- [150본/1㎠]안에 존재하는 모량
- 모발의 밀도
- 모낭에 존재하는 모발의 존재
- 중간 모발(연모)들의 존재
- 가는 모발(취모)들의 존재
- 솜털 들의 존재
- 손상모발들의 존재
- 인장력 테스트

3) 100 배율

- [20~30본/0.5㎠]
- 탈모의 진행
- 탈락된 모량
- 모낭의 수
- 모발의 수
- 건강한 모발 수
- 퇴화기 모발 수
- 연모의 수
- 취모의 수
- 솜털의 수

4) 300배율

- 두개피의 탄력도, 예민도, 모근, 모공, 분석
- 두개피 증상
- 건성, 지성, 예민(발열), 피부염, 혈행
- 장애, 지루성, 두개피 흡착, 건선, 태선

5) 500배율

- 모발 표면의 손상 정도 파악

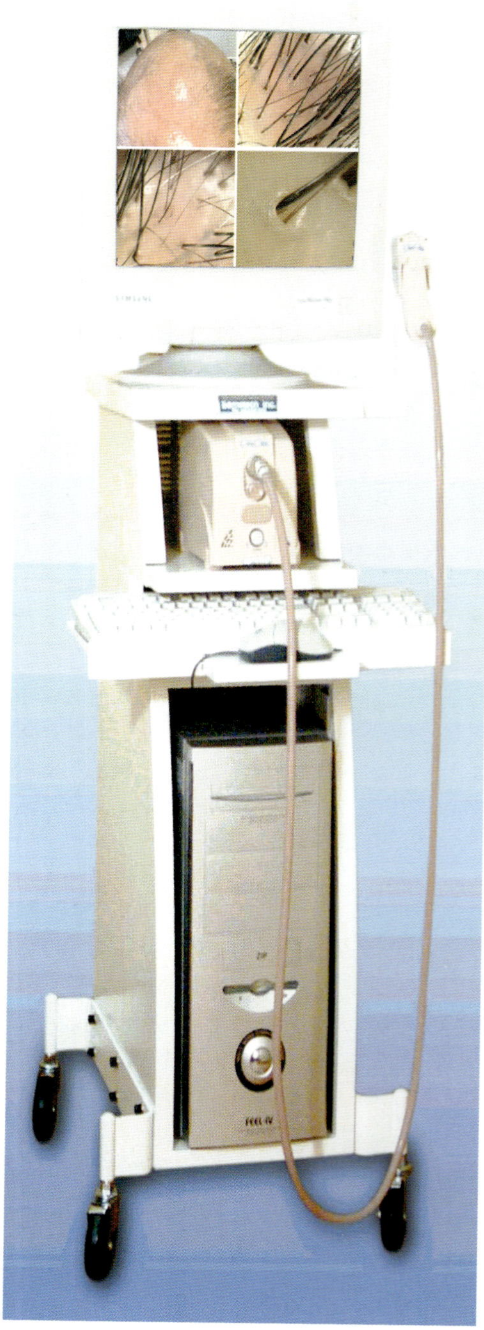

3. 배율별 이미지

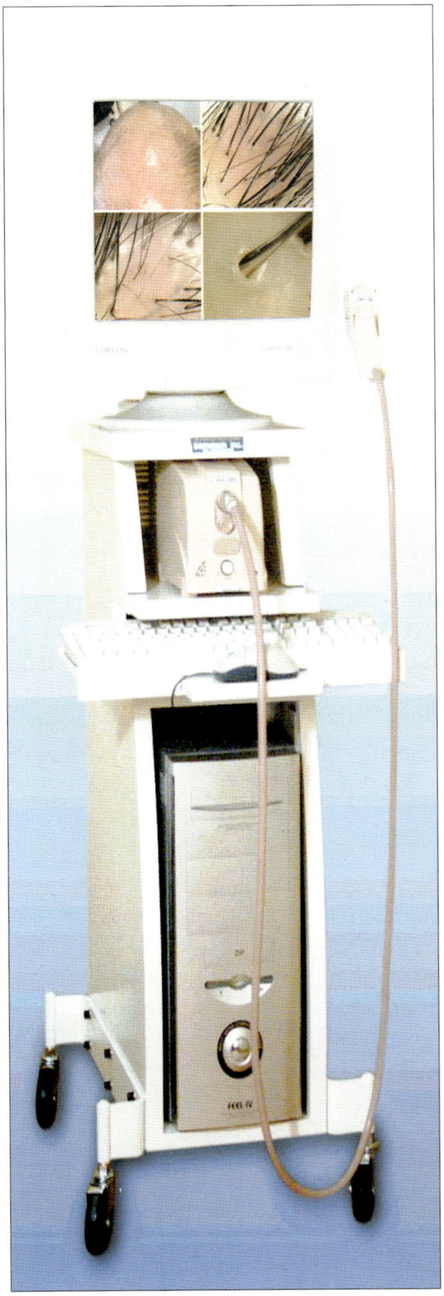

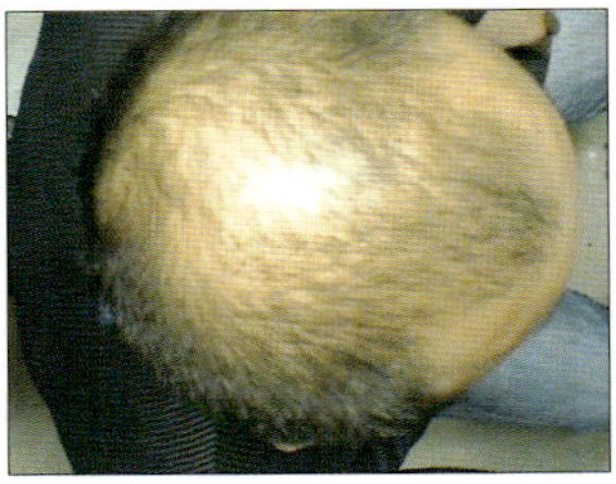

● 기본배율
전체 두상
탈모 형태
탈모 진행

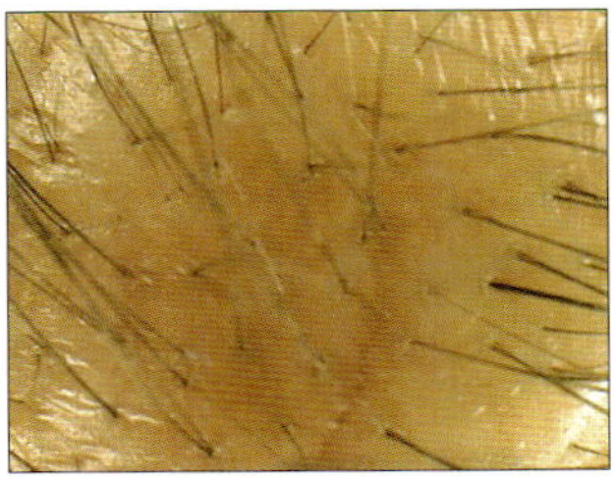

● 40배율
[150본/1㎠]
모발량 체크

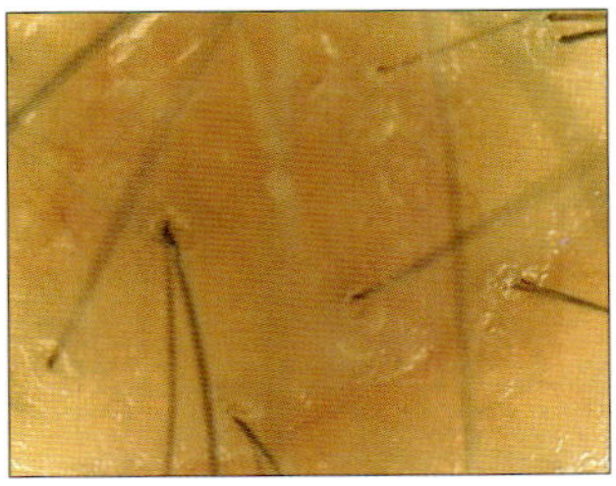

● 100배율
[20~30본/0.5㎠]
탈모의 진행
탈락된 모량

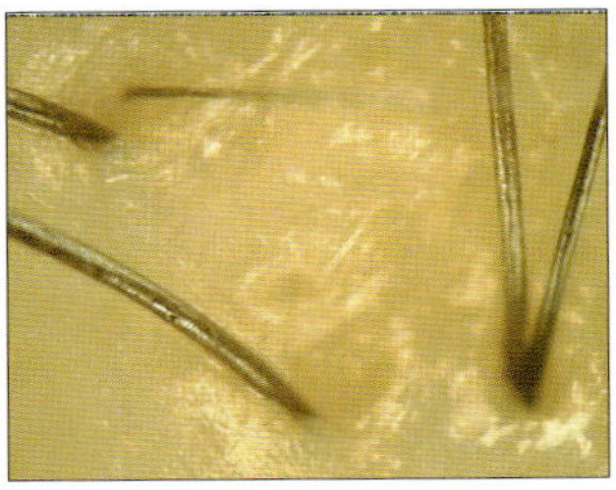

● 300배율
두피의 탄력,
모근, 모공 분석

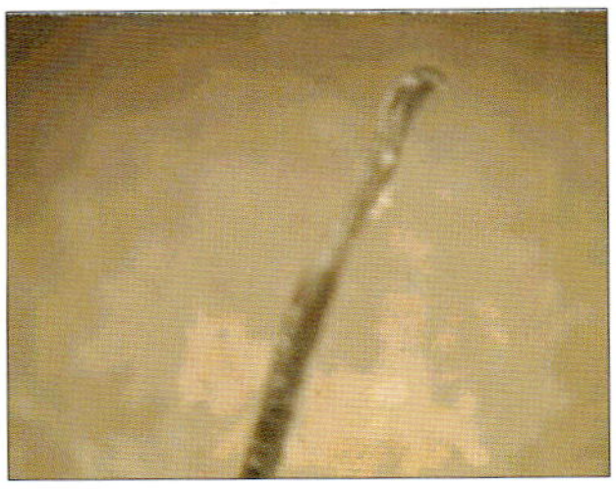

● 500배율
모발 표면의 손상

1) 기본배율

- 전두부 – 두정부 형태
- 탈모 정도, 기간
- 생성되는 형태(부분화 확산)
- 유전적인 문제가 있는지 판단

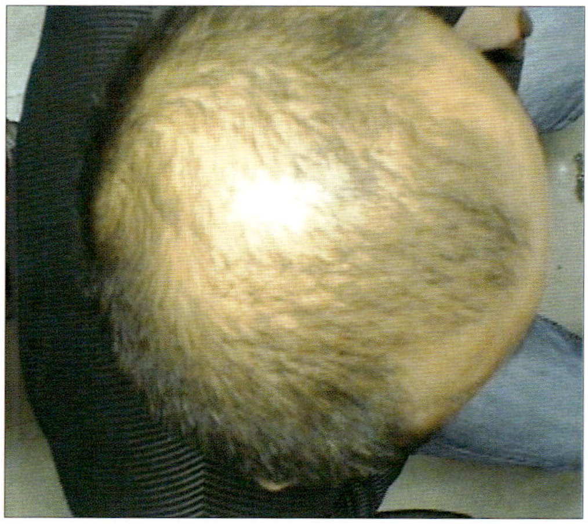

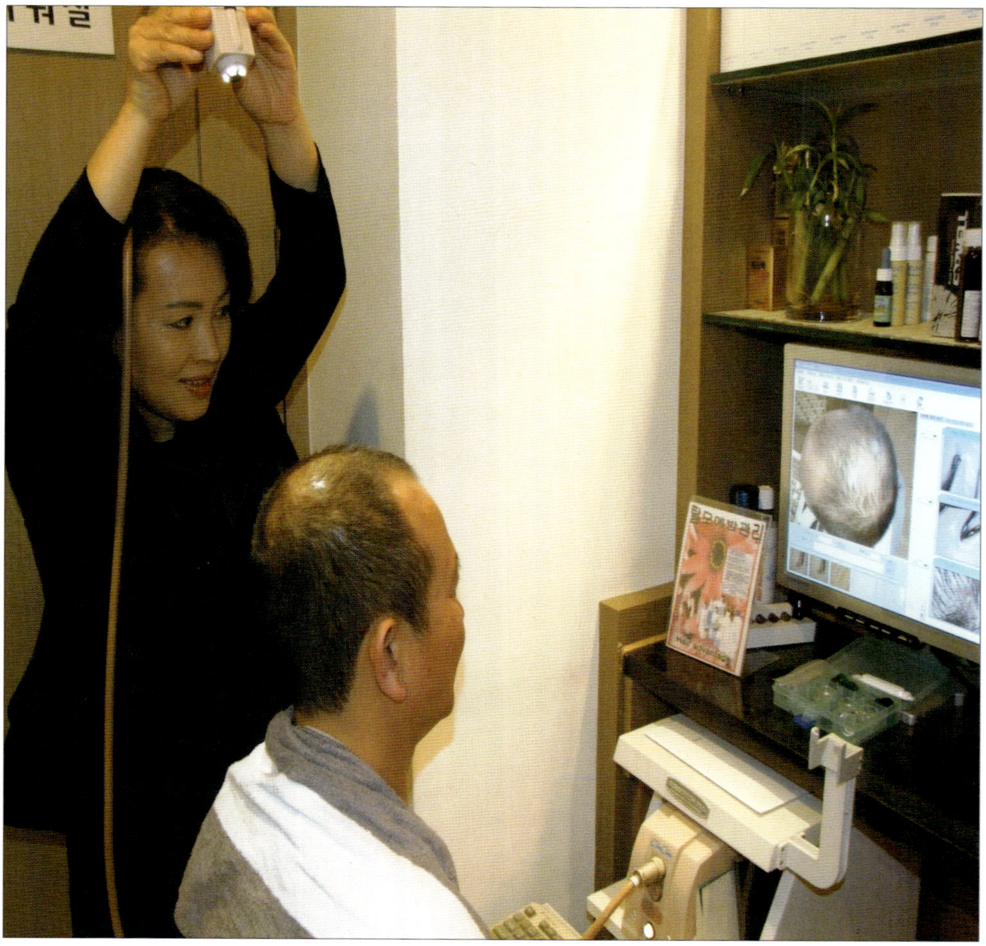

2) 40배율

- 모발의 밀도
- 건강한 헤어 사이클
- 모낭에 존재하는 모발의 존재
- 중간 모발(연모)들의 존재
- 가는 모발(취모)들의 존재
- 솜털 들의 존재
- 손상모발들의 존재
- 인장력 테스트

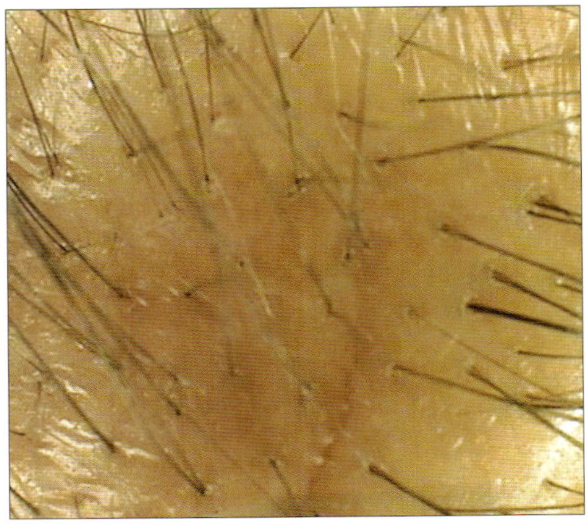

3) 100배율

(탈모량)

(1) 모낭의 수

(2) 모발의 수

- 건강한 모발 수
- 퇴화기 모발 수
- 연모의 수
- 모의 수
- 솜털의 수

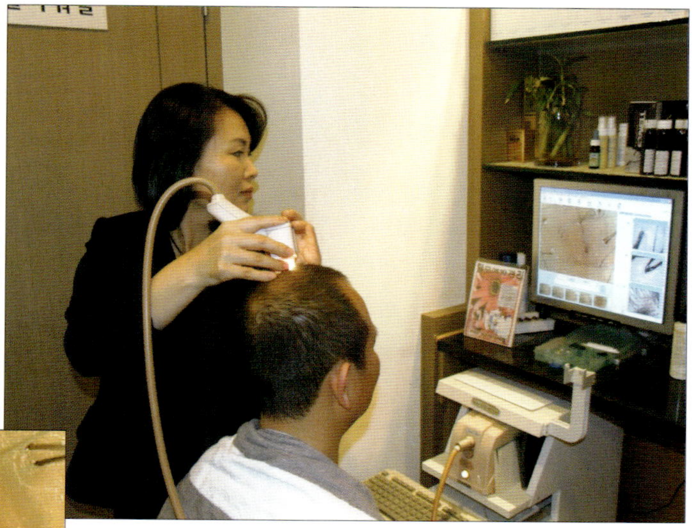

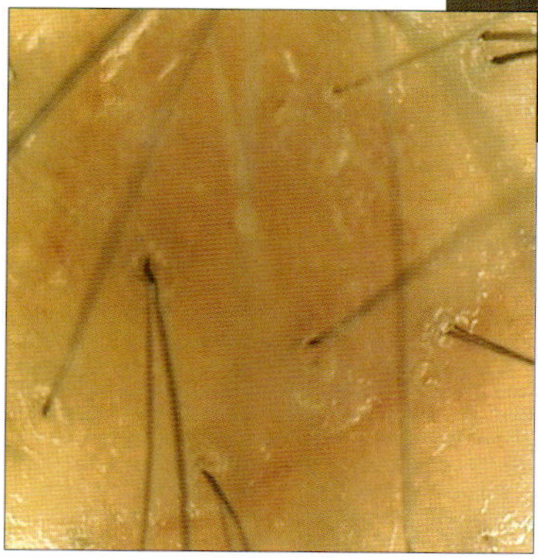

※ 헤어사이클의 변화

3~5년 생장기 모발이 굵고 튼튼하게 한 모낭에서 2~3본의 모발이 자란다.
건강한 부분에는 성모 3~6년의 수명을 가진 모발과 연모 2~3년의 수명을 가진 모발이 섞여 있다.
피지와 각질에 의해 모공이 서서히 막히면서 헤어사이클의 변화는 모발 소실을 가져 온다.

◎ 1차 변화 (3본 – 3본+연모)

헤어 사이클로 바뀌는 처음 1~2년에는 모발이 가늘어 진다.

◎ 2차 변화 (2본 – 2본+연모)

헤어 사이클이 변화를 느끼는 시점은 최소 3~4년 정도가 지나면 모발에 힘이 없고 앞머리가 자꾸 가라앉게 되어 알게 된다.

◎ 3차 변화 (1본 – 1본+연모)

헤어 사이클이 변화로 탈모로 진행 되기까지 5~6년 정도의 기간이 걸린다.

◎ 탈모

연모 ⇒ 취모 ⇒ 솜털로 진행 된다

4) 300배율

(1) 탈모의 양이 과도한지 판단

(2) 두개피,모발의 조직적인 손상이 있는지 판단

(3) 두개피 상태 두피이상 여부

(4) 두개피 증상

- 건성
- 지성
- 예민(발열)
- 피부염
- 혈행 장애
- 지루성
- 두개피 흡착
- 건선
- 태선
- 모낭충 현미경 검사

(5) 모근이 정상인지 판단

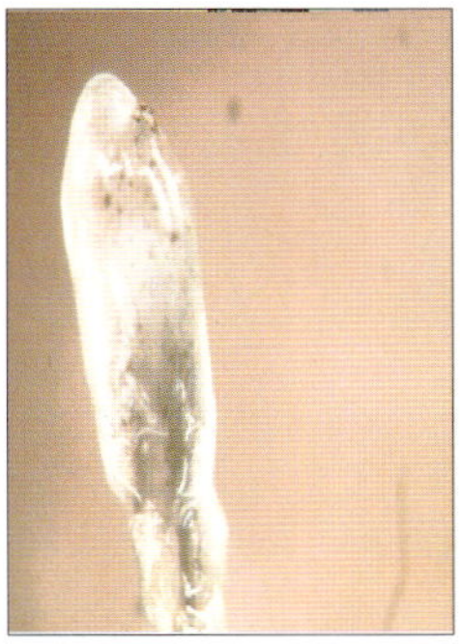

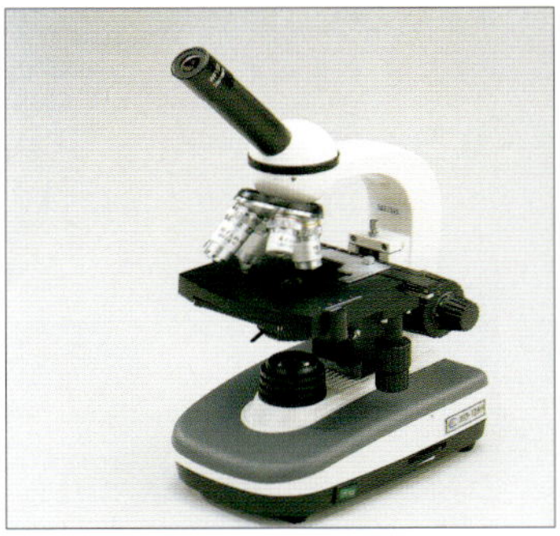

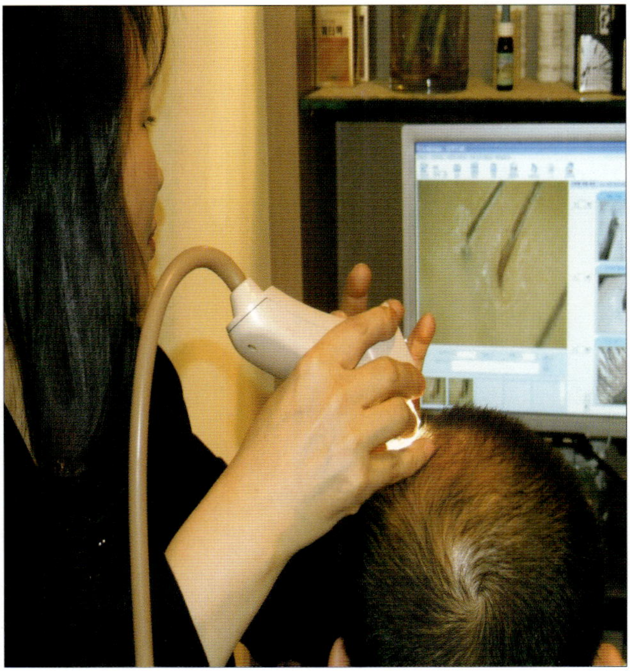

5) 이미지 비교 분석

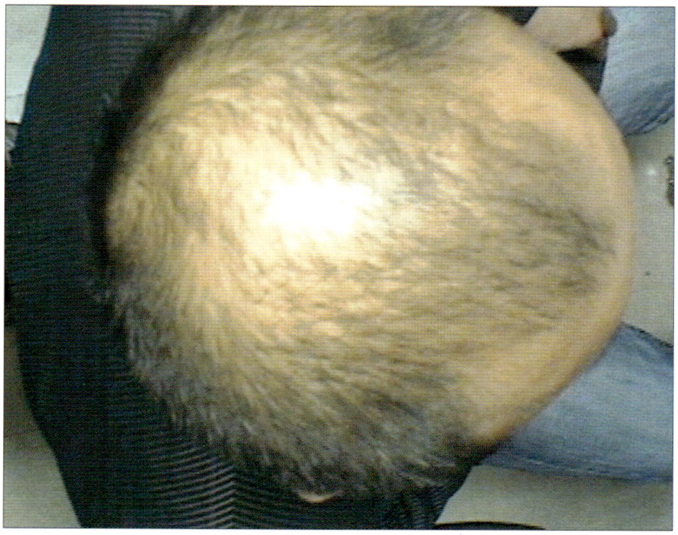

●기본 배율 탈모 형태

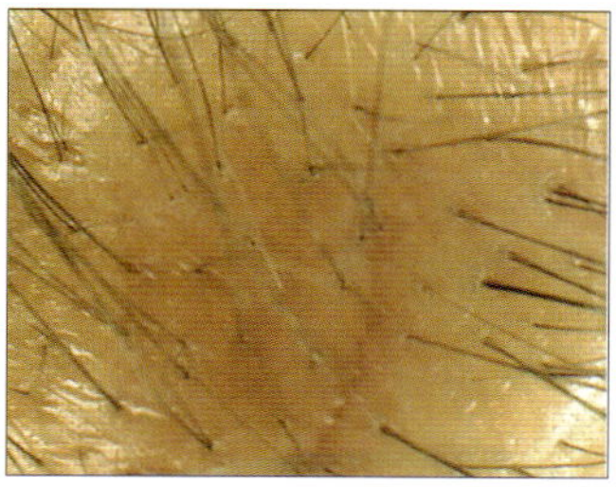

● 40배율 탈모량

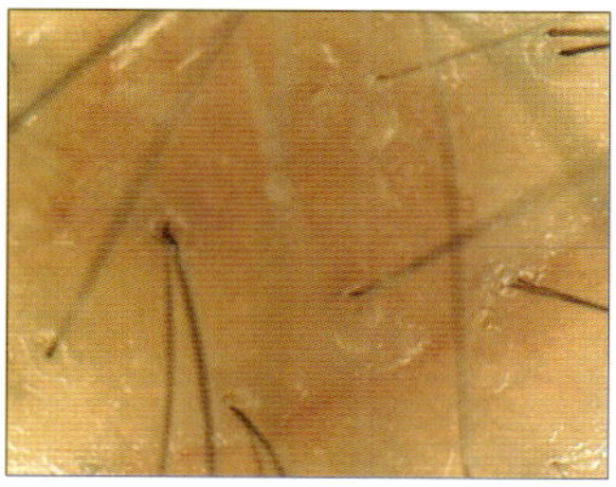

● 100배율 모발 수

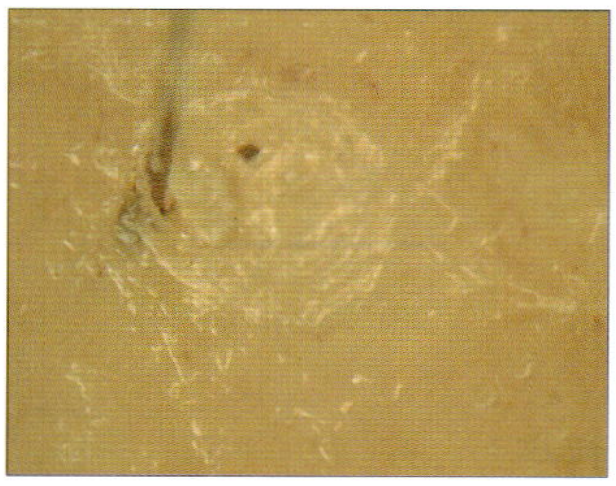

● 300배율
두개피 → 모낭 → 모근

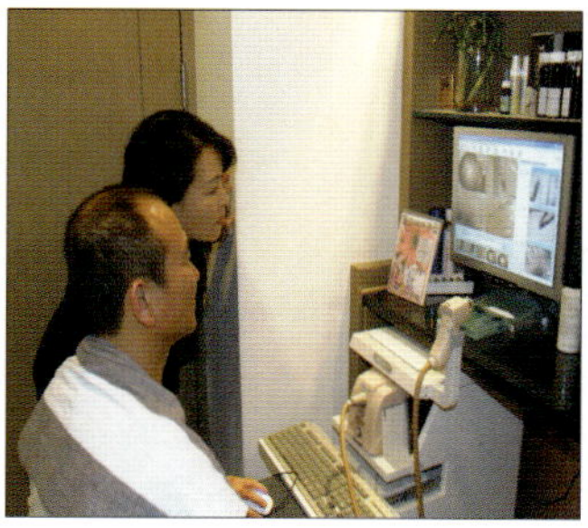

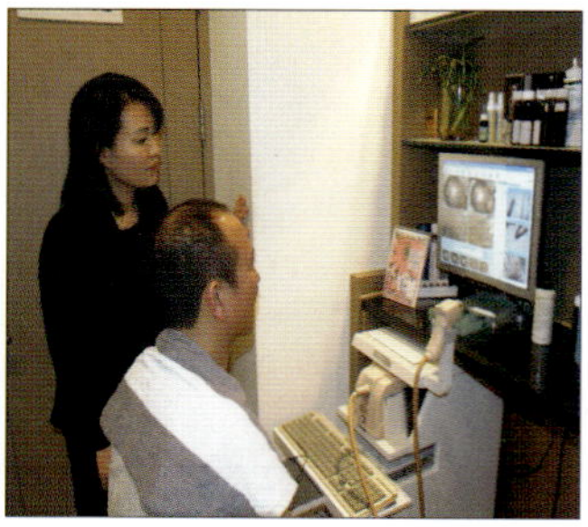

4. 탈모 진행 과정 두개피

■ 건강한 두개피 ⇒ 건성 ⇒ 비듬 ⇒ 지성 ⇒ 과 피지(역류) ⇒ 피지산화 ⇒ 민감성 ⇒ 지루성(염증) ⇒ 두개피경화 ⇒ 흡착

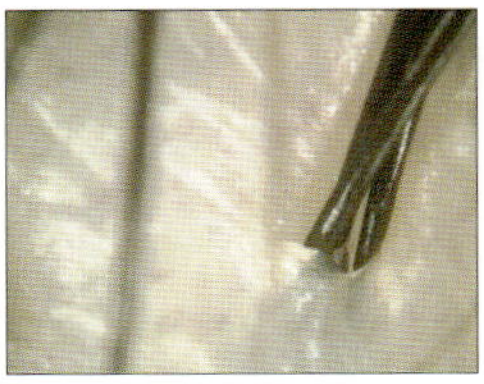

■ 건강한 두개피

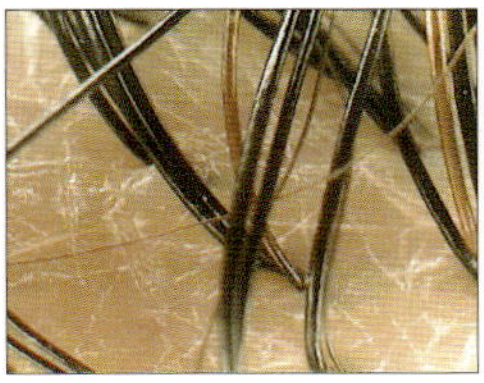

■ 건성(유.수분 바란스 깨짐)

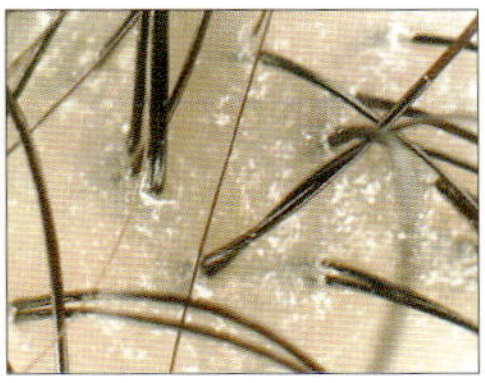

■ 비듬 생성 ⇒ 건성(세균감염)

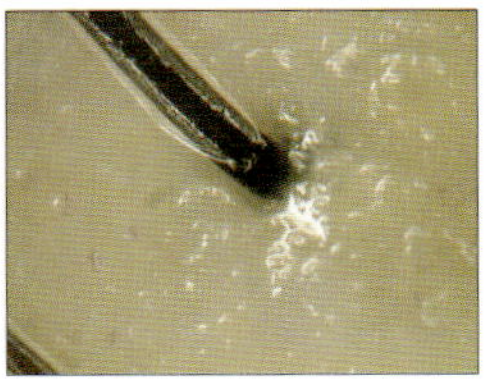

■ 피지 생성 ⇒ 피지 역류

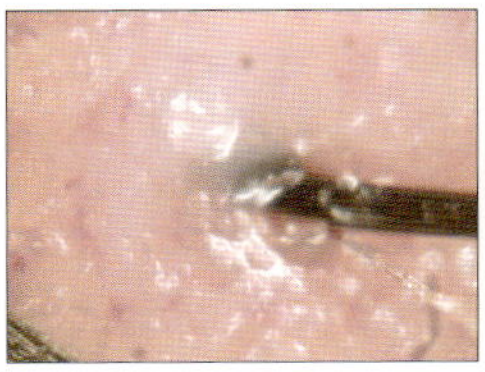

■ 지루성(과 피지형성)

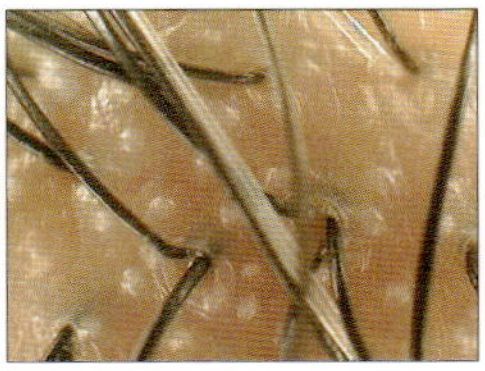

■ 두개피 막힘(기포현상)

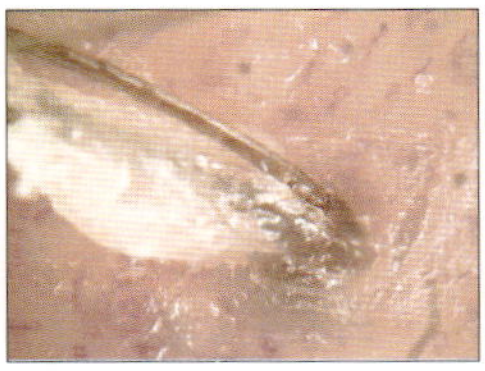

■ 과 피지(역류)

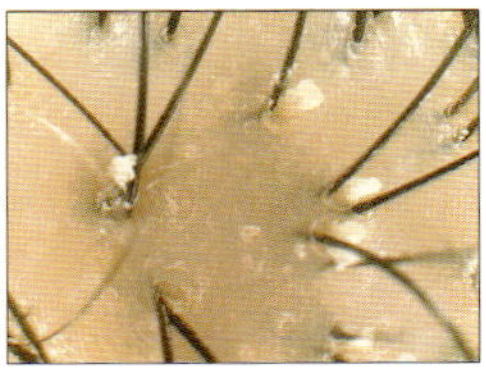

■ 피지 산화 ⇒ 피지 역류

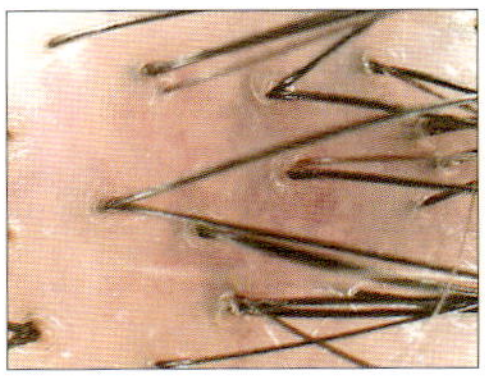

■ 민감 · 예민(발열·염증·세균감염)

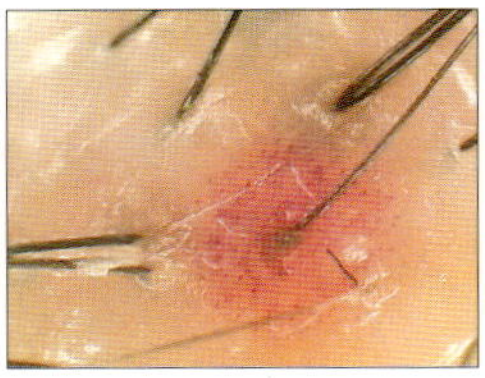

■ 두개피염증(농포성)모낭 소실

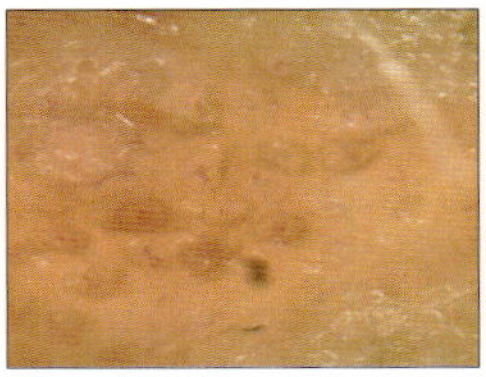

■ 두개피경화 · 흡착

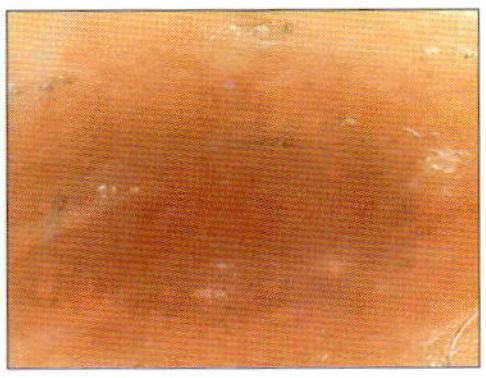

■ 두개피경화 · 흡착

5. 두개피관리 후 변화된 두개피

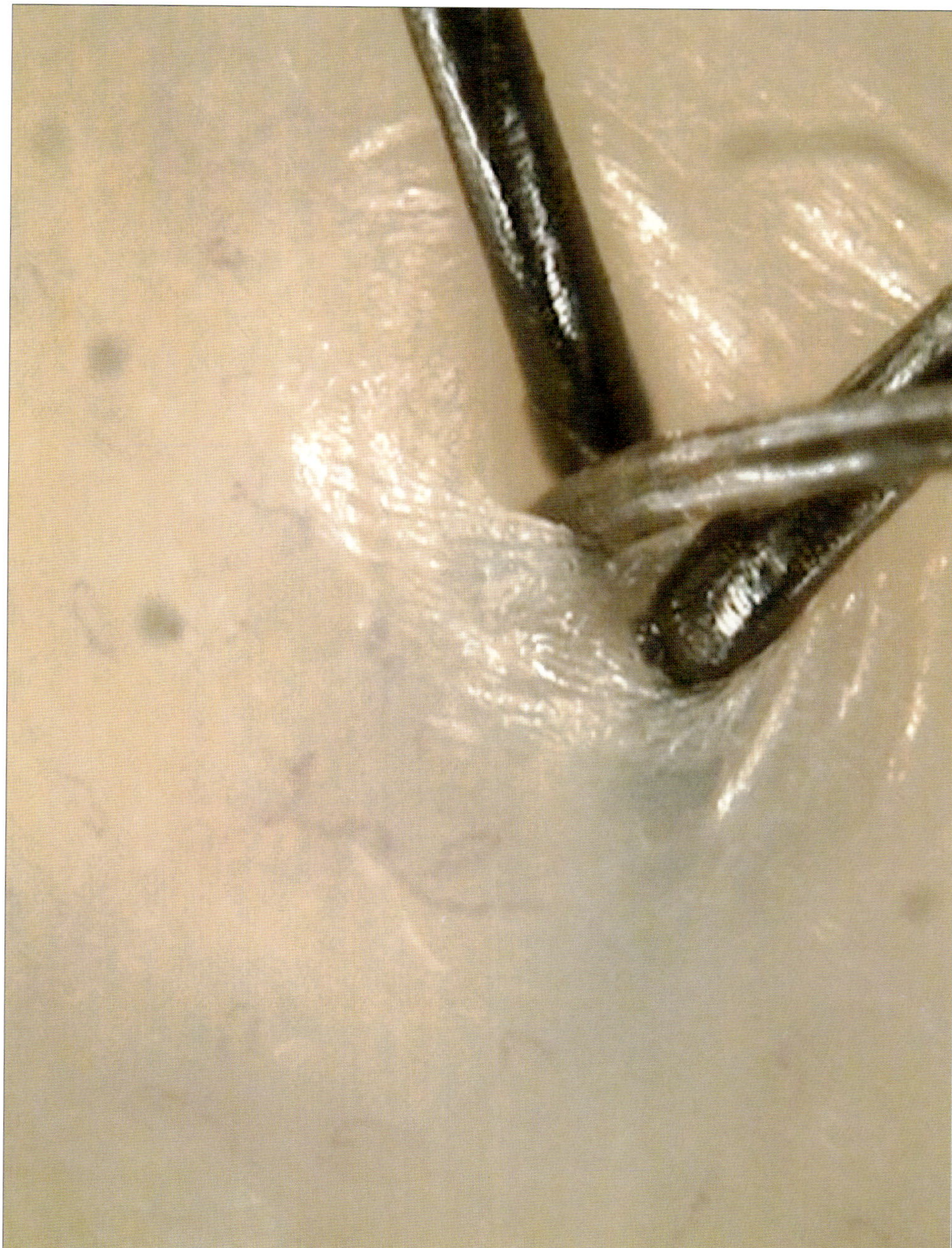

■ 두개피관리 후 변화된 두개피

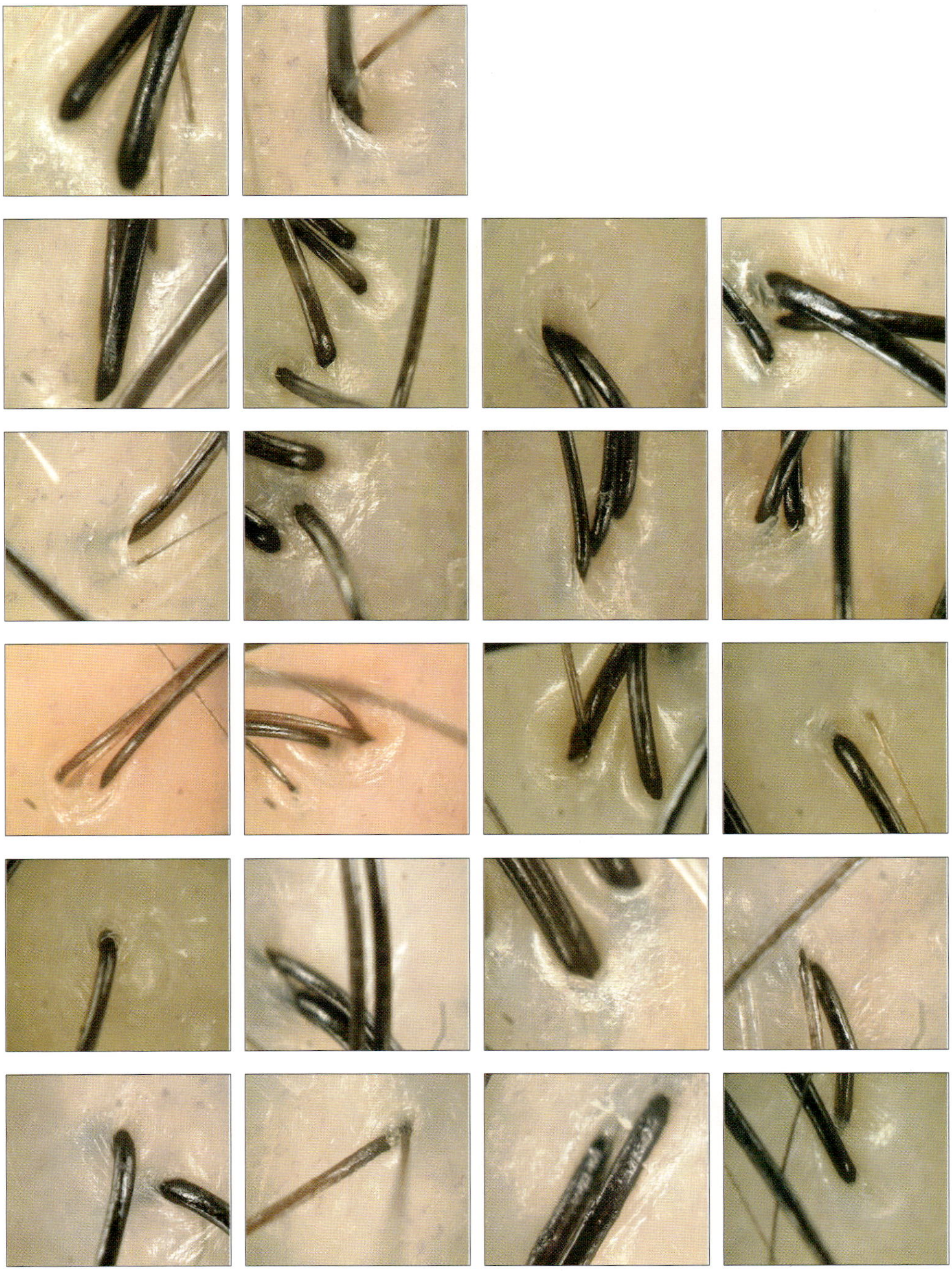

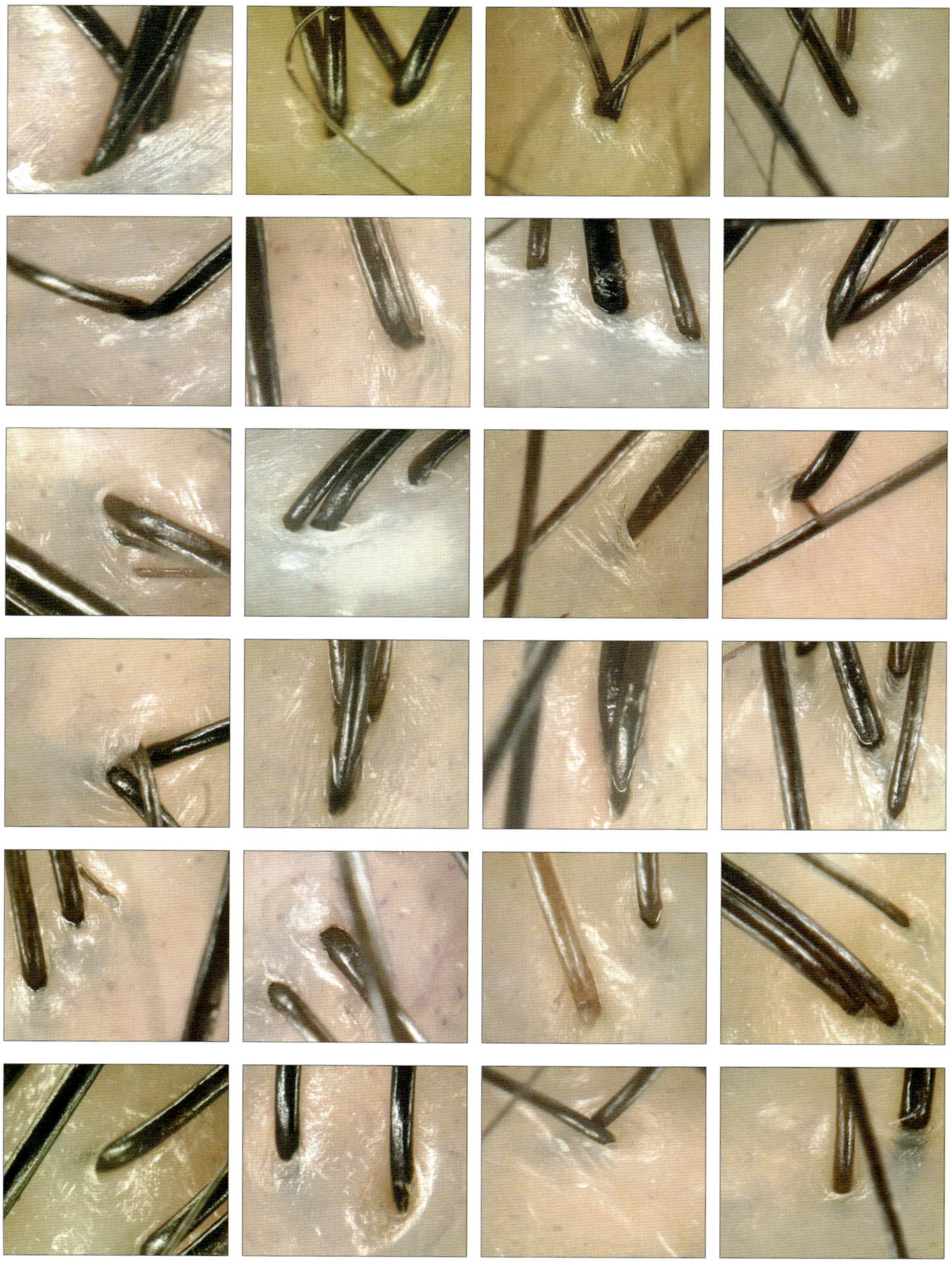

Scalp Care 두개피 문제 이미지 문진

Chapter 03

■ 두개피 문제 변화 진행과정

■건강한 두개피 ⇒ 건성 ⇒ 비듬 ⇒ 지성 ⇒ 과피지 ⇒ 기포 ⇒ 피지역류 ⇒ 피지산화 ⇒ 모낭 막힘(모발이 가늘어진다.)

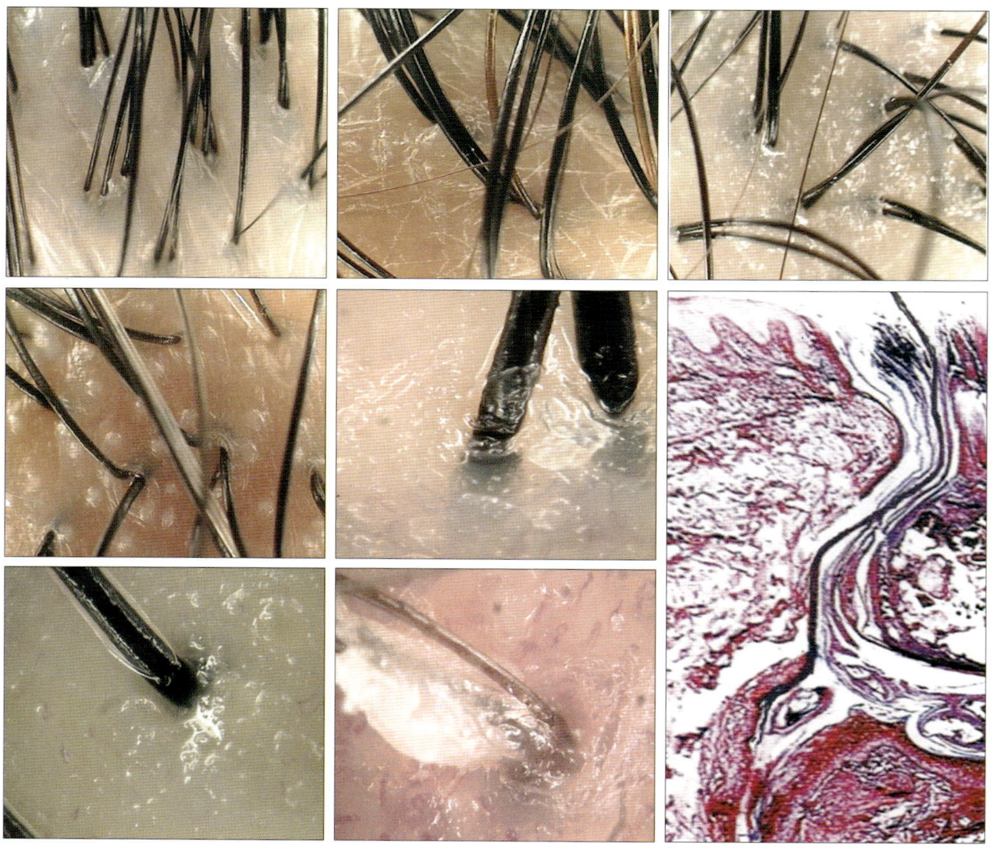

■건강한 두개피에 호지성 진균(Pityrosporum ovale)의 감염으로 비듬이 생성되면 자가면역기능작용은 피지선에서 많은 피지촉진 생성, 피지 분비이상으로 두개피에 심한 지루성 인설 및 지루성 피부염의 징후와 모공 막힘 증상을 동반하여 모근의 각화, 지루성두개피, 탈모가 생길 수 있다.

1. 건강한 두개피

1. 건강한 두개피

원활한 혈액순환으로 영양이 모모세포에 공급되어 사이클 주기(두뇌의 자율신경에 의하여 몸의 바이오리듬 주기)가 28일(±3일)이 정상적으로 이루어진 두개피.

1) 유 .수분 바란스가 정상으로 표면이 맑고 청백색을 띠며 각질층이 없는 두개피
2) 내부로부터 배설된 땀,피지,노폐물과 외부로부터 환경에 의한 공기 중의 오염, 두발 화장품(펌제 등의 미용제품포함)으로부터 보호 작용이 이루어진 두개피
3) 건강한 두개피 이미지에서는 한 모낭에서 (2~3개)의 모발이 한 모공에 1본만 있는 것이 아니라 2본~3본씩 다발로 있음을 볼 수 있고 모발의 굵기가 일정하고 모량이 일정한 두개피
4) 모낭 단위는1~3본씩 자연스럽게 자라는 것을 모낭의 기본단위인 미세모속, 모낭단위라고 한다

⊙두개피 전체의 모공에 2-3본의 모발이 정상인데 이물질로 모공이 막혀 모발이 빠지거나 자라지 못해 모공에 1~2본 있는 것이 탈모인 것이다.

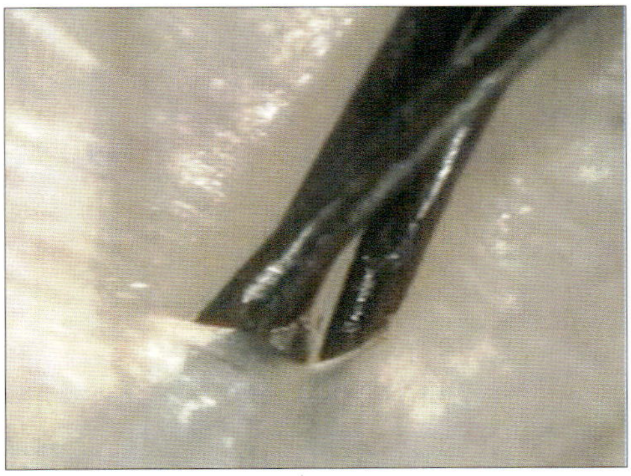
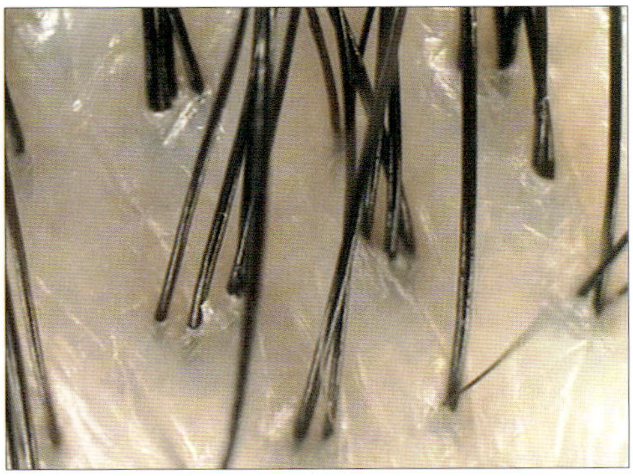

2. 피부(검거나 붉은)가 사람에게서 볼 수 있는 건강한 두개피

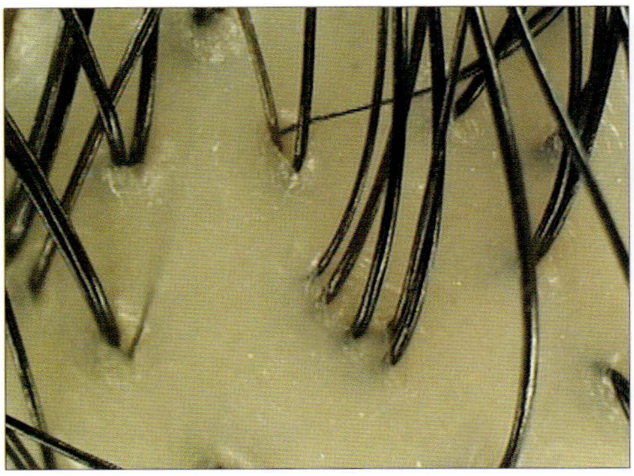
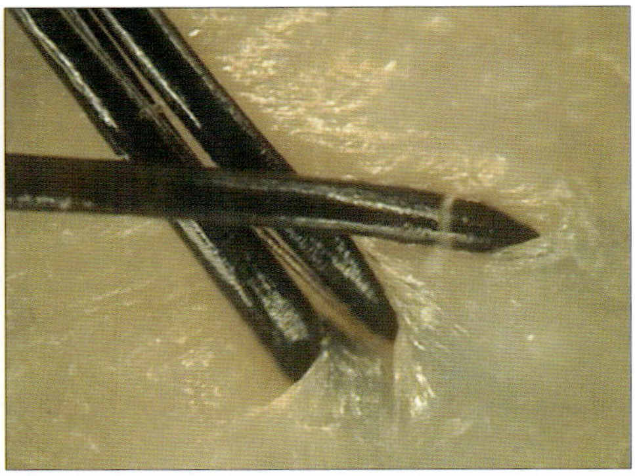

■건강한 두개피

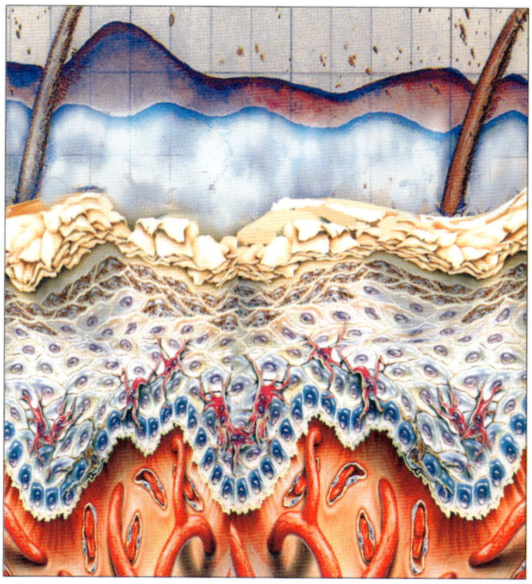

■40배율

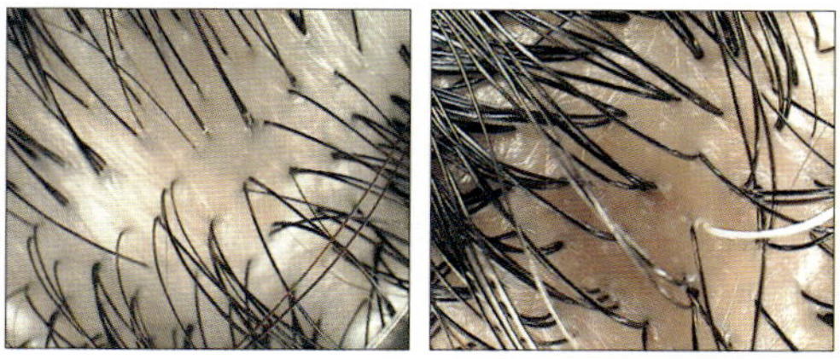

■100배율

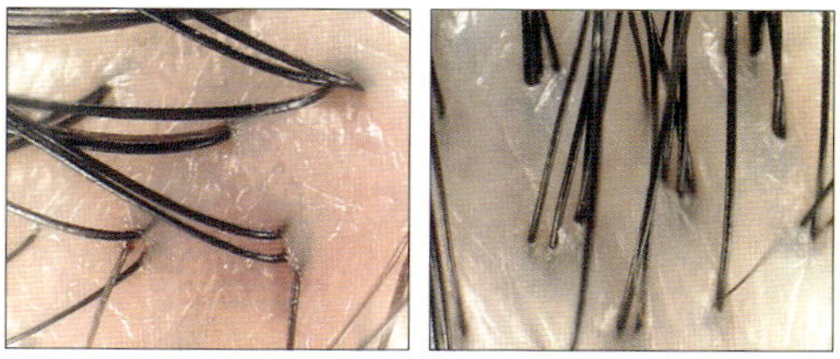

■300배율

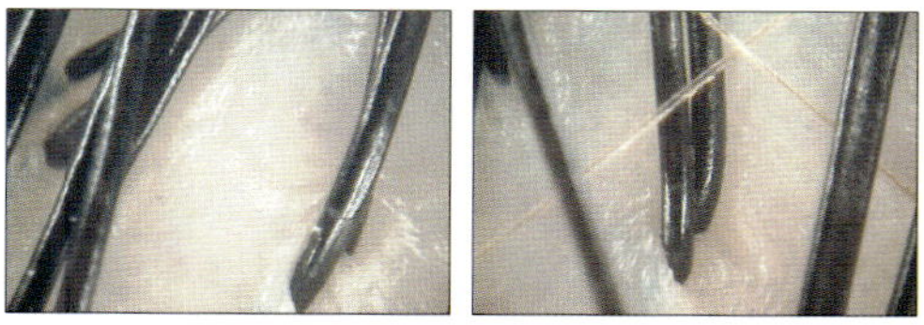

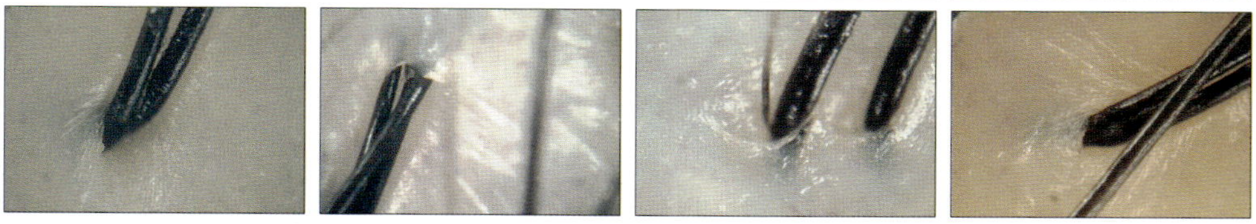

■검거나 붉은 피부의 건강한 두개피는 피부의 색이 다르다.

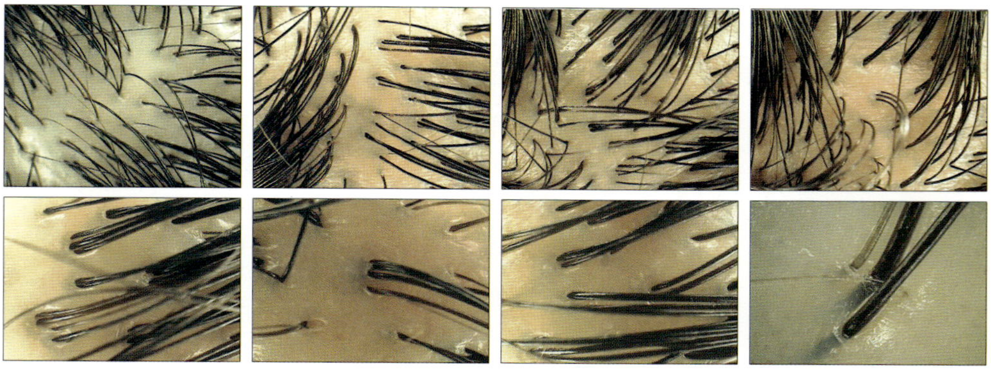

2. 건성 두개피

1. 원인

1) 표피 싸이클 변화로 생긴다

2) 곰팡이균, 세균에 감염에 의한 두개피이상

3) 단백질 부족 의심

4) 비타민 A, D의 부족에 의한 두개피 각화의 비정상 위장장애 빈혈, 결핵, 신경쇠약, 자율신경실조, 세발 불량, 두개피 압박, 건조

5) 수분 부족으로 발생할 수 있다.

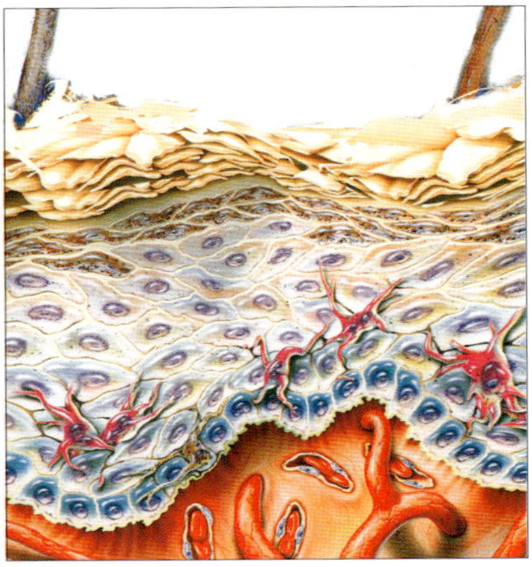

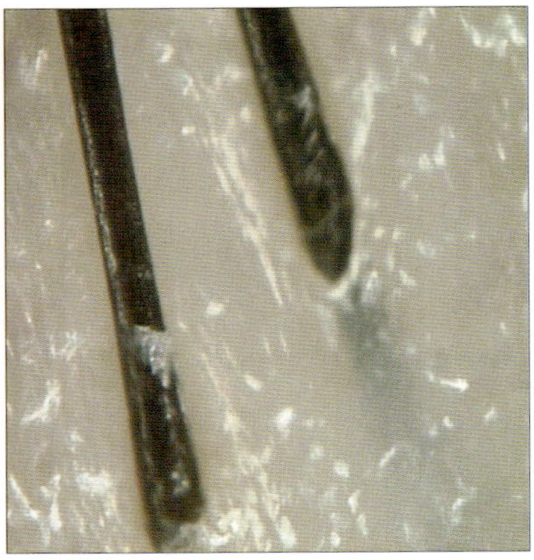

1. 건성 두개피 이미지

■40배율

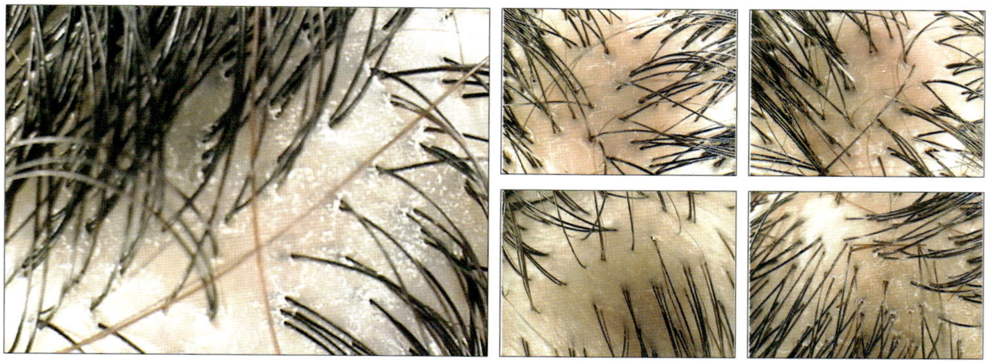

■100배율

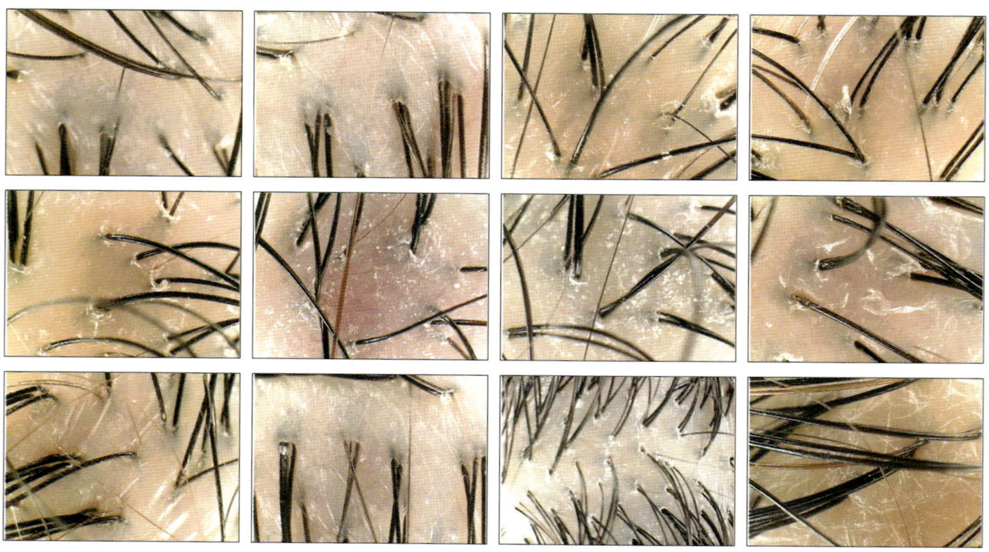

■300배율

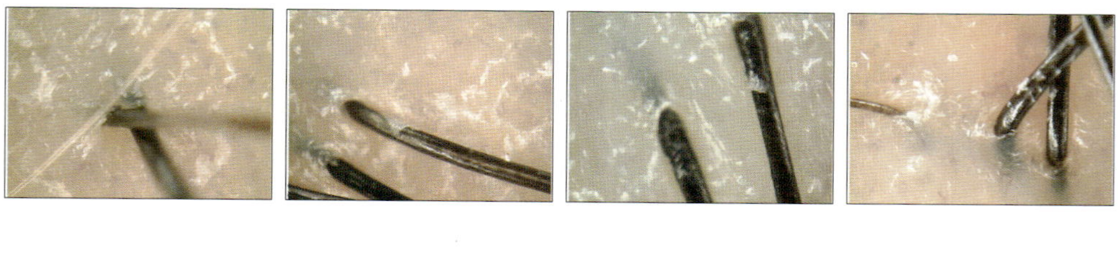

※ 건성 비듬

1. 건성 비듬

두개피에서 비듬이 생성되고 있다.
이 물질이 두개피표면에 각질(비듬)의 양이 증가한 두개피

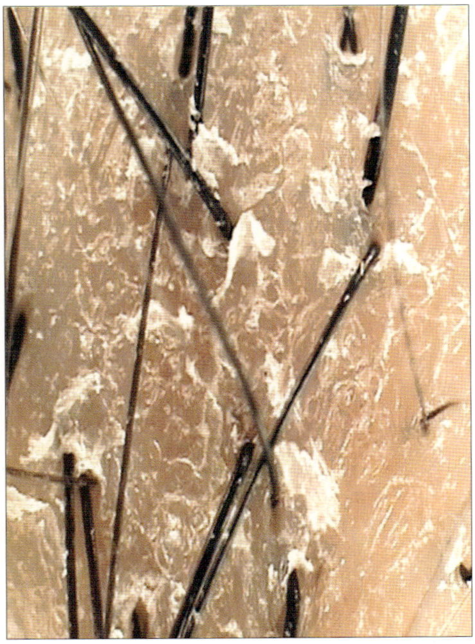

※ 말라세지아 곰팡이 균

말라세지아균은 음식 알러지 또는 높은 습도, 온도에서 발생하는 전염성 피부병으로 과민 반응, 지루성, 면역력과 선천적이거나 호르몬의 영향과 관련이 있다.

1. 특징

- 비듬, 아토피, 건선, 태선,
- 피부각화, 영양결핍,
- 많은 양의 피지 생성, 내분비 장애

2 증상

- 가려움, 피부비듬, 지루성, 염증, 탈모,
- 입술과 귀, 다리, 겨드랑이, 목, 서혜부 부위
- 과 색소침착과 태선화 과민반응, 면역성 내분비이상

2. 비듬 진행 과정

1) 건성두개피

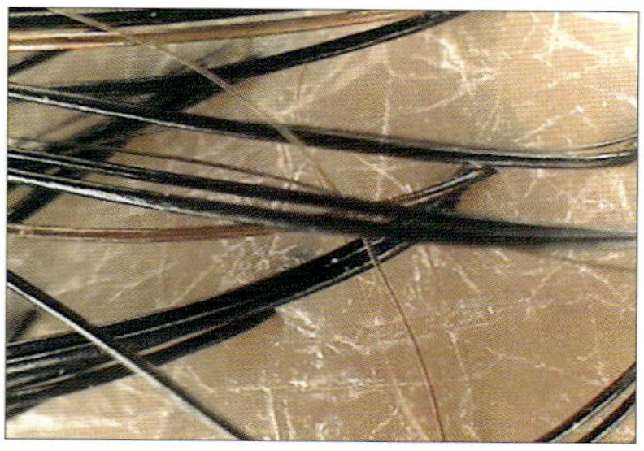

2) 세균감염

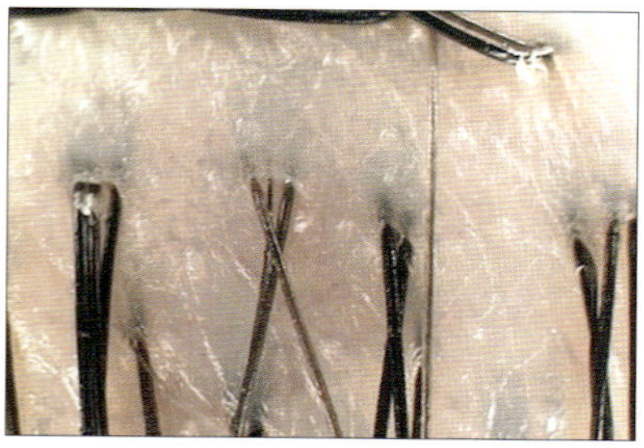

3) 예민해짐

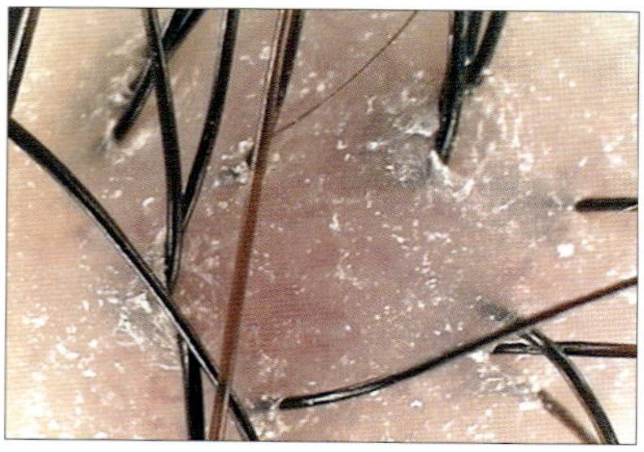

4) 비듬 생성

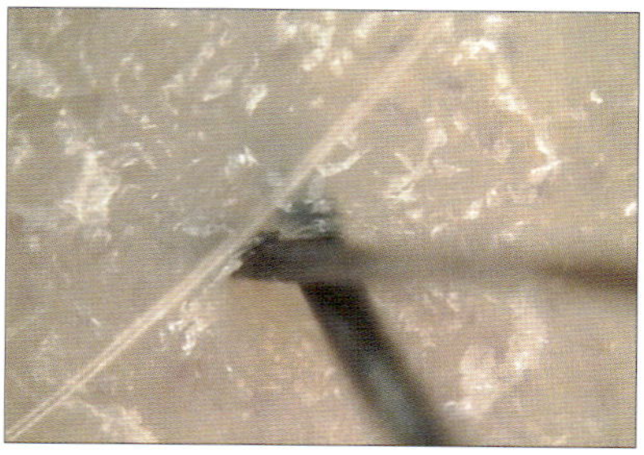

5), 6), 7) 각질(비듬)증가로 모공은 막히고, 비듬이 점점 쌓이는 두개피

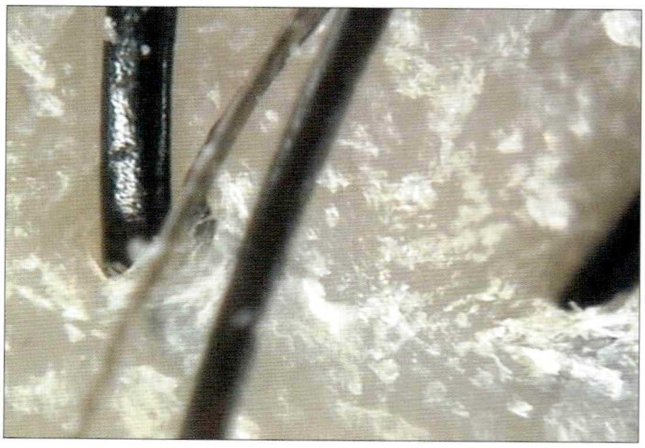

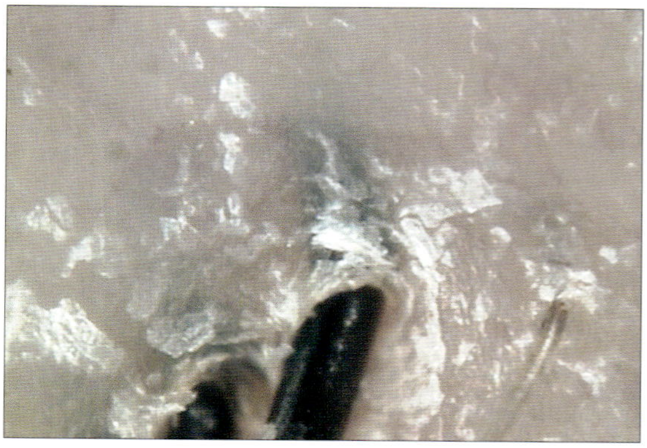

3. 원인

1) 건성 두개피에서 수분 부족 현상과 세균 감염은 비듬을 발생 시킨다.

2) 두개피의 노화 각질이 탈락하는 양이 많아 지는 것을 비듬이라고 부른다

3) 신진대사와 세포 분열이 활발하여 묵은 세포가 새로운 세포에 밀려 올라가 두개피의 재생이 잘 되고 두피에 이르러 각질화 되어 탈락 하는 기간은 4주 정도 28일(±3일)가 소요된다.(두뇌의 자율신경에 의하여 표피의 바이오리듬 주기는 28일±3일).

4) 각질이 탈락하는 양이 많아지는 여러가지 원인에 의해 변화된 표피의 이상 바란스 즉 표피 싸이클의 이상신호로 각질들의 탈락 기간이 짧아지고 각질의 양의 증가로 나타나는 것이다. (비듬이 되는 기간이 10 ~15일)

5) 세균 감염, 비타민A, D부족, 영양이 불균형한 식습관, 스트레스, 수면부족, 갑작스런 다이어트, 영양공급이 원활 하지 않아 탈모 될 우려가 있다.

4. 비듬의 종류와 증상

- **다한성 비듬**
  땀이 많이 나면PH(산성)불균형으로 두피는 알칼리화 되면 살균,수분, 해독(산화)작용 저하

- **건성 비듬**
  땀, 피지가 부족하여 두피의 건조 비타민 A의 결핍증이나, 각화증, 영양실조, 단백질의 결핍, 부신피질의 기능저하

- **지성 비듬**
  과도한 피지분비로 인한 두개피의 지방화로 각질세포와 기름이 뭉쳐 떨어지지 않는 현상

- **발한 장애**
  심한 건성으로 노인이나, 폐경이후의 여성 낮은 기온, 강한 추위등 기후적 특성이 피부의 수분상태에 영향을 미치기도 한다.
  혈액순환장애, 피지분비의 약화

- **건피증**
  건성은 피지(지방산)과 수분공급부족으로 피부는 탄력저하와 표피(세포)층이건조해져 제독작용도 원활하지 않기 때문에 자가독성효과로 비듬 생성

- **지루성 피부염**
  피지의 과도한 분비와 축척은 생리학적 균형이 깨지고 두개피의 자가 살균 능력이 상실과피지는 표피세포의 변화, 보호작용, 재생능력을 파괴

- **비대증(영영과다)**
  프로틴이 지나치게 많거나 적으면 생산성 불균형 과도하면 상피층이 두꺼워져 각화증이 일어나고 죽은 세포 역시 두꺼워지기 때문에 불규칙하게 조각으로 떨어진다.

- **영양부족**
  영양이 부족하면 세포 재생산이 느려져 각질 세포층이 점차 약해져 상피층(비듬)이 쉽게 떨어짐

●자가 면역 불균형

세균에 의해 케라틴 세포가 공격을 받기 때문에 세포가 점차 단단해지고 건조해져 비듬의 원인이 된다.
비타민부족 또는 과도하면 수분, 피지, 프로틴등의 생물학적 균형으로 비듬이 생성된다.

5. 두개피표면에 각질(비듬)의 양이 증가한 두개피 이미지

■40배율

■100배율

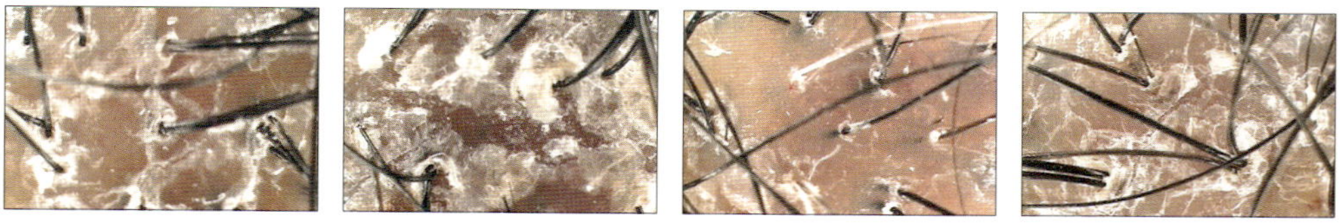

■300배율

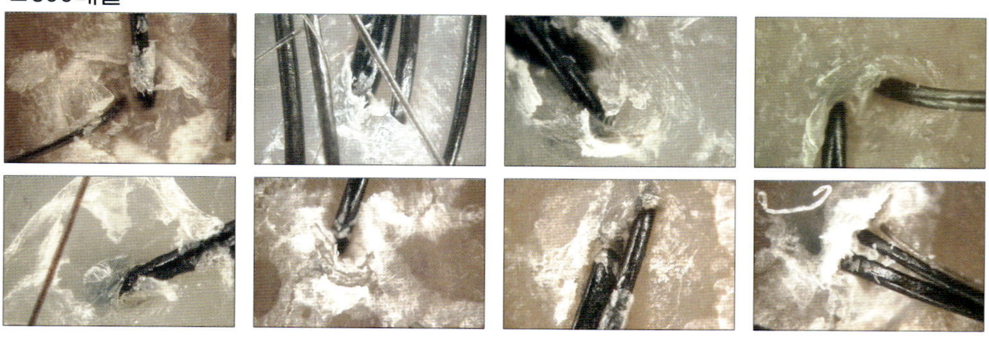

3. 지성 두개피

1. 피지

1) 피지는 땀에 의해 피부표면에 확산되어 엷은 보호막을 형성함으로 피부를 윤기 있고 부드럽게 한다
2) 피지 속에는 필수 지방산인 리놀산, 콜레스테롤, 인지질 등의 지방이 있어 땀과 피지를 유화시켜 유해 물질과 독성 물질의 침투를 막고 자극으로부터 피부를 보호한다.
3) 피지의 지방산은 살균작용을 한다.
4) 체내의 유독 물질은 피지 분비와 함께 배출된다.

2. 피지생성

피지생성은 자율 면역 신경 변화로 호르몬에 의하여 생성된다.

1) 남성 호르몬 작용

- 피지분비 촉진작용
- 남성호르몬 작용이 활발해지면 피지선에서 5-Reductase 환원 효소의 작용으로 남성호르몬(테스토스테론) Testosterone을 디히드로테스토스테론 DHT-Dihydro-testosterone으로 환원시켜 피지분비가 많아지고, 피지의 많은 발생은 모모 세포의 증식을 막고 모발의 발생, 발육과 성장에 영향을 주게 된다.
- 피지선은 사춘기에 절정에 이르나 노화에 의해 분비가 감소된다.

2) 여성 호르몬

- 피지분지 억제작용

많은 양의 피지 생성 피지로 인한 두피 변화를 볼 수 있다.

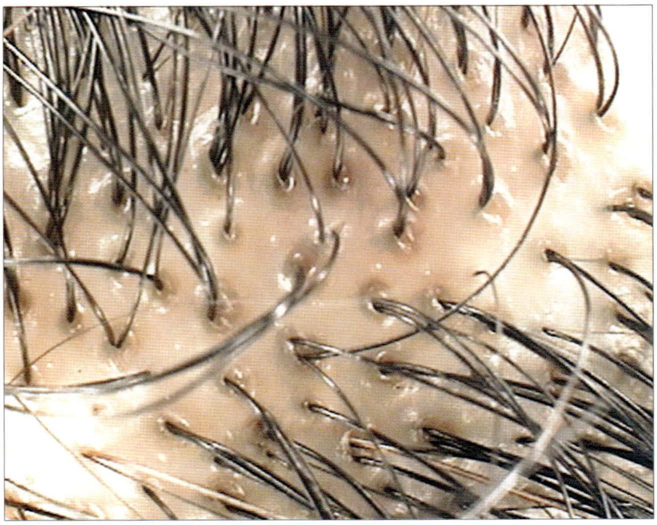

3. 지성 두개피 이미지

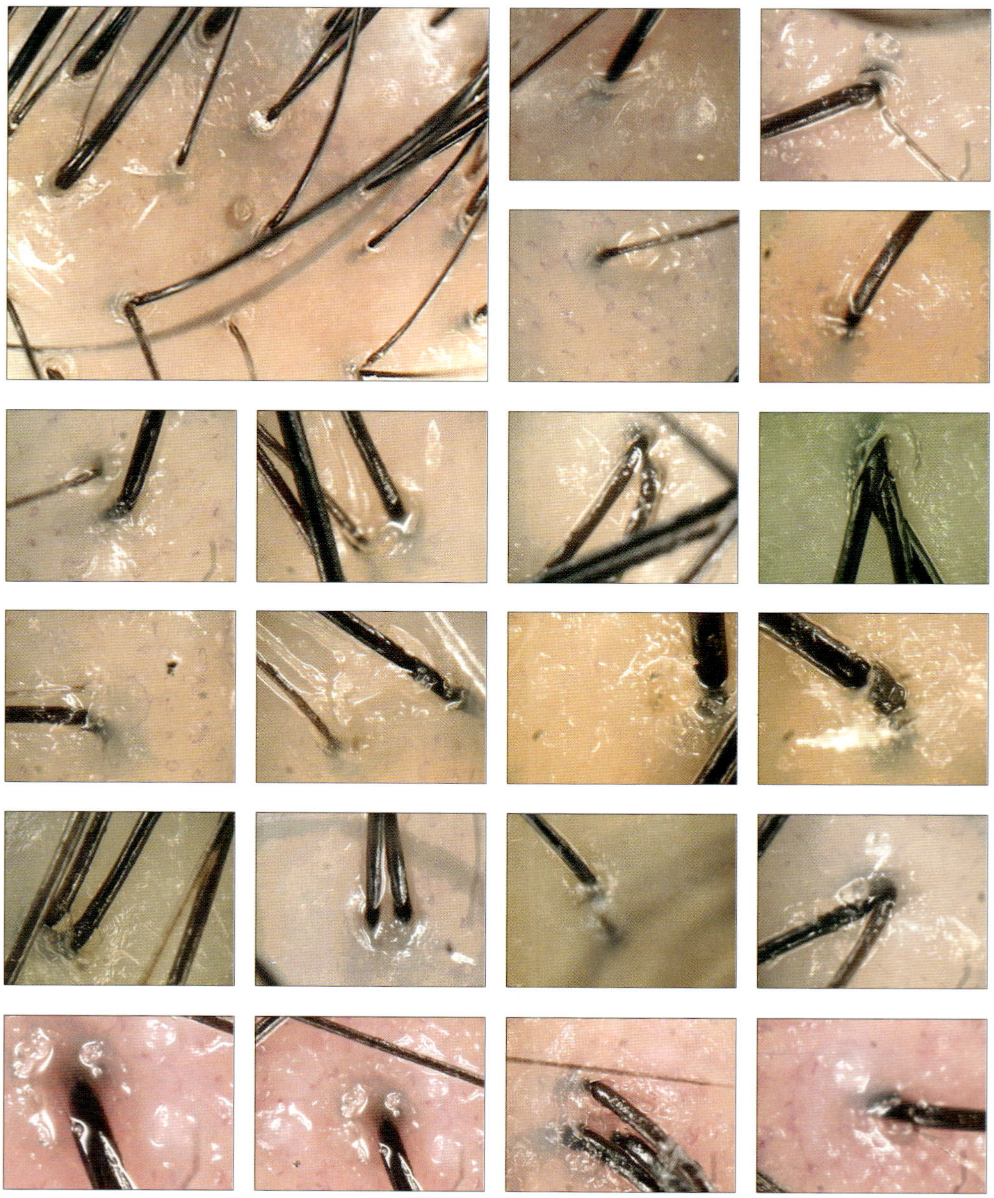

※ 피지의 생성 과정

- 남성 호르몬의 작용과 면역계 이상은 두개피에서 많은 피지 생성
- 자율 면역 작용 이상은 두개피의 표면에 많은 양의 피지 배출

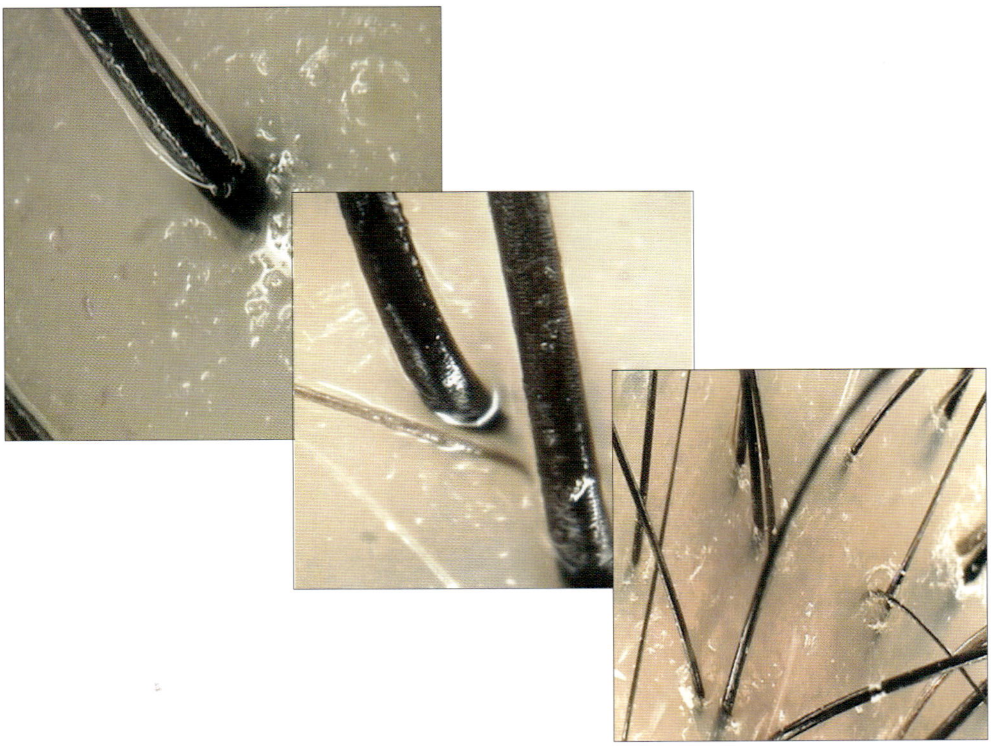

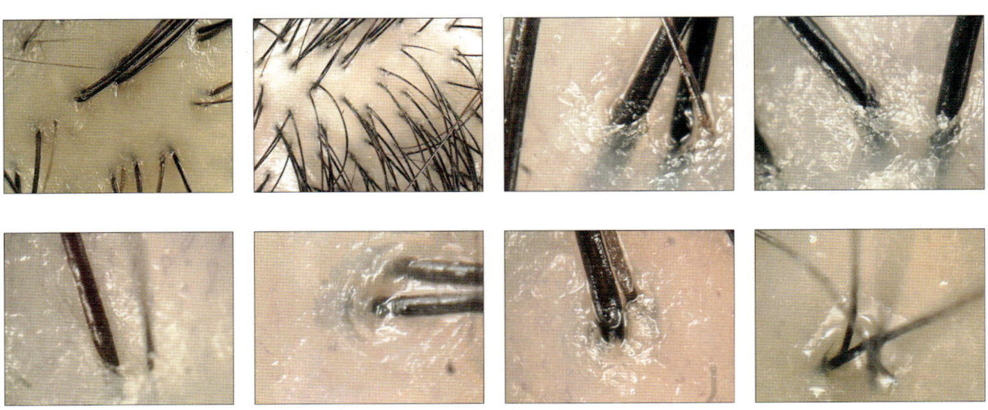

※ 피지 변화 1단계 (과피지)

1. 피지의 역할

1) 보호 작용

● 피지는 (완충작용, 세균, 이물질) 두피를 보호

2) 문제

● 완충작용, 세균, 이물질로 부터 두개피를 보호 하려는 자가 면역 작용은 많은 피지를 발생 시키고 많은 피지는 두개피에서 많은 문제를 발생 시킨다.
많은 피지 발생은 피지의 역류현상(두개피 속 뭉게구름 형태)으로 두개피의 색깔이 변하고 두개피에 많은 문제를 발생 시켜 탈모로 진행 된다.

※ 남성호르몬과 면역작용 이상으로 많이 배출된 피지와 공기 중 산소의 만남은 피지를 끈적끈적한 젤라틴 형태로 변하게 하여 두개피에 세균 증식으로 예민, 염증, 모공 막힘…

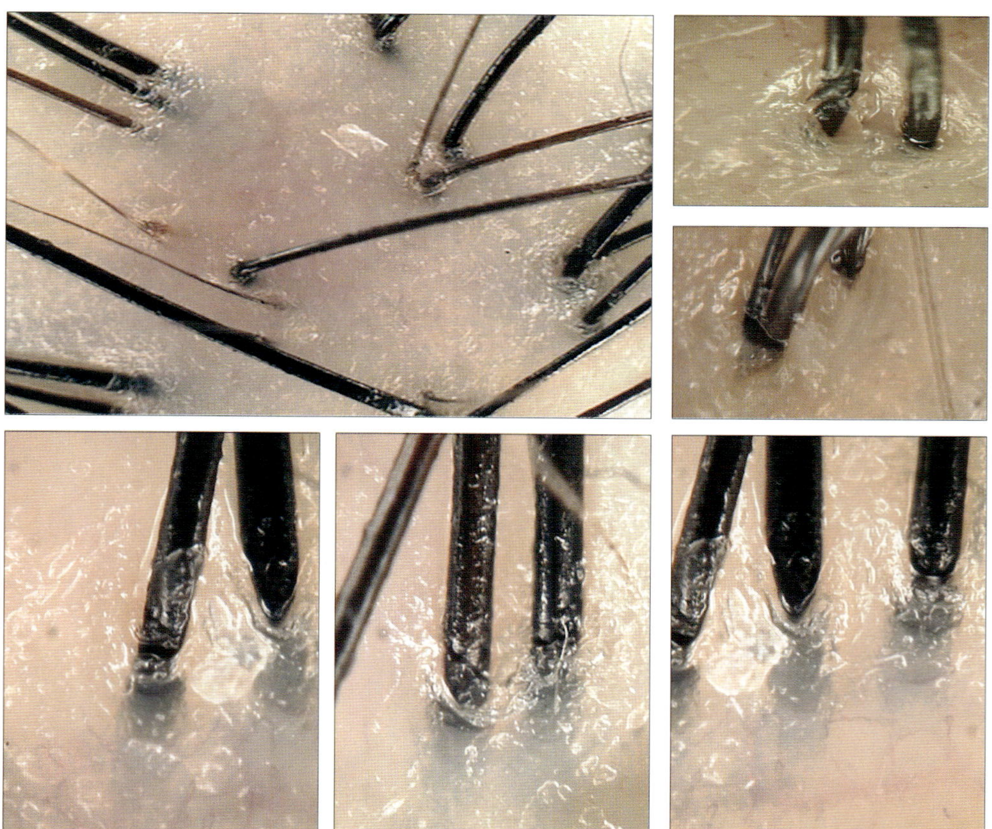

2. 피지 변화 1단계 두개피 이미지

■40배율

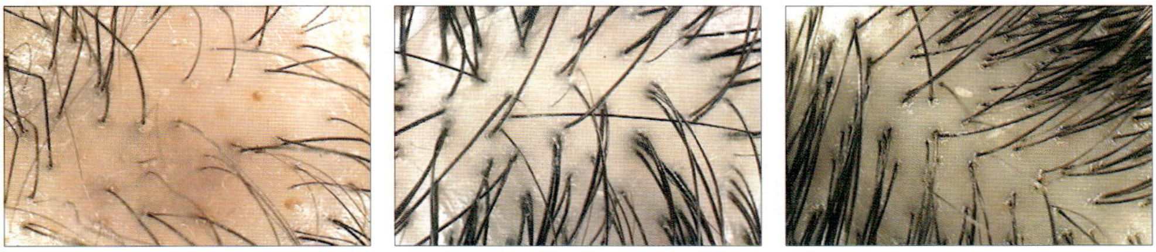

■100배율

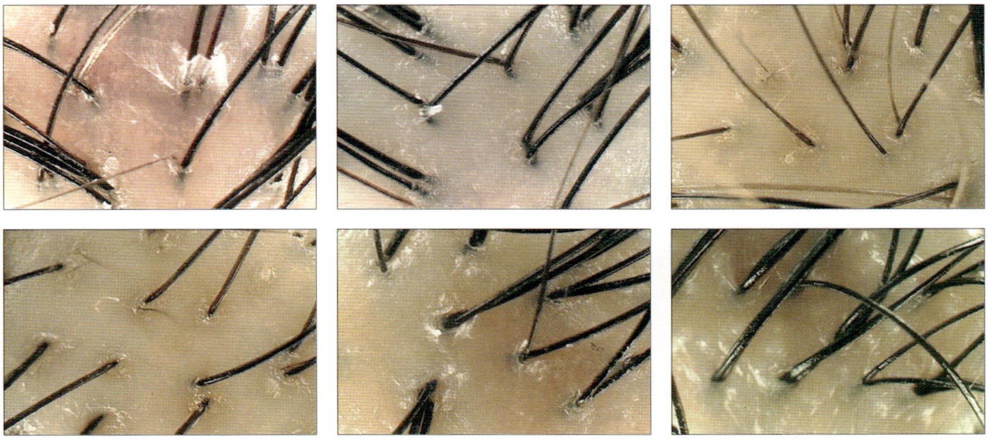

■300배율

※ 피지 변화 2단계 (기포현상)

1. 두개피에서 발생되는 기포 원인

1) 두개피에 쌓인 피지와 각편이 모낭과 한선을 막아 배출되는 통로를 막고 두개피에 기포를 발생 시킨다.

2) 피지선의 자극으로 분비된 많은 양의 피지가 산화되고 각화된 각질들이 혈액 순환 장애로 떨어지지 못하고 산화된 피지에 붙어 있어서 생기는 현상이다.

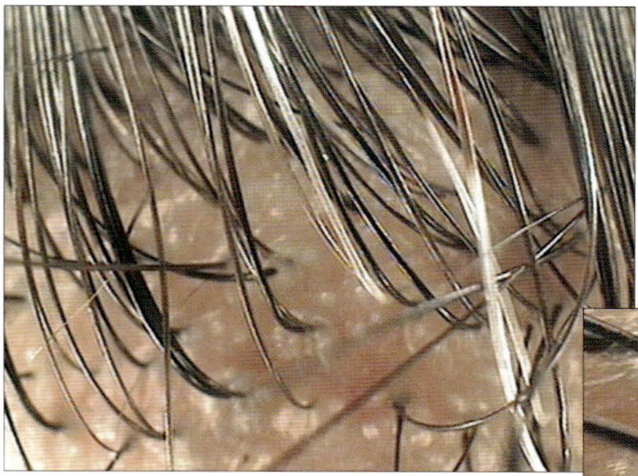

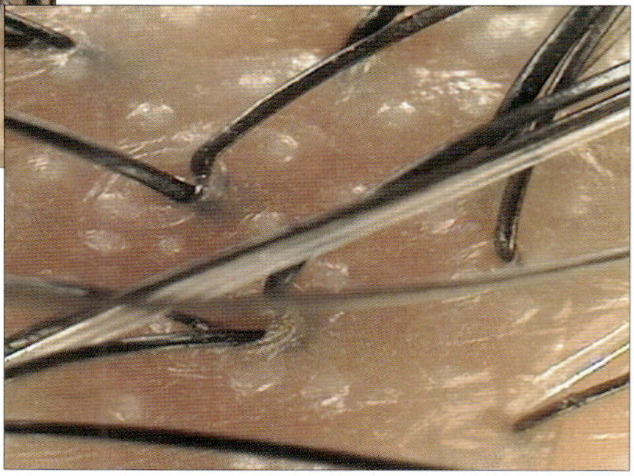

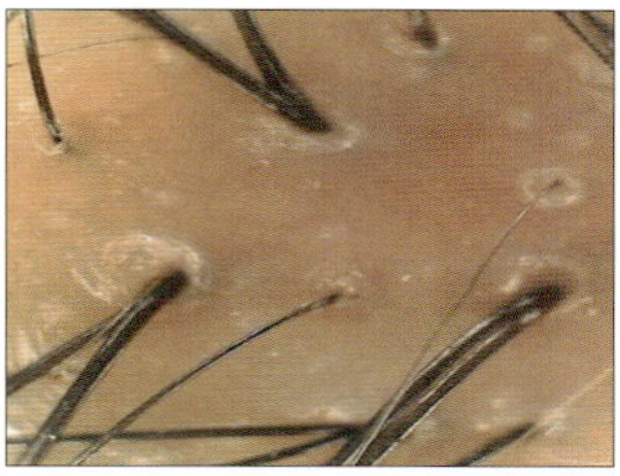

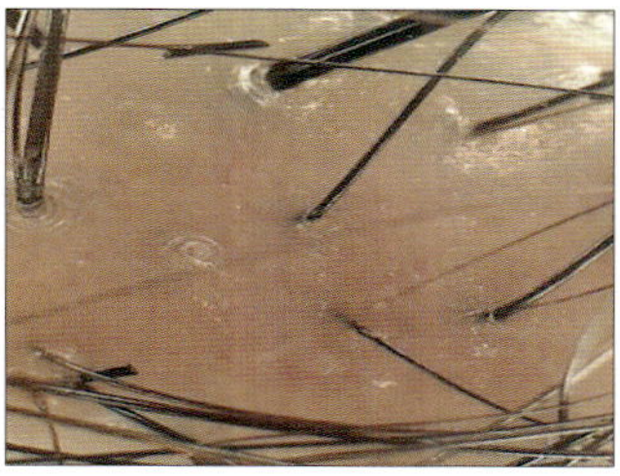

2. 기포 현상 두개피 이미지

■40배율

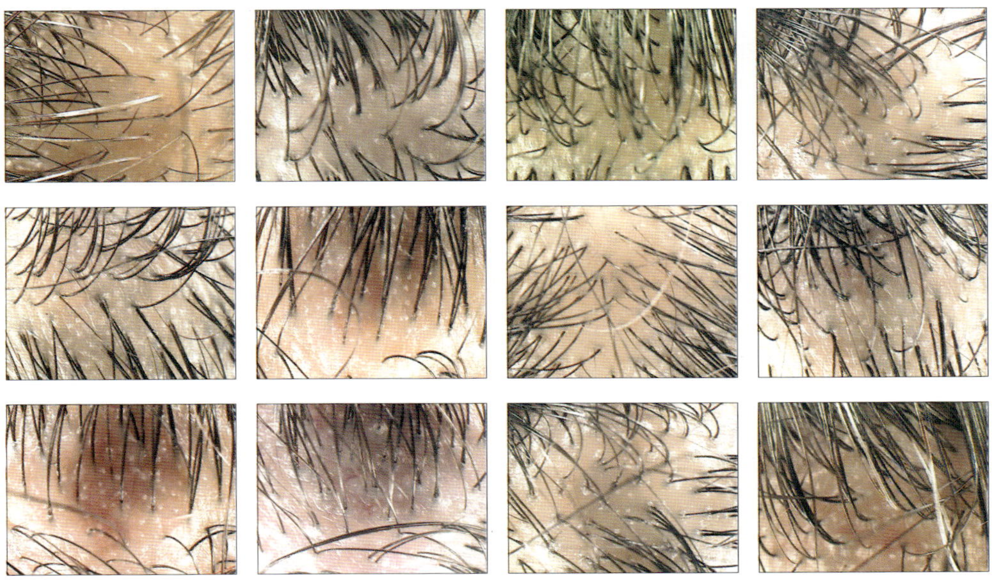

■100배율

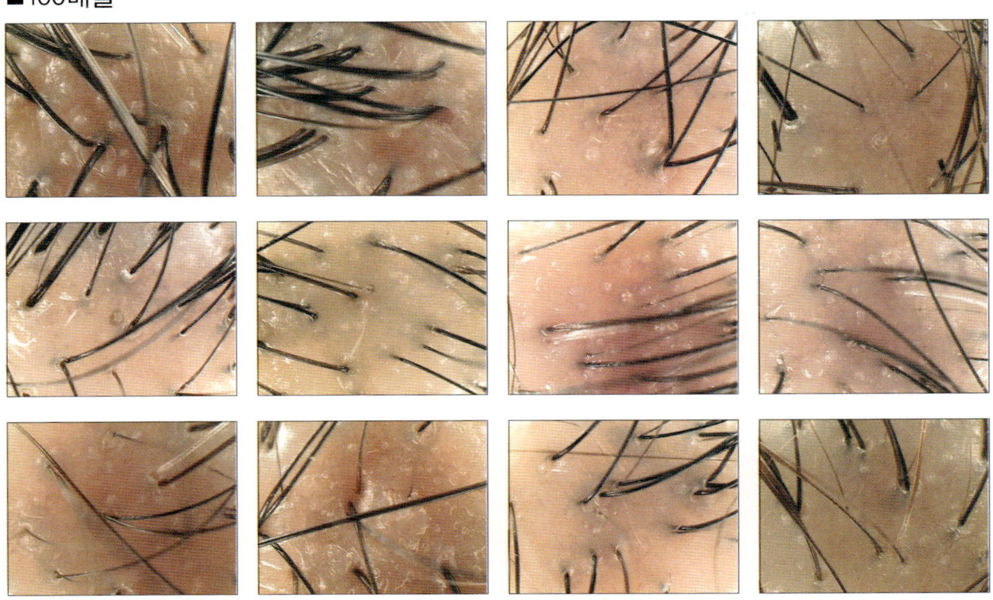

※ 피지 변화 3단계 (피지 역류)

- 많은 양의 피지의 산화는 모공을 막아 두개피에서 피지를 배출시키지 못하고 축적되게 하고 두개피의 호흡 방해와 하루 분비되는 일정량의 피지 배출 방해로 두개피에 많은 문제와 탈모를 발생 시킨다.
- 지루성두피에 염증과 비듬 증상은 두개피에 서식하고 있는 모낭충 때문이기도하다.

1. 문제

1) 지성 두개피에서 가장 먼저 나타나는 증상은 염증과 비듬이다.
2) 피부가 붉어지고 각질이 서서히 증가하여 염증을 형성하게 되며 심한 가려움을 동반하게 된다.
3) 두개피에서 각질이 생성되고 두꺼운 각질을 수반하면 발진 및 진물이 나는 염증이 심해지고 두개피를 벗어나 이마, 얼굴, 귀, 목까지 퍼질 수 있으며 심한 경우 두개피 전체가 악취와 함께 두꺼운 각질로 덮이는 지루성 비듬으로 진행 된다.
4) 많은 양의 피지와 각질이 모공을 덮어서 모낭을 막고 두개피에서 피지가 굳어져 황금색의 연한 부스럼딱지가 되고, 모발이 서로 교착한다.

2. 피지 분비장애

- 건조해지고 거칠어지면서 모공의 생리가 우선적으로 방해를 받게 된다.
- 모낭충의 서식으로 피부의 노화가 지연되며 모공이 막히거나 각질층 증식, 모낭확장, 모공확대, 모근의 영양부족, 탈모 등의 현상이 나타난다.

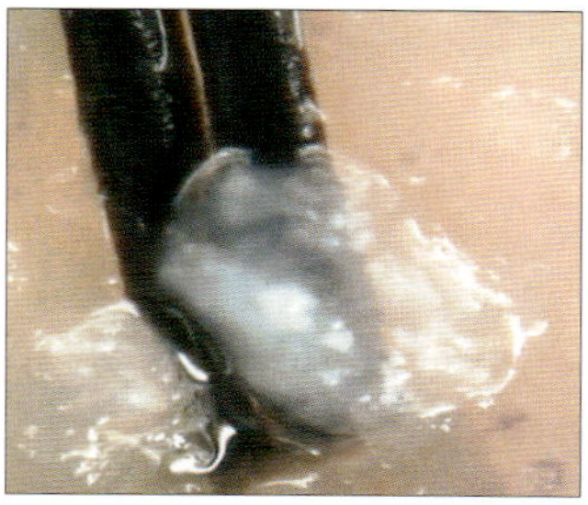

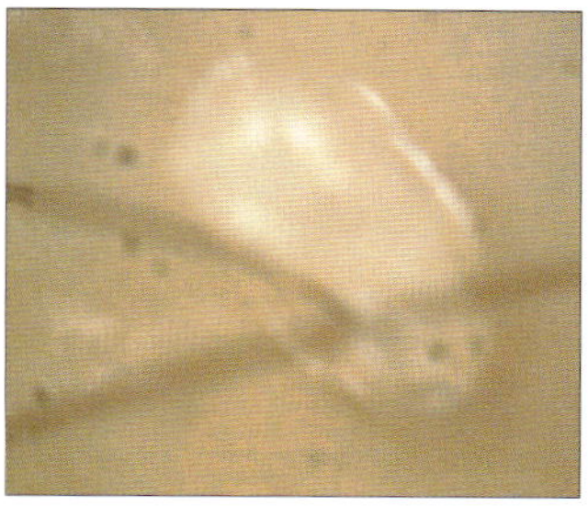

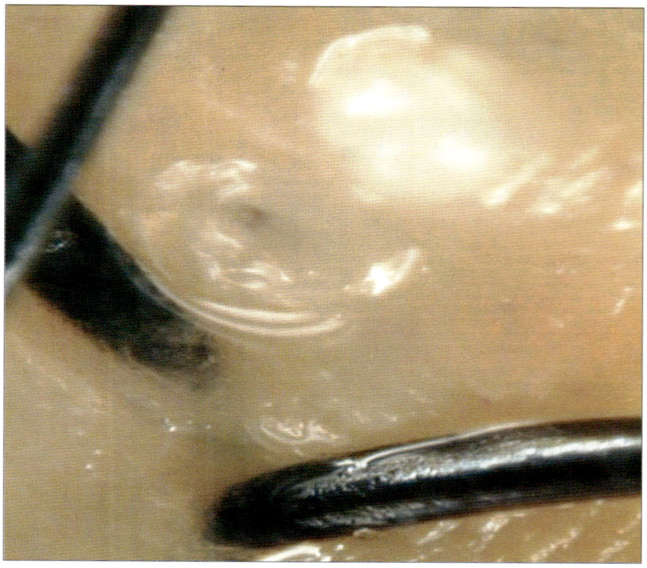

3. 피지(역류) 두개피 이미지

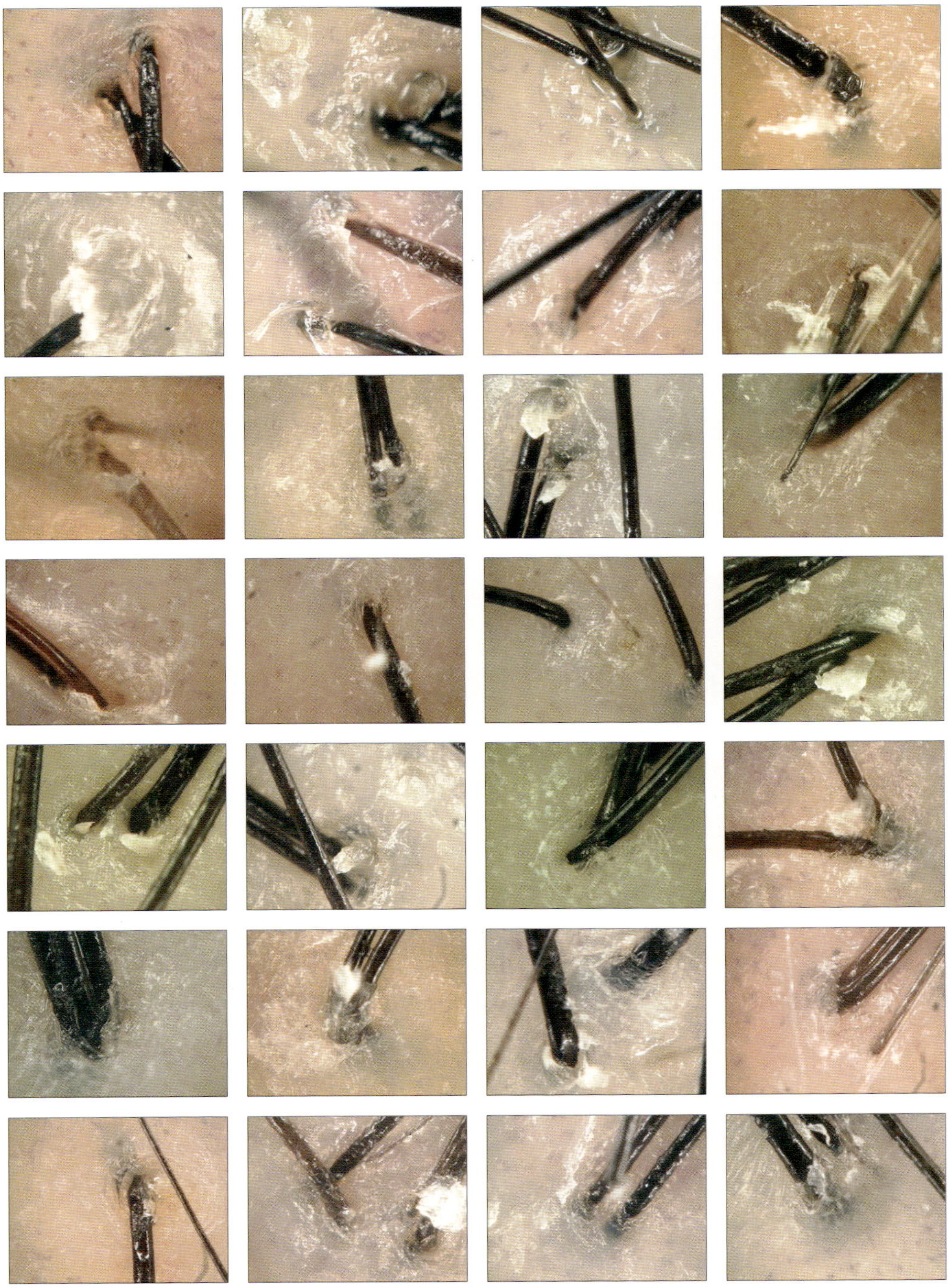

※ 피지 변화 4단계 (산화 두개피)

1. 원인

1) 피지가 배출되지 못하고 두개피 속으로 역류된(피지 + 산소 + 열)의 결합은 모발에 영양 공급 방해, 두개피 흡착, 모근 위축, 두개피 경화는 탈모(대머리)로 진행 된다.

2) 두피 발열은 피지산화, 모세 혈관 확장을 초래 한다.

3) 모낭에서 산화된 피지는 모낭을 막아 헤어 싸이클 변화를 발생시켜 빈모(가는 모발)로 변하게 한다.

2. 피지 산화 두개피 이미지

■ 40배율

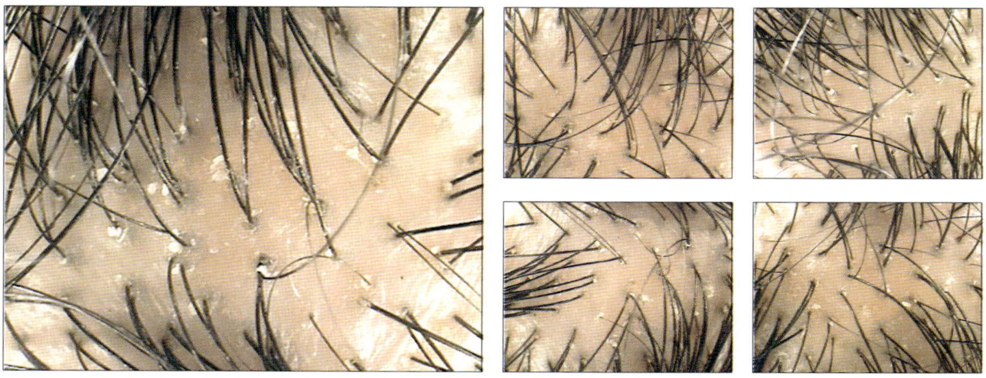

■100배율

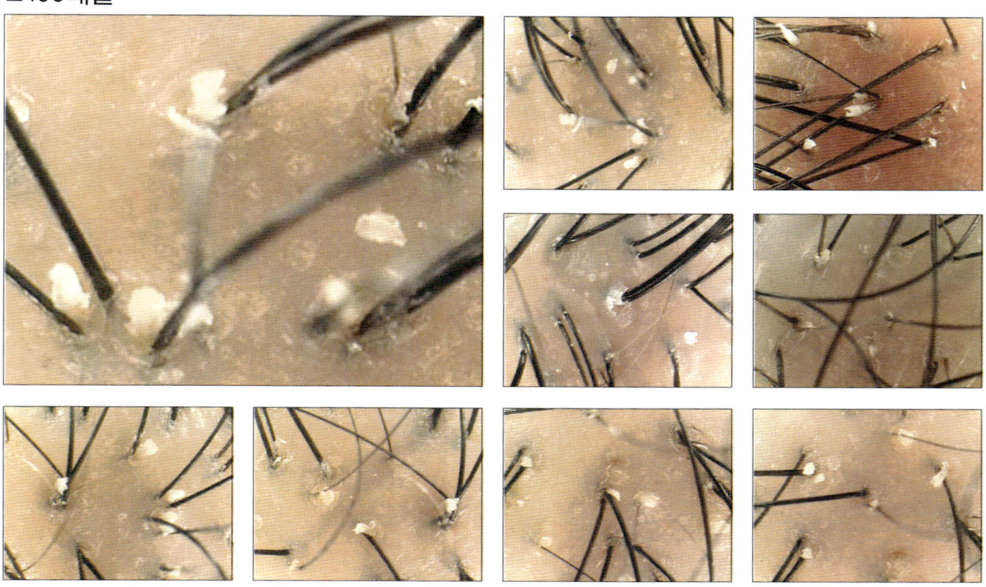

■300배율

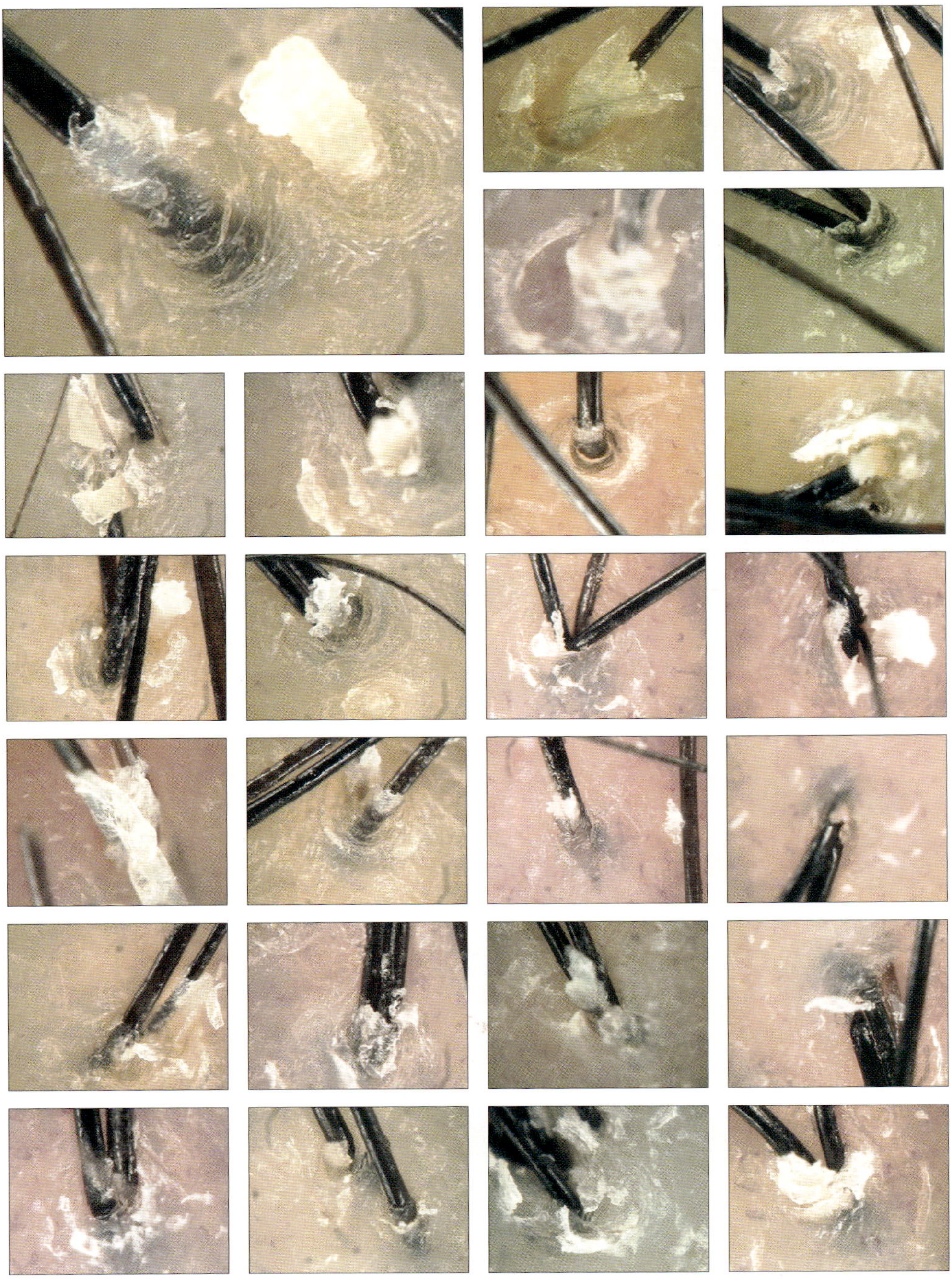

※ 모낭충

1. 모낭충

1) 모낭충 (데모덱스)

- 거미강목에 속한 피부진드기
- 사람의 눈꺼풀, 코 주위, T존 부위, 머리 등의 모낭, 피지선, 피부에 기생하는 Demodex Brevis와 두개피에 기생하는 Demodex Folliculorum이 있다.

(1)훠리큘럼 Demodex Folliculorum

- 두개피의 모낭에 20~30마리 정도 존재 하며 내 모근초를 뚫고 모세혈관, 진피, 피지, 모근의 지질성분을 영양분으로 섭취하여 기생하며 모근을 위축시켜 탈모를 유발한다.
- 두개피속 모낭에서 서식하는 모낭충, 모낭충알

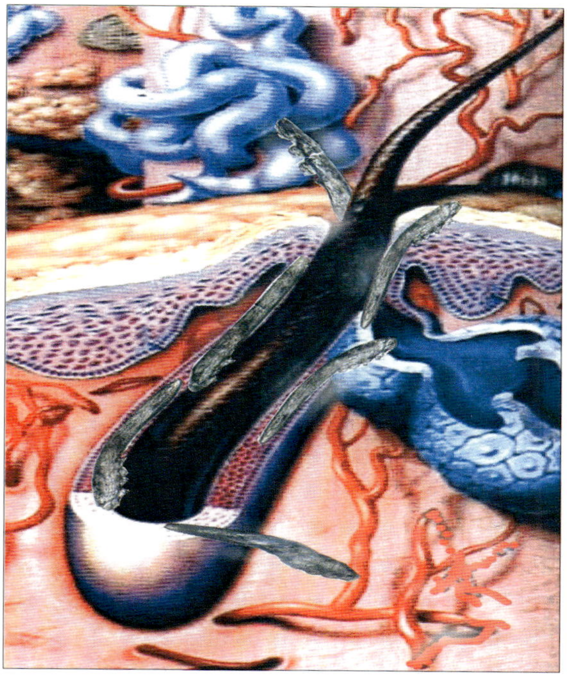

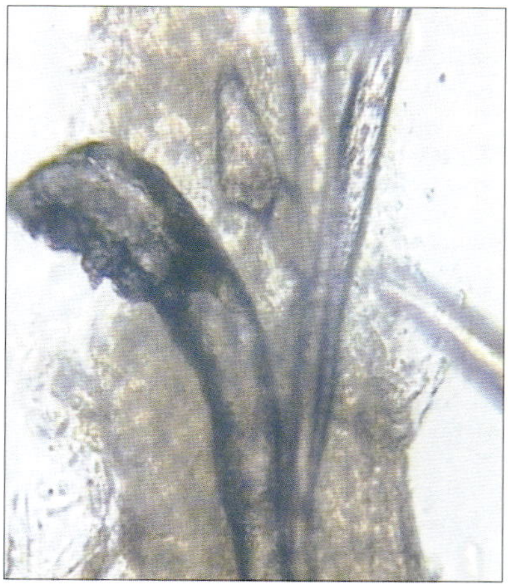

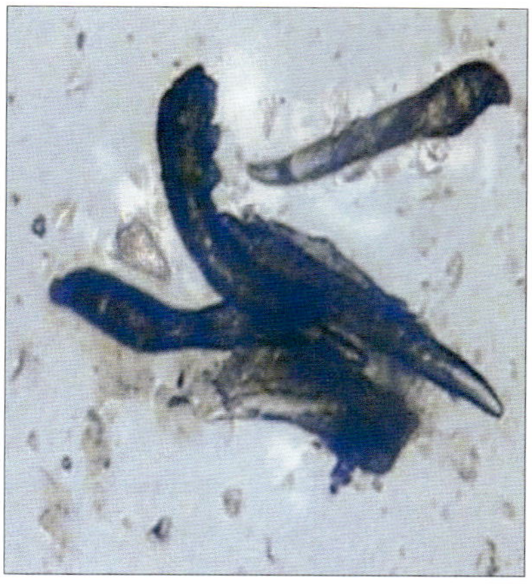

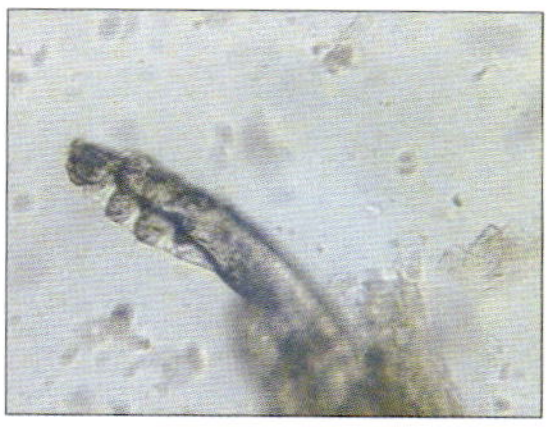

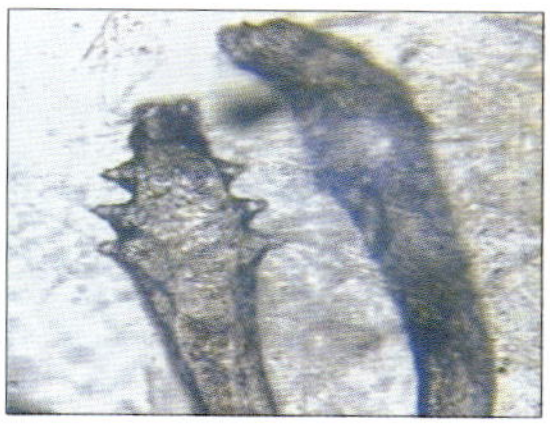

(2) 브레비스 Demodex Brevi

- 피부의 피지선의 모공에 서식하며 지방조직을 리파아제 Lipase(지질분해효소)를 분비하여 분해시키고 영양분으로 섭취하여 기생하며 피지선부위에 염증과 피부를 노화시킴

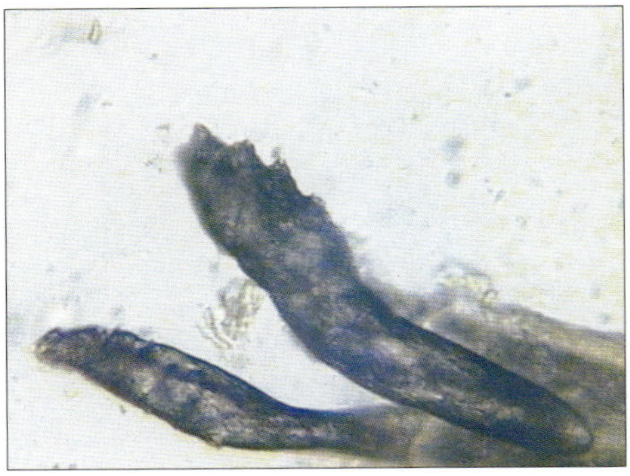

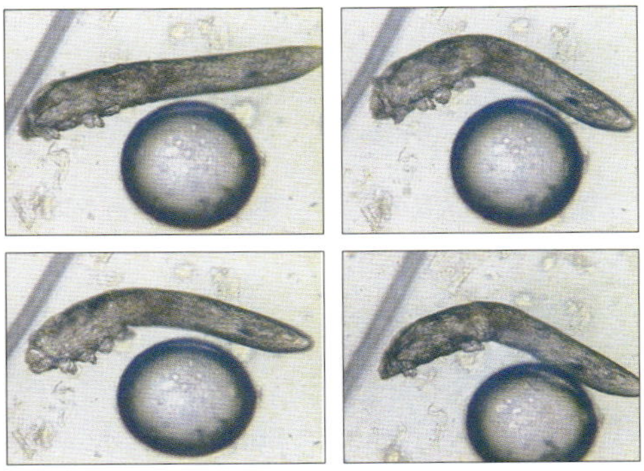

2) 크기

- 0.1~0.4mm이고, 몸 길이는 암컷 약0.4mm, 수컷 약0.3mm

3)수명

- 알에서 성충까지 228시간, 성충인 상태로 5~6일로 14~15일 주기이다.

4) 데모 덱스의 번식

- 모든 과정(배설, 사망, 번식)이 모공에서 발생되고 데모덱스의 사망잔해, 배설물의 화학적 자극은 국소조직에 반응을 일으켜 병리학적 질병을 유발하는 인체를 해롭게하는 기생충이다.

- 야행성으로 밤에 피부 밖에서 활동하고 영양분을 섭취하기 위해 모공, 모낭의 세포조직과 피지선을 파괴하고 모낭충의 배설물은 피부에 면역기능을 약화시키고 모공 조직에 국소적인 이물질 반응을 증식시키며, 피부 신진대사기능에 영향을 미치며 알러지 모공 주변에 염증, 붉은 반점, 검은 반점, 비듬, 가려움 동반 발생시키고 세균에 감염되면, 모낭에 화농성, 염증 및 문제을 일으키고 탈모가 발생할 가능성이 높다.

※ 사람 외에 개·말·소 등에 기생하는 종도 있으며 이들은 병원성이 강하여 한개의 모낭 안에는70~200여 마리씩 기생하여 모낭에 염증을 일으킨다.

※ 포유동물에 서식하는 데모덱스는 5,000여종에 이르고 있으며 계속 증가 하고 있다.

5) 문제점

(1) 피부가 거칠고 건조하면 피부노화가 촉진된다.
(피부 결이 거칠게 느껴지면 피부 속 모낭충이 증가하는 증거)

(2) 여드름 악화, 피부 결이 거칠어짐

(3) 모공확장, 탈모, 악성비듬의 원인

(4) 피부 색소침착(기미, 주근깨, 반점)을 가속화 시킴

(5) 잔주름을 가속화 시킴

(6) 모낭충의 사체는 울룩불룩한 요철 피부로 진행됨

(7) 모공 벽에 구멍을 뚫고 실핏줄을 갉아먹어 영양분을 섭취 모세혈관을 파괴, 피부의 자생력을 악화시킴

(8) 피부 진피의 콜라겐, 엘라스틴 파괴

(9) 외부에서 공급해주는 화장품의 영양분을 섭취

(10) 어른의 아토피성 피부염의 50%이상이 진드기, 알레르기

- 데모덱스의 수가 많을수록 조직의 손상이 심해서 질병을 쉽게 유발하게 된다.
- 데모덱스의 번식량 및 침투력, 인체의 데모덱스에 대한 저항능력에 의해 자극의 강도와 개체의 반응 정도에 따라 다르다.

2. 두개피와 모낭의 이물질

1) 두개피 이물질 (탈락 각질)

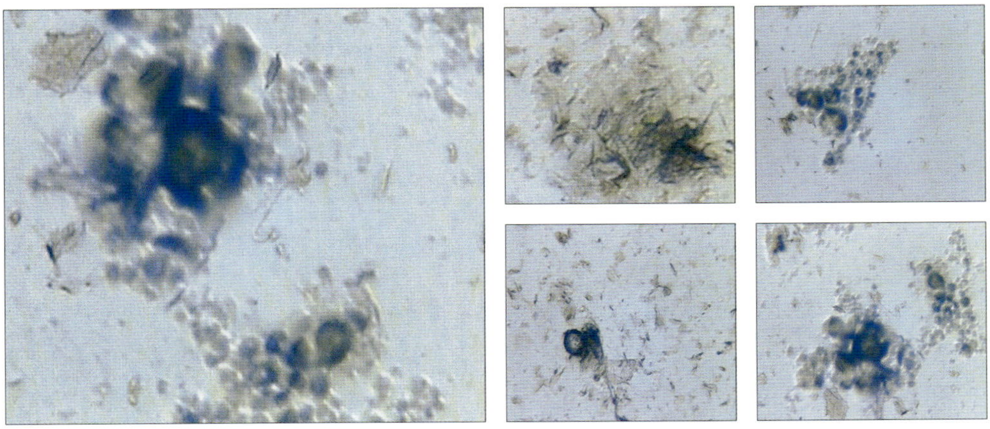

2) 모낭속 이물질

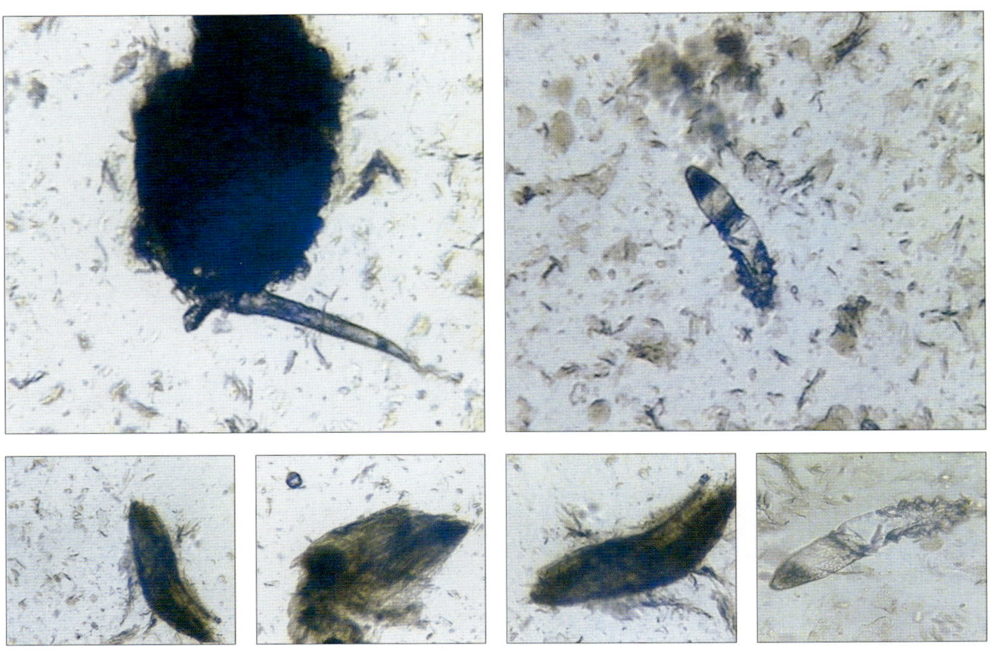

4. 지루성 두개피

- 피지선의 활동이 증가한 부위에 발생하는 전 인구의 1~3%, 성인의 3~5%에서 발생하는 매우 흔한 피부 질환이다.
- 두개피, 눈, 코 ,귀, 미간 주변에 유분이 많은 인설과 가려움증이 동반되어 발생한다.

1. 원인

1) 두개피세포의 늘어짐
2) 호르몬의 불균형
3) 피지 과다분비
4) 식습관 잘못
5) 환경 오염 등 복합적인 원인 때문에 발생하기도 한다.

2. 지루성 두개피 이미지

■40배율

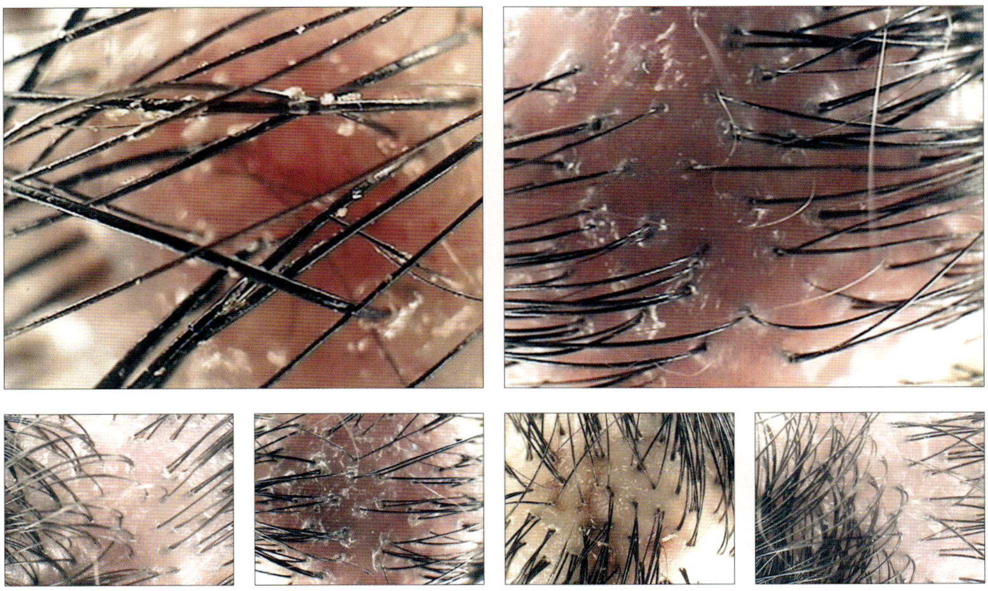

■100배율

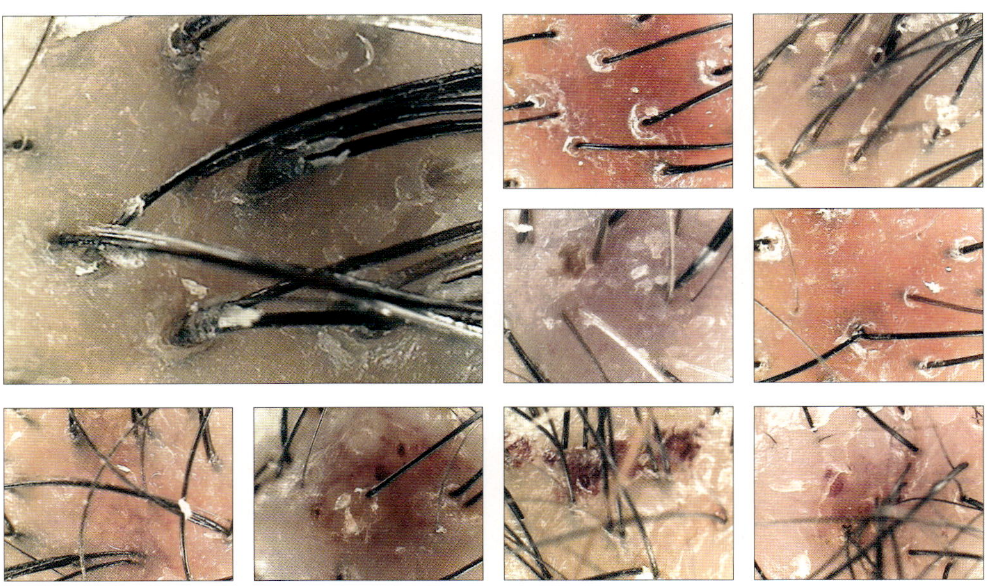

■ 300배율

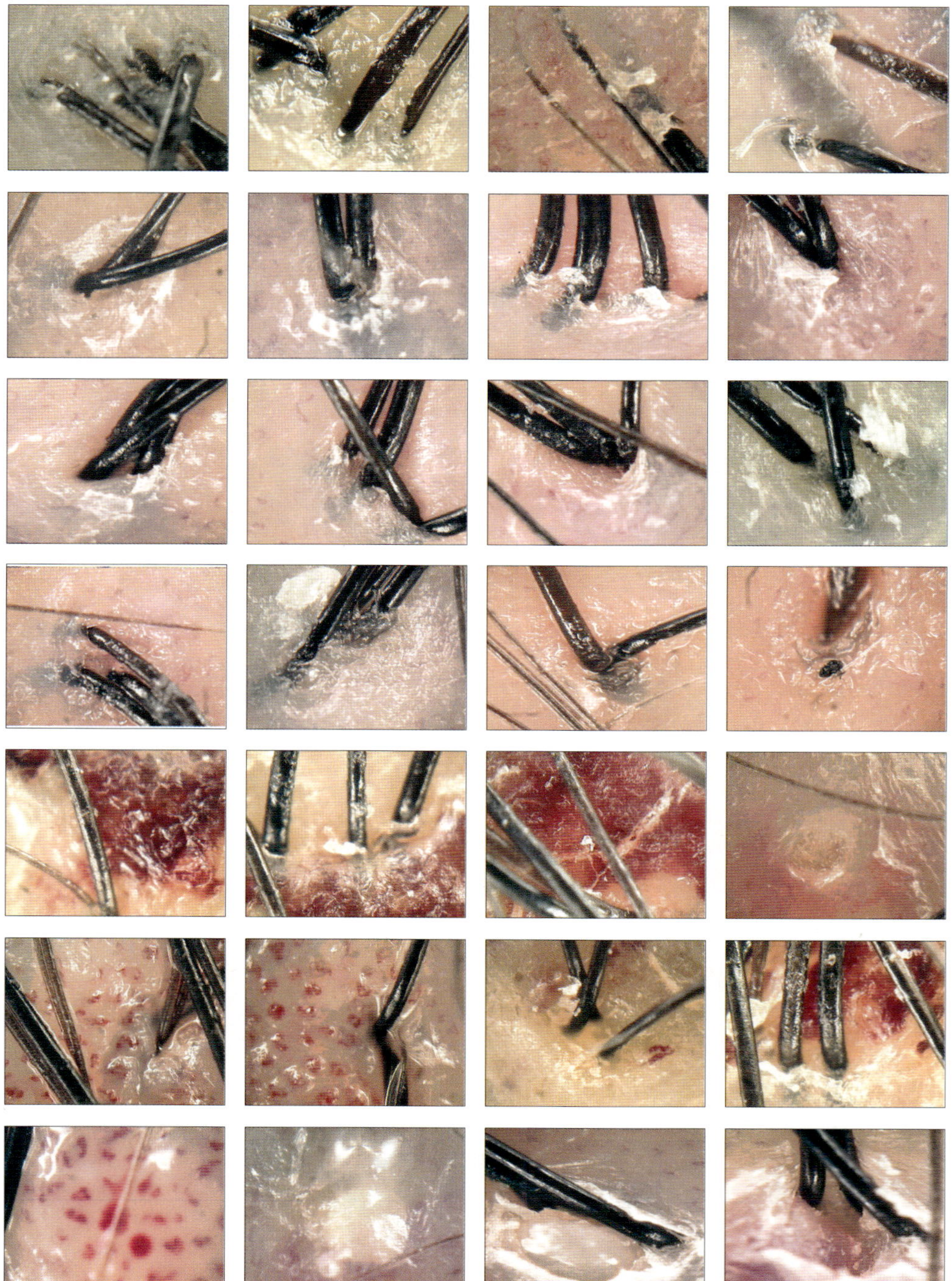

※ 지루성 비듬

1. 원인

1)복합적인 원인

2)두개피, 눈, 코, 귀, 미간 주변에 기름기가 많은 부위에 인설과 염증이 동반되어 발생하고 탈모로 진행 된다.

2. 지루성 비듬 두개피

■ 40배율

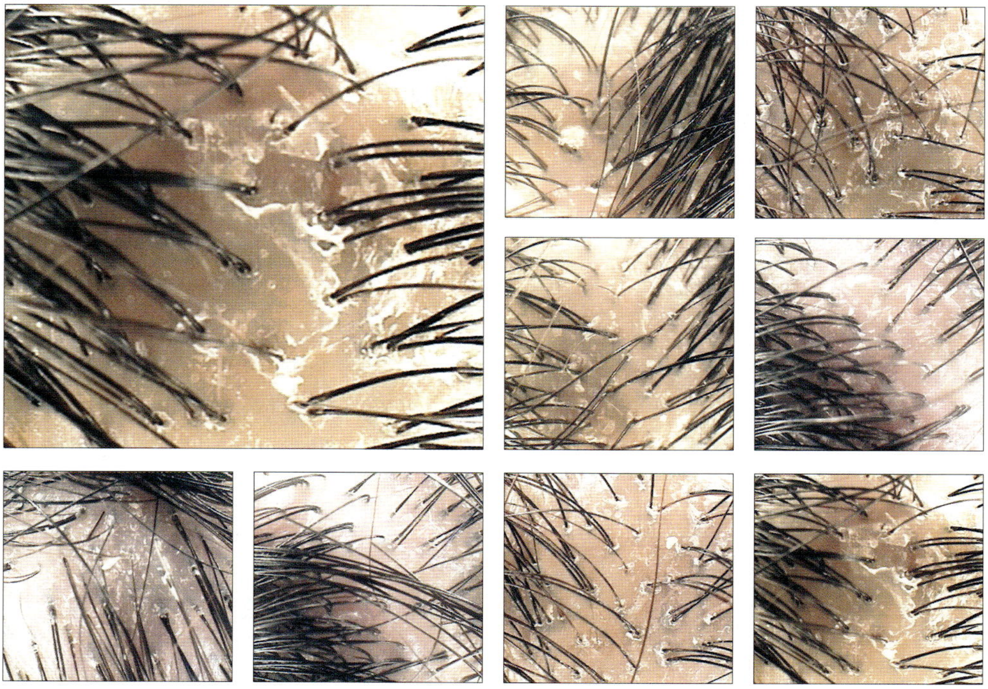

■ 100배율

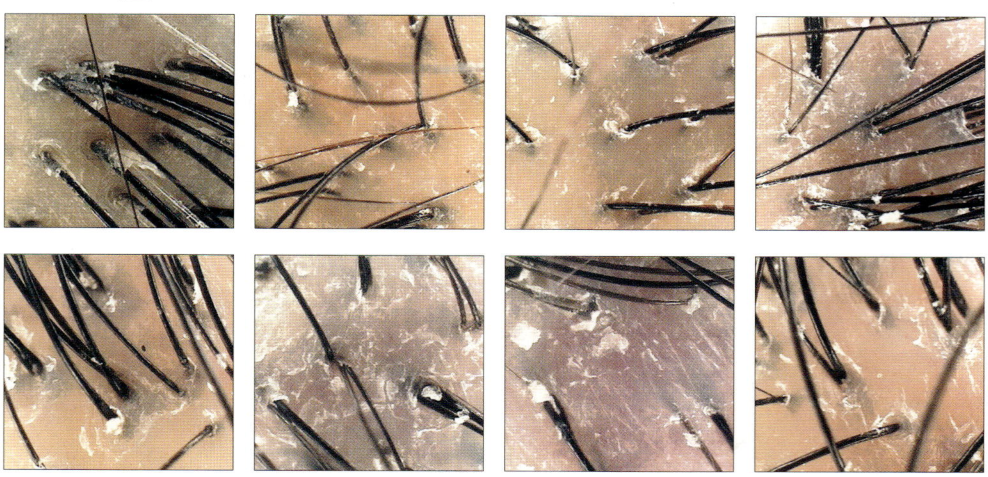

■300배율

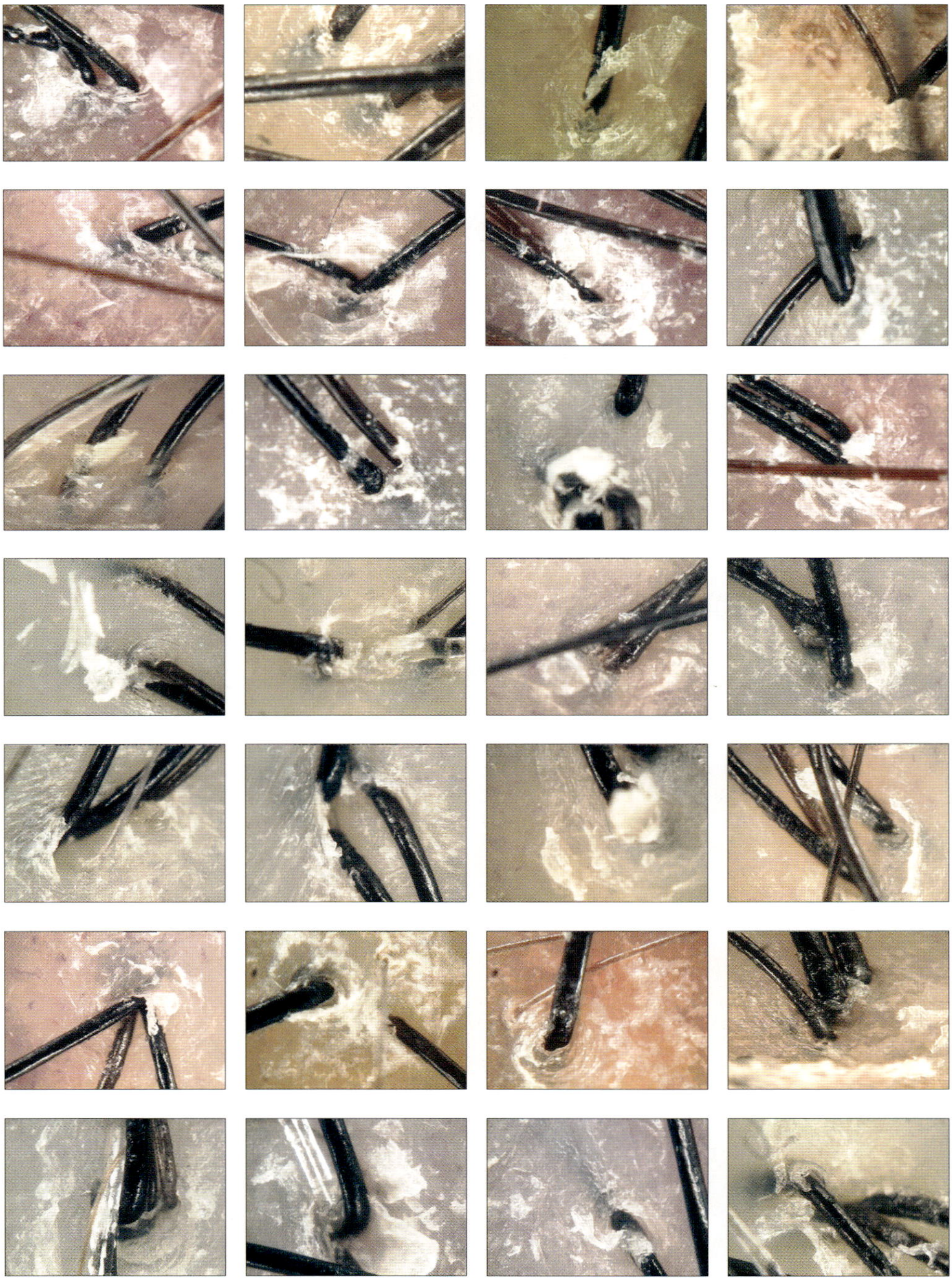

5. 민감성 두개피

1. 원인

1) 두개피긴장, 민감, 예민 (세균감염+ 발열=염증)

2) 비듬+세균감염+발열로 인하여 두개피의 긴장은 두개피를 예민하게 만들 수 있다.

3) 피지 과다 분비, 호르몬 불균형, 지방질이 많은 식생활, 스트레스, 미열은 지루성 비듬과 가려움증을 동반한다.

4) 피지의 역류는 두개피속의 모세혈관을 눌러 모세혈관의 흐름에 장애에 발생된다.

5) 두개피에 혈액순환장애가 발생되면 탈모가 나타난다.

2. 증상

1) 모발의 감소와 모세 혈관의 확장된 모습을 볼 수 있다.

2) 두개피 발열로 인하여 가늘어진 모발을 볼 수 있다.

3) 두개피에서 이물질로 막혀 가고 있는 모낭의 형태를 볼 수 있다.

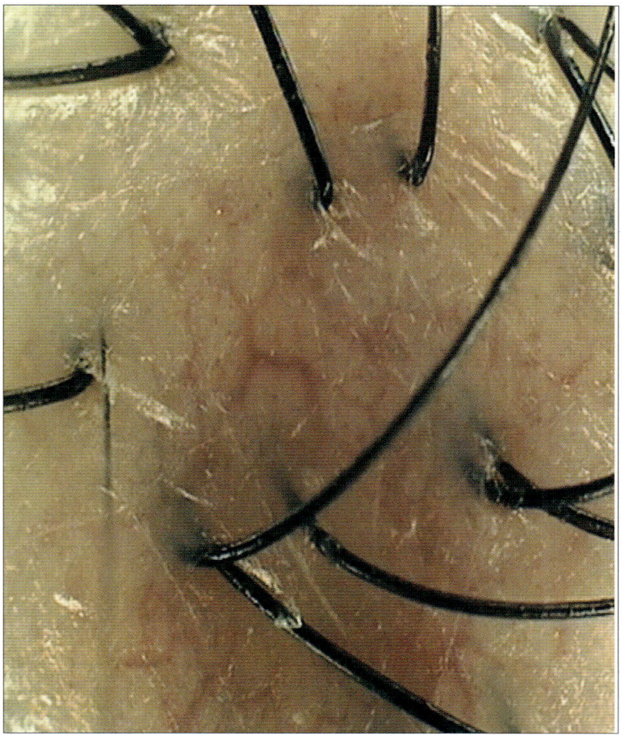
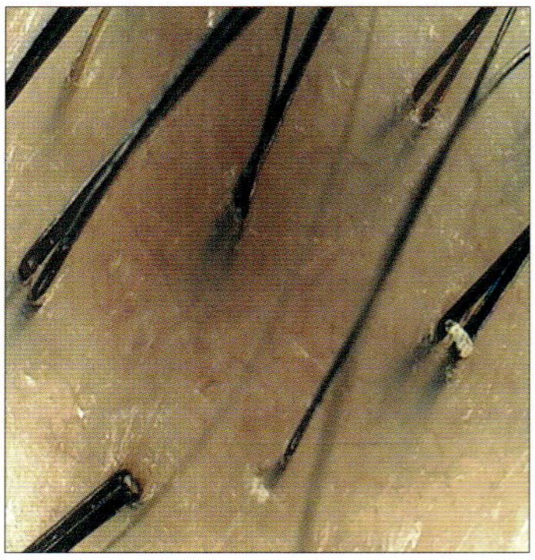
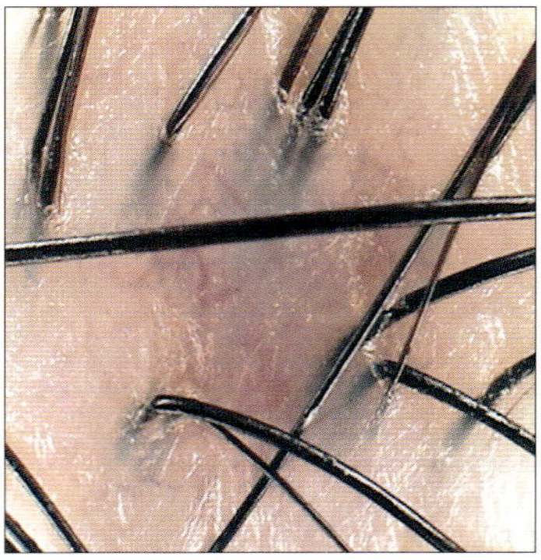

4) 두개피 발열은 모세 혈관의 확장을 초래한다.

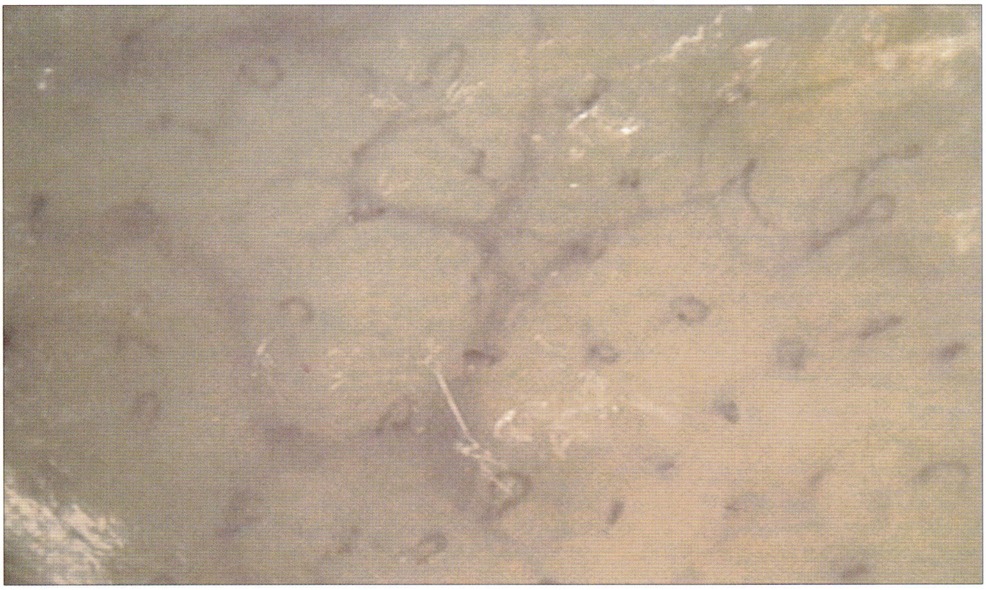

5) 모세 혈관이 중간 중간 끊김을 볼 수 있다.
두개피의 색깔이 변한걸 볼 수 있다.
탈모의 원인을 추정할 수 있다.

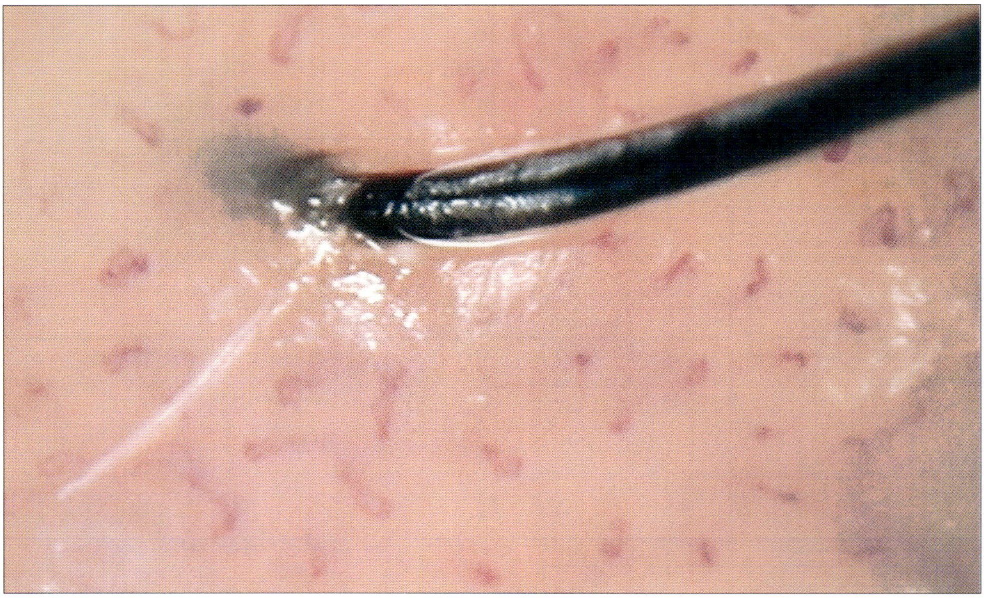

3. 민감한 두개피 이미지

■ 100배율

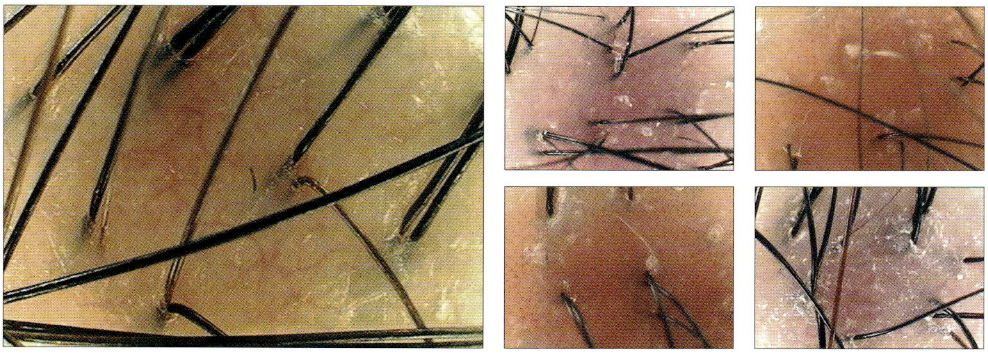

■ 300배율

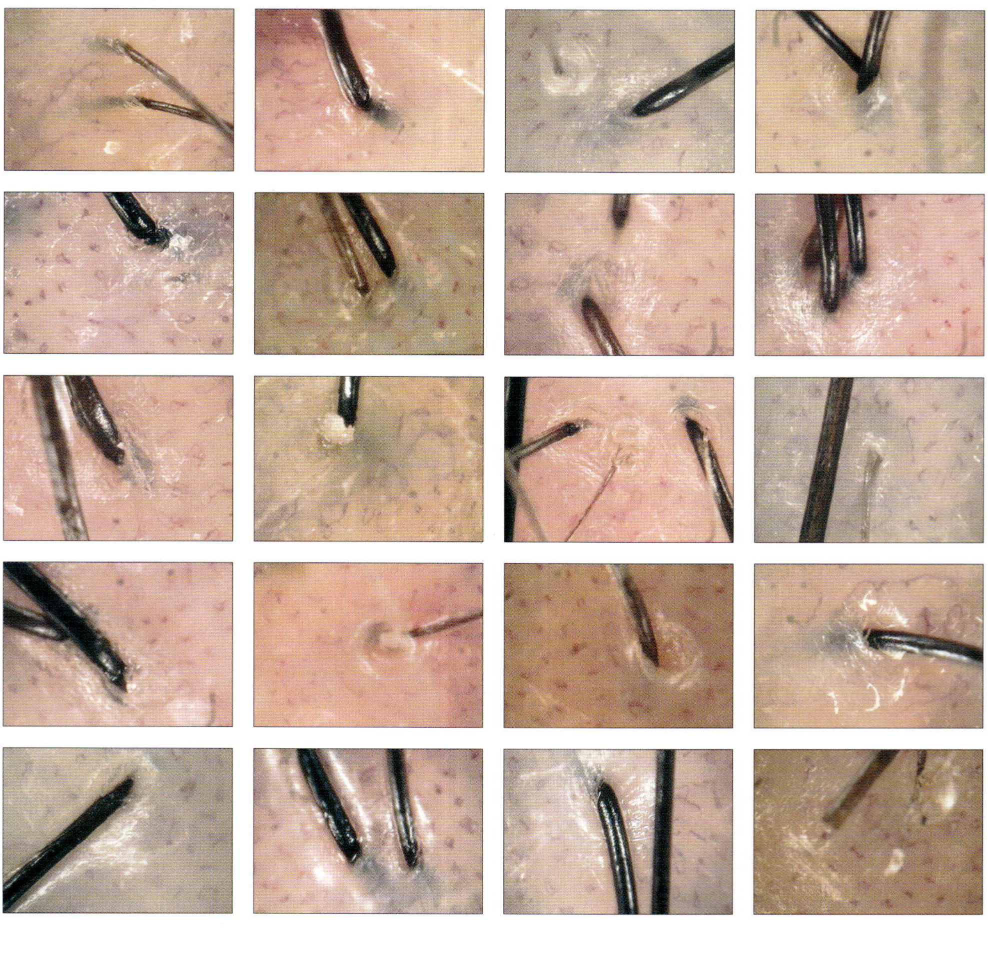

※ 발열

- 보통 신체가 건강 할 때 덥다는 느낌은 신체적 발열이 아니라 외부 환경에 의해 온도가 올라갔을 때(사우나, 더운 날씨)
- 인체의 각세포들이 대사활동을 하면서, 대사 산물로 생기는 열이 난다.
- 부적절한 의복상태로 열이 빠져나가지 않을 때도 덥다고 느끼게 된다.

1. 열의 징후

- 오한기, 발열기, 경감기 3단계로 구분한다.

1) 오한기

- 체온의 급격한 상승에 따라 나타나는 한기를 말한다.
- 열은 나지만 오히려 춥게 느끼게 된다.
- 심부체온이 새로운 지정온도에 도달하면, 더이상 오한을 느끼지 않으며 더위도 느낄 수 없게 된다.
- 여러가지 병적 원인에 의해 대뇌의 일부에 있는 체온조절중추에 이상으로 고 체온이 된 경우다.

2) 발열기

(1) 발열로 나타나는 신체 이상

- 근육통과 피로
- 손톱이 푸르스름해짐
- 호흡이 빨라지거나 느려짐
- 식욕 상실

(2) 병인에 의하여 열이 나면

- 조직이 파괴되고, 땀을 많이 흘려 탈수가 일어 날 수 있다.

2. 원인

1) 시상하부에 문제가 생겨 온도조절기의 지정온도(set point)가 정상온도 보다 높게 지정된다.
2) 39.5℃ 지정온도에 맞추기 위해 온 몸은 열 생산에 돌입하고, 열 생산을 위해 오한, 냉감, 찬 피부, 떨림 등이 나타난다.

3. 발열로 인한 두개피 이상

- 여러 가지 병적 원인에 의해 대뇌의 일부에 있는 체온조절중추에 이상으로 체온이 높게 된다.
- 여성의 생리 주기, 스트레스 , 자율신경계, 내분비계변화로 병리적인 이유가 없어도 체온조절 중추에 변화로 나타나는 경우도 있다.

4. 발열성 질환

- 감기 · 세균 · 바이러스성 감염 · 암 · 악성종양 · 내분비질환 등

5. 발열로 인한 나타나는 두개피 증상

1) 폐에 열이 많으면
- 전두부에 염증
- 이마에 여드름

2) 소화기에 열이 많으면
- 위장 십이지장 소장 대장 직장
- 사이드 부위 염증
- 볼에 여드름

3) 신장, 생식기에 열이 많으면
- 네이프 부위에 염증
- 입, 턱 주변에 여드름

4) 간, 호흡기에 열이 많으면
- 두상 중앙에 염증
- 코에 여드름

6. 발열로 인한 두개피이미지

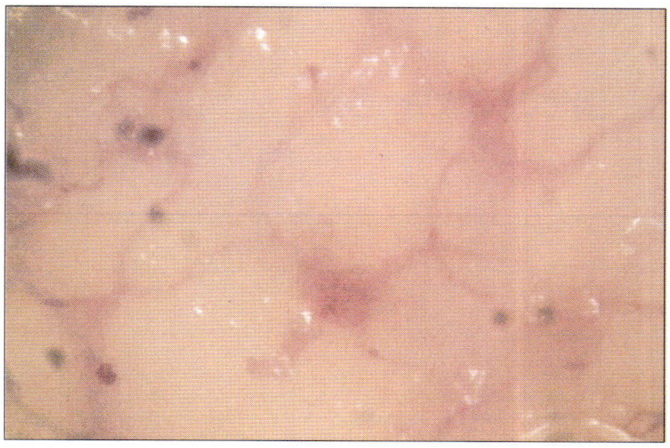

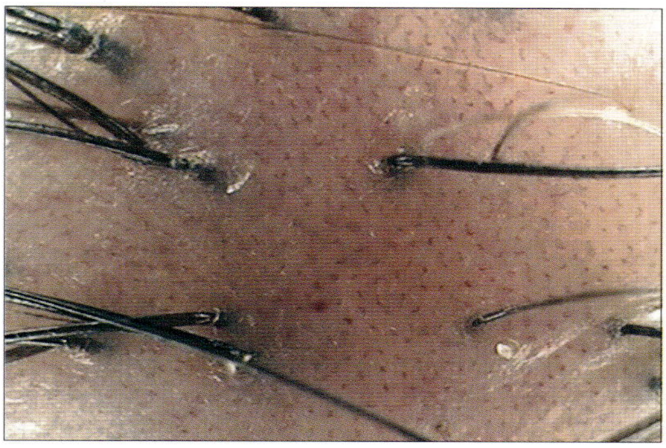

모낭속 이물질

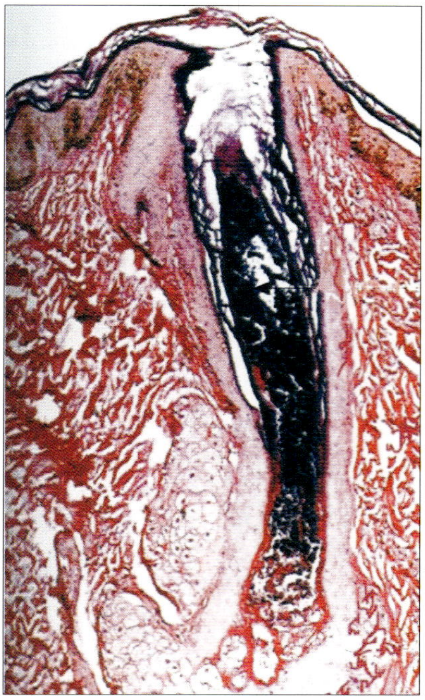

■40배율

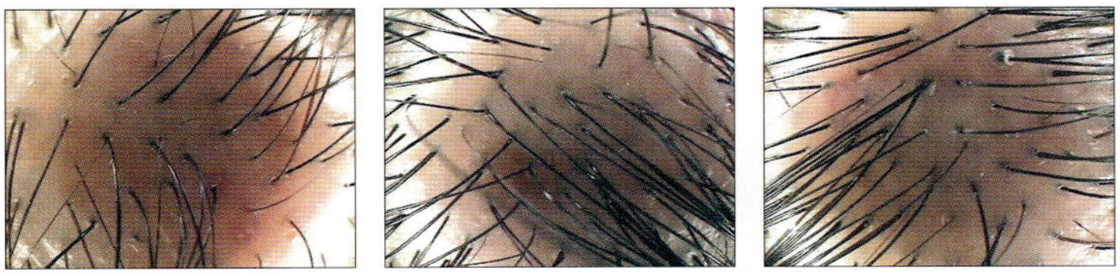

■100배율

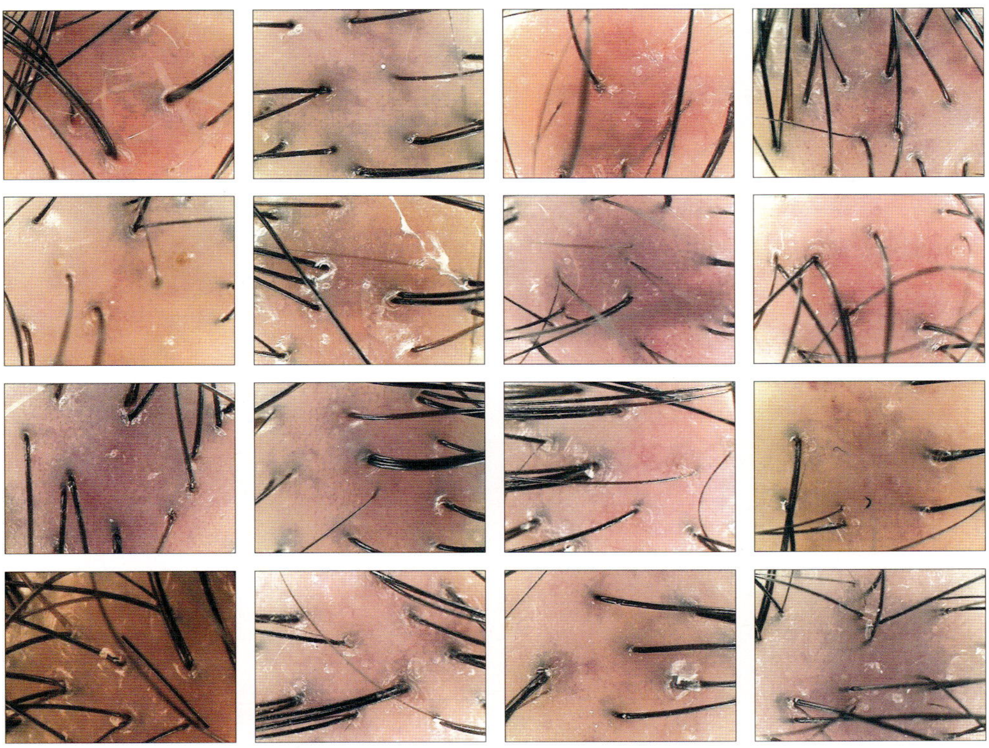

■300배율

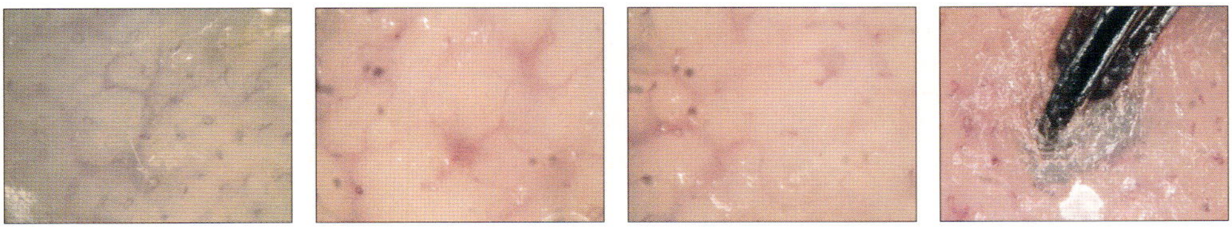

6. 모낭염

1. 원인

1) 바이러스에 의한 두개피의 손상, 두피의 버짐, 비듬, 기계충, 심한 알레르기체질, 심한 비듬 균,에 의해서도 모낭 염이 나타난다.

2) 모낭의 염증은 피지+모낭 충으로 인하여 염증이 발생될 수 있으며 탈모로 진행 된다.

3) 모낭의 심한 염증은 모낭소실을 초래 할 수 있다.

4) 모낭의 염증은 두개피를 예민 (모세혈관 확장)하게 만든다.

5) 모낭에서 주변으로 염증의 진행은 적어진 모량, 가는 모발을 볼 수 있다.

6) 심한 염증은 모낭(반흔성)손실을 가져올 수 있다.

7) 화농성 모낭염은 모낭 소실을 초래할 수 있다.

2. 모낭염 두개피 이미지

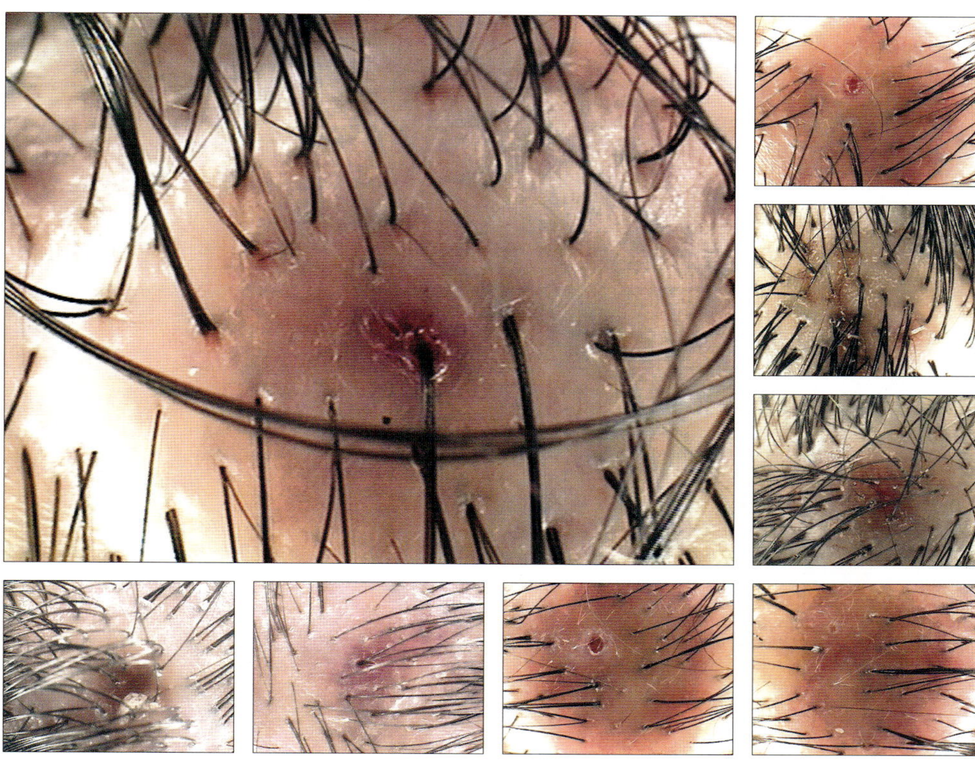

■100배율

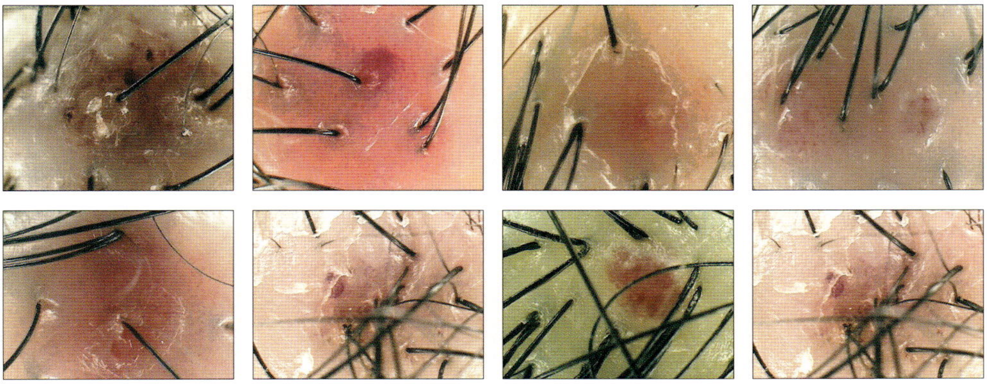

■300배율

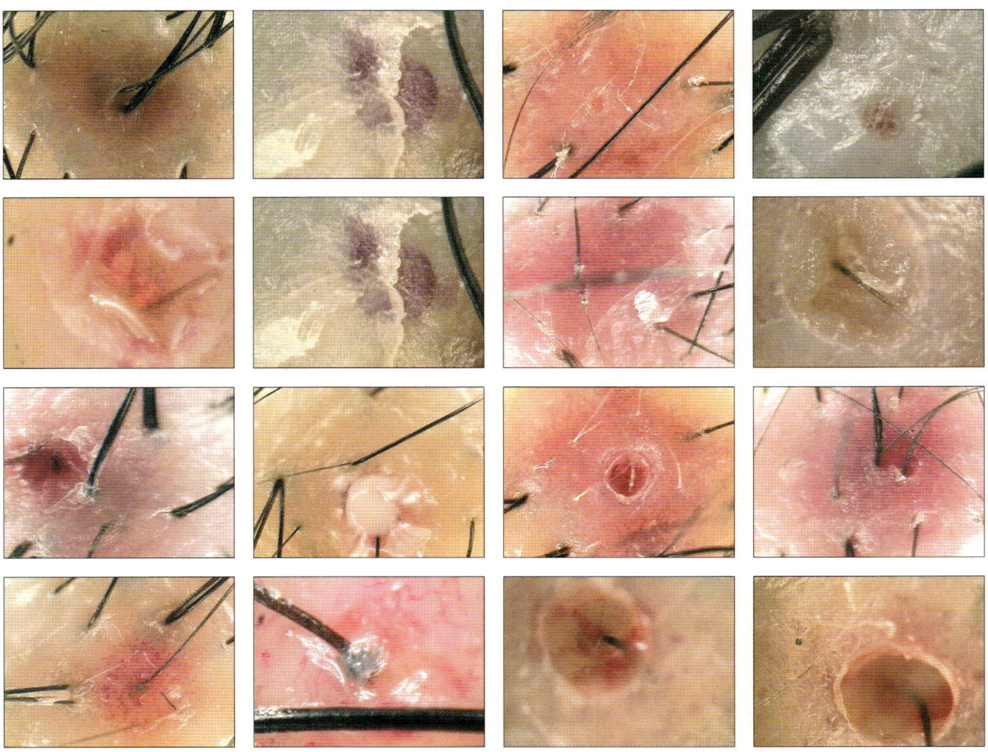

7. 신경성 모간 이상

1. 신경성 모간 이상

심한 스트레스, 내분비호르몬조절기능(ADH) 저하, 수면장애, 면역계 이상, 등과 동반하는 원형탈모에 많이 나타나는 두피다.

혈관을 수축되게 하여 원활한 혈류흐름을 할 수 없게 하여 영양공급 장애로 저 체중과 함께 나타나기도 한다.

2. 신경성 모간 이상 두개피 이미지

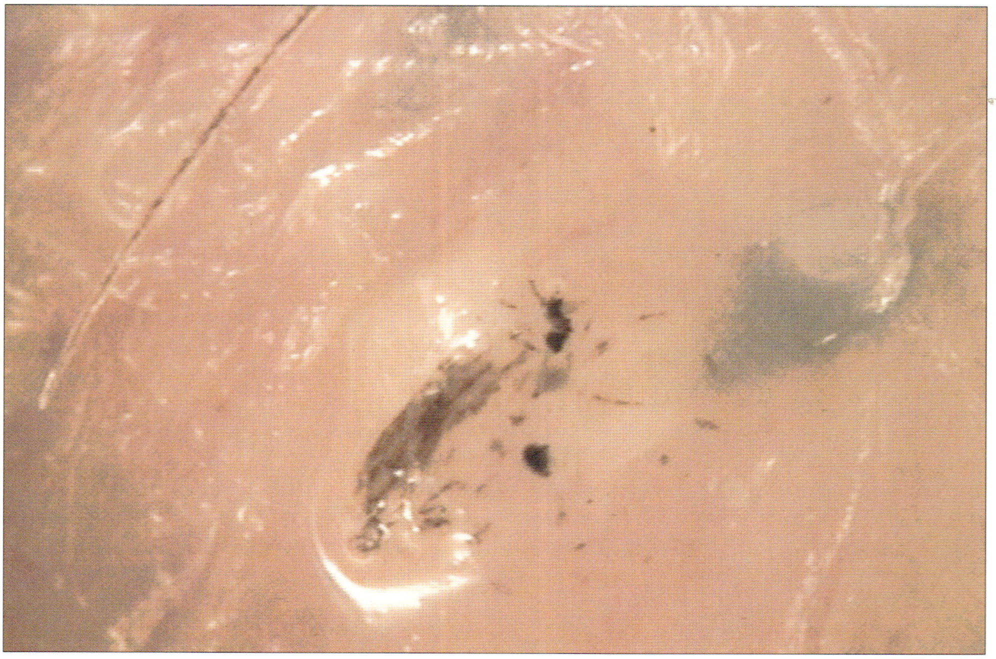

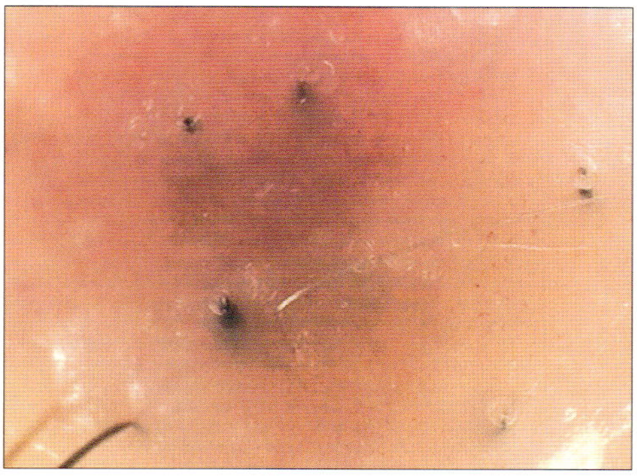

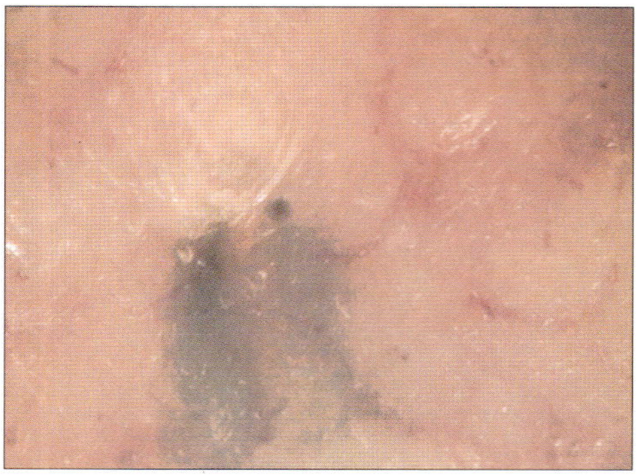

■모간 이상

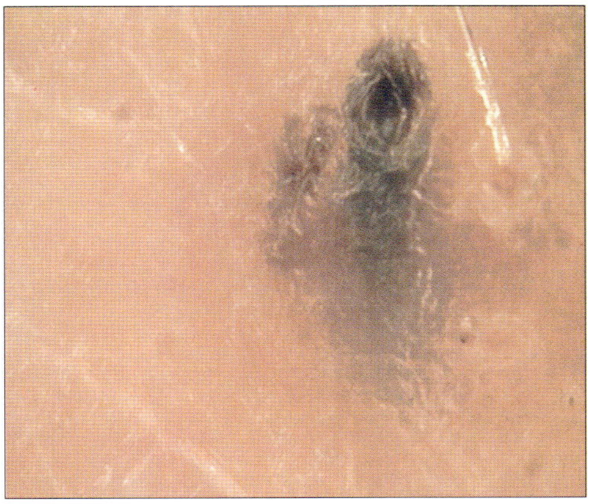

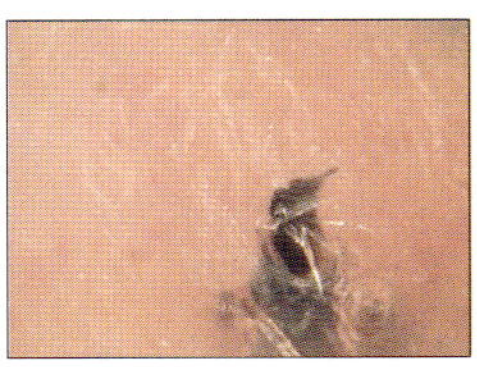

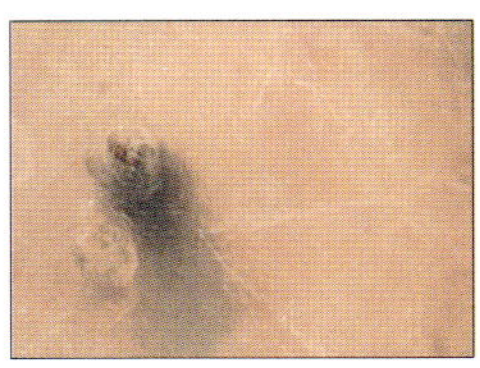

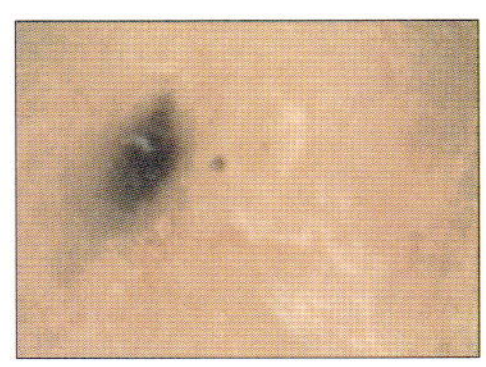

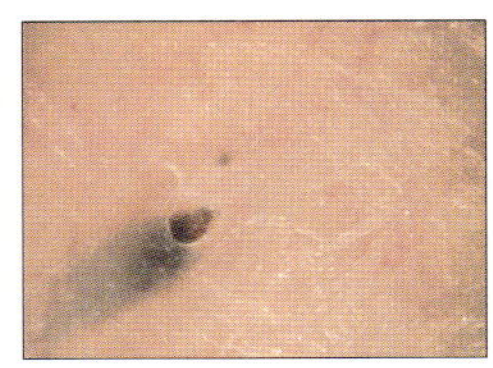

■두개피 문제

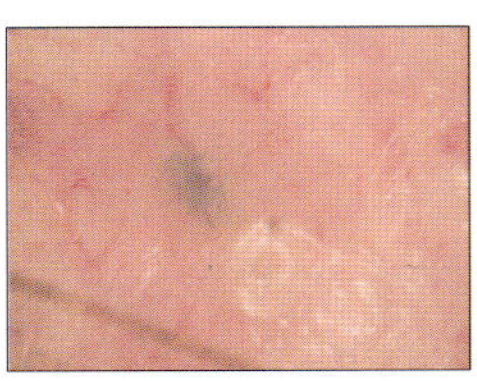

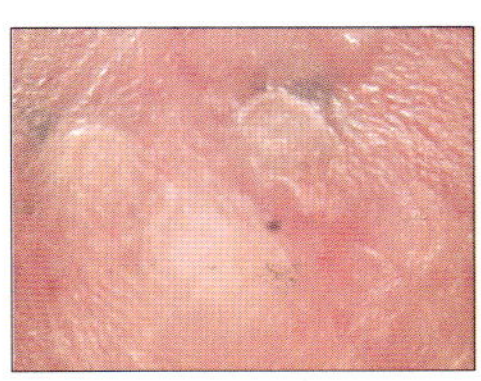

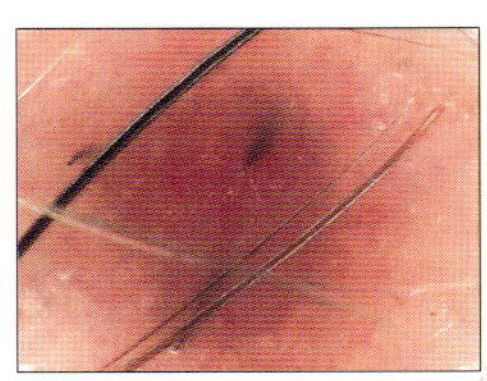

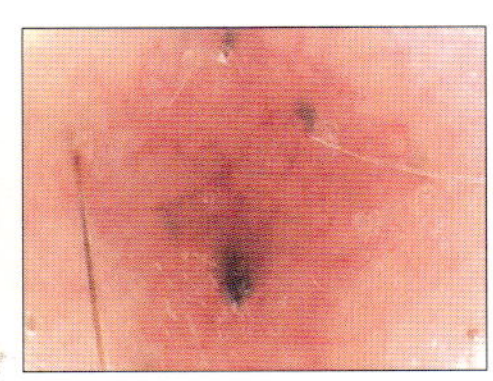

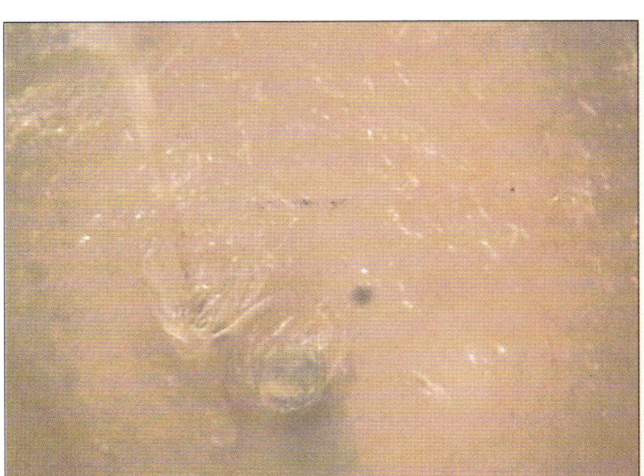

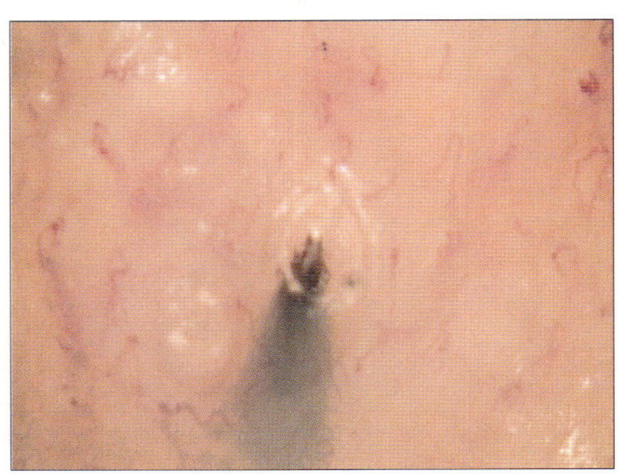

※ 헤어 싸이클 변화로 진행 되는 두개피 변화

1. 헤어 싸이클 변화

1) 증상

- 헤어 싸이클 변화는 모낭의 이물질 축적으로 모낭이 막히면서 탈모가 진행 되기 직전에 볼 수 있는 현상이다.
- 모발 굵기가 가는 모발, 모발의 멜라닌 색소 변화와 두개피 속에서 자라는 모발도 볼 수 있다.
- 모근 위축은 모발의 굵기 보다 모근이 가늘어 지는 것을 볼 수 있다.
- 두개피에서 모발의 탈락으로 모공과 모량이 감소됨을 볼 수 있다.

2) 나타나는 현상

- 모낭이 막혀 있다.
- 모발이 가늘어 진다.
- 모발의 량이 적어진다.
- 모발이 빠지면 가는 모발(연모)로 발생 성장해 모발의 수명이 짧아진다.
- 가는 모발(멜라닌 색소 변화) ⇒ 백모⇒ 두개피 속 모발⇒ 빈모 ⇒ 탈모

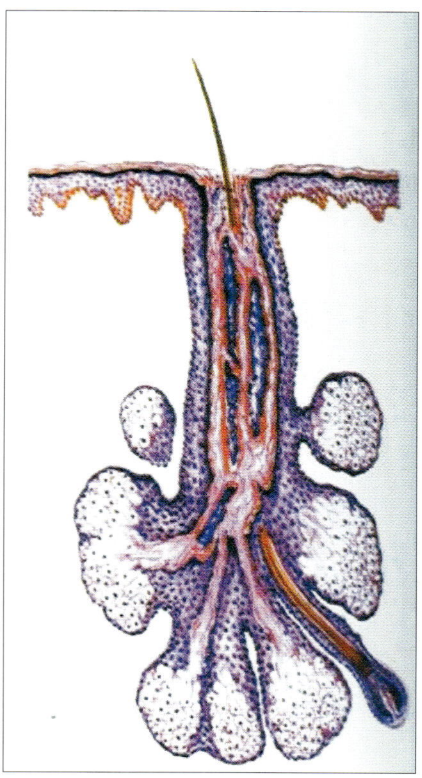
막힌 모낭

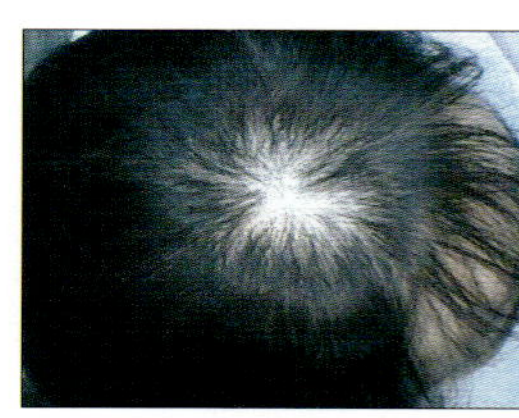

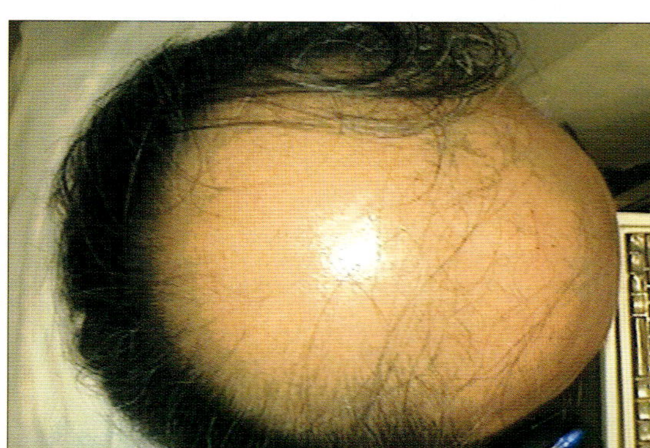

2. 두개피 염증 탈모 진행 과정

1) 두개피 긴장, 피지선의 피지 분비이상, 피지 산화, 심한 지루성 비듬. 지루성 염증, 두개피 흡착, 모근 위축을 동반하여 탈모를 발생 진행 시킨다.

2) 두개피 변화

■두개피 긴장, 발열

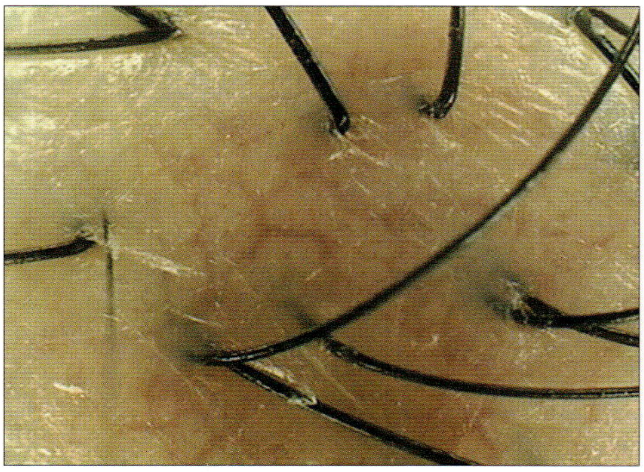

■과피지

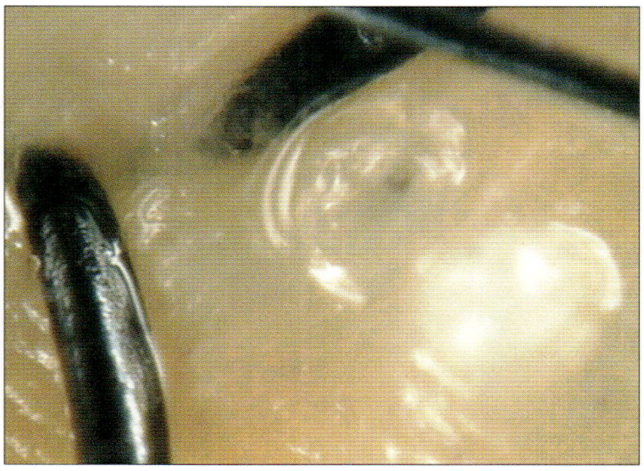

■피지 산화

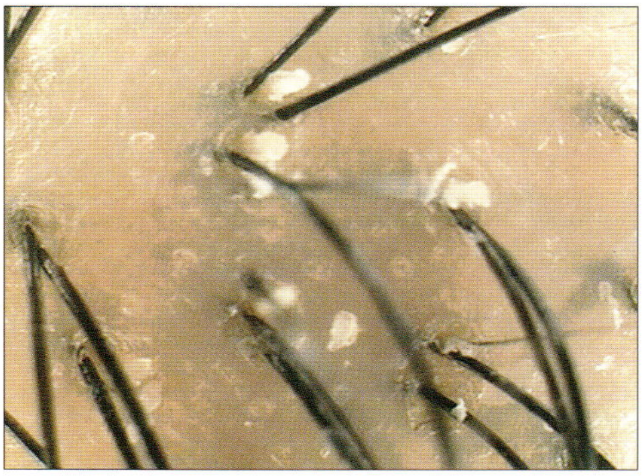

■지루성 비듬

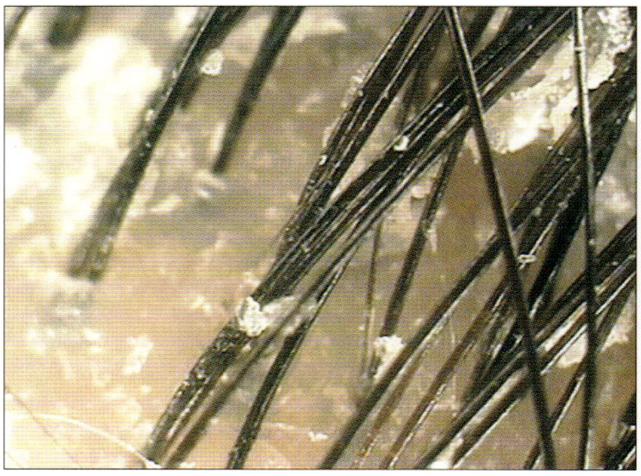

■두개피 염증

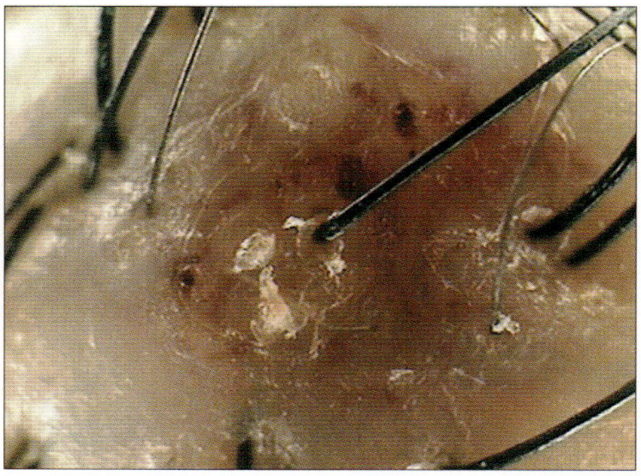

3. 모발의 굵기 변화

- 헤어 싸이클 변화에서는 모낭의 이물질 축적으로 모발굵기 변화, 가는 모발, 모발의 멜라닌 색소 변화, 두개피 속에서 자라는 모발도 볼 수 있다.

1) 모발의 굵기 멜라닌변화

- 모발의 색깔에 변화가 있는지 알아본다.
- 건강한 모발은(검정색)
- 휴지기 모발은 (갈색)임을 알 수 있다.
- 모근은 위축되어 있다.
- 탈모는 위축모, 백모, 취모, 솜털 등의 발생을 체크한다.

2) 모발굵기 변화, 가는 모발, 모발의 멜라닌 색소 변화 이미지

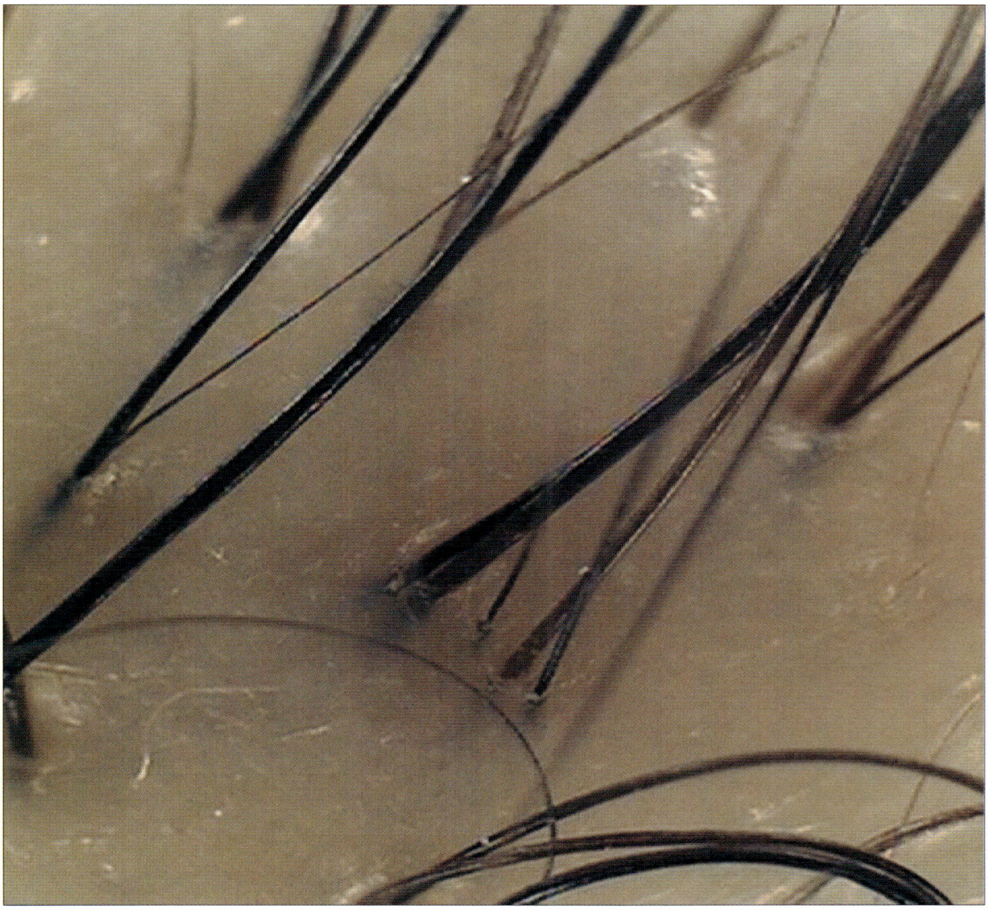

3) 모발의 굵기, 멜라닌 색소, 변화 된 두개피

● 40배율

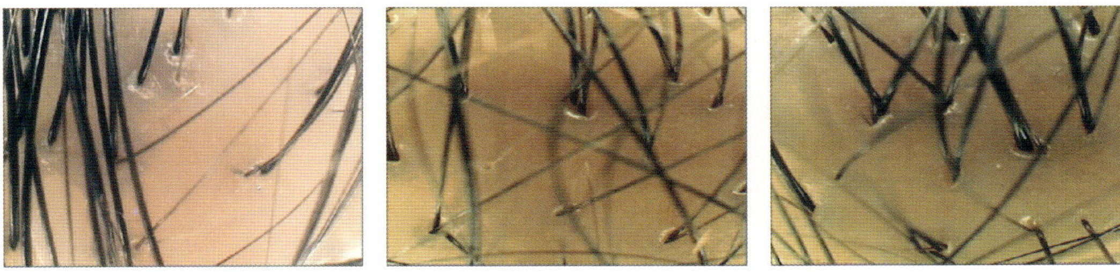

● 100배율

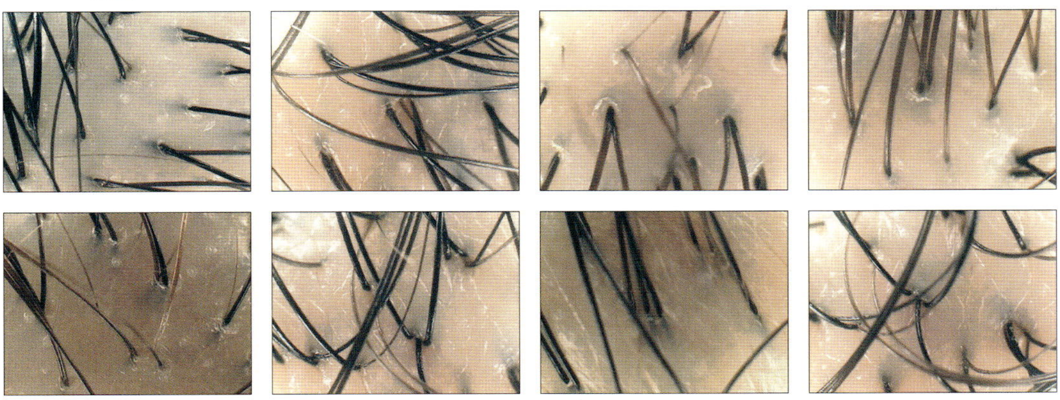

● 300배율

4. 빈모

1) 원인

- 헤어 싸이클 변화로 가늘어진 모발

- 두피에서 모공의 모량이 감소되고 모발의 변화를 볼 수 있다.

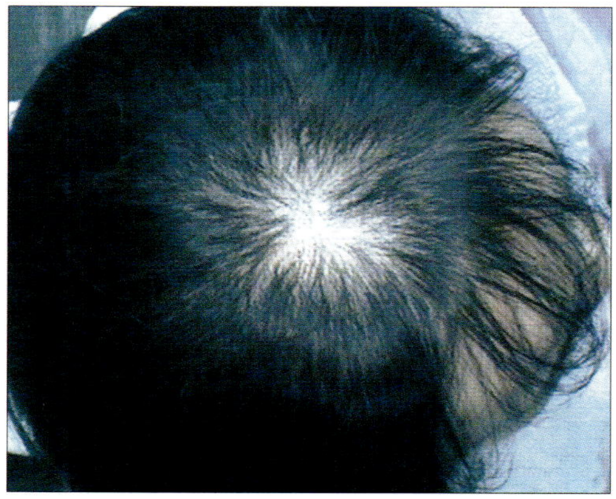

2) 배율별 두개피

- 기본배율

프린지 헤어라인에 모량이 감소 되어 있다.

■40배율

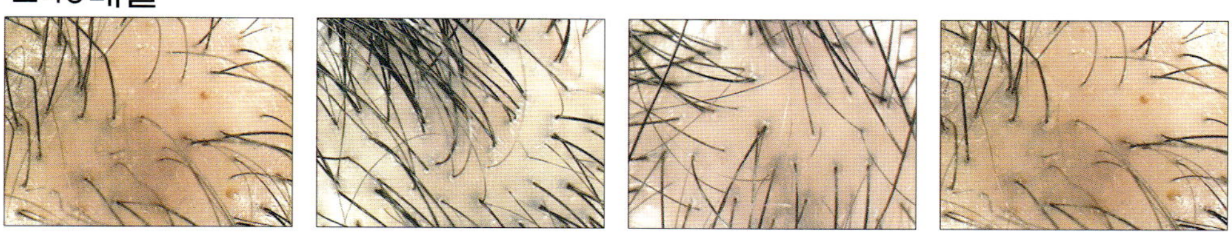

■100배율

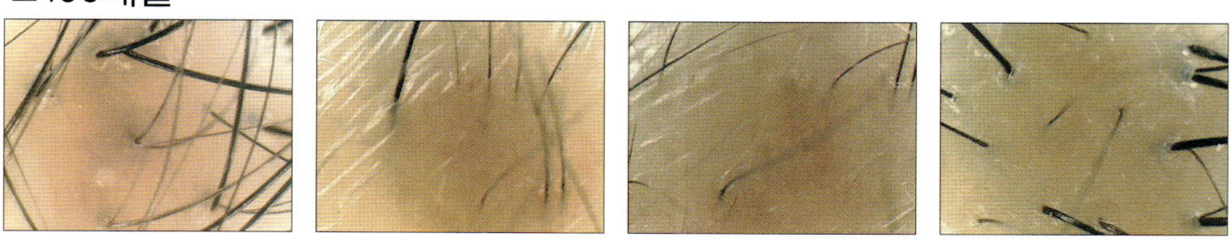

■300배율

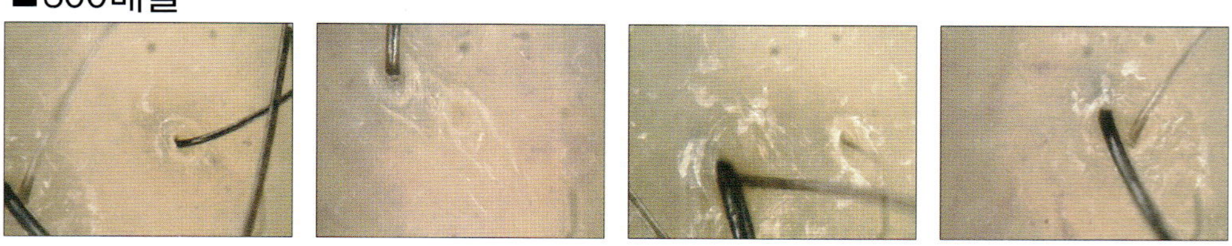

■모근

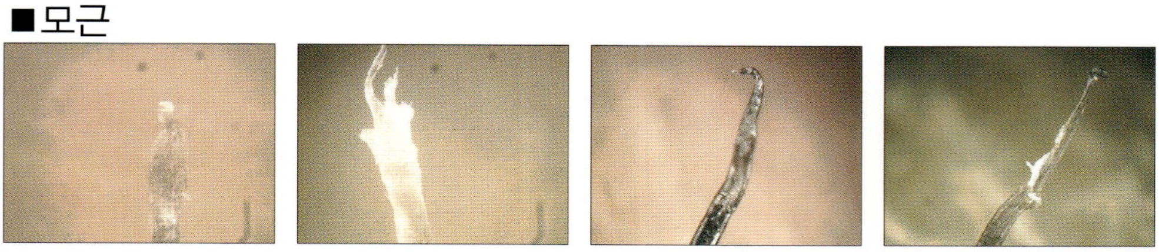

5. 백모

- 모낭의 이물질 축적은 모발에 영양공급 차단으로 모발 색소변화, 백모, 위축 모 등을 발생 시킨다.

1) 원인

(1) 세포 소실
(2) 모발 색소변화
(3) 위축 모

2) 백모의 두개피들

■40배율

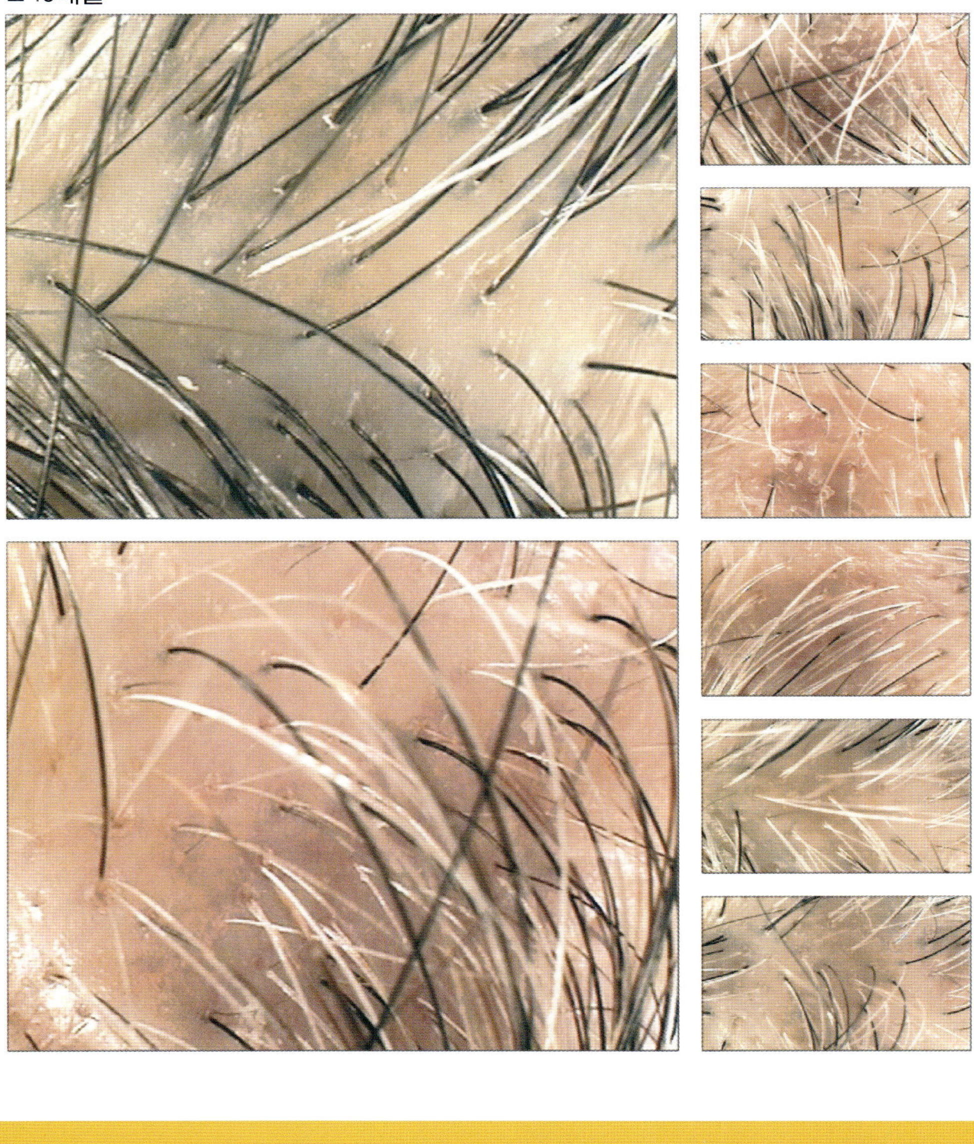

■100배율

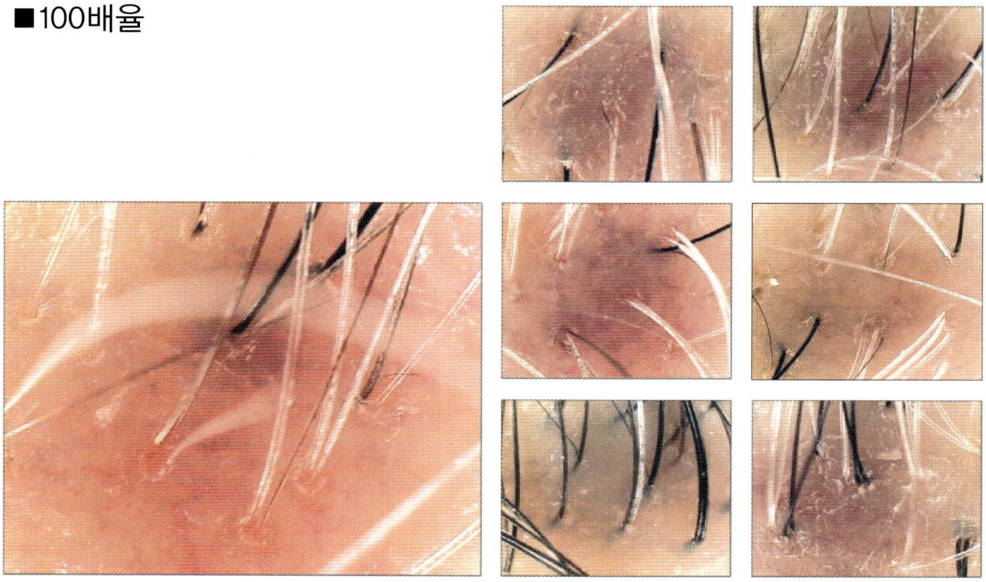

■300배율

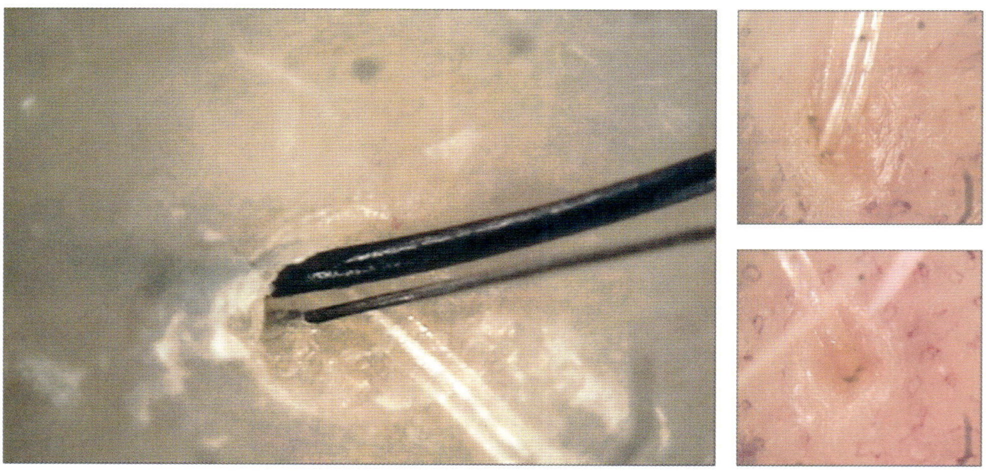

6. 두개피 속 모발

1) 두개피에 쌓여 있는 이물질(각질, 공해물질, 피지)은 모발의 정상적인 성장을 방해하고 두개피 속에서 자라게 한다.

2) 문제성 두개피 이미지

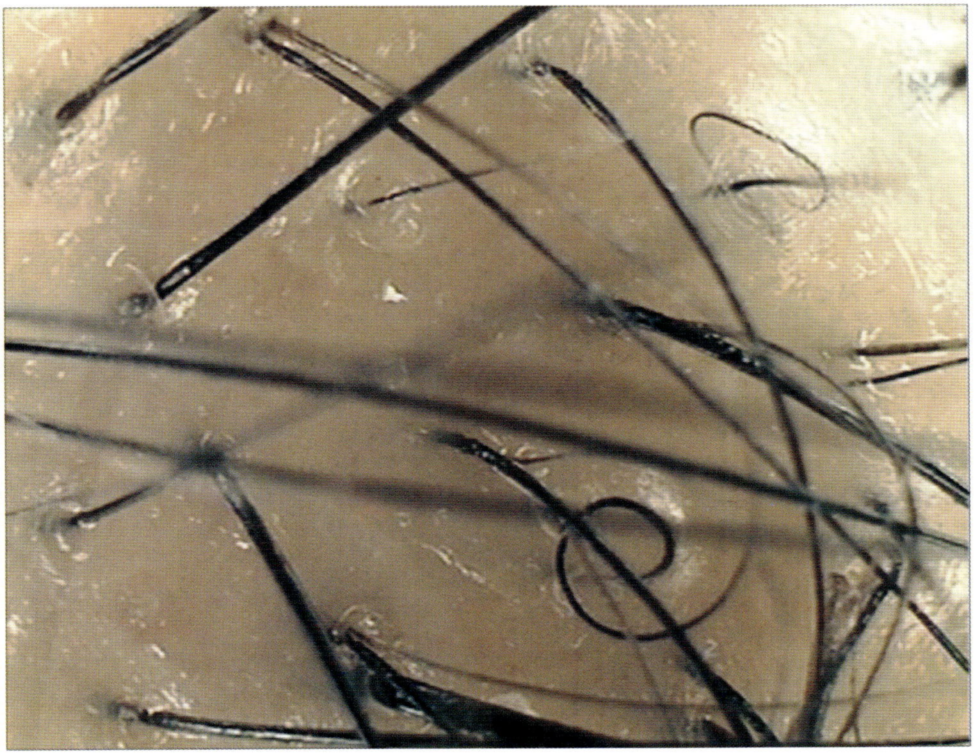

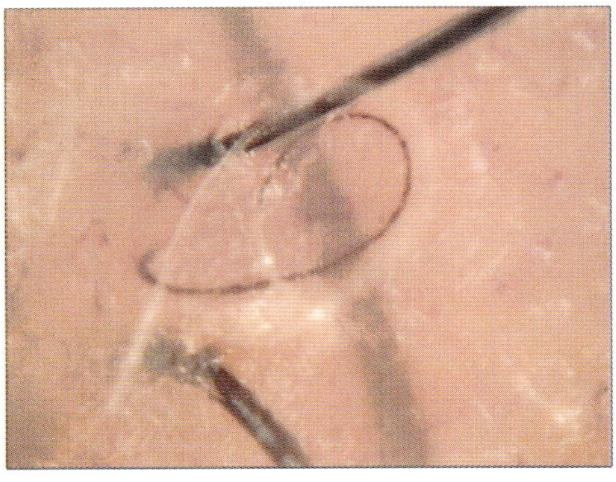

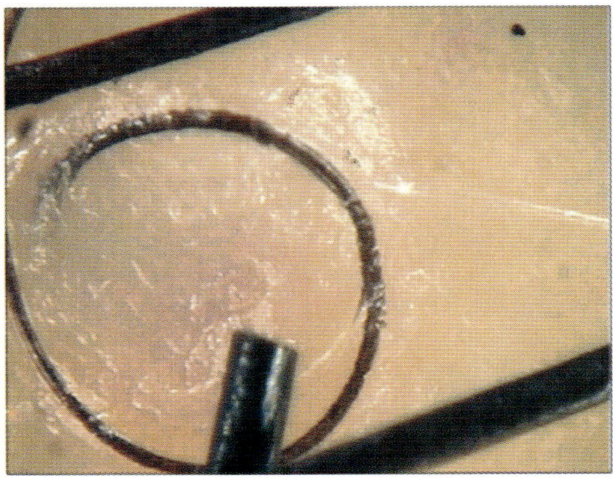

탈모 2단계 두개피 문제 변화 과정

1. 탈모

1) 형태

- 헤어 싸이클 변화 탈모 진행과정에서 볼 수 있는 현상이다.
- 모근을 보면 모발의 굵기 보다 모근이 가늘어 지는 것을 볼 수 있고 두피에는 솜털만 있다.

2) 증상

(1) 모발이 가늘어지고 모량이 감소 된다.
(2) 모낭 소실을 초래 한다.
(3) 모발이 빠지면 연모(솜털)로 나와 모발의 수명이 짧아지고 모낭 소실이 발생된다.
(4) 두개피 경화
(5) 두개피 흡착
(6) 모낭 손상
(7) 모발소실은 증증의 탈모로 진행된다.

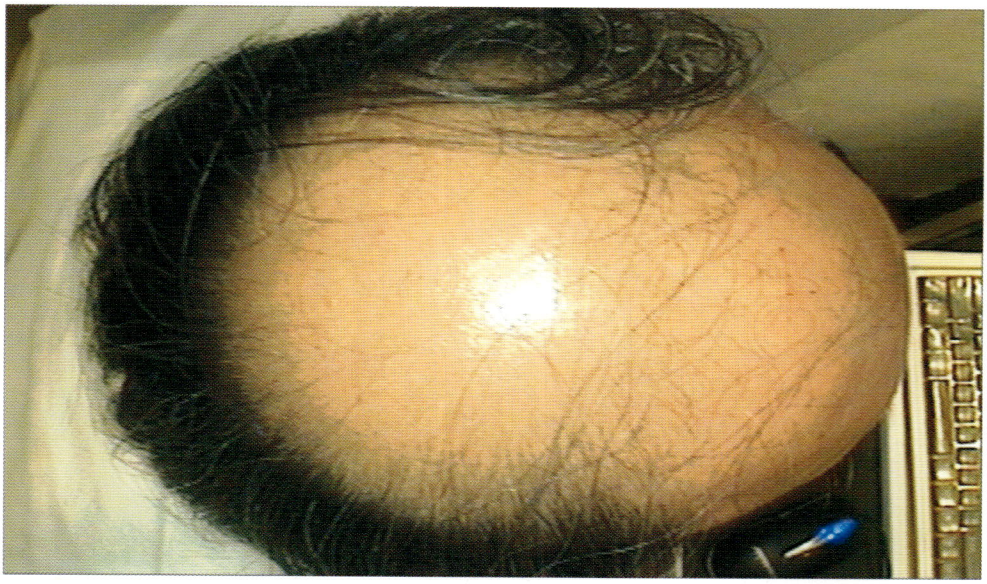

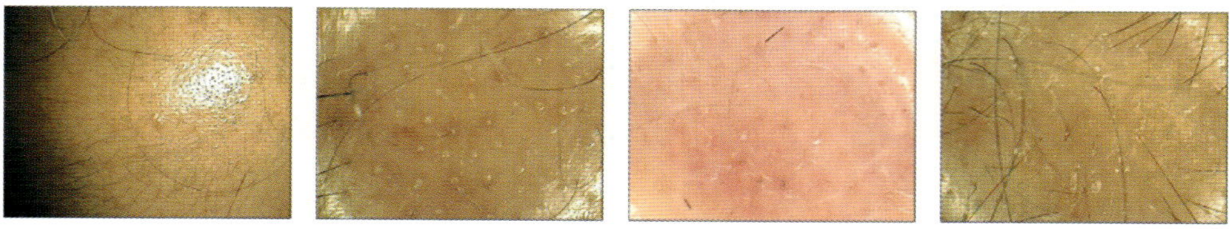

2. 모낭속 이물질 두개피 이미지

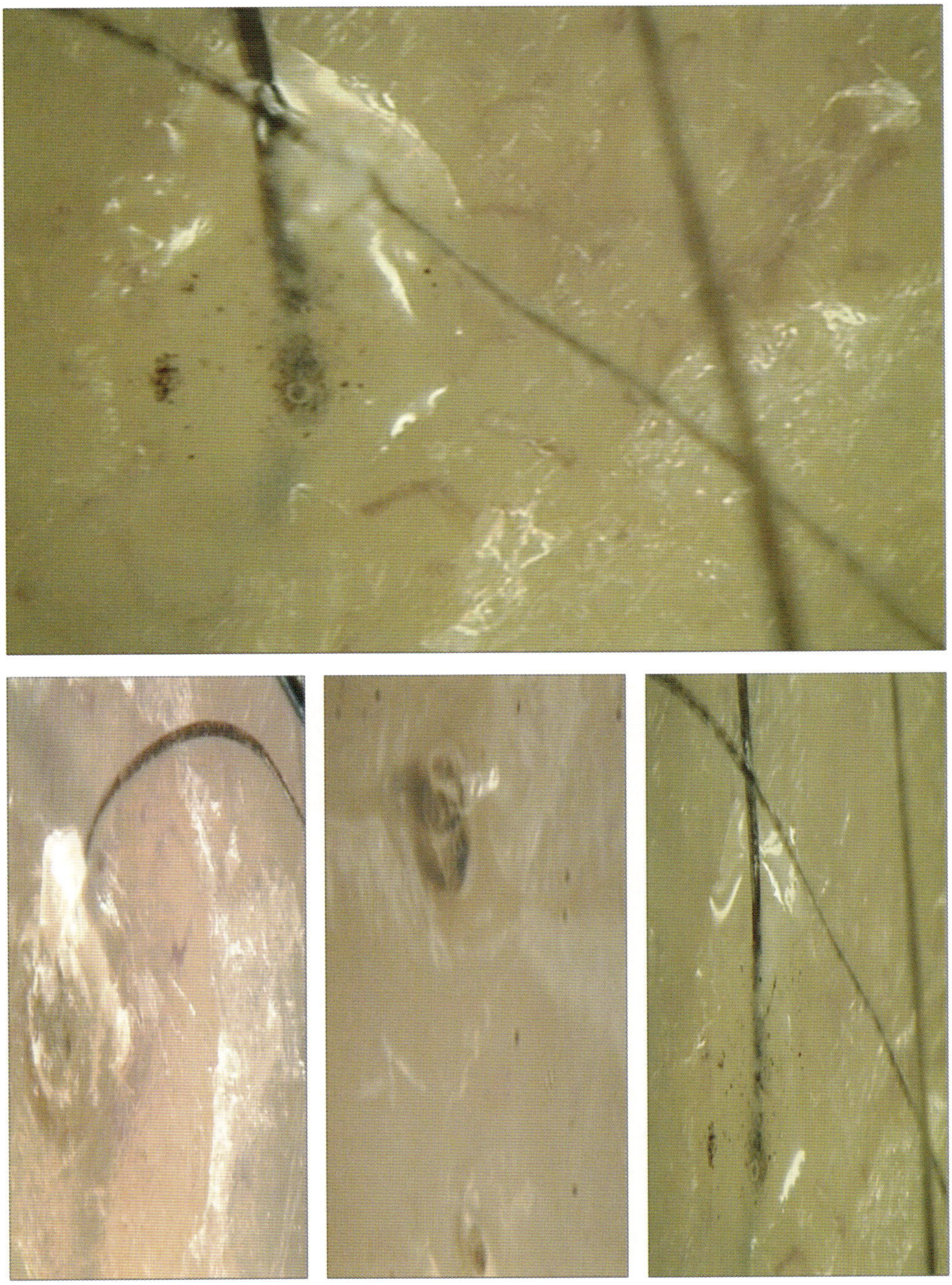

3. 모낭 축소 모발 손실 두개피 이미지

■40배율

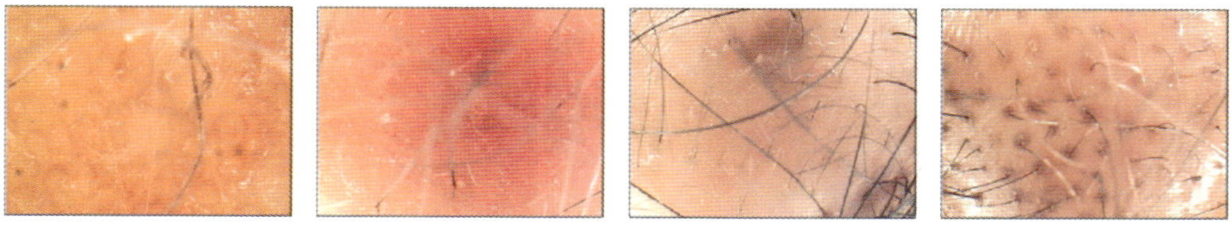

■100배율

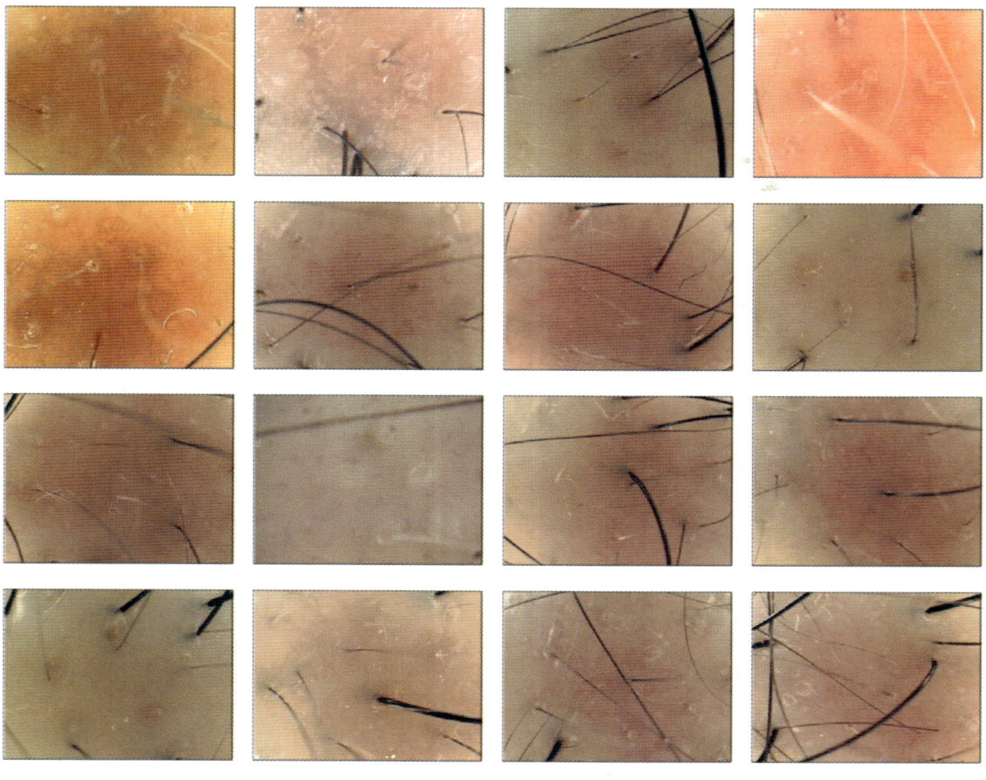

■300배율

4. 일시적인 모낭 손실 두개피 이미지

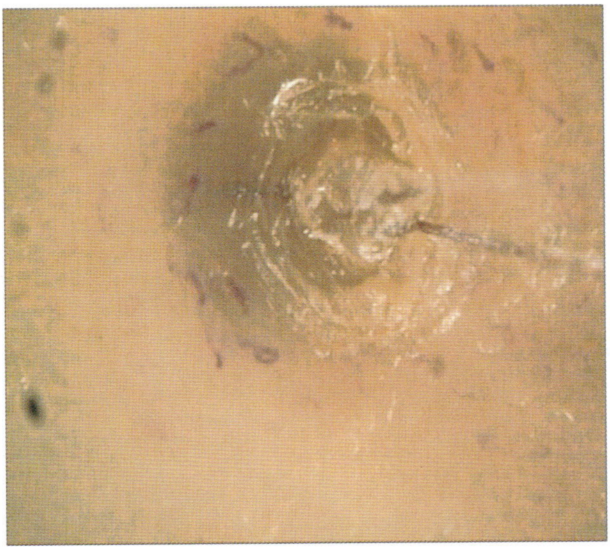

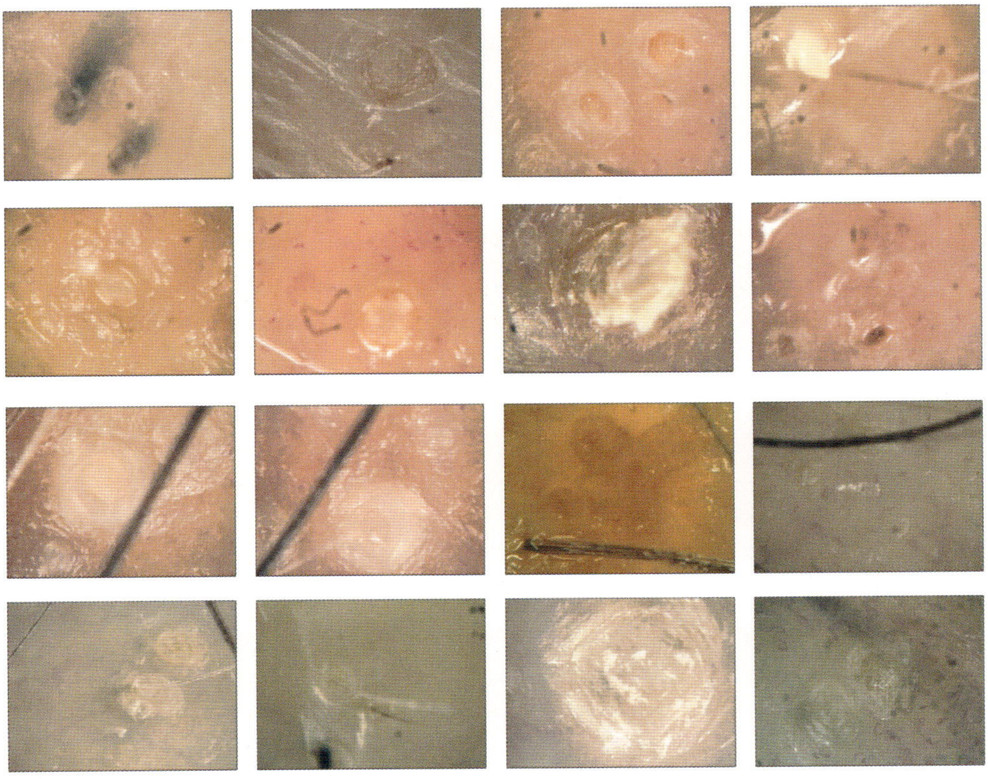

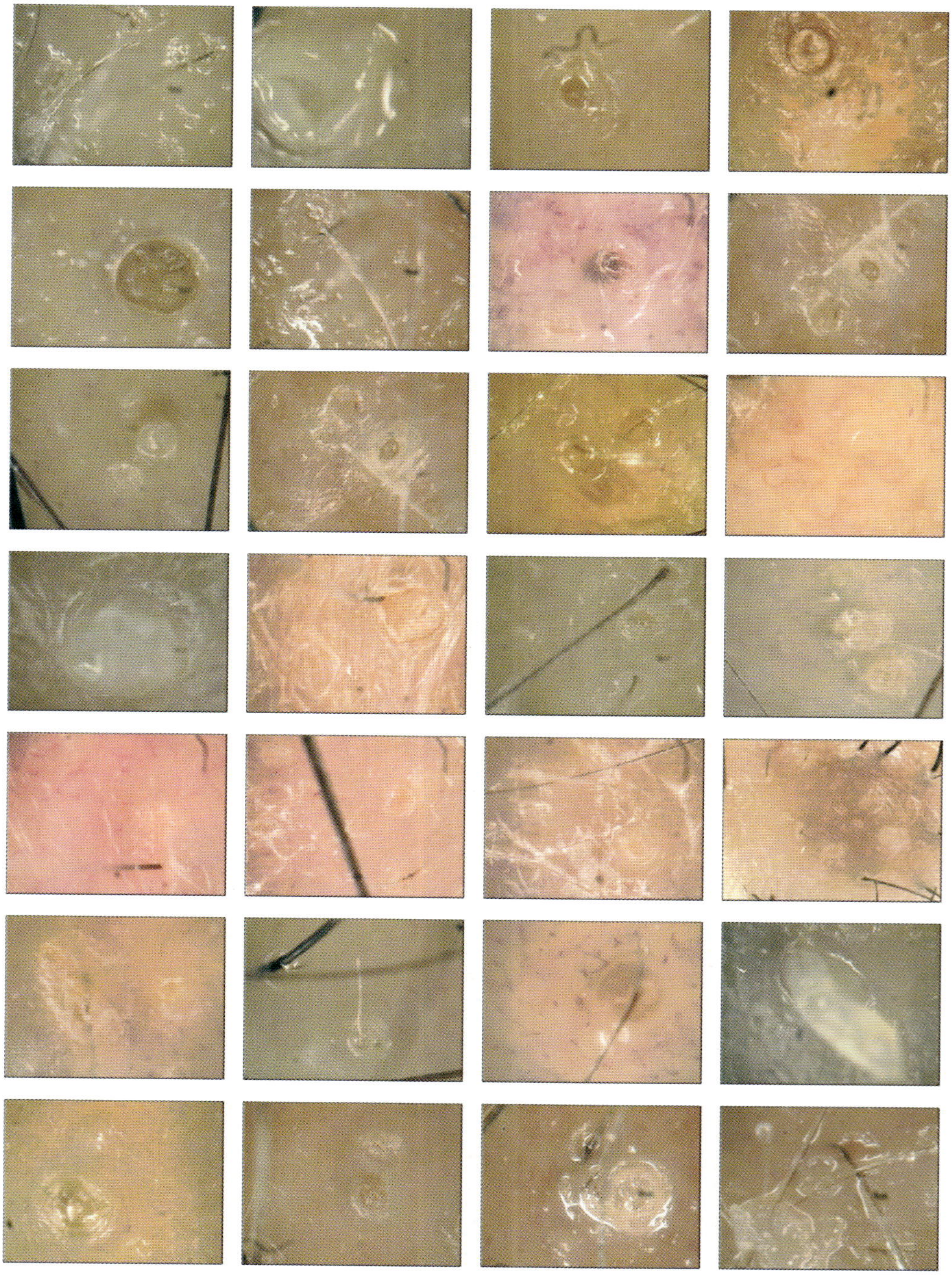

5. 두개피 흡착 이미지

- 두개피는 광택이 난다.
- 모낭 주변 두개피 속의 흡착된 피지로 인해 경화된 두개피

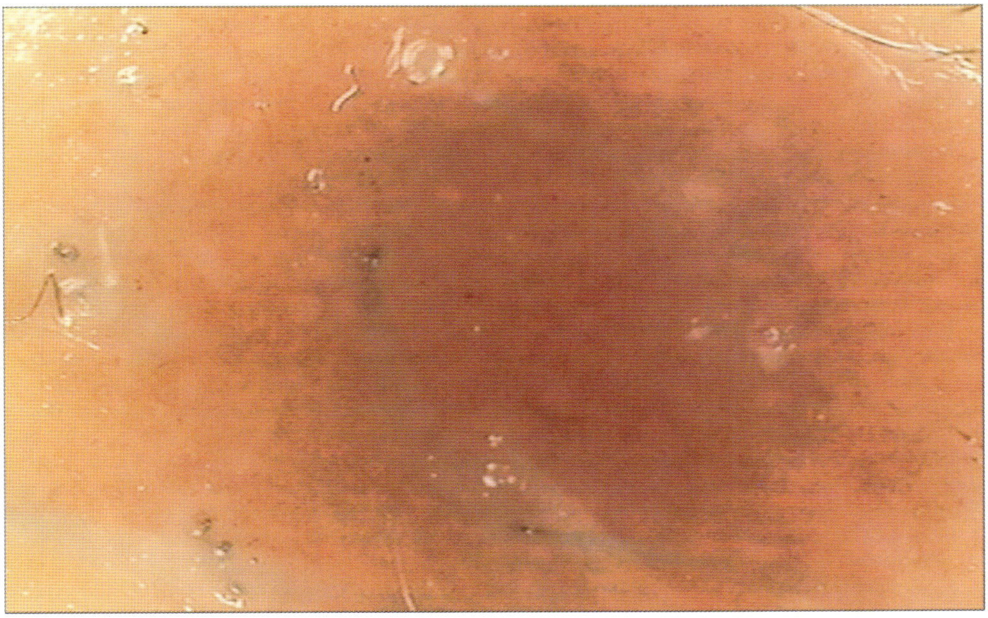

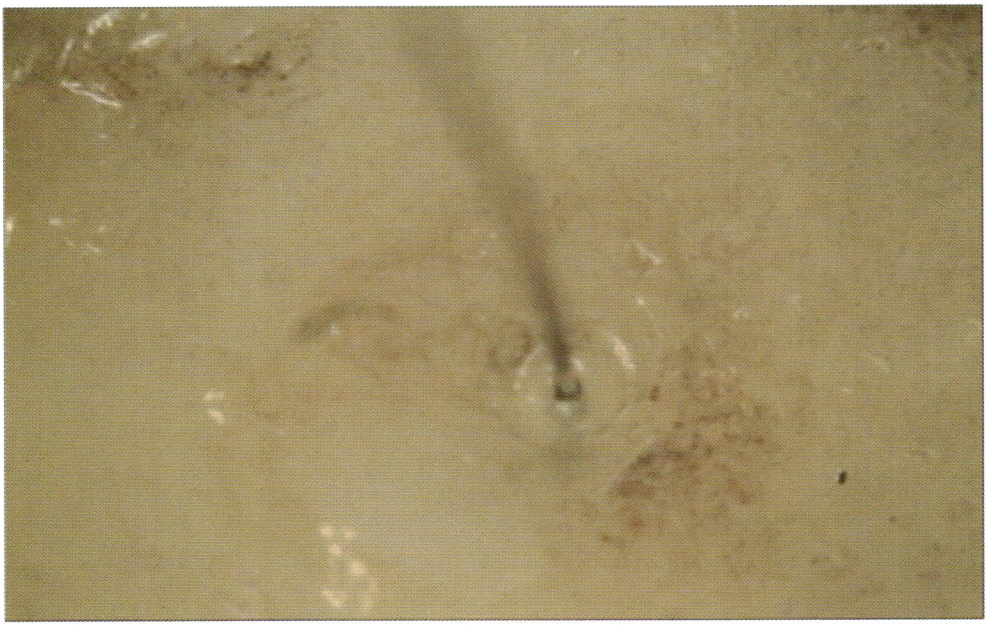

6. 두개피 경화 이미지

두개피 안에서 피지가 굳어서 갈색 모양의 응고된 형태

막혀 있는 한선, 모낭, 모세혈관 혈행을 방해하고 있는 굳어진 피지는(갈색테)

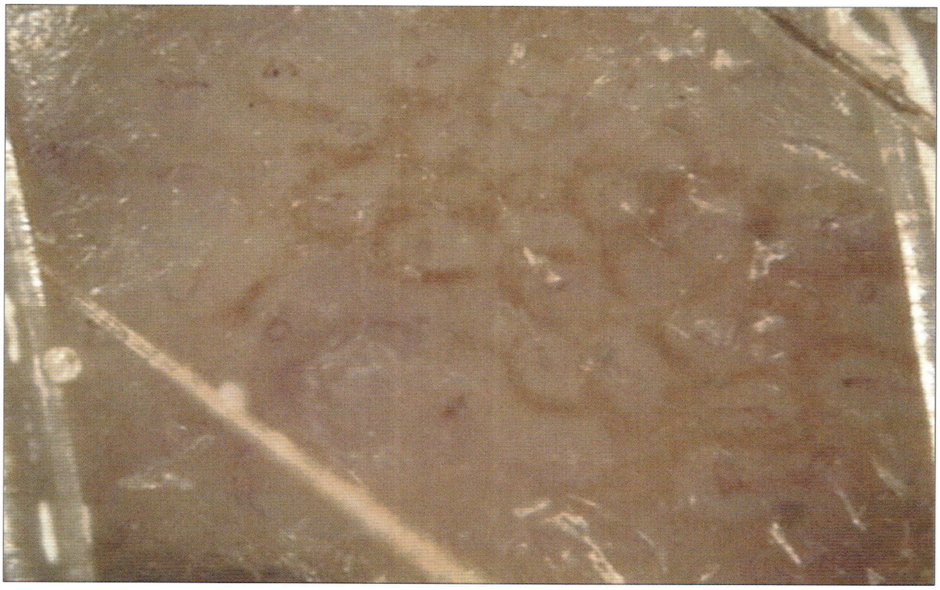

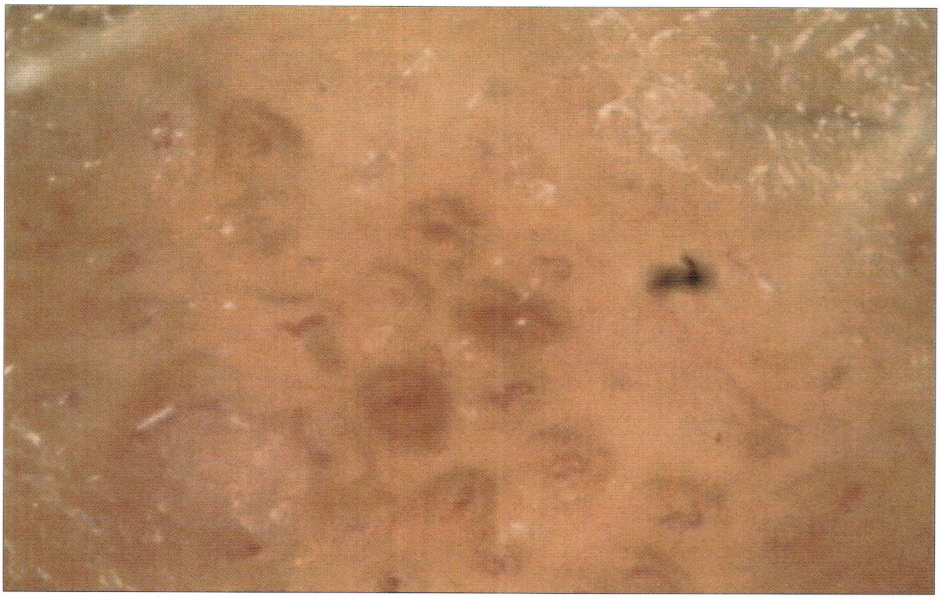

7. 두개피 경화 · 흡착 이미지

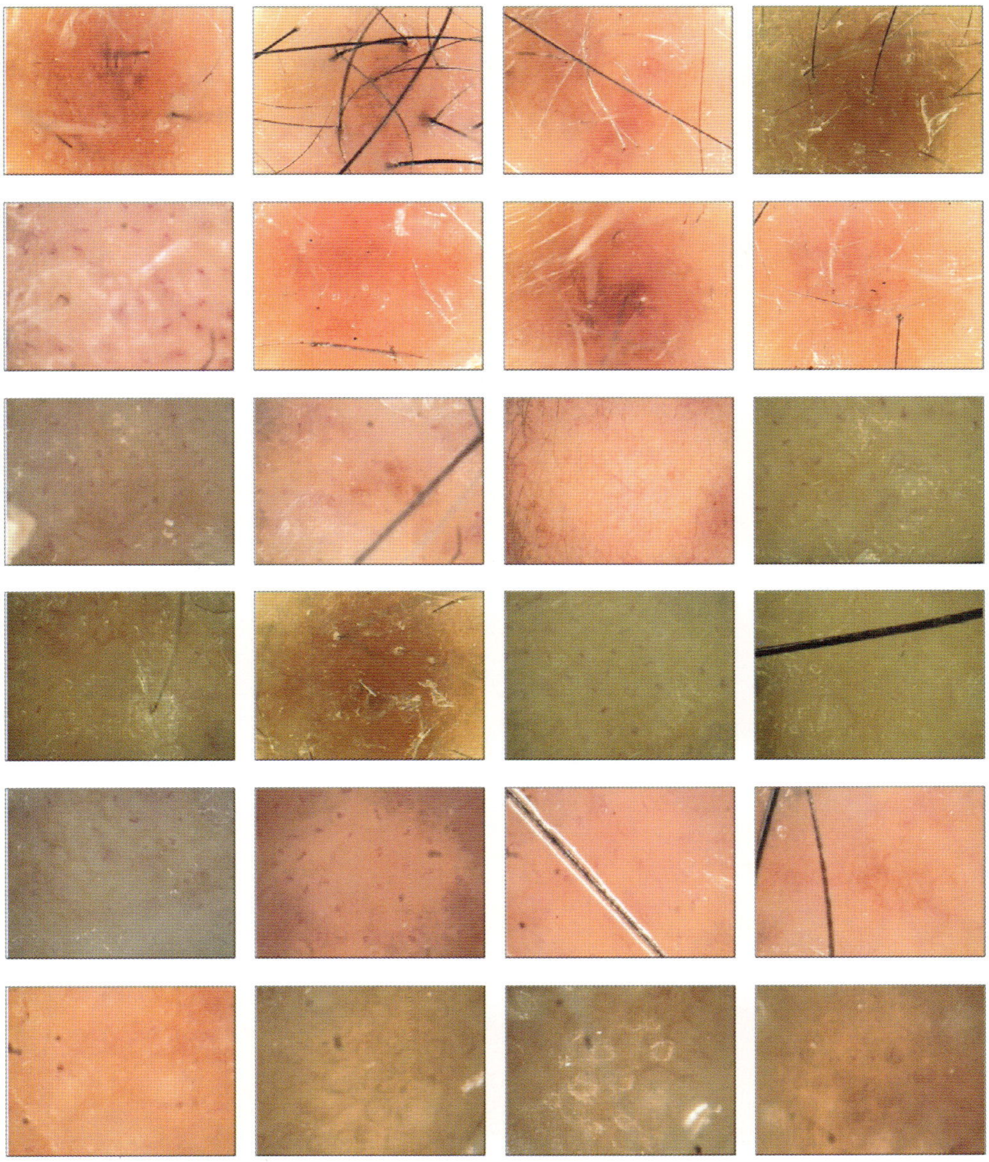

※ 건강과 두개피 이상으로 오는 두개피

※ 면역계이상

1) 원인

외부로부터 병원균이나 바이러스가 침투해서 생기는 질병이 아닌 자가 면역이상으로 원인은 여러 가지 환경 요인에 있다는 것이 최근 학계의 중론이다.

2) 자가 면역계 이상

우리 인체의 면역시스템에 이상으로 발생하는 아토피, 건선, 태선 대표적

3) 종류

건선, 천식, 류머티스성 관절염, 전신 피부염, 전신 홍반성 낭창(루푸스), 아토피, 피부염, 태선 … 등

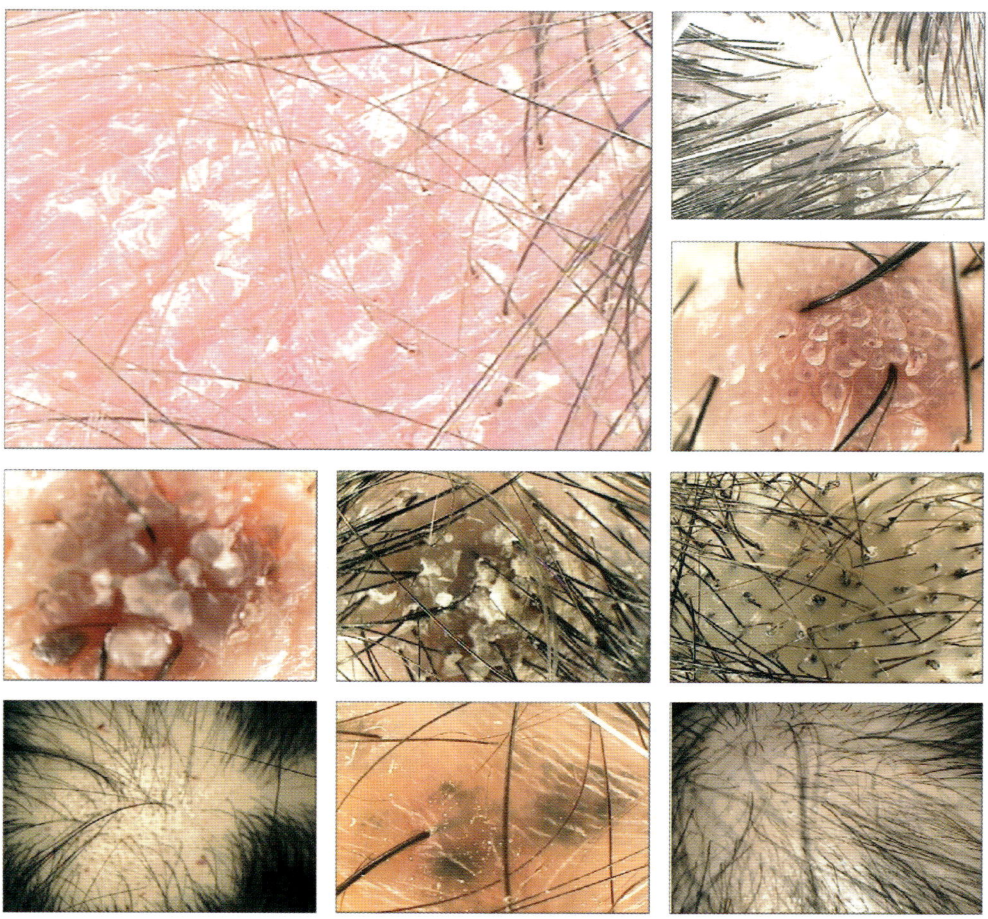

1. 아토피

1) 원인

(1) 유전적으로 나타나는 알레르기성 소인

(2) 선천적으로 음식물과 흡입성 물질에 대한 알레르기 반응

- 고초 열(비염 · 천식) · 아토피성 피부염 등이 가족 내에 많다.
- 여러 가지 (난백 · 비듬 · 꽃가루 · 먼지 등)에 대하여 반응이 높다.
- 혈청 내 항체(아토피성 알레르겐)의 존재
- 각종 스트레스(온도 · 습도 · 외상 · 정신적 긴장 · 감염 등)에 비정상적인 반응

2) 문제성 두개피 이미지

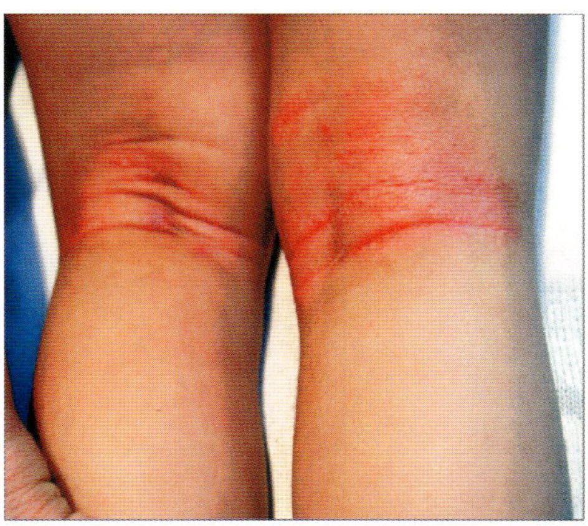

■40배율

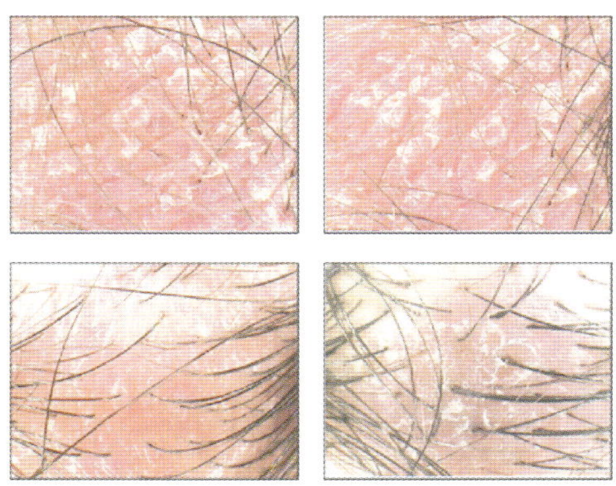

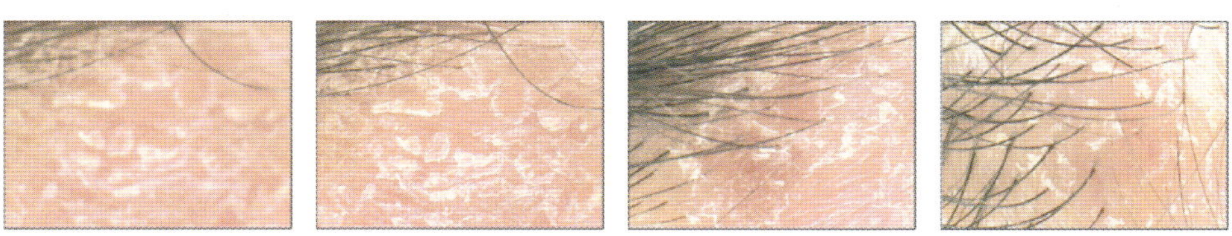

■100배율

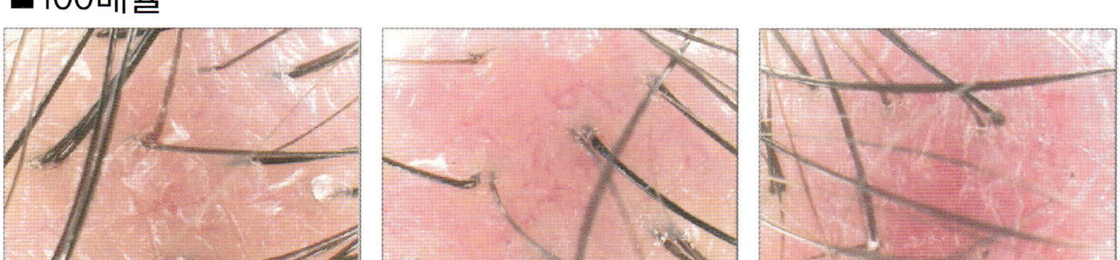

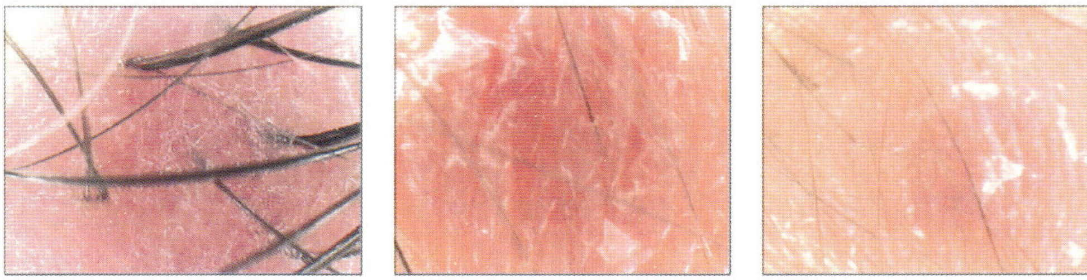

■300배율

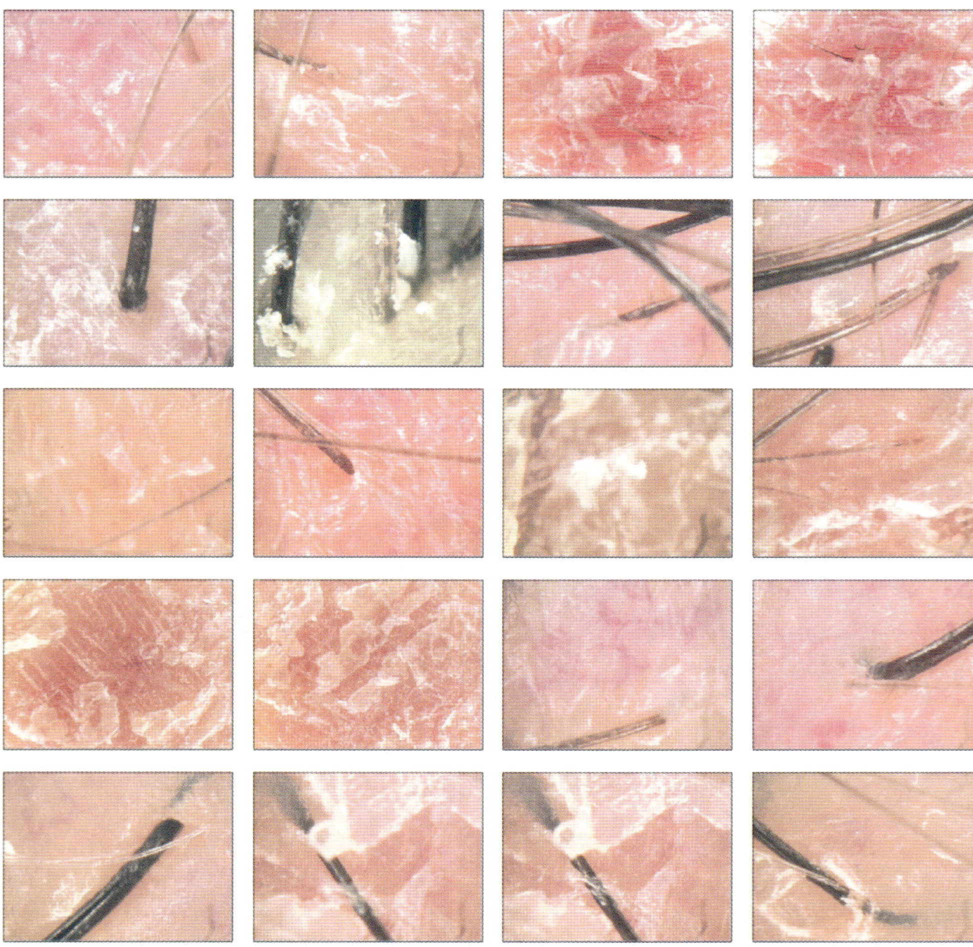

3) 아토피 피부염

- 선천적으로 음식물과 흡입성 물질에 대한 알레르기 반응으로 알레르기성 습진, 소아습진, 범발성 신경피부염, 천식,고초열(비염)이 나타나는 경향을 "아토피(at-opy)"라 한다.

(1) 유아기 아토피

- 습진으로 생후 2개월 ~ 2년 사이에 양 볼에 소양성 홍반(미세한 수포)
- 머리, 목, 이마, 손목, 팔, 다리, 둔부에 발생

(2) 소아기 아토피

- 2세에서 10세까지 목, 이마, 손목, 팔, 다리 안검, 안면, 목, 부위에 건조
- 한 피부에 구진이 유아기보다 경미한 급성으로 나타난다.

(3) 사춘기 및 성인아토피

- 홍반, 인설, 구진, 수포성, 소양성 태선으로 나타난다.
- 전두부, 목, 이마, 손목, 팔, 다리, 안면, 목, 눈, 손. 발, 국부에 발생

4) 내분비호르몬의 역할

(1) 내분비호르몬조절기능(ADH) 저하

- 알 파파(스트레스 수치)가 높아져 수면장애로 수면 때 생성되는 멜라시틴생성을 더디게 하고 T세포 (인터루컨)의 생성능력저하는 면역계 이상으로 아토피 피부염 폐열, 천식 알레르기 비염 등의 증세를 나타나게 한다.
- 혈관을 수축되게 하여 원활한 혈류흐름을 할 수 없게 하여 영양공급 장애로 저체중 현상을 나타나게 하기도 한다.
- 심부, 오장, 피부온도의 자동조절 시스템 혼돈으로 림프, 에크린선(땀샘) 아포크린선(피지선) 교감신경 장애를 일으키게 한다.

(2) 교감신경 장애

- 피지선에서 지방배출이 되지 않아 표피를 건조하게 하고 활성산소 배출
- 장애 알러지 소양증의 가려움으로 불쾌하게 한다.
- 체내에 쌓인 유해중금속(납, 카드륨)은 수면장애와 성장을 더디게 하고 성격 장애가 오게 할 수도 있다.

(3) 합병증

- 감염부위에 2차적인 박테리아 감염(공소염)
- 일반적인 2차 박테리아 감염 (농포, 발열, 관절통, 탈모)

2. 건선

※ 건선1

■ 염증성 각화증,

– 확실한 원인은 밝혀지지 않았지만(체질, 영양)이 문제, 동물성 지방섭취를 줄이거나 제한하면 일시적으로 안정 되지만 재발하기 쉽다.

1) 원인

- 내분비장애 · 신진대사장애, 지방대사장애에 의한다는 설
- 스트레스, 피부에 기계적, 온열적, 화학적 자극
- 동양인보다 서양사람에게 많이 발생된다.

2) 증상

- 붉은 표면에 은백색의 비늘같이 보이는 각층이 두껍게 겹쳐 쌓여서 저절로 떨어지나 밑에서 잇달아 생겨난다.
- 팔꿈치, 무릎, 외부로부터 자극을 받기 쉬운 부위에 발생, 몸체 · 얼굴 두개피에도 생기며, 두개피에서는 심한 비듬같이 보인다.

3) 건선 두개피 이미지

■40배율

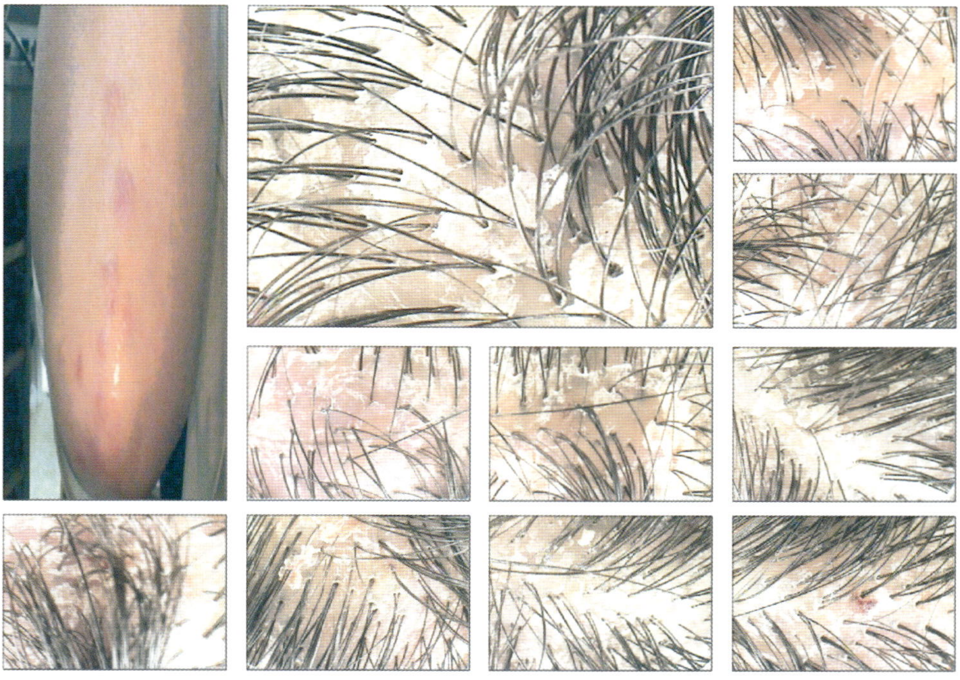

■100배율

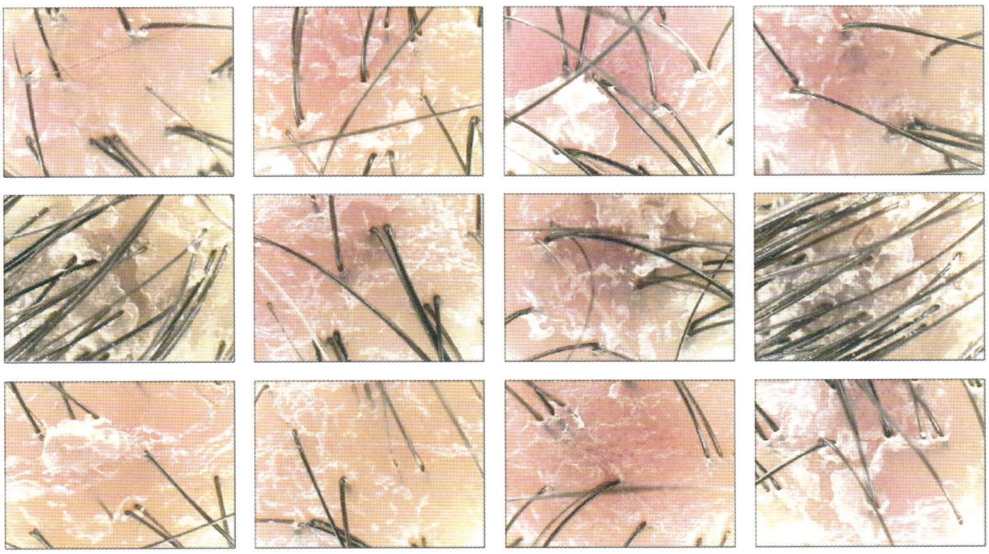

■300배율

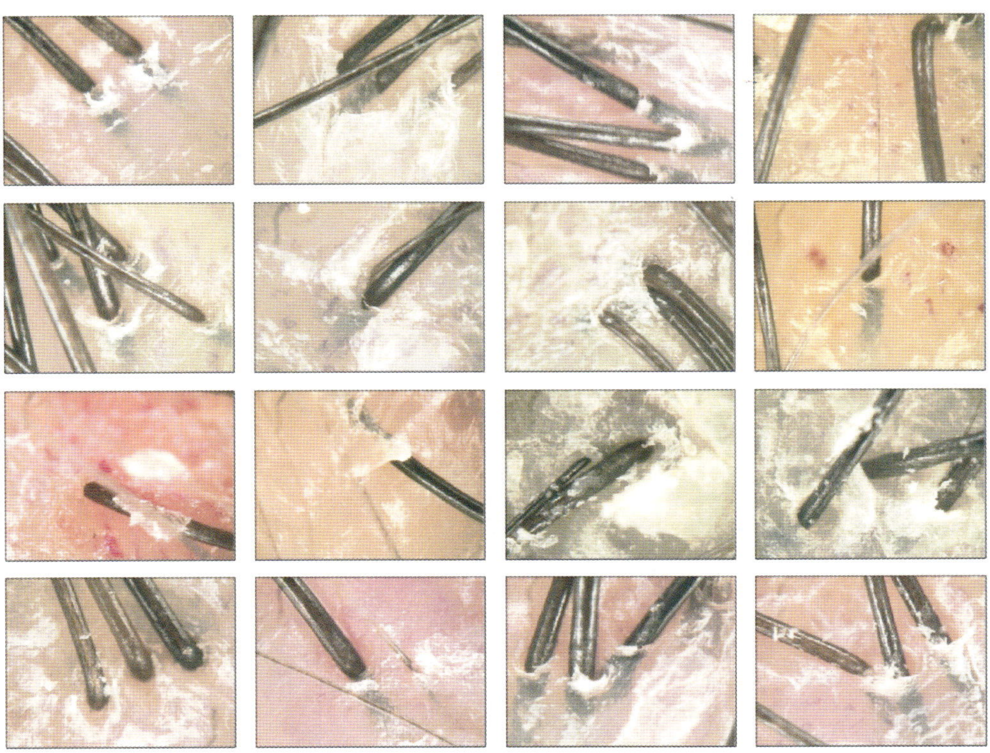

※ 건선 2

● 문제성 두개피 이미지

■40배율

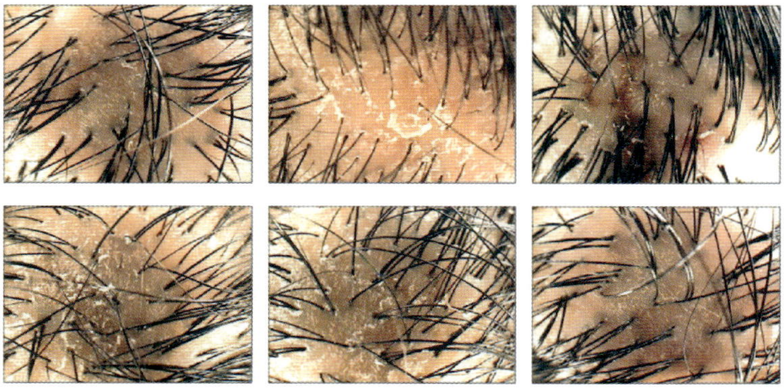

■100배율

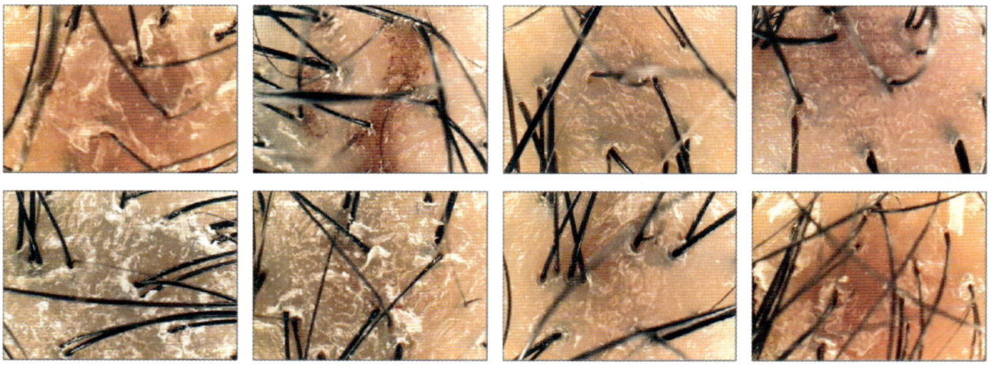

■300배율

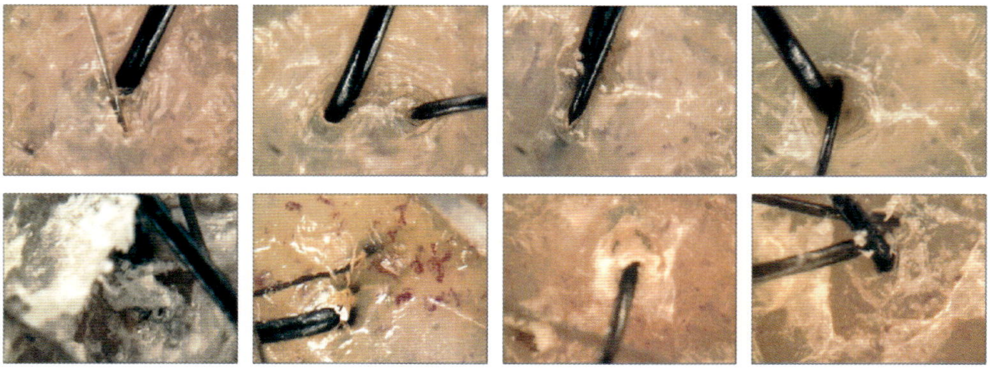

※ 방울 모양 건선 3

1) 원인

(1) 지루성 두개피는 경화·흡착된 두개피(대머리)에서 많아 발생한다.

(2) 자율신경 이상으로 세포 분열이 잘못되어 하나 하나가 따로 성장 한다.

■40배율

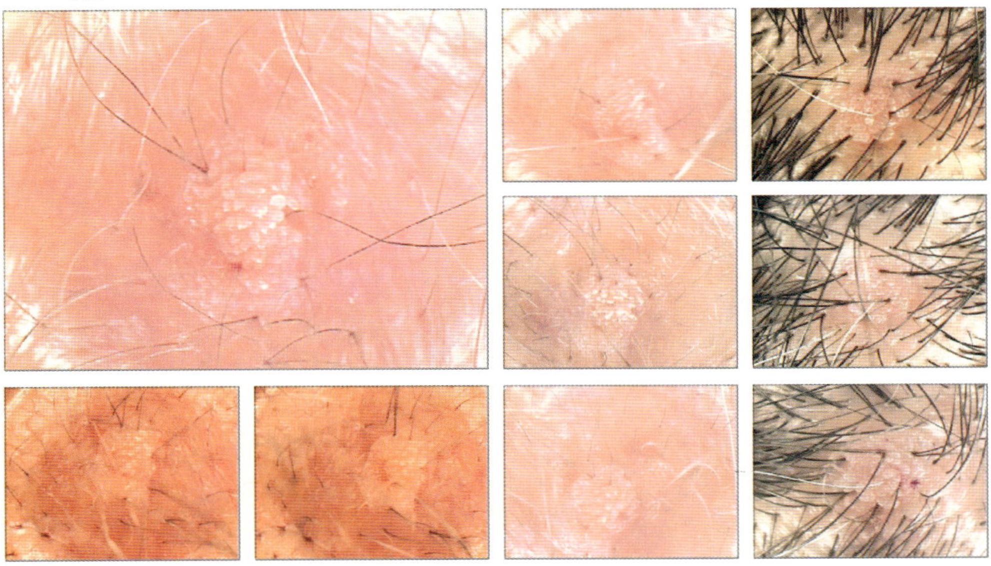

■100배율

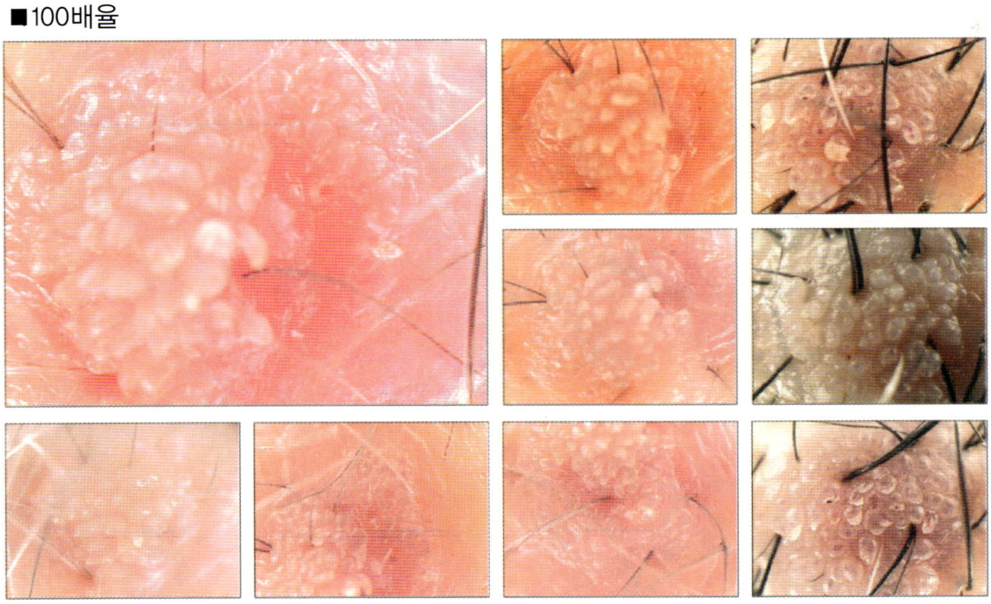

■300배율

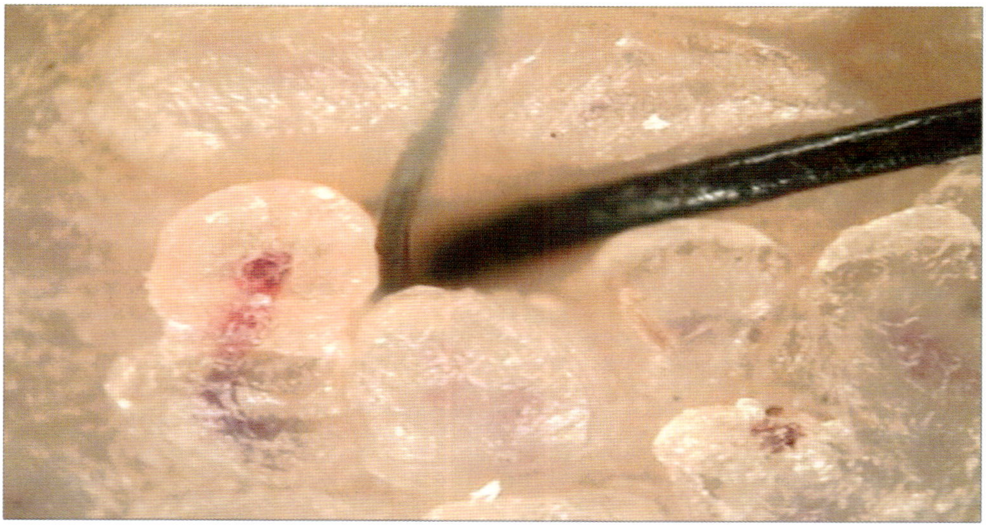

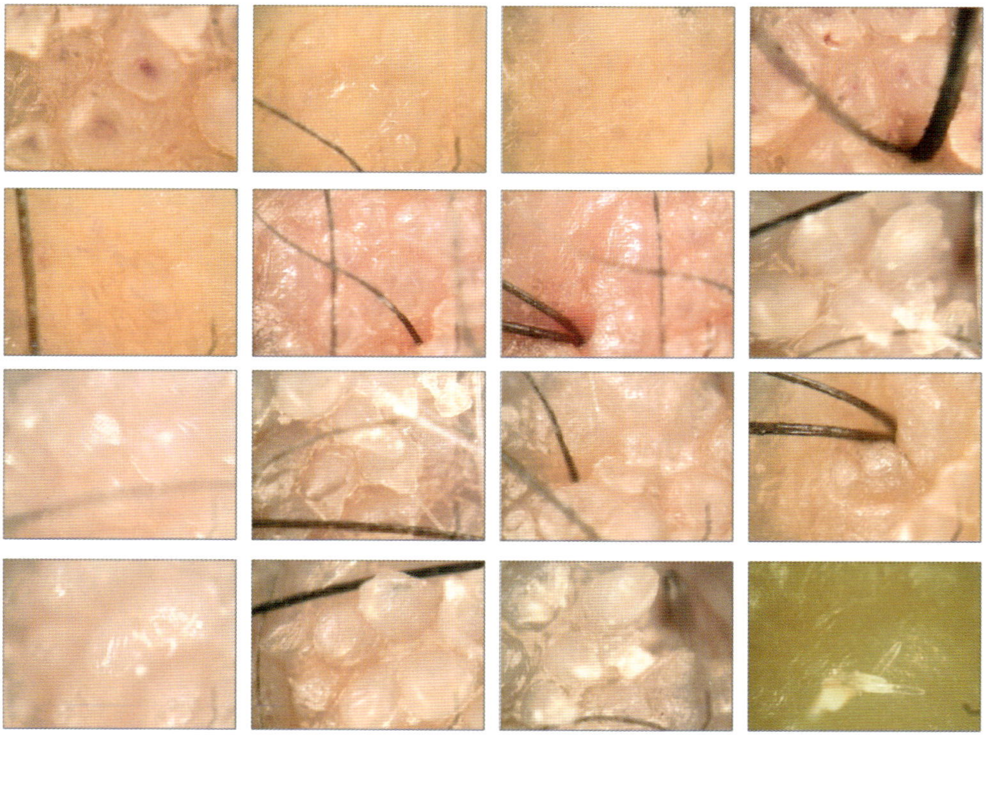

3. 태선

- 모공 각화증이라고도 한다 .
- 개개의 발진은 수포형성이나 화농을 일으키지 않지만, 수포를 형성하는 수가 있다.
- 모공을 중심으로 뾰족하게 나온 붉은빛 또는 회색의 아주 작은 구진으로 건성 피부를 가진 사람에게 많이 생긴다.
- 자각증세는 없고 2~3세부터 질병이 시작되어 사춘기에 가장 많이 생기며, 성인이 되면 서서히 사라진다.
- 태선은 정상적으로 보이는 피부, 습진, 곰팡이 균에 의한 피부질환부위에도 나타나며 가려움증을 동반한다.
- 발생 부위
- 목뒤 다리 · 외음부 · 손목 · 발목 팔다리의 오므리는 부분 · 어깨 · 목에 발생되고, 심한 경우에는 얼굴이나 눈 가장자리에 발생

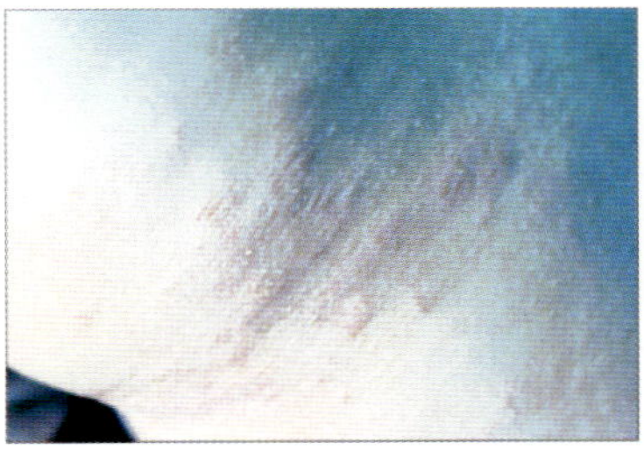
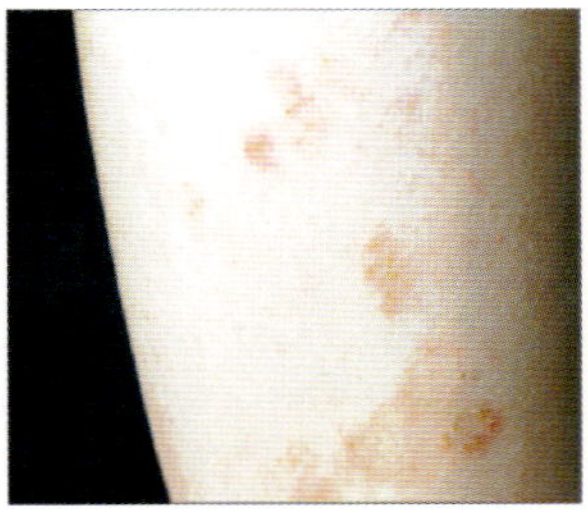
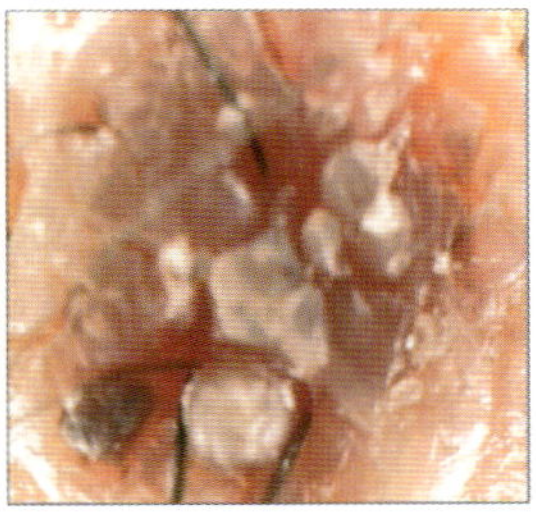

1) 종류

- **홍색태선**
  소구진 융합
  광택이 있는 홍색의 편평 융기성과, 모낭에 생기는 원추형의 홍색구진
- **비달 태선**
  몹시 가렵다.
- **모공 태선**
  모공에서 발생하는 소구진으로 청년기의 여자에게 많다.
- **만성 태선**
  피부 신경증의 일종으로 태선화 현상(장기간에 걸쳐 긁거나 비벼서 피부가 가죽같이 두꺼워진 상태)이다.
- **경배단순 태선**
  대부분 중년 여성이나 아토피성 피부염이 있는 사람에게 발생한다.
  목뒤에 많이 생기며 심하게 긁어 상처가 나거나 피가 나기도 한다
- **두부 결절 성 신경피부염**
  주로 머리카락으로 덮여 있는 부위에 발생하며, 가려움이 심해 긁어서 상처가 생기면 진물이 나거나 비듬과 같은 가피를 형성하기도 한다.
- **거대 태선**
  하나 또는 여러개 노령층에서 주로 발생하며 허벅지, 엉덩이 아래쪽, 서혜부, 겨드랑이 부위 등에 잘 생긴다.

● 평편태선

확실한 원인은 아직 밝혀지지 않았지만 정신적인 긴장, 면역학적 요인, 가족력, 약물, 바이러스 등에 의한 것으로 알려져 있다.

2) 발생 빈도

지리적 분포에 따라서 다르지만 인종은 관계가 없으며, 대부분 20~50대에 많이 나타나고 재발이 심하다.

3) 태선 두개피 이미지

■40배율

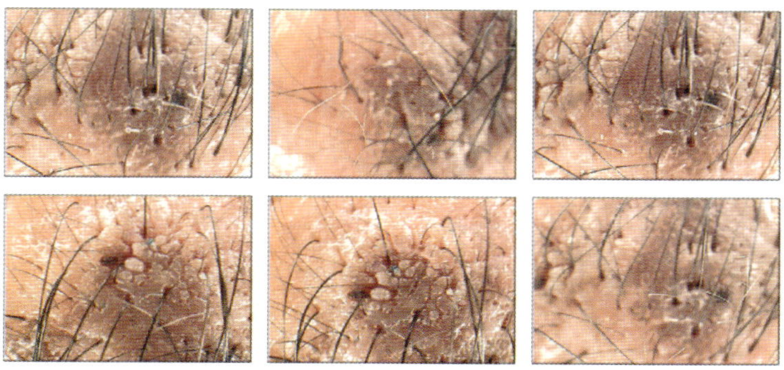

■100배율

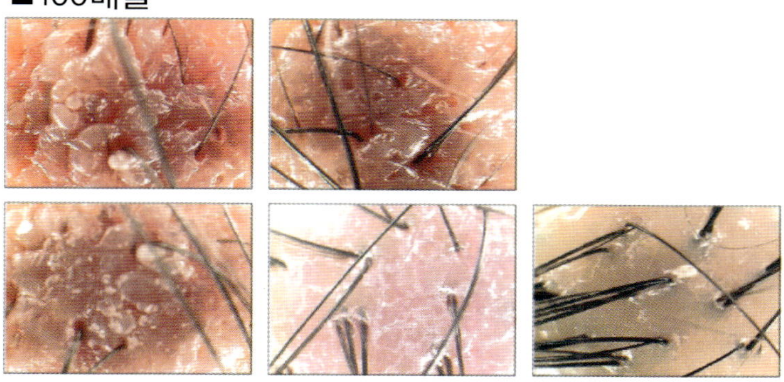

■300배율

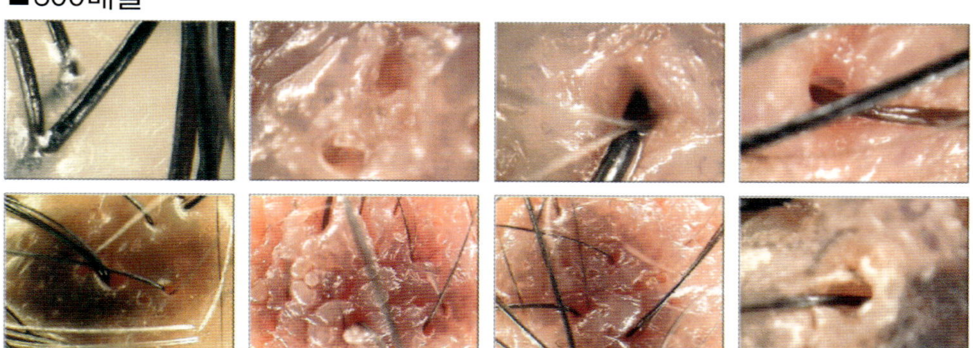

※ 화학 약품 부작용

1.화학성분

제작된 비누, 샴푸, 염색, 드라이, 브릿지, 스트레스, 퍼머, 염소로 소독한 수돗물로 인한 모발의 손상 및 두피의 손상 세정할 때 두피에 남은 잔유물이 모낭을 손상시켜 모발이 약하게 성장하고 모낭 소실로 탈모가 되는 경우도 있다.

1) 염색약

(1) 염색 약에는 18가지 이상의 화학물질(유전자 변이물질, 발암물질)로 구성 되어 있다.

(2) 염색은 단백질 결합을 변형시켜 헤어스타일을 만드는 과정으로 모발구조변형과 모간의 약화를 가져와 작은 힘에도 모발이 끊어질 수 있으며 탈모를 유발 시킨다.

2) 염색제 종류

(1) 산화염색제

- 산화 염색 제는 사람 체질에 따라 항체가 없으면 피부에 부작용(문제)이 나타날 수 있다.

(2) 성분

- 1제 파라페닐렌디아민(검은색)(p-phenylenediamine)은 염색 접촉성 피부염을 머리, 이마, 목등에 결막부종 안구돌출 부작용
- 파라아미노페놀 (paraaminophenol) 메타아미노페놀(metaaminophenol) (붉은색, 갈색)은 피부민감증, 알레르기
- 과붕산나트륨(sodium perborate)은 탈모증과 부종을 일으킬 수 있다.
- 모노에탄올아민은 피부와 눈, 호흡기에 자극을 준다.
- 암모니아는 각막 손상, 두통, 시력 저하, 결막염을 일으킬 수 있다.
- 염색시 눈이 시큰거리고 피곤한 경우
  - 염색약에 있는 휘발성이 강한 암모니아 성분이 공기 중에서 검은자에 자극을 주기 때문이다.
  - 염색약에 대한 면역력이 떨어져서 두개피가 가렵거나 붉은색 물 집(화상), 알레르기성 접촉피부염이 생길 수 있다.

(3) 천연 헤나

- 갈색(납,설퍼), 접촉성 피부염 발생
- 염색 부작용시

  다른 종류의 염색약으로 바꿔도 마찬가지 반응이 나타난다면 염색약을 사용하지않는게 낫고 증상이 계속되면 반드시 병원에서 치료를 받아야 한다.

※2001년 미국에서는 염색약을 정기적으로 사용하는 여성의 방광암 발생률이 증가한다는 연구결과가 나왔다.
영국에서는 미용사의 암 발생률이 높다는 조사결과가 발표됐다.

2. 화학성분부작용 두개피

1) 염색제 부작용 두개피 이미지

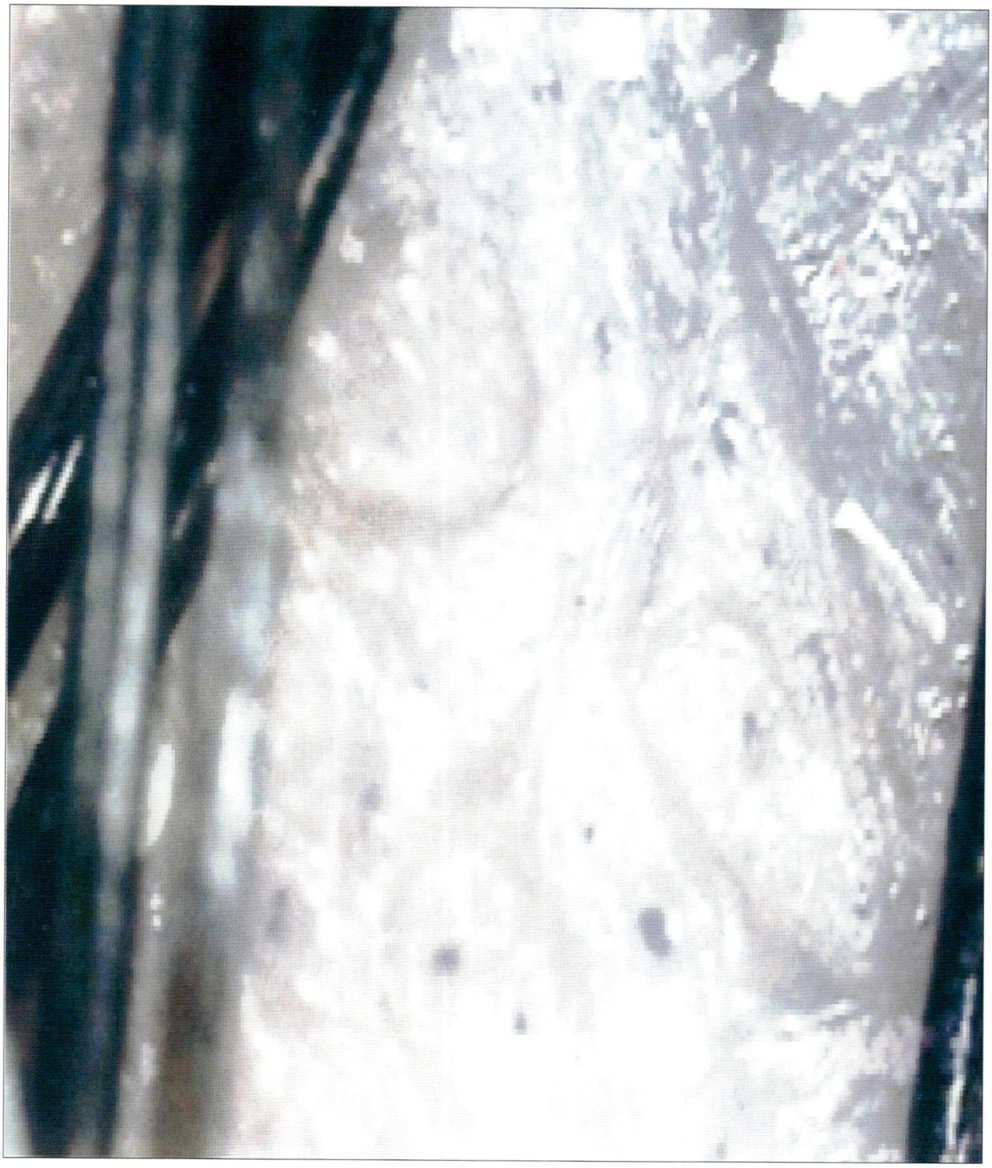

※ 두개피에 남겨진 염색제

■40배율

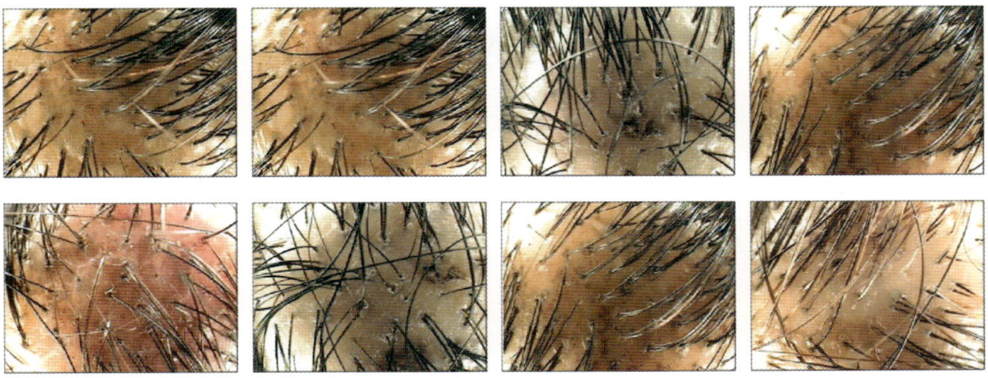

■100배율

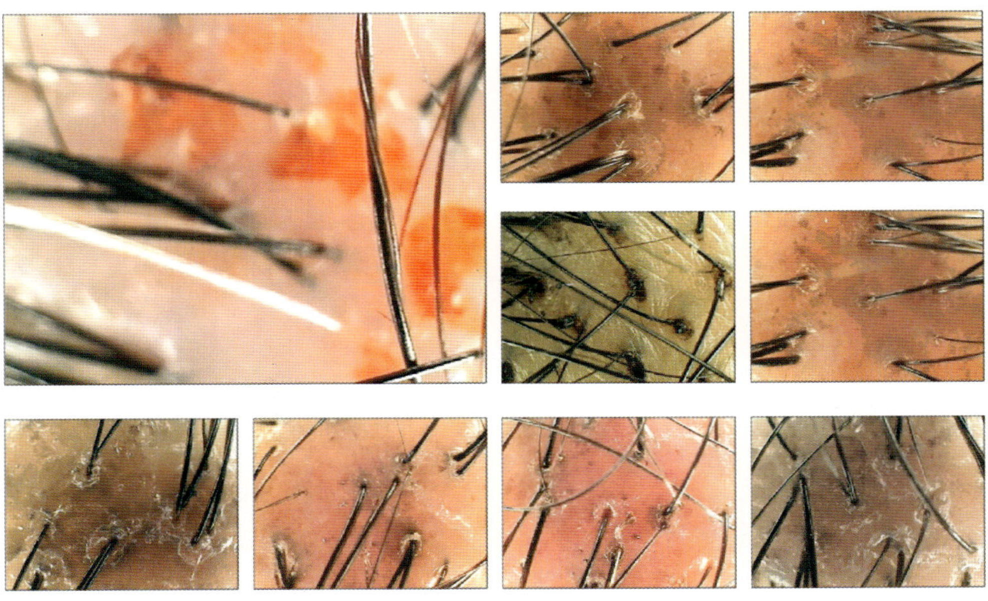

■300배율

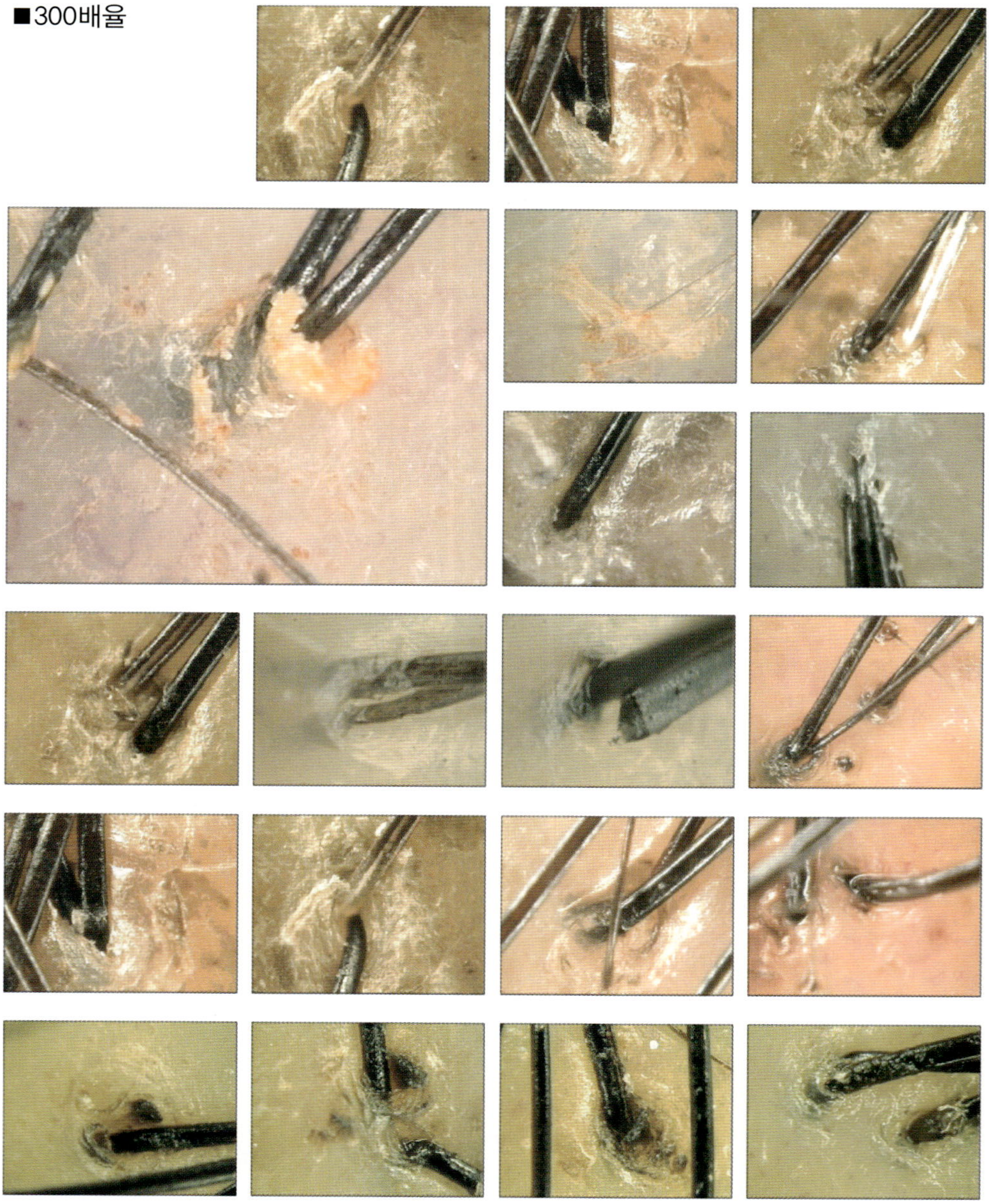

※ 염색 부작용 두개피 이미지 1

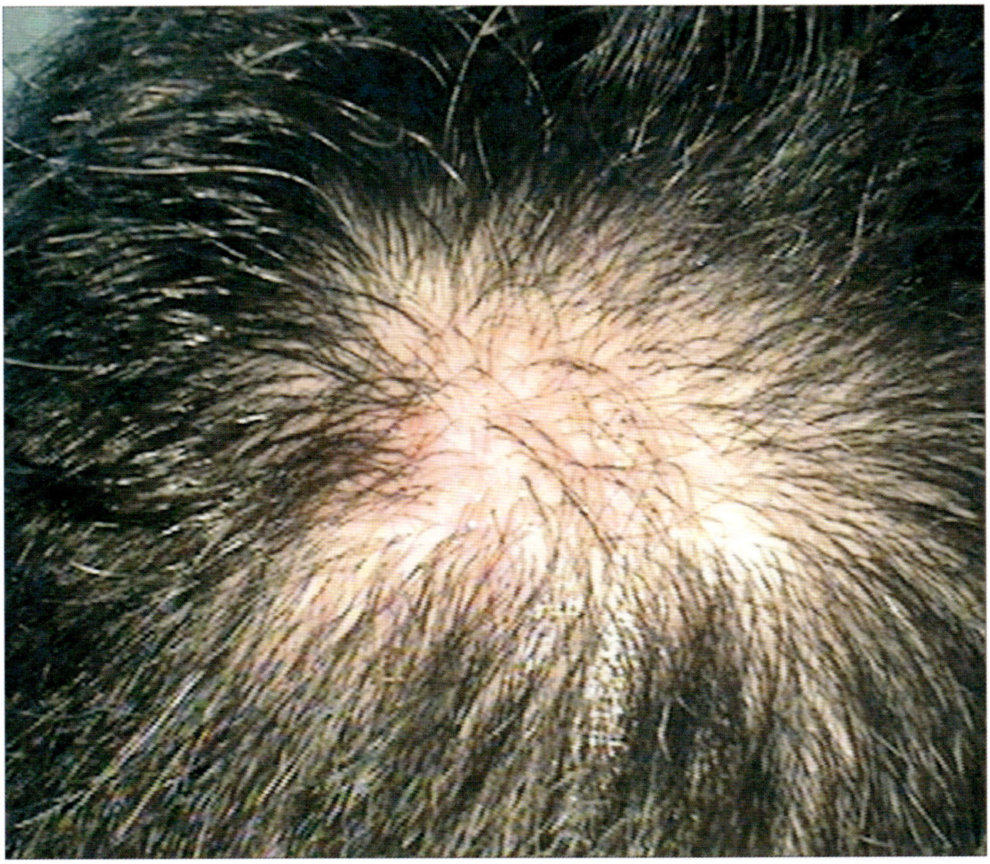

● 부작용 두개피 이미지

■40배율

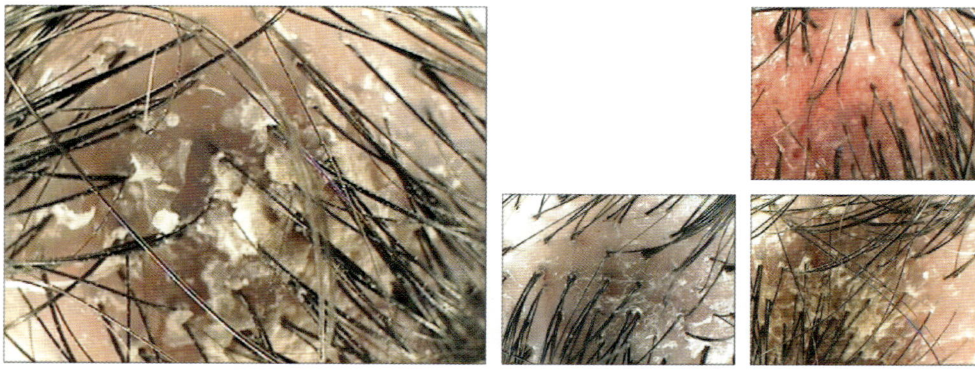

■100배율

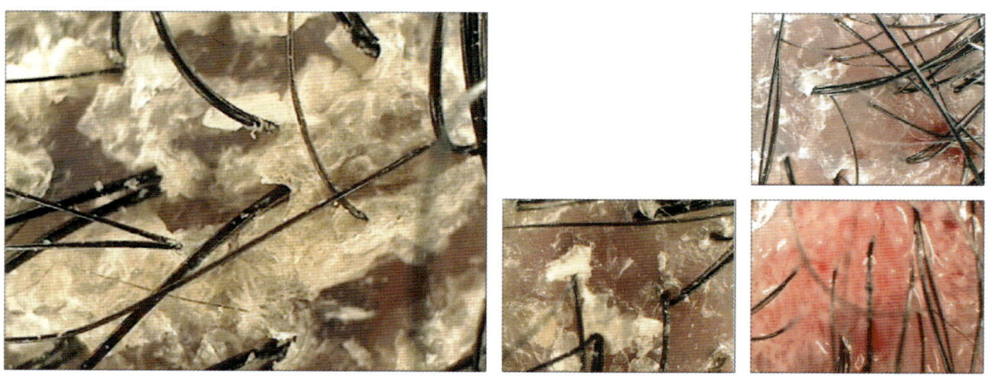

■300배율

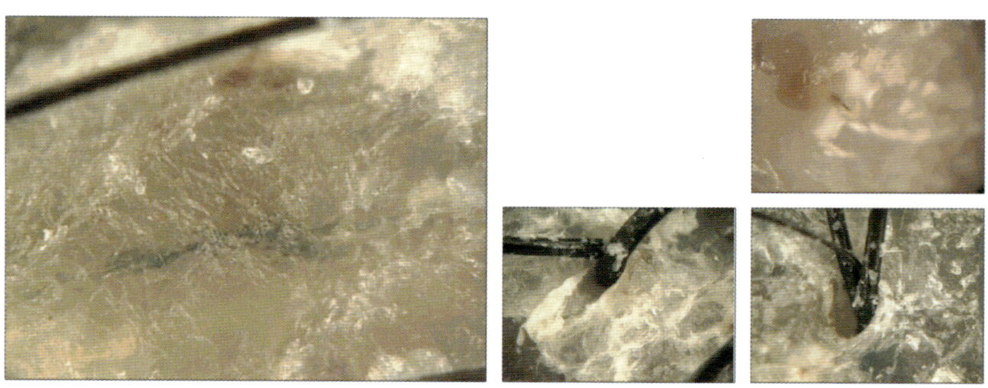

※ 염색제 부작용 2

■문제성 두개피
이미지

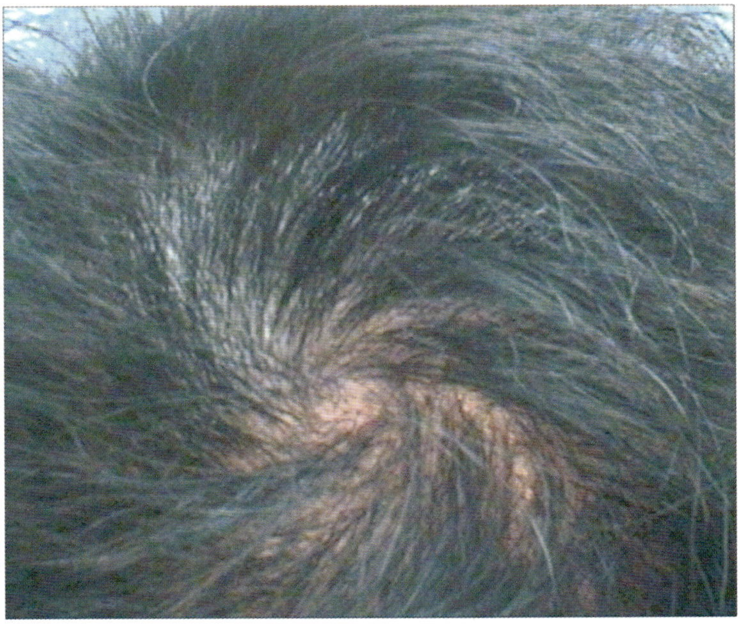

■40배율

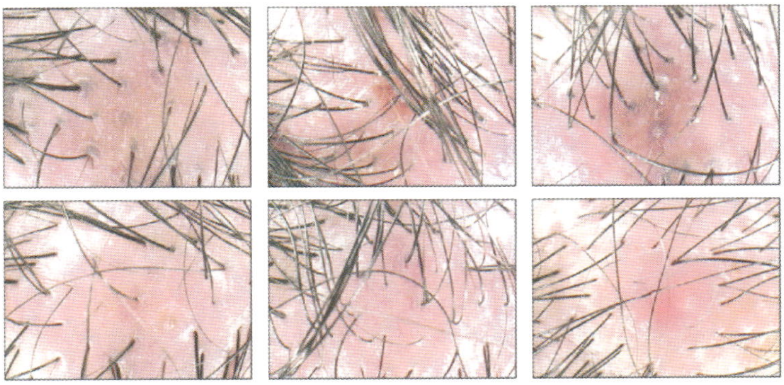

■100배율

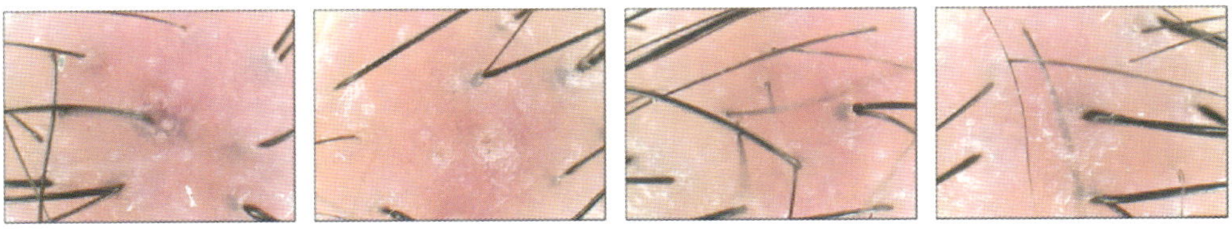

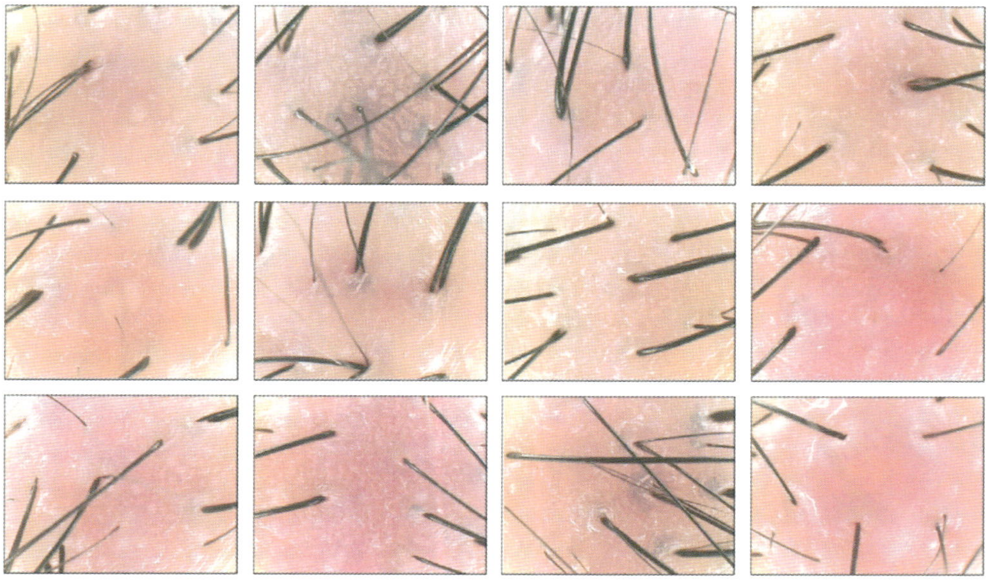

■300배율

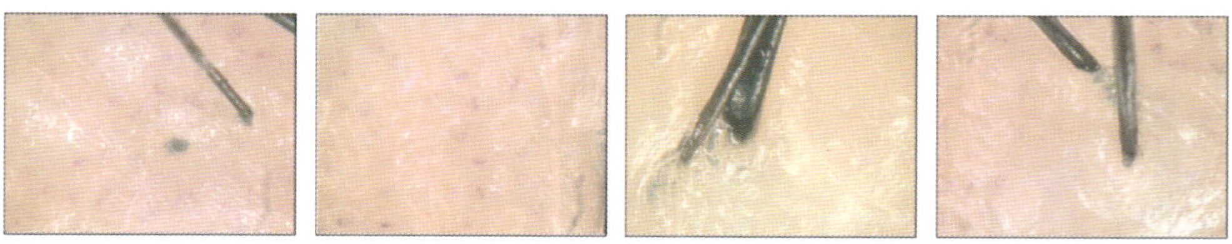

■모낭

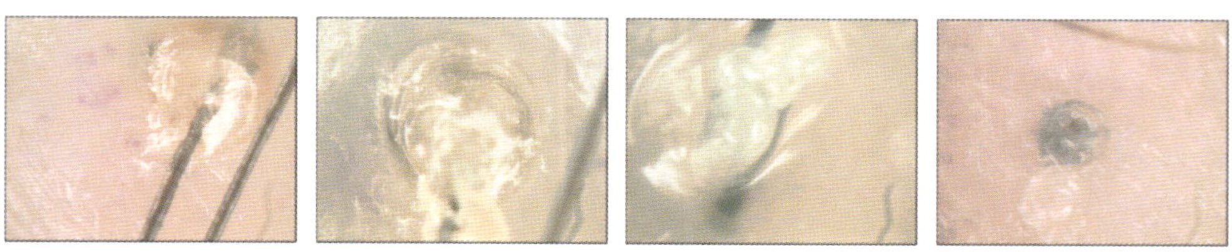

■모근

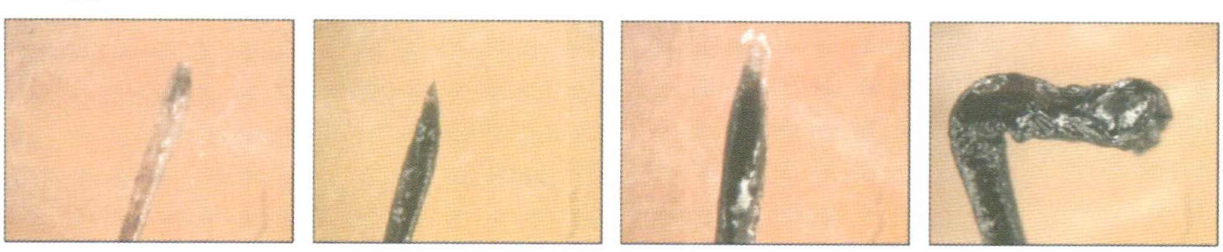

※ 탈색 부작용

모낭의 손상으로 단백질 결합이 이루어지지 않아 모발은 끈적끈적한 젤라틴 형태로 성장하지 못하고 모낭에서 소실된다.

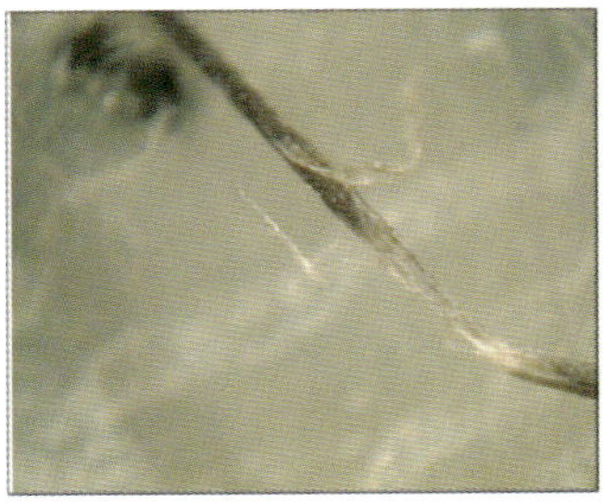

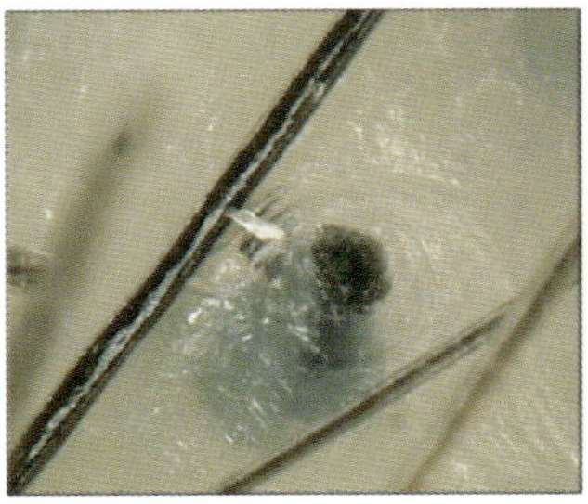

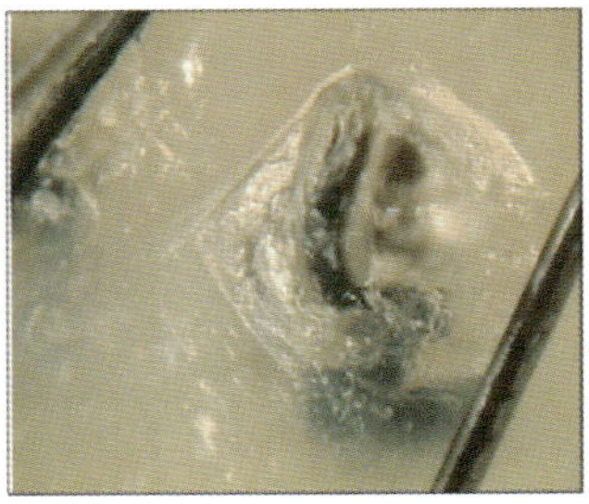

● 탈색 부작용 두개피 이미지

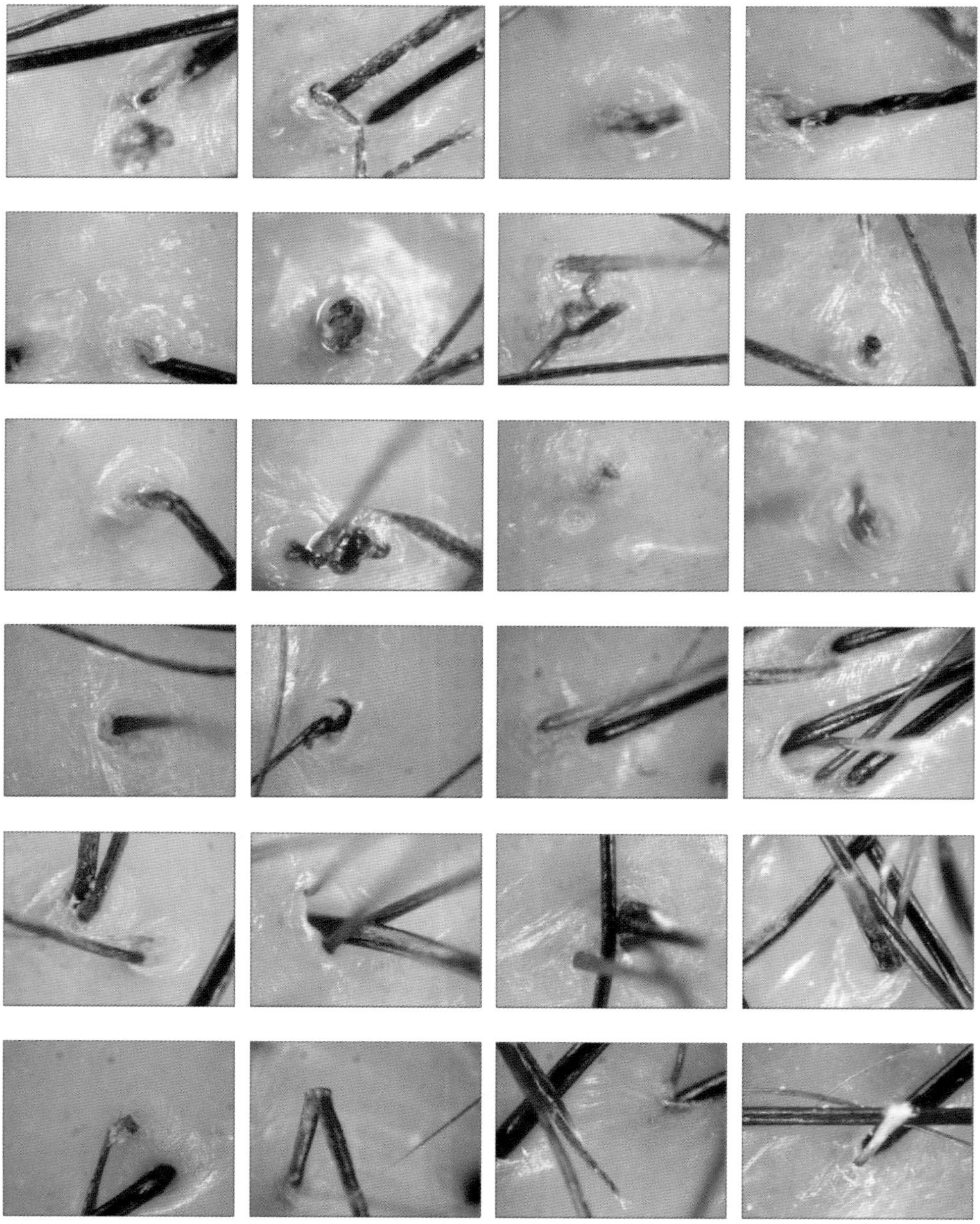

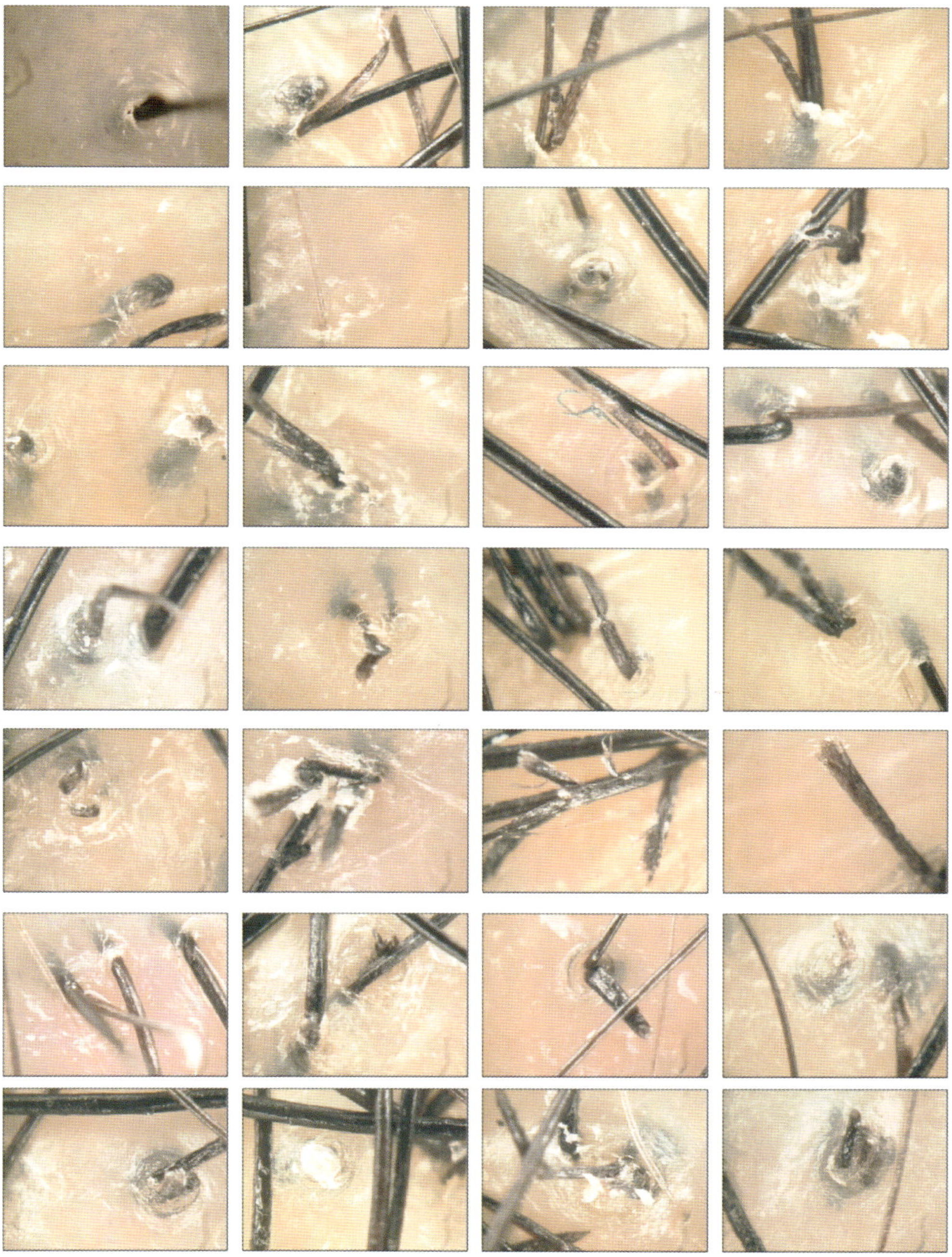

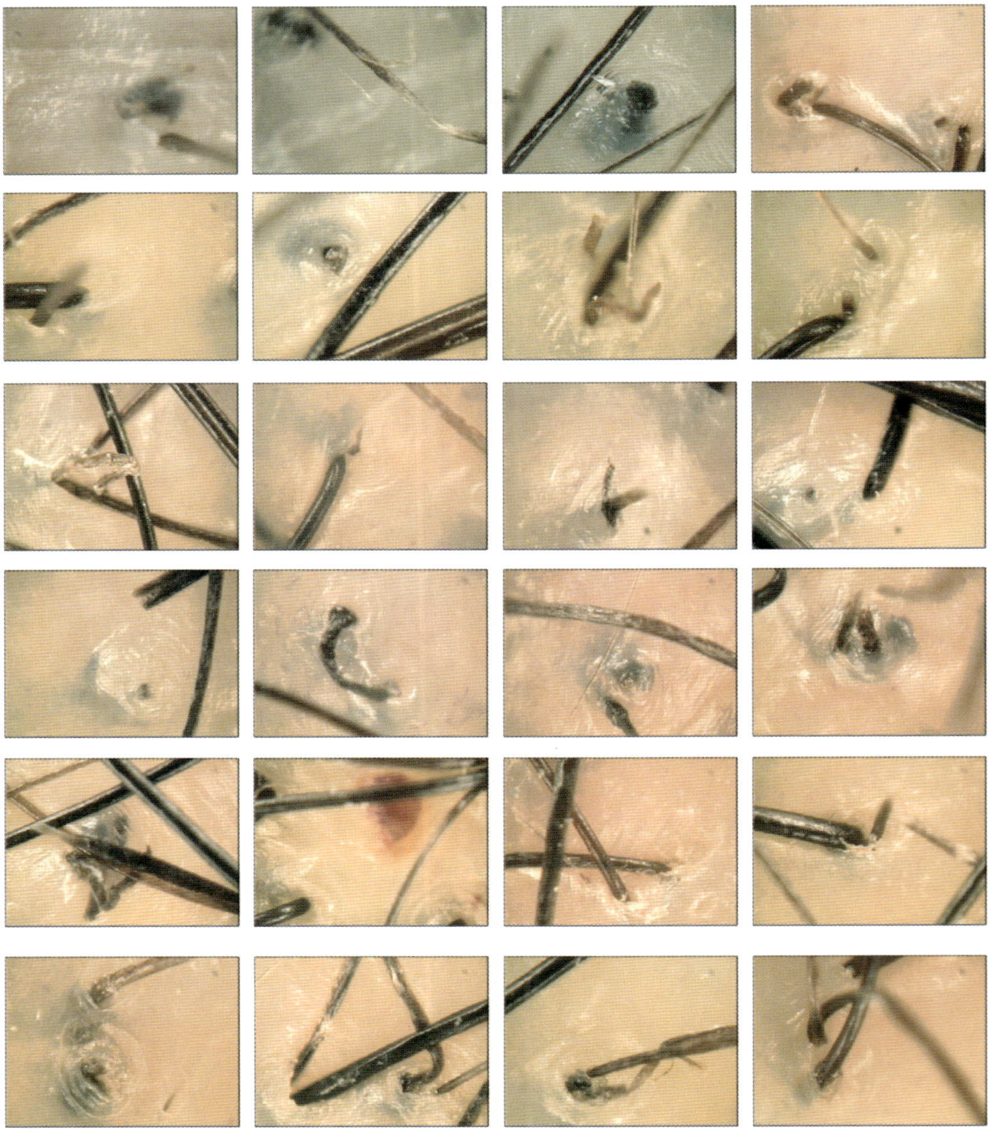

3. (퍼머넨트 웨이브제) 부작용

1) 문제

- 퍼머넨트 웨이브제는 독성이 강한 화학물질로 퍼머 시술 시 모발을 롤드에 팽팽하게 당긴 상태(1시간~2시간)의 방치시 알카리 화학제품의 두개피 흡착은 두개피, 모근 손상, 탈모로 유발된다.
- 탈모를 감추기 위해 퍼머를 하는 경우가 많아 탈모와 퍼머의 악순환은 반복적으로 이루어지는 경우가 많다.
- 두피에 흡착시 1°~ 2° 의 화상과 염증으로 급성 탈모를 발생 시킨다.

2) 주성분 환원제

- **제 1 제 주성분**
  아황산염, 치오글리콜산염, 디치오글리콜산, 시스테인
- **제 2 제 주성분**
  산화제, 취소산염, 과산화수소

3) 모간 손상 두개피 이미지

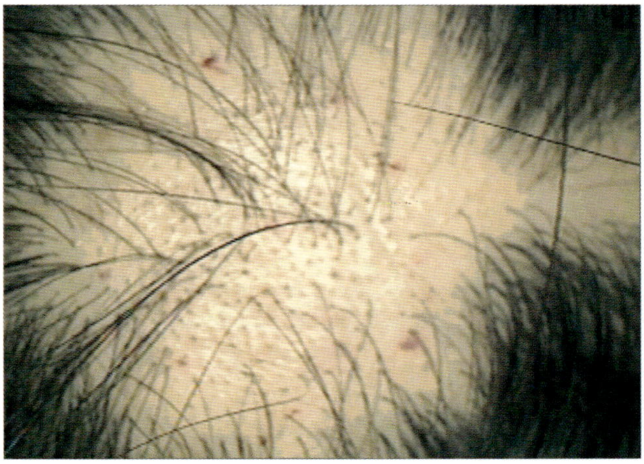

■40배율

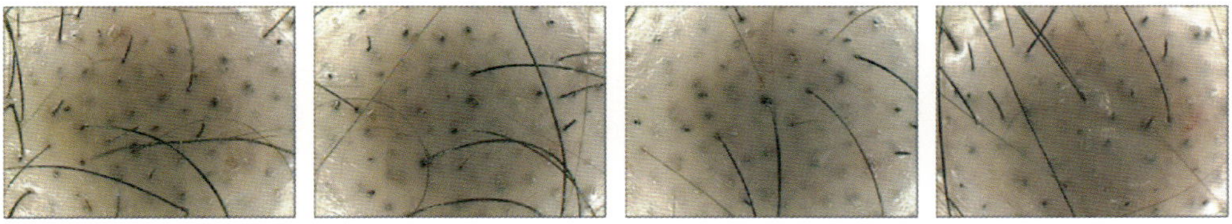

■100배율

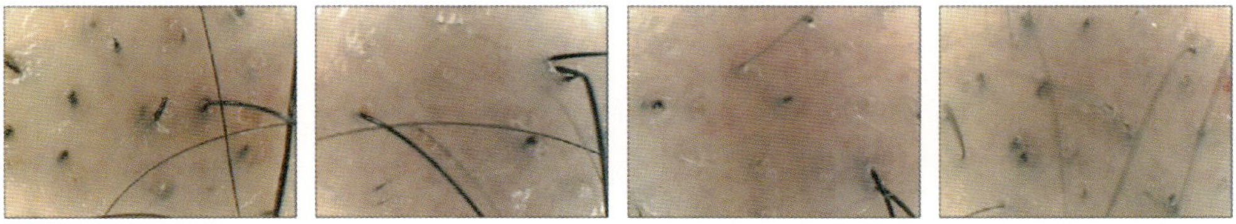

■300배율

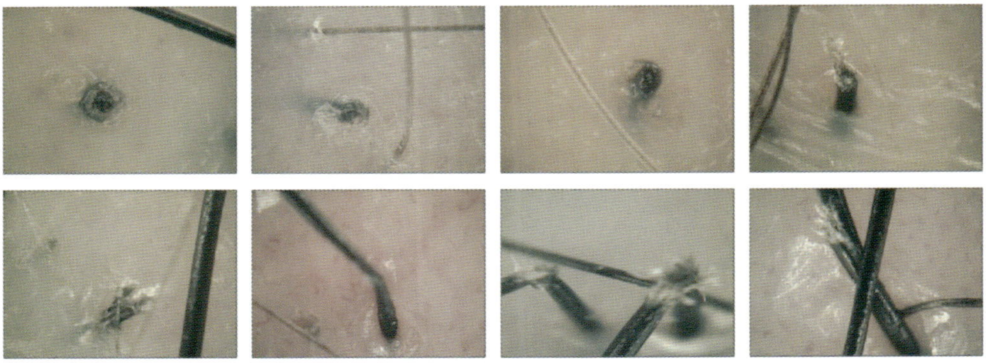

4) 퍼머 넨트 웨이브제 부작용 두개피 이미지

■40배율

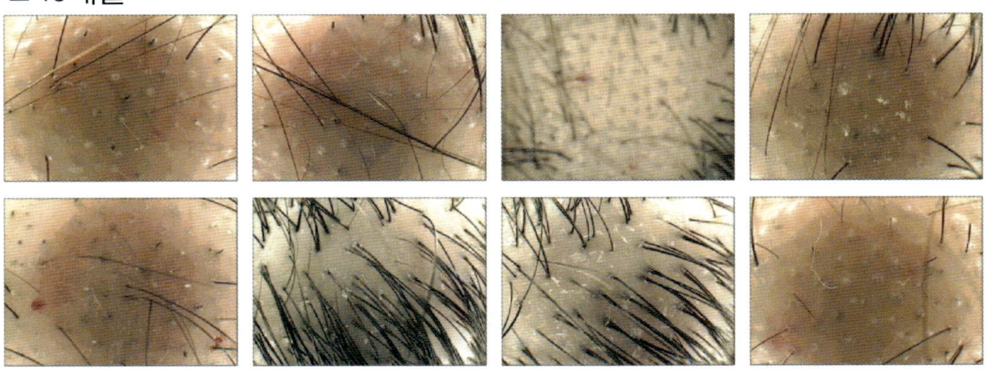

■100배율

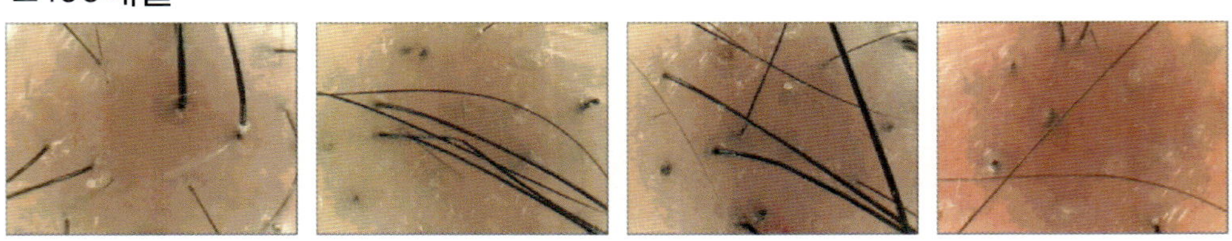

■300배율

4. 문신 두개피 이미지

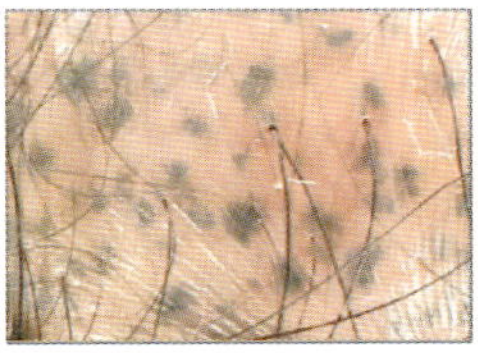

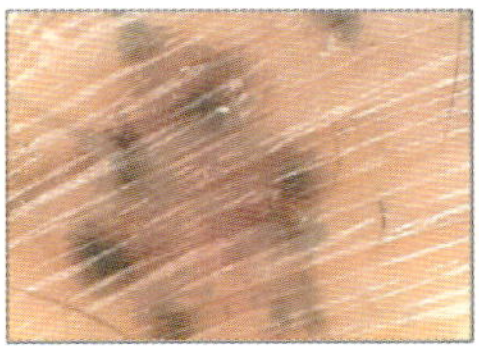

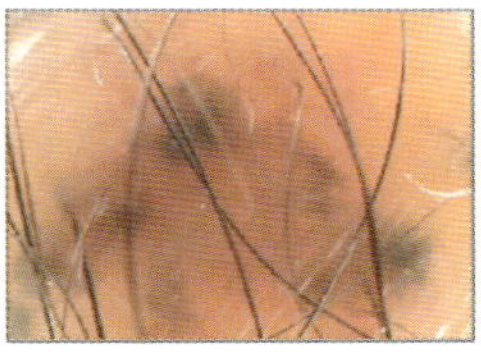

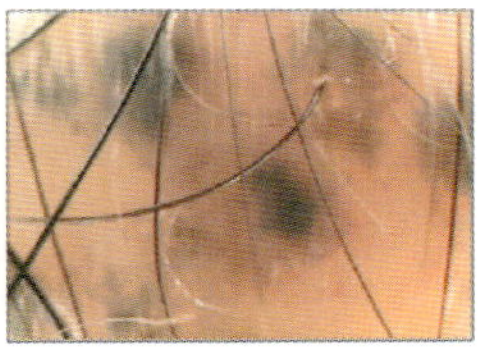

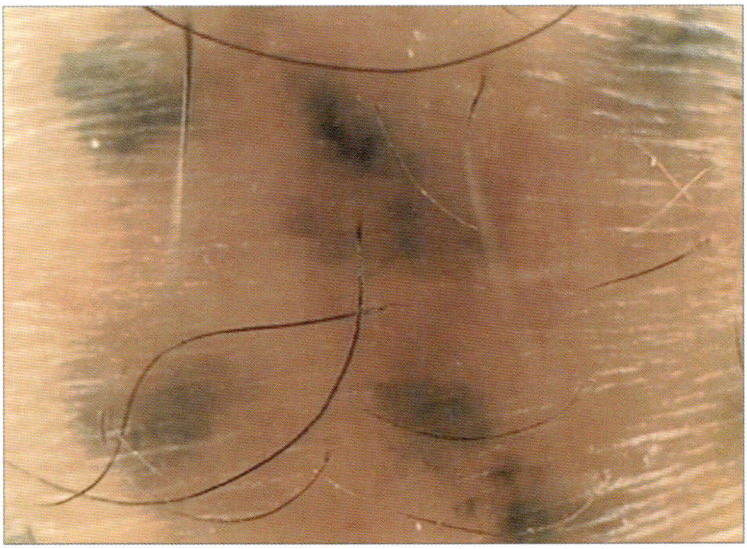

● 배율별 문신 두개피 이미지

■40배율

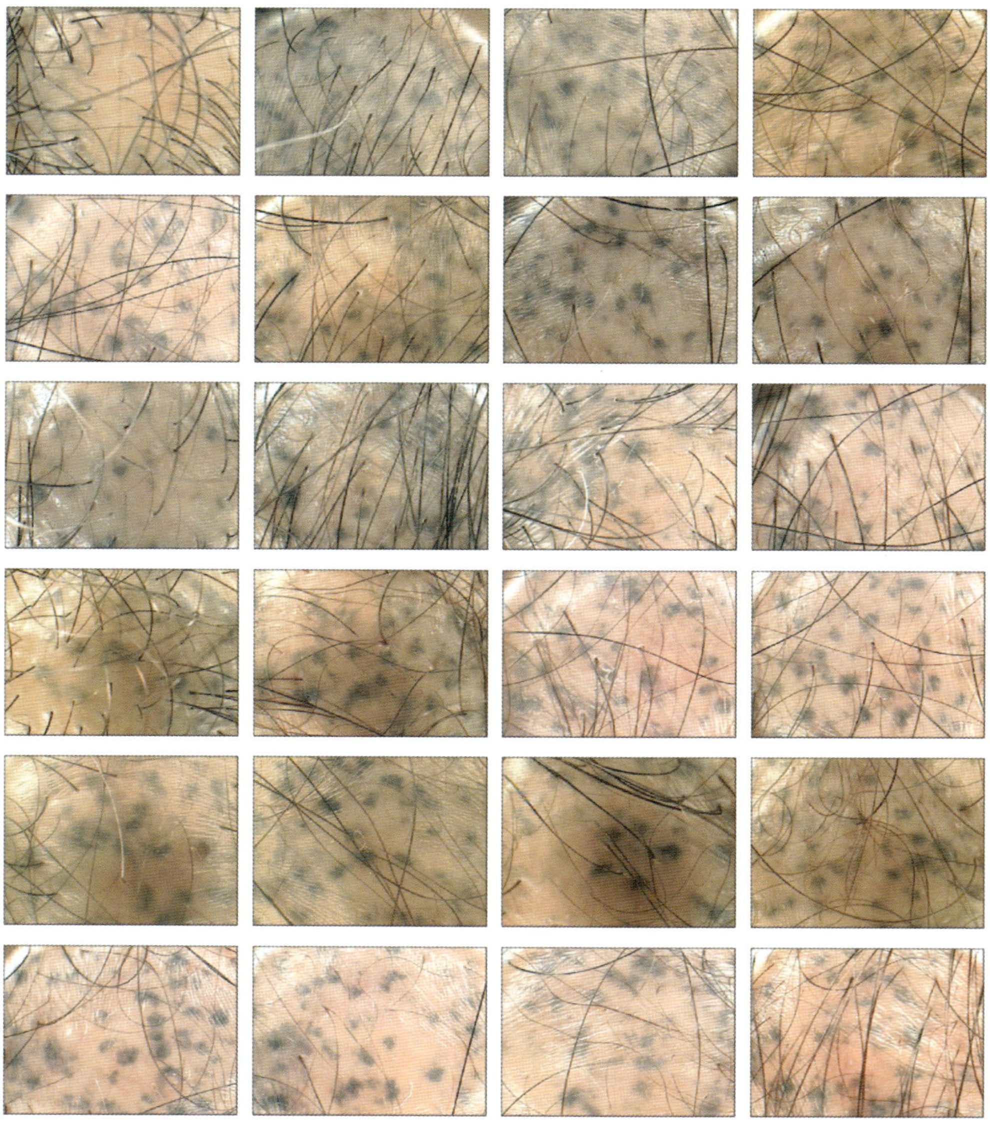

■100배율

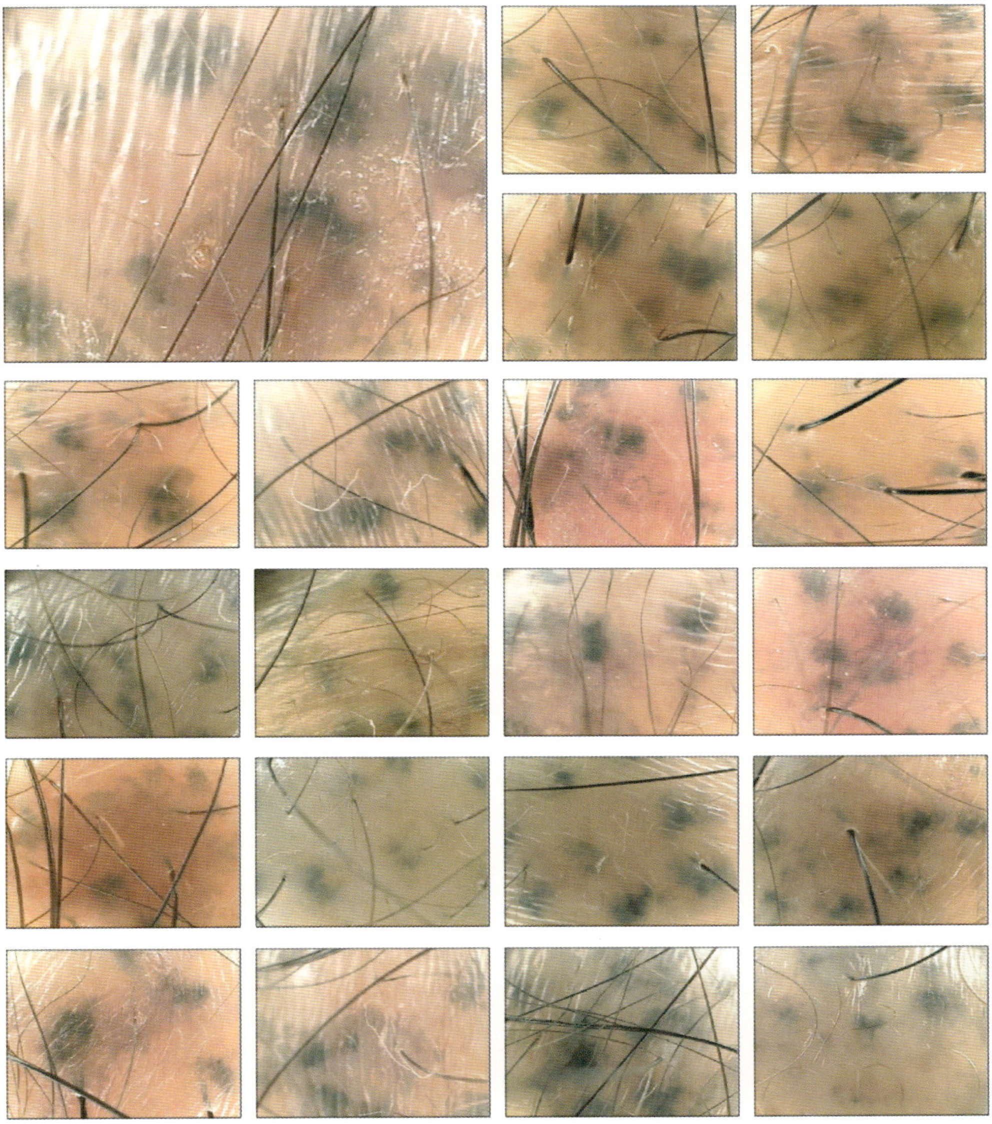

■300배율

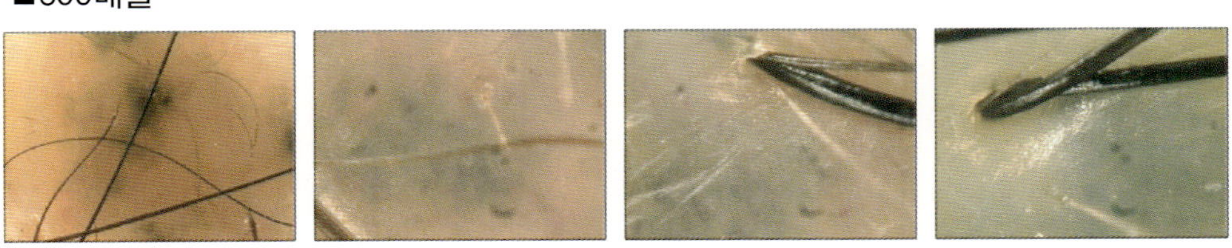

5. 의약품 부작용 (항암제)

1) 건강한 세포

우리 몸을 위해 분열증식이 조절되어 일정한 세포수와 기능을 유지한다.

2) 암세포

우리 몸의 필요와는 상관없이 빨리 자라고 세포 분열하여 세포수가 증가하고 어느 시기에 가서는 전신으로 퍼지는 특성을 갖고 있다.

3) 항암제

- 세포의 분열증식에 관계되는 DNA, 효소등을 공격하여 분열 증식하는 세포를 죽이게 된다.
- 항암제는 정상세포와 암세포 간의 약에 대한 감수성의 차를 이용하여 정상세포에 대한 독성은 비교적 적고, 암세포에 대해서는 보다 선택적으로 작용하지만, 정상세포도 어느 정도의 손상을 받기 때문에 부작용이 나타나게 된다.
- 항암제는 분열이 빠른 세포에는 어디라도 작용하는 성질이 있기 때문에 빨리 분열하는 암세포에만 작용하는 것이 아니라 정상세포 중에서도 빨리 분열 증식하는 세포, 즉 피를 만들어내는 골수세포, 구강을 포함하는 위장관의 상피세포, 머리카락세포, 손톱, 발톱을 이루는 세포, 정자, 난자를 만들어 내는 생식 세포등의 정상세포도 타격을 받는다.

4)부작용

일시적인 백혈구 및 혈소판 수가 감소, 빈혈, 입안이 헐고 오심, 구토, 구역질·설사, 식욕감퇴, 탈모, 손톱, 발톱에 검은 줄이 나타나게 되며, 생식기능에 장애를 가져오는 부작용이 있을 수 있다.

※ 지금까지 개발된 항암제들은 정상세포와 암세포를 구별하여 암세포 만을 이지는 못한다.

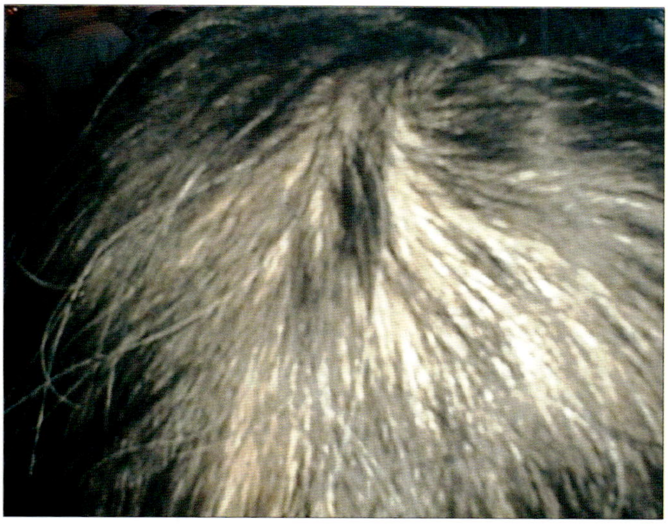

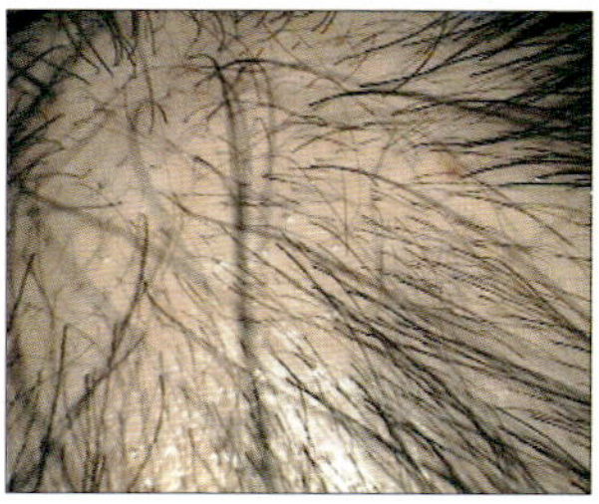

● 의약품 부작용 항암제 두개피 이미지

■40배율

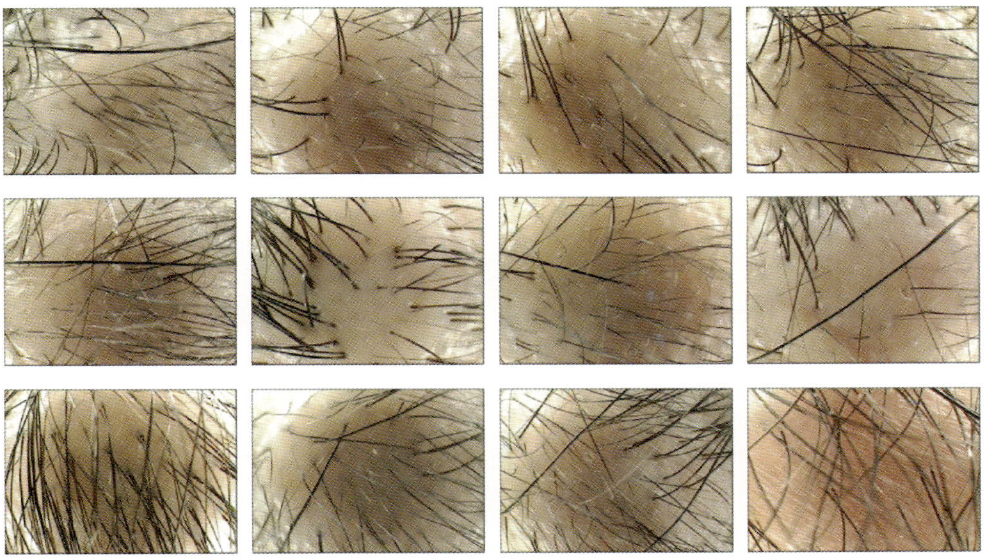

■100배율

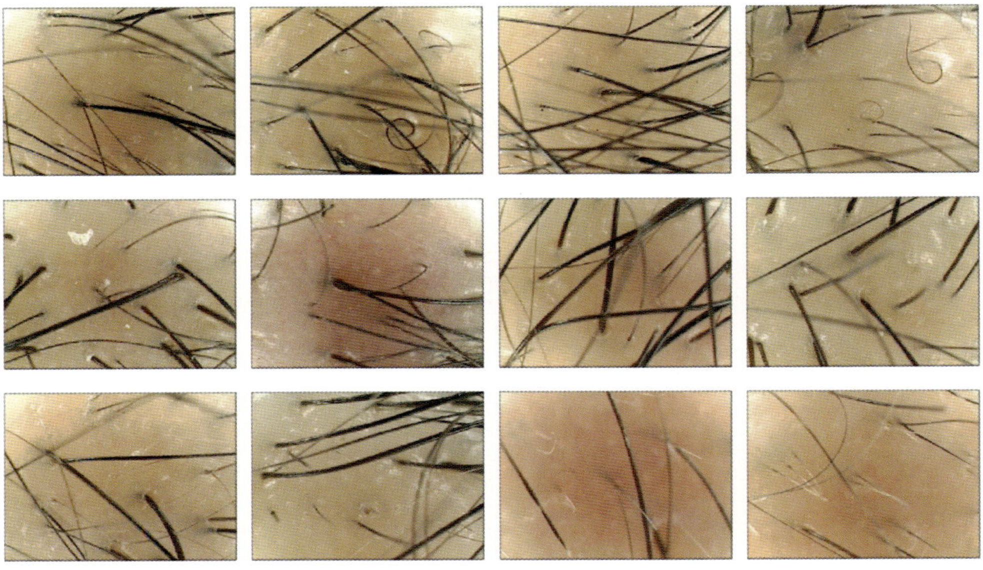

■300배율

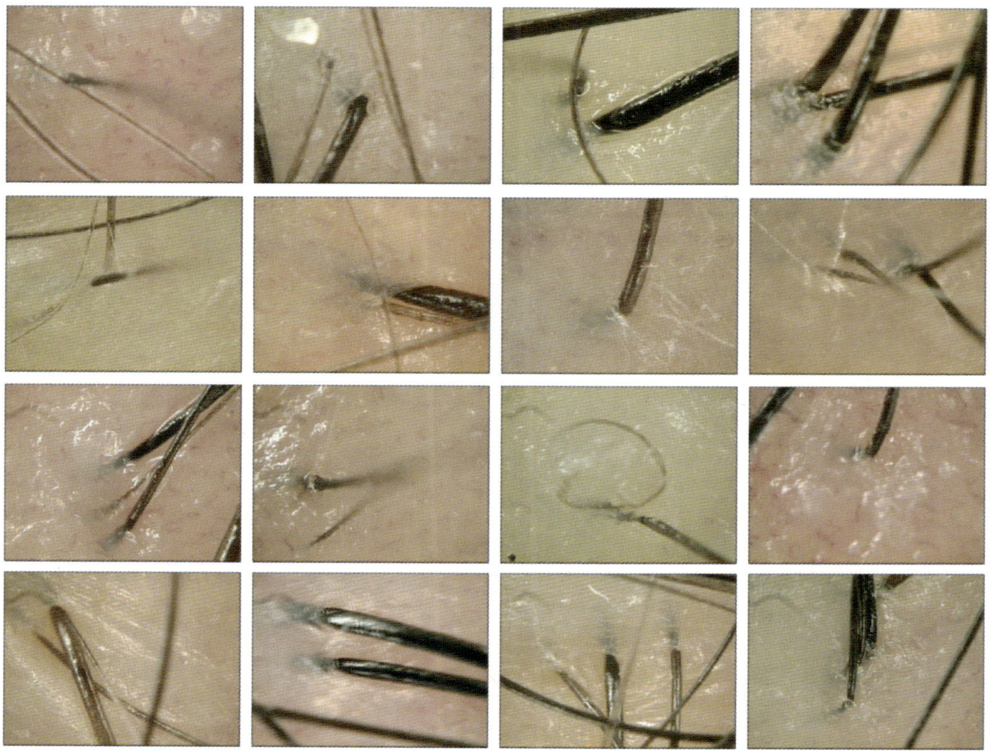

■모근

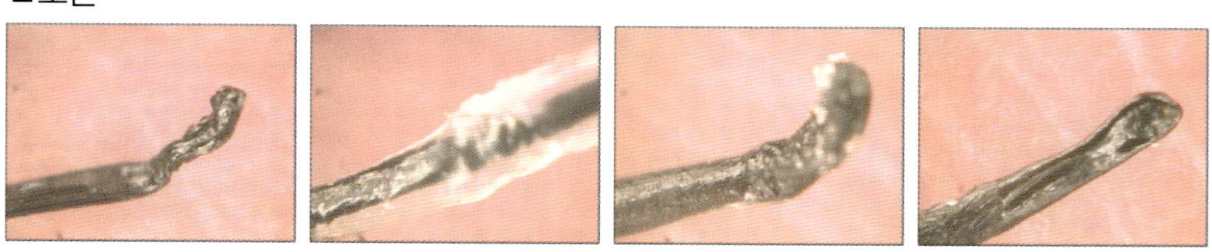

Scalp Care 모근 이미지 분석

Chapter 04

※ 모근

1. 모근

모모세포가 모세혈관으로 운반되어 "모유두"에서 흡수된 영양분으로 세포 분열하여 모발을 성장 시킨다.

- 모발은 두피 바깥쪽의 모간과 두피 안쪽의 모근으로 나눈다.
- 큐티클, 모피질, 모수질 3개의 단백질(케라틴) 층으로 이루어져 있다.

※ 모발 · 모근 단면도

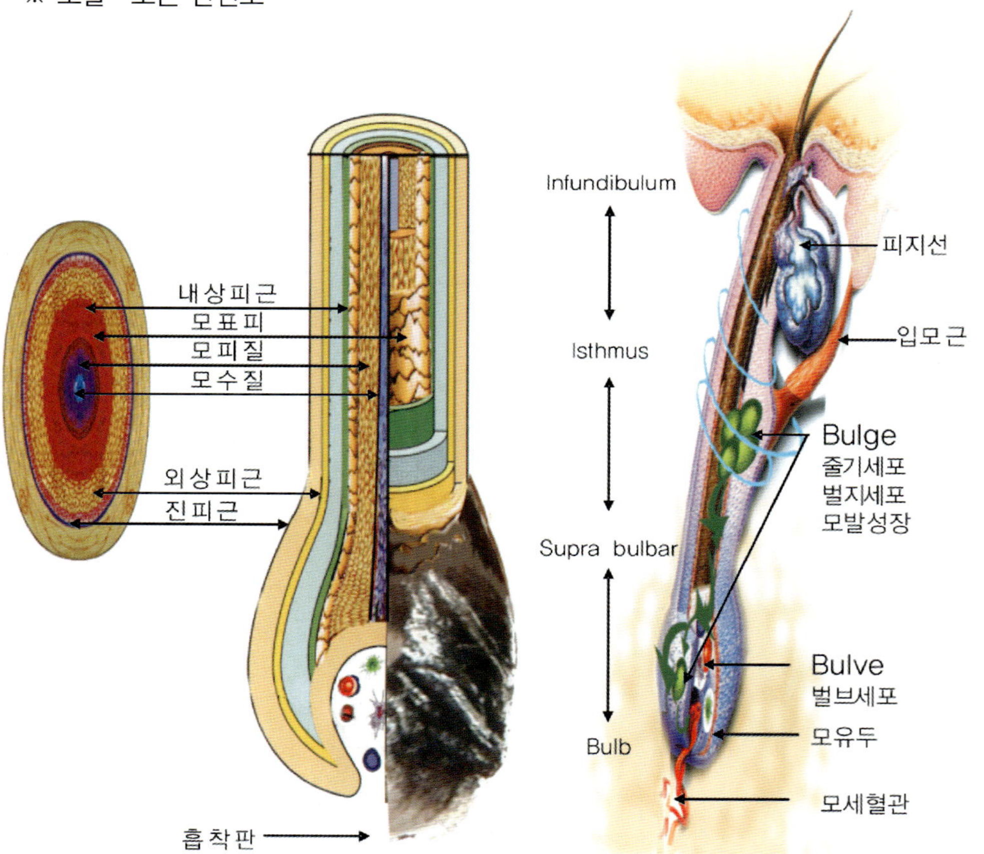

(1)모소피 (cuticle)
- 케라틴 단백질
- 비늘모양의 각질 세포
- 외부 자극으로부터 모피질을 보호하고 수분 증발을 억제하는 부드러움과 광택을 부여하는 역할을 한다.

(2)모피질 (cortex)
- 모발 전체의 약 90%
- 모발유지

(3)모수질 (medulla)
- 모발의 중심 지지체 역할
- 모발에 보습

2 . 모근

- 모발이 피부에 감춰진 부위

1) 모낭

- 태생 9주 ~ 12주안에 생성 모근을 감싸서 보호하는 모낭, 표피, 진피가 원통상으로 섬유주머니, 모유두, 상피막으로 구성되며 모근에서 세포분열에 의해 만들어지고 모발의 성장과 함께 위로 올라가 각질이 되어 두개피에서 모발과 함께 탈락 된다.

2) 모구

- 피부가 함몰된 피부주머니인 모낭의 모근 아래 부분에 원형(곤봉 모양)으로 팽대되어 부풀려져 있는 부분으로 모세혈관, 모유두 모모세포 등이 위치한다.
- 모구는 컵 모양으로 모유두 (모세혈관의 풍부한 영양을 모발에 공급)를 수용, 모발의 발육,성장을 관장하고 있다.

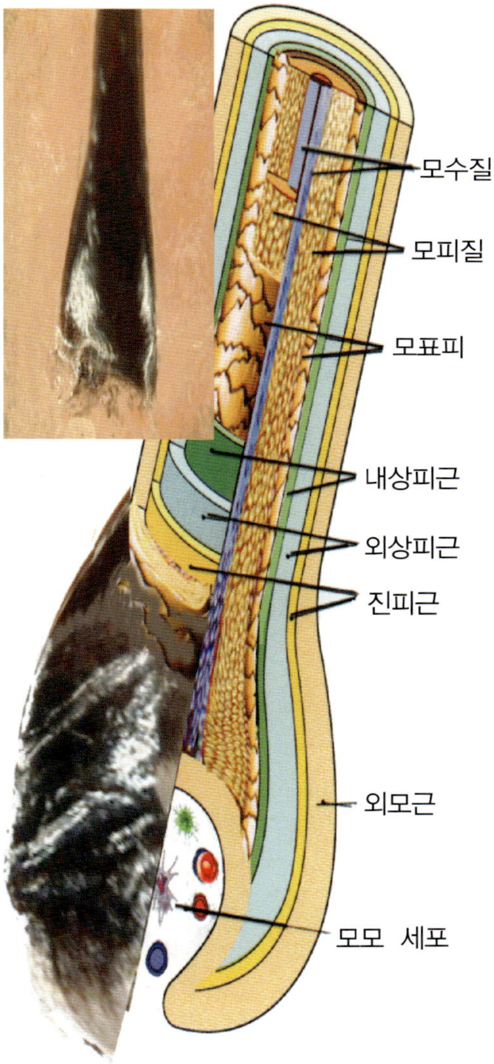

〈모발·모근 단면도〉

3) 모유두 Hair papilla

모근의 최하층에 위치하며 모주기에 따라 위치가 변한다.
모세혈관과 감각신경에 연결되어 있어 영양공급을 받아 케라틴을 형성하고 모발을 생장시키는 역할을 한다.

4) 모모세포 Hair matrix Keratinocyte

- 모 유두 위에 있으면서 모유두로 부터 영양 공급을 받아 왕성한 세포분열을 통해 색소를 결정한다.
- 모유두의 세포가 분열 증식하여 모수질을 위쪽으로 밀어 올리고 있다.

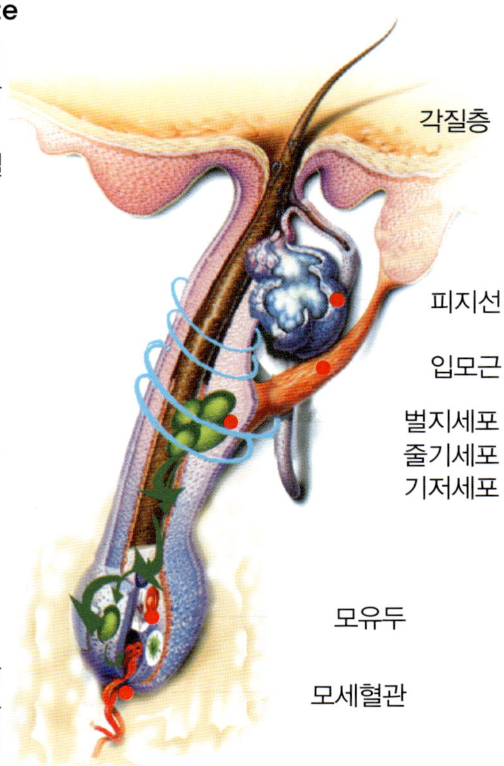

5) 피지선 oil glands

- 모근부위의 1/3 지점
- 손, 발바닥을 제외한 전신에 분포되어 있다.
- 피지선은 모낭의 벽으로 피부표면으로 피지를 분비하여 피부(각질층)에 수분 증발을 막고 유연성과 신체 외부로 부터 세균침입을 막아준다.

6) 한선 Sweat glands

- 한선은 땀을 분비하고 입술이나 고막 등을 제외한 전신에 분포되어 있다. 손바닥, 발바닥, 겨드랑이, 생식기 주위에 발달되어 있다.
- 대한선(아포크린선)은 소한선(에크린선)에 비해 몇 배 크다.
- 땀은 분비 전에는 무색, 무취로 공기에 산화되면 유색의 악취가 나는 특징이 있다.
- 소한선은 모공에 연결되어 있지 않고 수분과 나트륨, 염소 등으로 구성되어 있으며 혈액과 더불어 신체체온 조절기관이다.

7) 입모근Arrector pill muscle

- 모근 하부 1/3지점에 위치
  추위, 공포를 느끼면 수축하는 피부에 소름을 돋게 하는 근육으로 입모근이 수축하면
- 모공이 닫혀 체온조절을 막아주는 역할을 하지만 입모근의 잦은 수축은 피지분비를 촉진한다.
- 모발 1본에 1–2개의 입모근이 코털, 눈썹, 솜털에는 존재하지 않는다.

8) 멜라닌 색소

- 다양한 모발의 색은 멜라닌이라는 색소에 의해 결정되며 멜라노 사이트라는 형성세포로부터 멜라닌 형성 과정에서 멜라노 사이트의 기능이 저하 된다거나 세포가 파괴 되면 멜라닌의 형성이 억제 되어 부분적으로 흰머리가 생기게 된다.

※ 탈모 예방과 육모는 모근의 건강에 따라 결정 된다.

1. 건강한 모근

- 모근부에 있는 모발의 뿌리로 건강한 모근는 모발의 굵기보다 굵고 흡착판을 가지고 있어 (모발 생성)에 필요한 영양을 흡수, 모발을 성장 시킨다.
- 모발의 굵기 보다 모근이 굵다.
- 시간의 경과에 따라 모근의 움직이는 변화를 볼 수 있다.

1) 모근의 변화

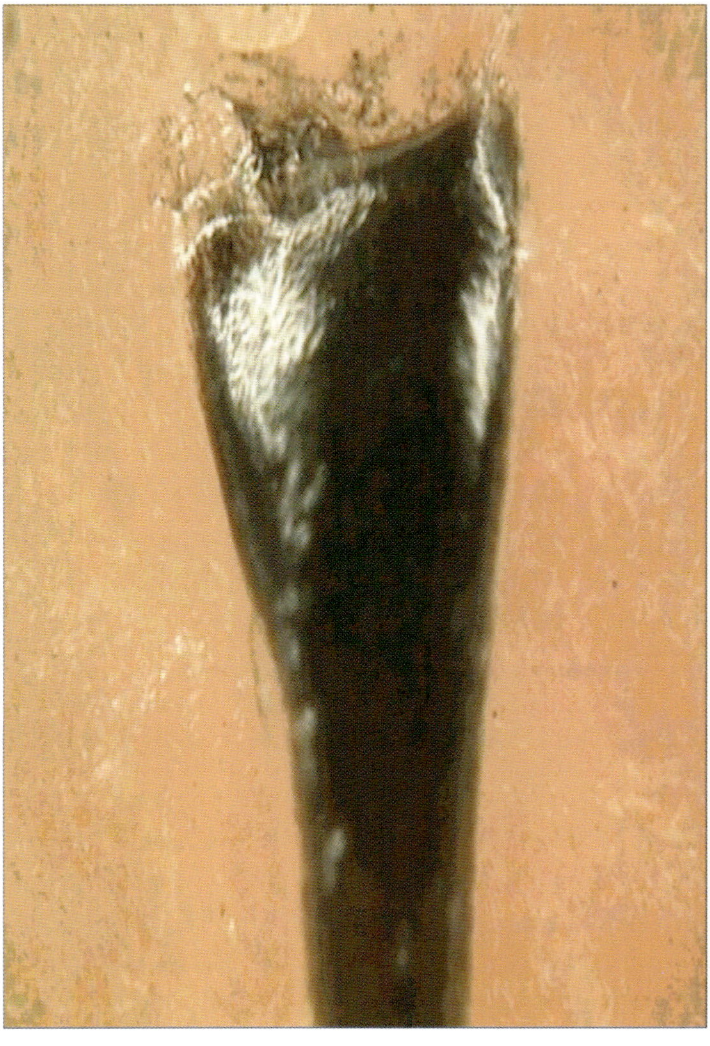
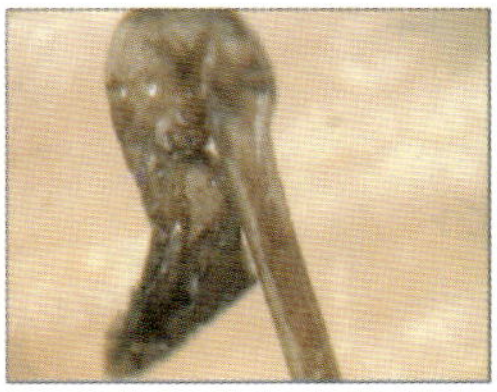
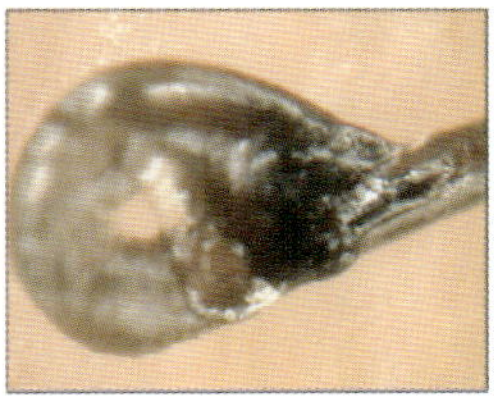

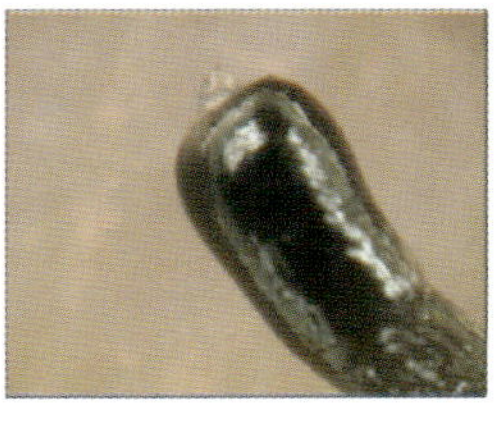

2) 건강한 모근 이미지

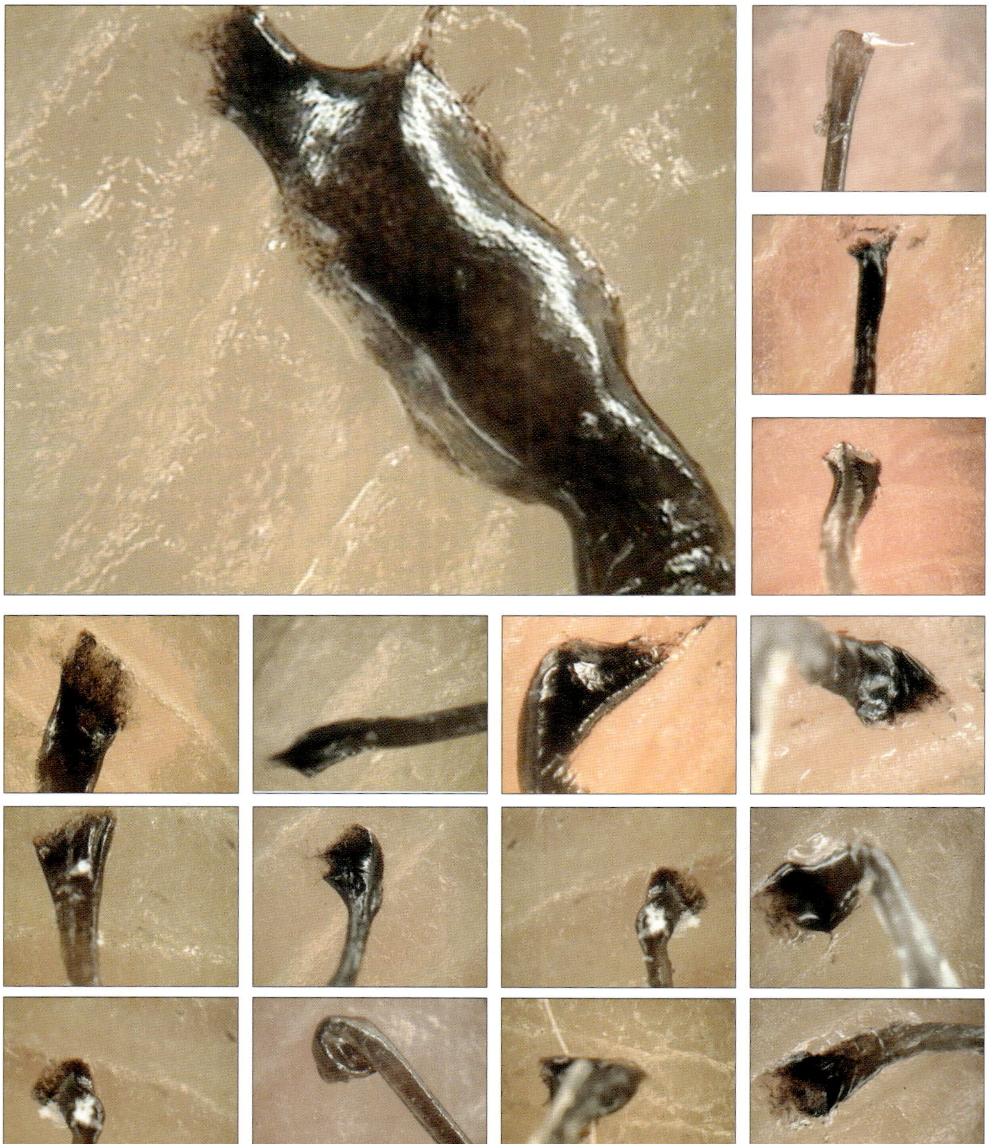

2. 정상 탈락 모근

- 혈액순환의 원활한 소통으로 영양이 모모세포에 공급되어 헤어 사이클 3 ~ 5년 성장하고 수명이 다하여 탈락되는 모근

- 정상 탈락 모근 이미지

3. 피지로 인한 문제성 모근

● 많은 양의 피지는 모근을 감싸고 영양 공급 차단으로 모발의 소실을 가져 온다.

● 피지에 감싸여 있는 모근 이미지

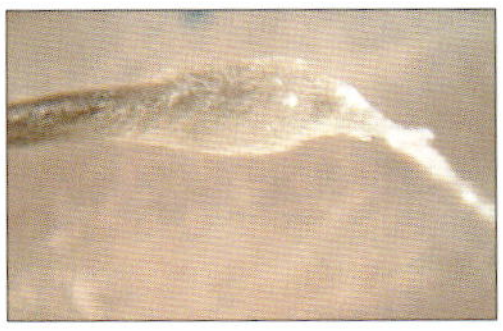
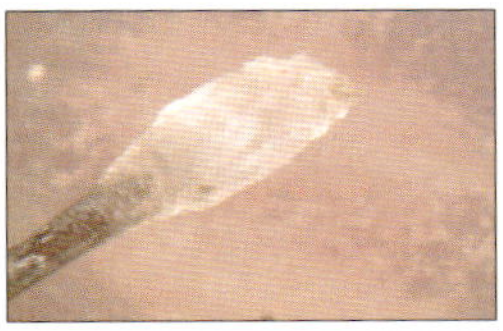
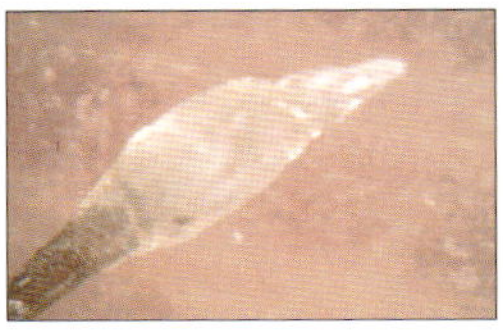
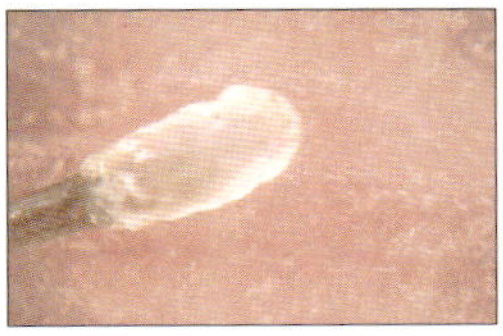
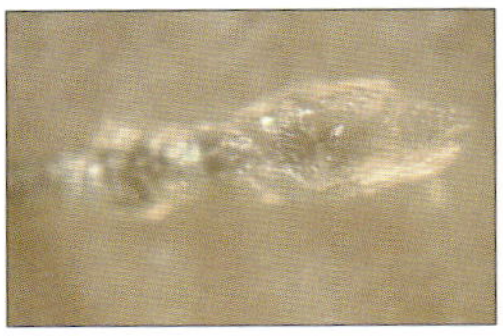
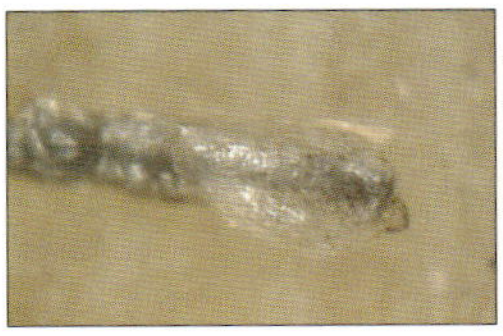
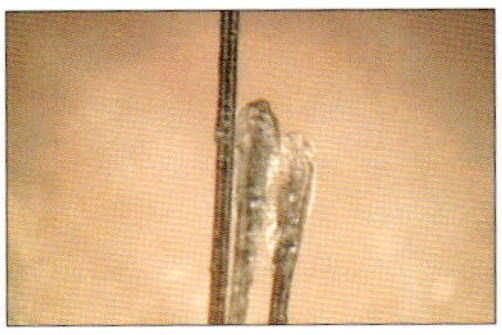
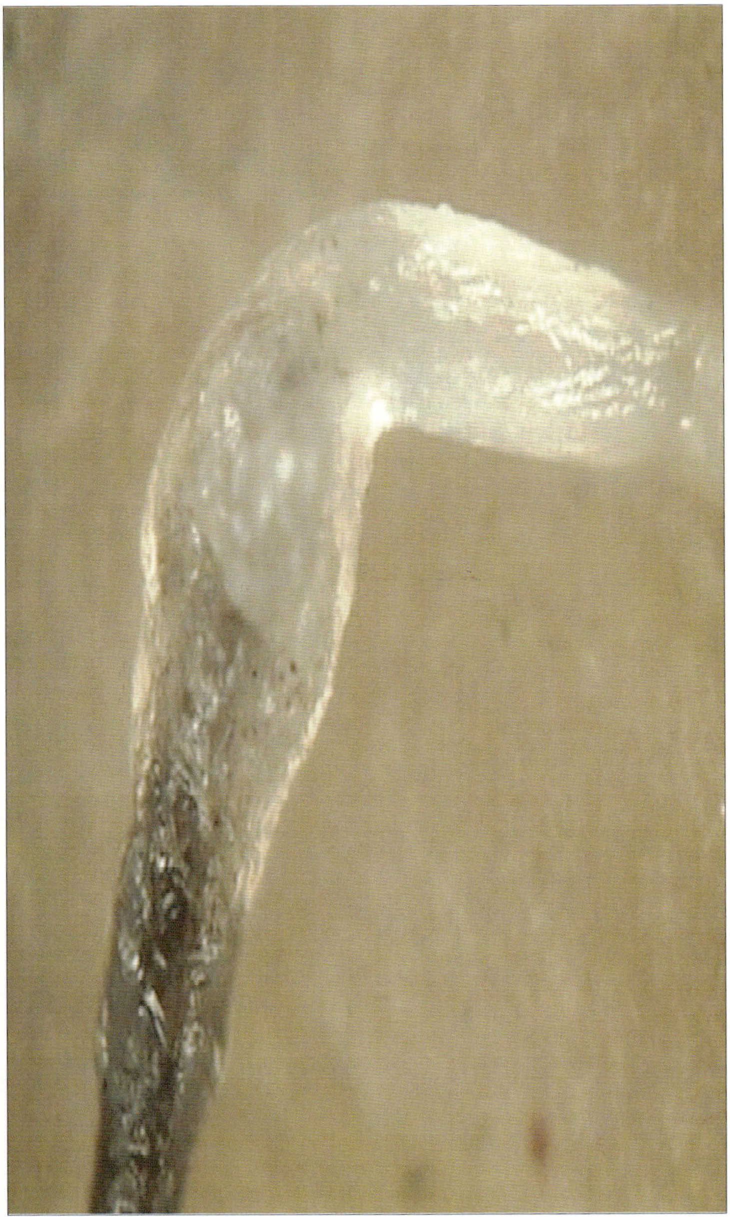

● 피지로 인해 문제성 모근 이미지

4. 문제성 모근

- 문제성 모근
- 여러 가지 (혈액 순환 장애, 이물질, 질병, 식습관) 원인으로 영양이 모모 세포에 공급되지 못하여 모발이 성장하지 못하고 모근 위축, 영양장애 등으로 수명이 다하지 못하고 탈락되는 모근

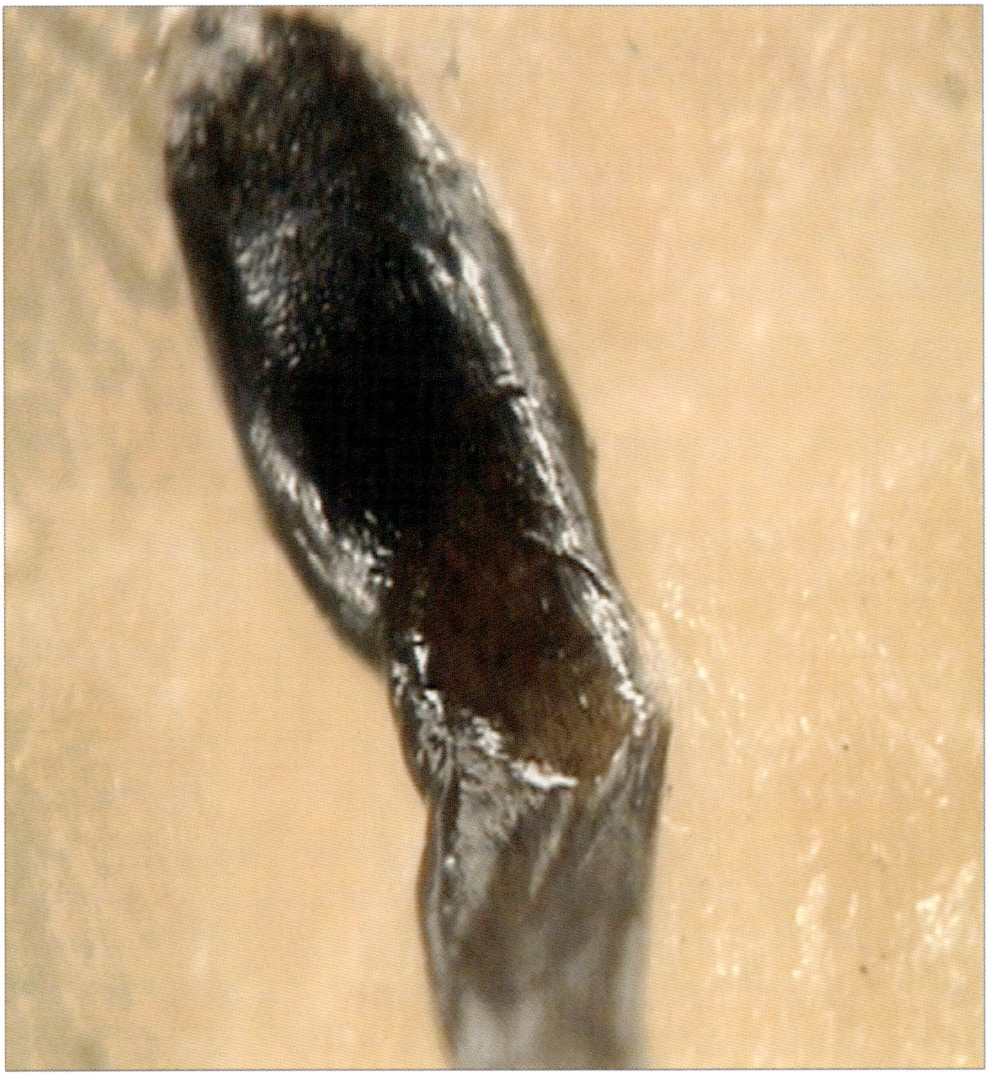

● 문제성 모근 이미지

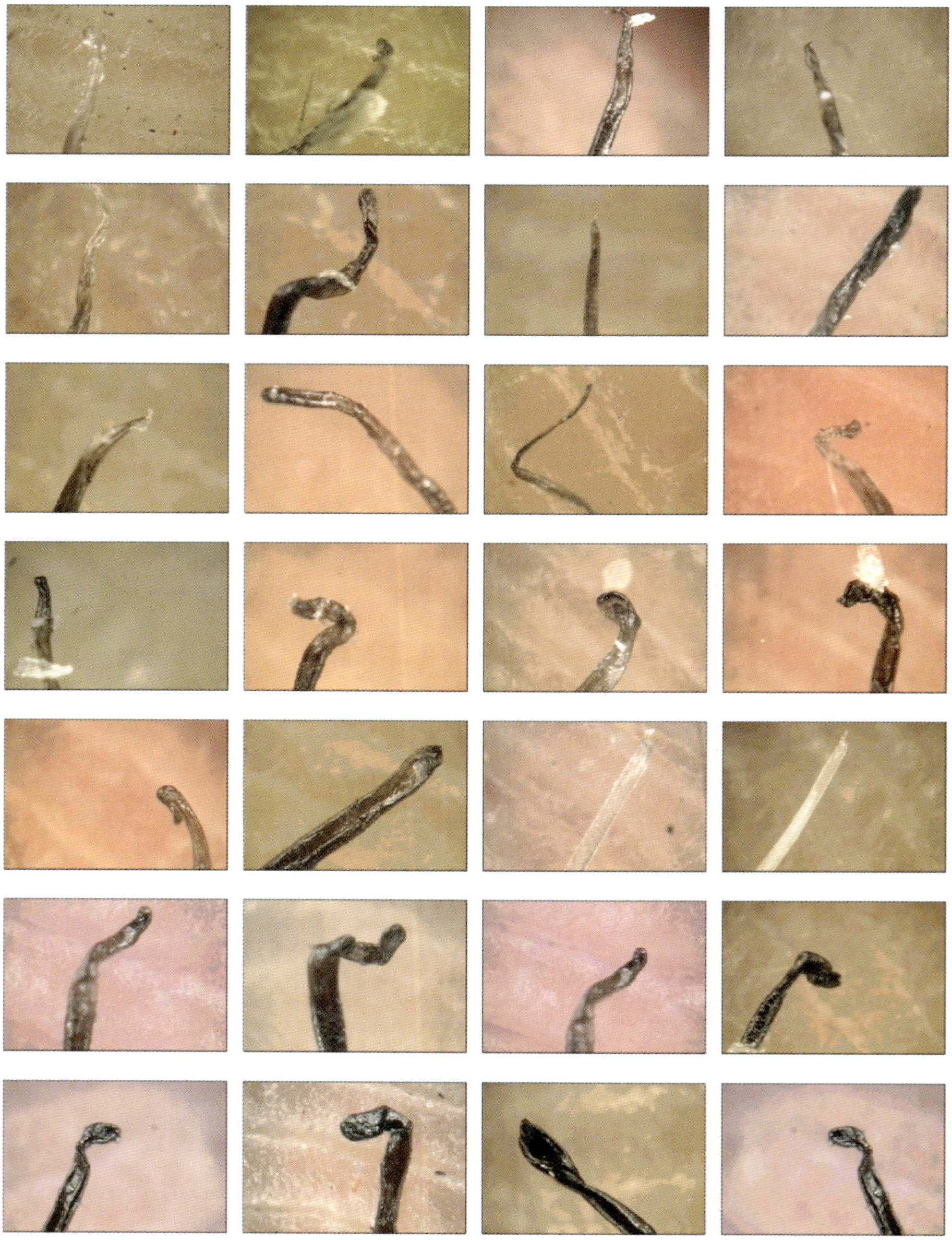

5. 피지 산화 모근

- 많은 양의 피지와 탈락되지 못한 피지와 각질이 모공을 덮어서 모낭을 막고 모낭에서 피지가 배출되지 못하고 두개피 속으로 역류된 피지, 산소, 열의 결합은 모세 혈관의 확장과 피지 산화로 모발에 흡착, 모발에 영양 공급 방해는 모근 위축, 모발 잘림, 모발 성장 방해로 탈락된 모발의 모근

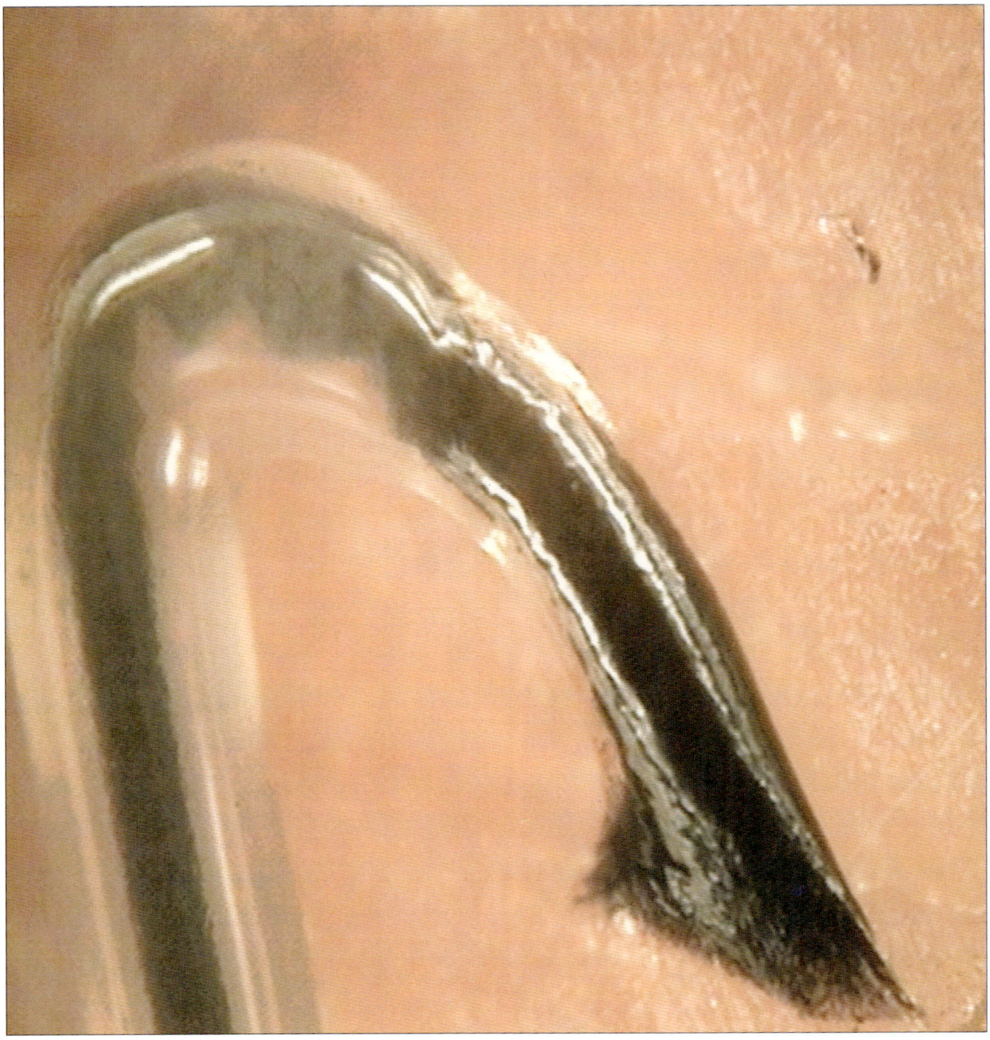

● 피지 산화 모근 이미지

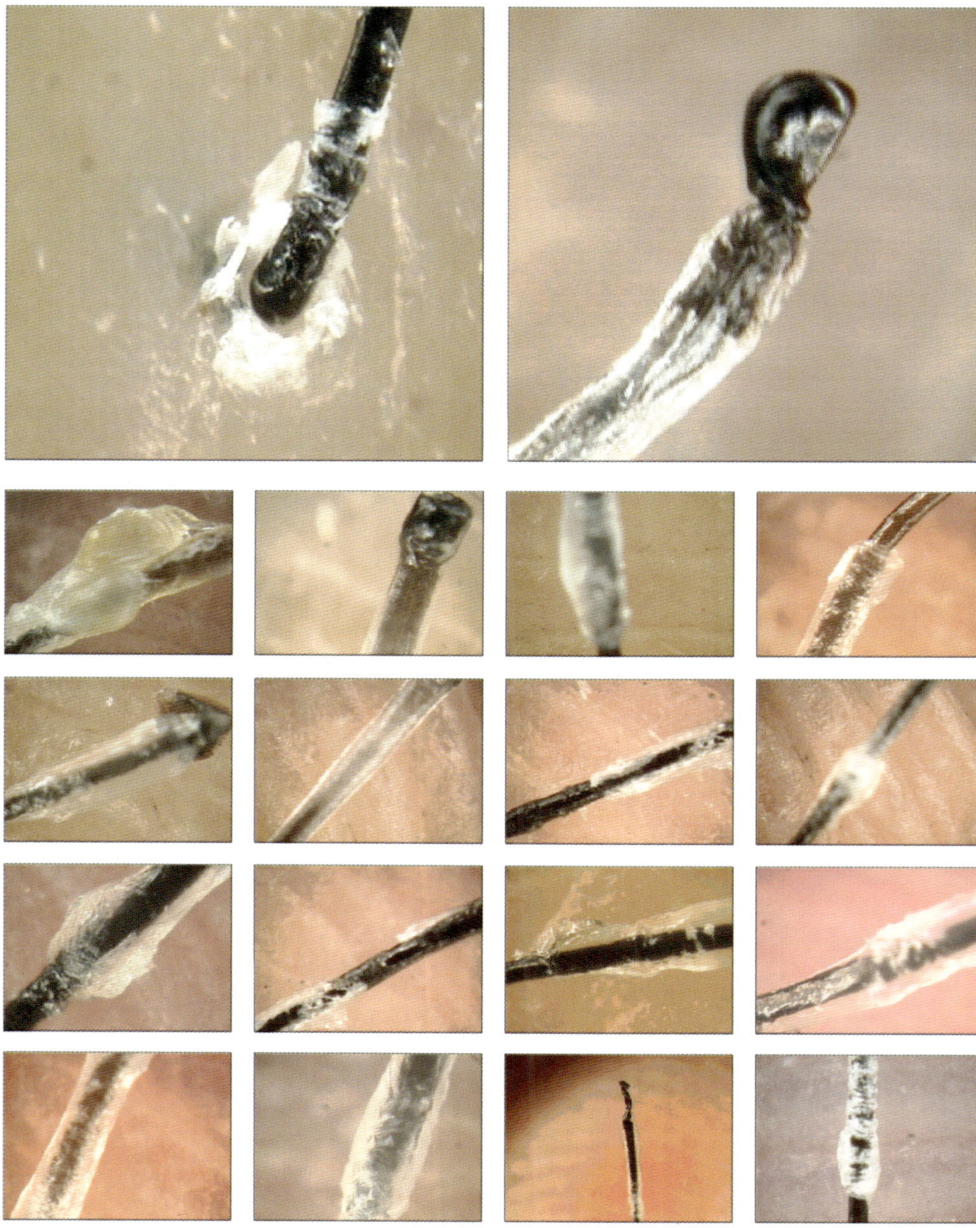

6. 신경성 이상 모근

- 자율신경, 자가 면역이상으로 갑자기 탈락되는 모근(원형탈모, 전두탈모)등에서 많이 볼 수 있는 모근

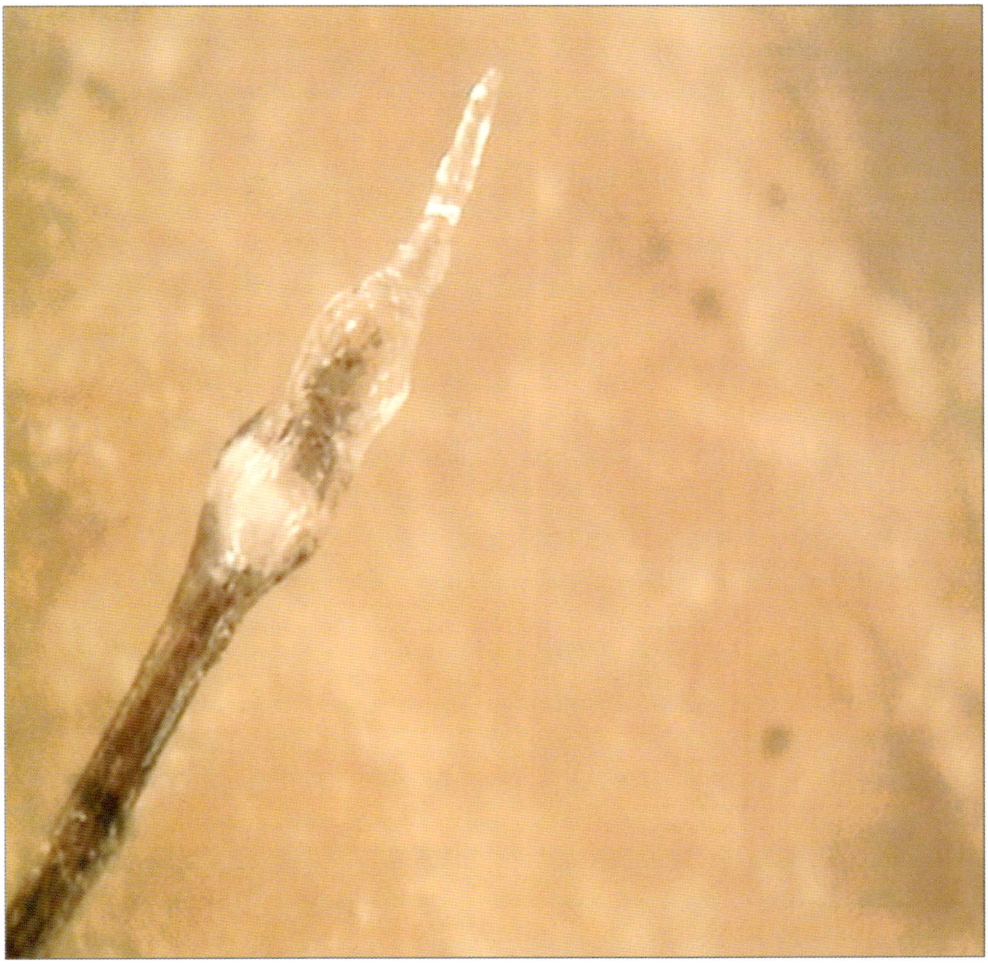

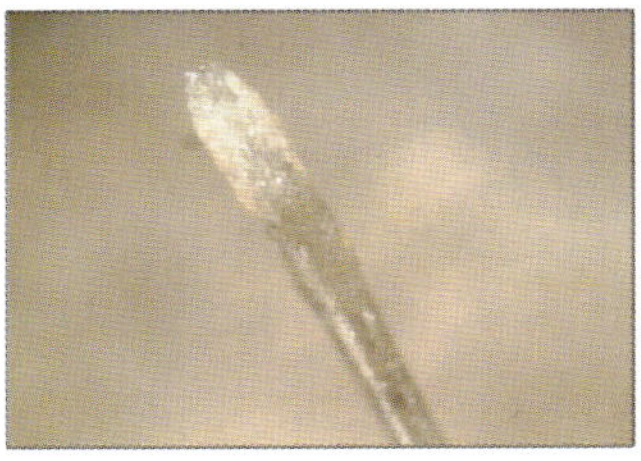

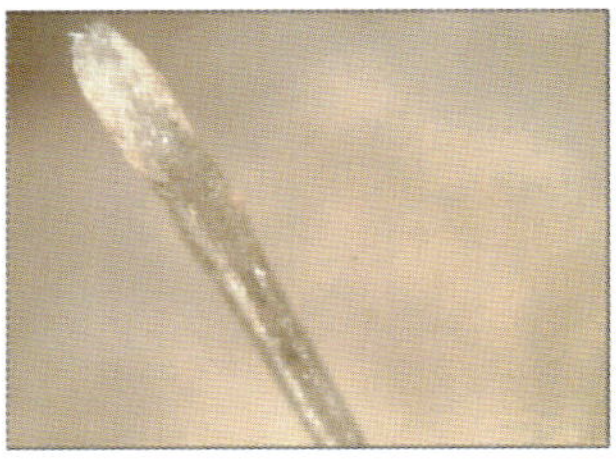

- 신경성 이상 모근 이미지

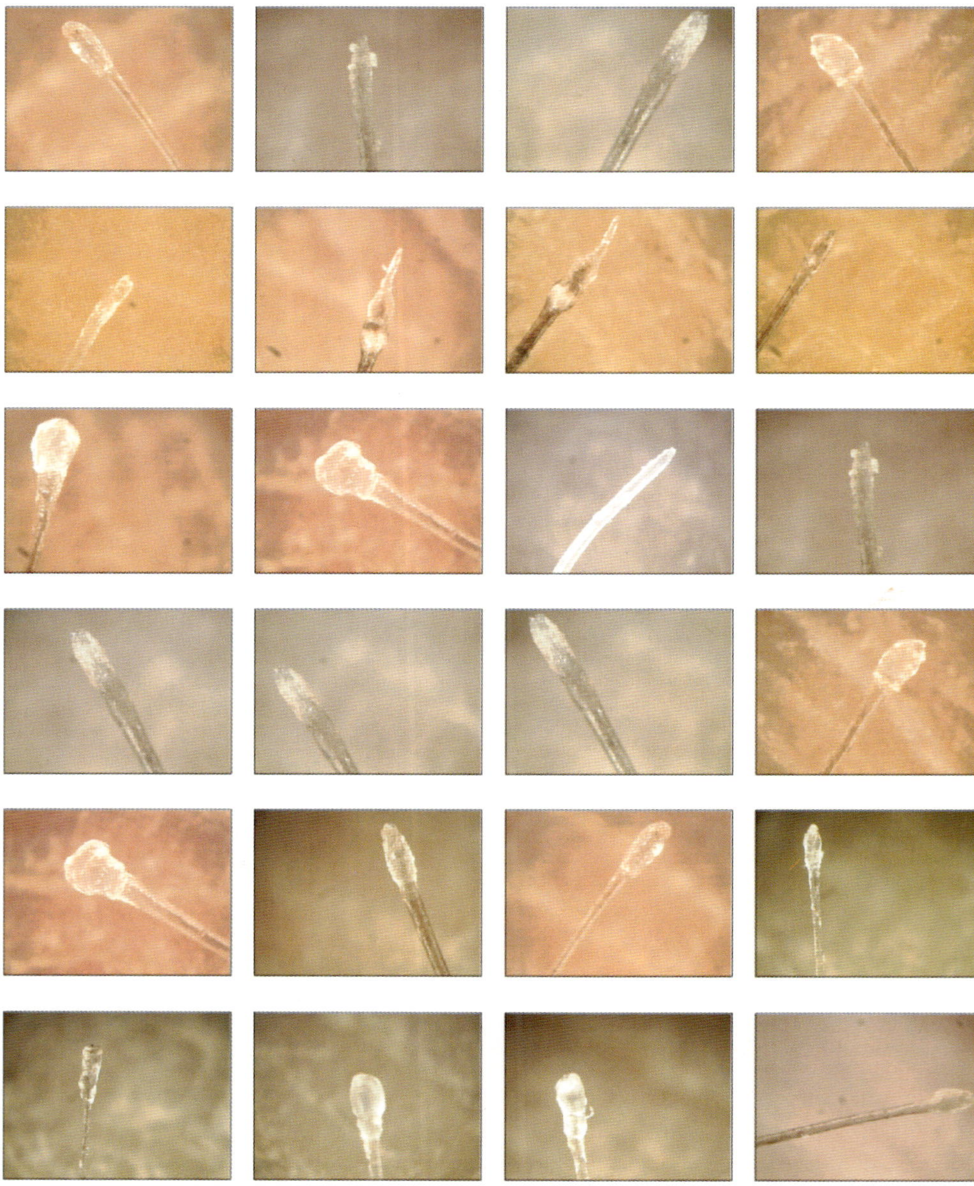

7. 모간 이상

- 초기 탈모진행형인 두개피에서 많이 볼 수 있는 모근으로 모발에 뿌리가 난 것처럼 이 이며 모발보다 모근이 가늘어져 있는 특징이 있다.

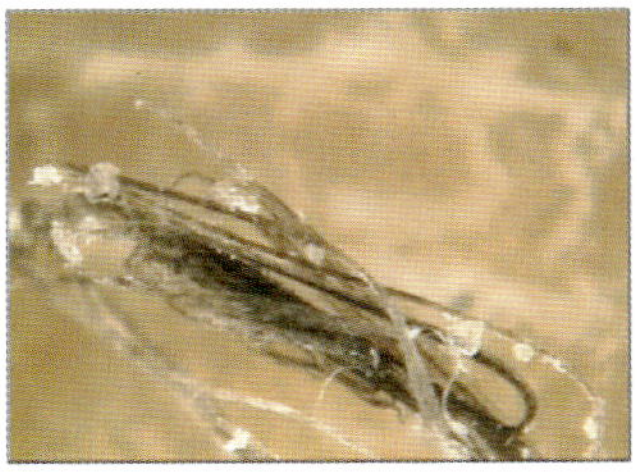
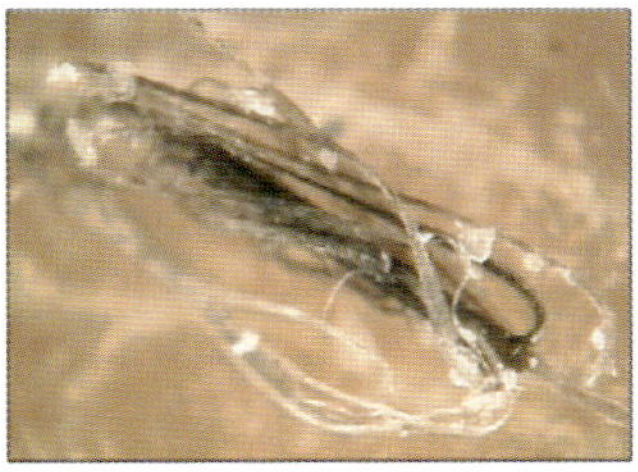
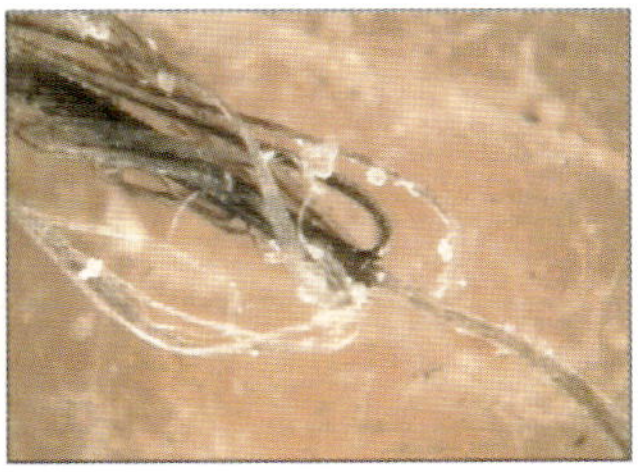

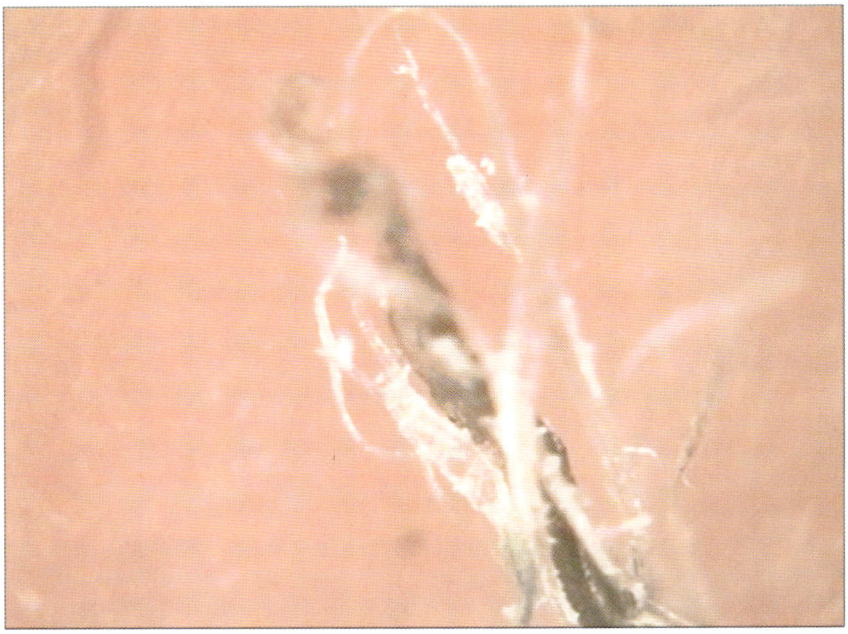

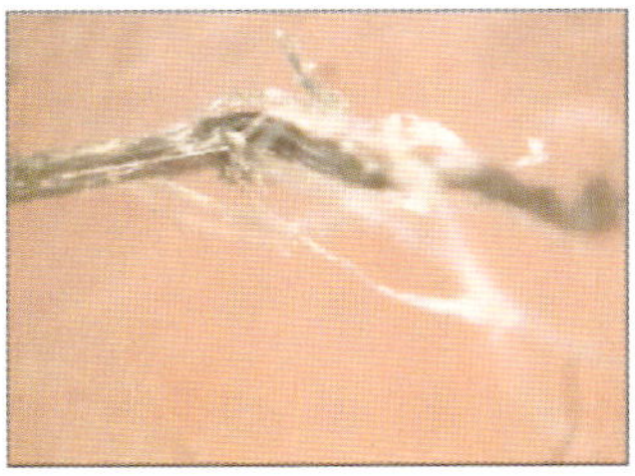
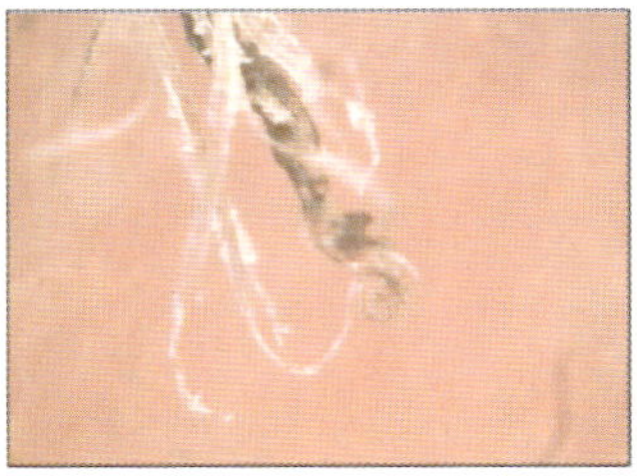
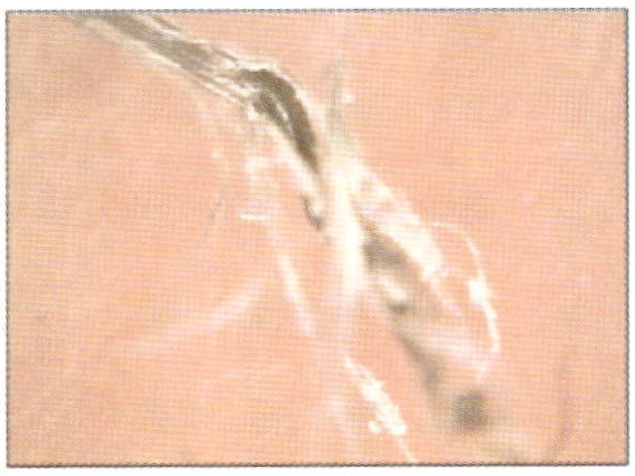

● 모간 이상 모근 이미지

8. 화학 성분으로 손상된 모근

- 화학성분으로 제작된 비누, 샴푸, 염색, 드라이, 브릿지, 스트레스, 퍼머, 염소로 소독한 수돗물, 세정할 때 두개피에 남은 잔 유물, 여러 가지 원인은 모발의 손상 및 두피의 손상(가벼운 화상, 비듬, 과 피지, 염증, 예민)을 유발하여 영양이 모모 세포에 공급되지 못하여 모낭에 손상을 끼쳐 모발이 약하게 성장하고 모근 위축, 영양장애 등으로 수명이 다하지 못하고 탈락되는 모근

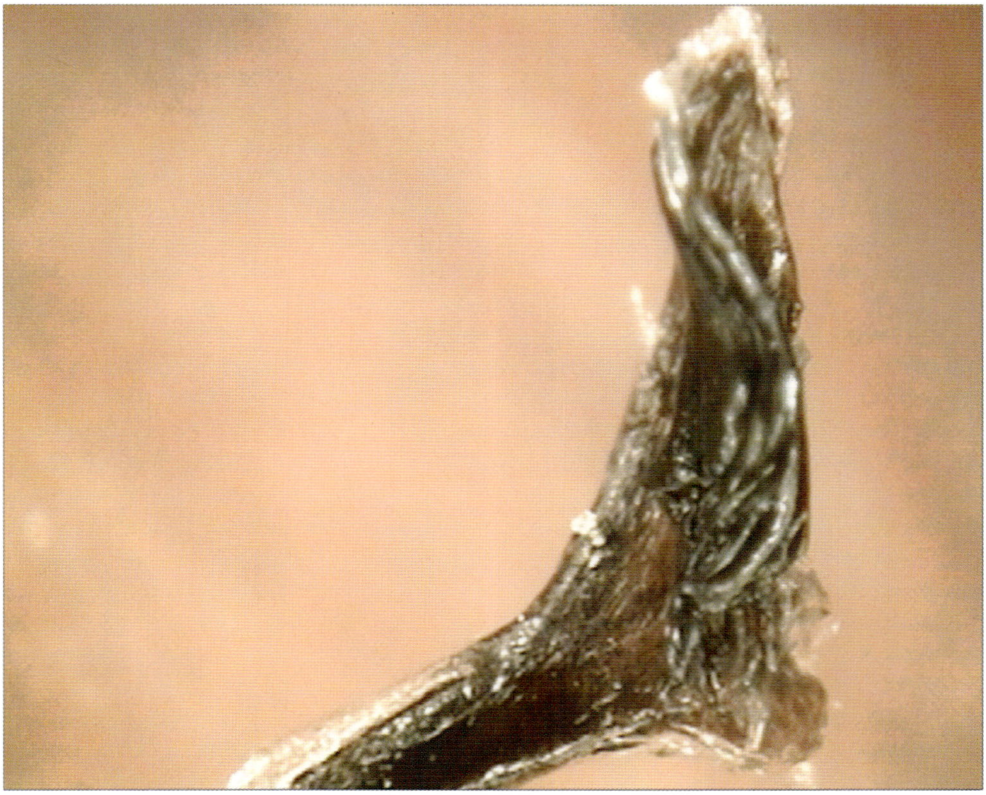

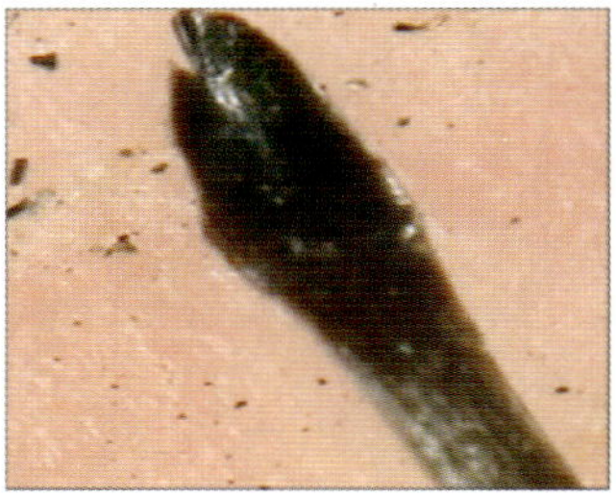

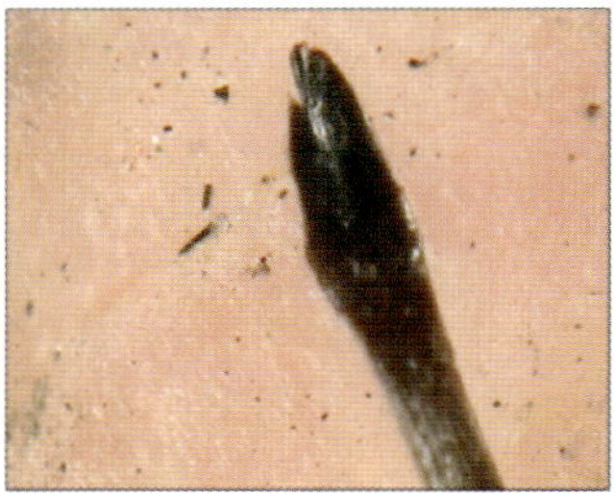

● 화학 부작용 모근 이미지

10. 관리 후 변화된 모근

- 두개피 관리 후 3개월 후 모근은 영양을 흡수 할 수 있는 상태로 변한다.

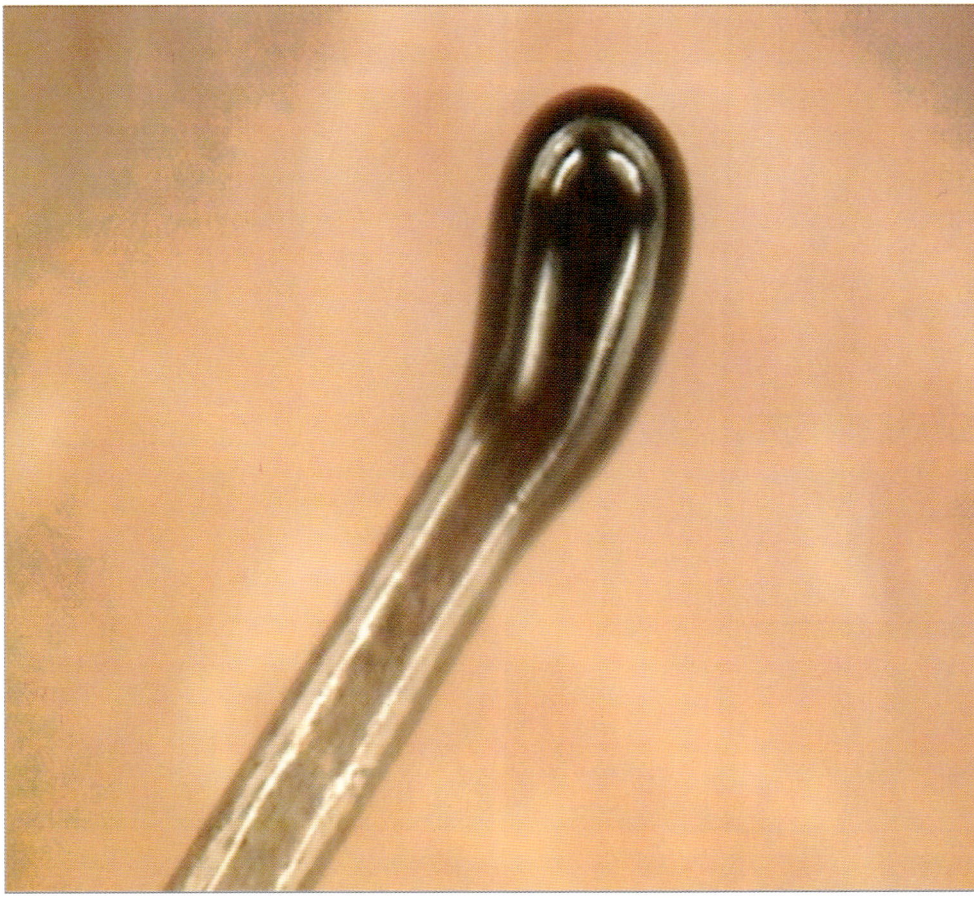

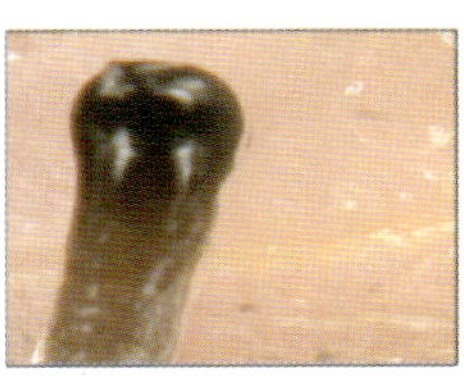
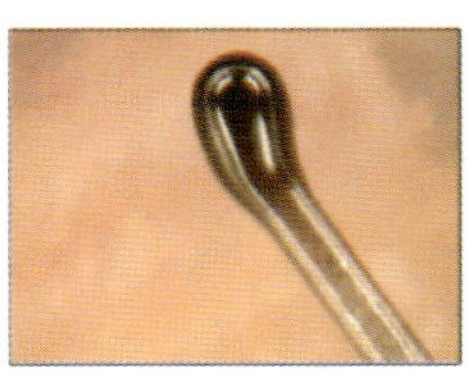

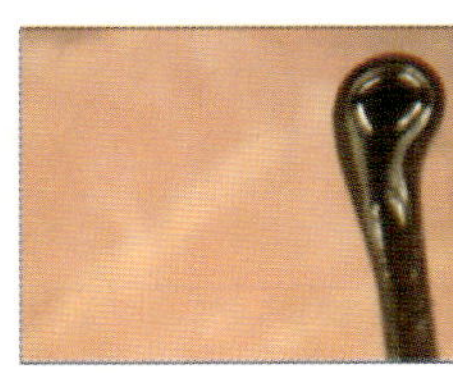

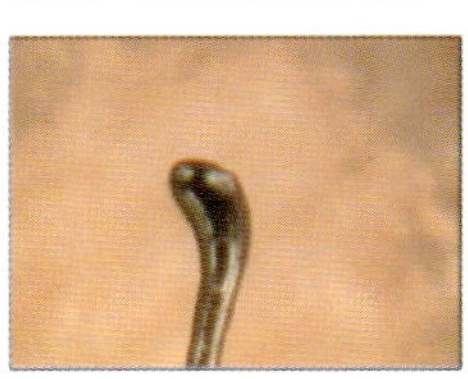
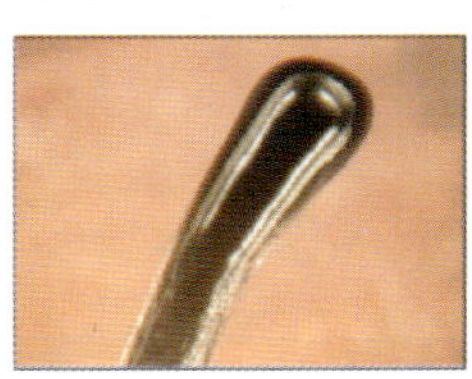

● 관리 후 건강해진 모근 이미지

Scalp Care 탈모 유형 분석 문진

Chapter 05

1. 탈모

1. 탈모 원인

- 유전, 스트레스, 쇼크, 열, 발병하는 전염병의 휴유증

1) 있을 수 있는 증상들

- 탈모에 의한 개인적, 정신적 살아 온 경험
- 정신적 충격 유무
- 예민한 스트레스
- 만성적 스트레스
- 개인적이거나 직업적, 감정적 생활에 있어서 일어날 수 있는 스트레스
- 불확실한 이전의 약물 복용

2) 탈모의 종류

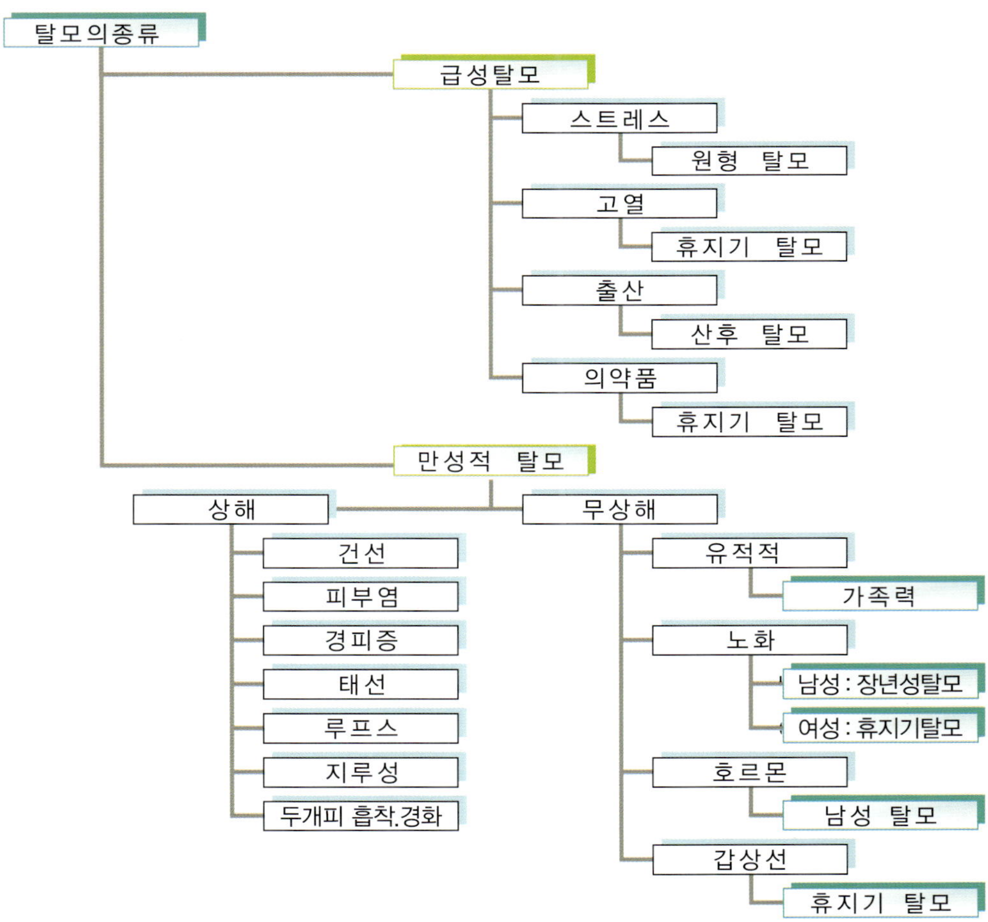

2. 두개피 이미지 분석

- 표면의 드러남 혹은 확산성 부위에 나타나는 탈모의 유형

1) 탈모의 특징(형태)

- 전두부(두상 앞부분) 유전
- 두정부(정수리) 신체 오장 육부 장애
- 측두부 (두상 옆 부분) 신경성 탈모
- 후두부 (두상 뒷부분) 유전.신경성 탈모
- 두상 전체(확산성) 노화 휴지기 탈모

2)두개피의 상태

- 흉터 유·무 상해의 존재 (태선, 루푸스, 모낭염, 원형 탈모)

3) 두개피에 나타나는 현상 – 표피상태 –

- 피지 과다증, 가려움증
- 모간의 흐름에 다라 나타나는 신호들
- 모발손상, 모발소실, 다모증

※ 손 · 발톱의 손상

- 긴 시간에 걸친 피부의 손상 (습진, 여드름, 평면성 태선 염증)

3. 문진

- 탈모의 현실을 확인하기 위해 여러가지 다른 상황들을 판별할 수 있게 해 준다.

1) 유전

- 친가 또는 외가의 할아버지 할머니 중 탈모가 있다.
- 형제 자매들의 모발량이 적어졌거나 앞이마가 넓어지고 있다.

2) 두개피상태

▶ 남성

- 앞이마가 넓어지고 있다.
- 두개피가 유연하지 않고 딱딱하며 만지면 통증이 있다.
- 두개피와 모발에 기름이 많이 끼고 두개피가 가렵다.
- 비듬이 많다.
- 수염이 짙고 체모가 보통 사람보다 많고 굵다.
- 두개피에 땀이 많이 난다.
- 얼굴에 열이 오르는 증세가 있다.
- 모발이 가늘어지고 힘이 없고 많이 빠진다.(하루70 ~ 80개 이상)
- 60~100개 ⇒ 상담과 두개피 모발 관리를 받아서 탈모를 예방하는 것이 좋다.
- 100개 이상 ⇒ 탈모가 진행 중이다.

▶ 여성

두개피가 유연하지 않고 딱딱하며 팽팽하고 당겨지는 느낌과 만지면 통증이 있다.
양쪽 머리 위가 각이 많이 진 편이다. (마늘모양 두상 형태)
두개피와 모발에 유분이 많이 낀다.

- 두개피가 자주 가렵다.
- 최근 모발이 가늘어지고 힘이 없어졌다.
- 최근 머리카락이 많이 빠진다. (하루 70~80개 이상)
- 60~100개 ⇒ 상담과 두개피 모발 관리를 받아서 탈모를 예방하는 것이 좋다.
- 100개 이상 ⇒ 탈모가 진행 중이다.

4. 식생활_

- 인스턴트 음식이나 패스트푸드를 자주 먹는다.
- 육류나 기름기 있는 음식을 좋아한다.
- 자극적인 음식을 좋아한다. (매운 것, 짠 것, 신 것)
- 편식을 하고 불규칙적인 식사를 한다.
- 해조류와 야채, 과일을 거의 먹지 않는다.
- 담배를 하루 1갑 이상 피운다.
- 커피를 하루 3잔 이상 마신다.
- 자주 과음을 한다.

5. 생활습관

▶ 남자

- 생활이 불규칙하다.
- 피로가 자주 온다.
- 12시가 지나서 취침하며 깊게 잠을 자지 못한다.
- 업무에서 스트레스를 많이 받는다.
- 걱정거리가 많은 편이다.
- 헤어 제품을 많이 사용한다.
- 두발을 주 4회 이하로 감는다.
- 평소 모자를 자주 쓰고 다닌다.

▶ 여자

- 생활이 불규칙하다.
- 피로가 자주 온다.
- 12시가 지나서 취침하며 깊게 잠을 자지 못한다.
- 업무에서 스트레스를 많이 받는다.
- 가족이나 친구관계에 불화가 많다.
- 가족이나 친구관계에 불화가 많다.
- 염색이나 퍼머넨트 웨이브를 자주한다.
- 평소 젤, 스프레이 사용을 많이 한다.
- 두발을 주 4회 이하로 샴푸한다
- 운동을 주 2시간 이하로 한다.
- 심한 다이어트를 한 적이 있다.
- 모발을 자주 묶고 다닌다.

6. 건강상태_

▶ 남자
- 정신과 치료를 받은 적이 있다.
- 지병을 앓은 적이 있다.(간,빈혈, 고혈압, 당뇨병, 성병,열병,갑상선 기능저하)

▶ 여자
- 정신과 치료를 받은 적이 있다.
- 갑상선 기능 저하증이 있다.
- 성병이 있다.
- 빈혈이 있다.
- 몸에 지병이 있다. (고혈압, 당뇨병 등)
- 피임제을 복용하고 있거나 복용한 적이 있다.
- 과도한 다이어트 경험이 있다. (5kg 이상 단기 감량)

1) 체질
- 평소 땀을 많이 흘린다.
- 겨드랑이에서 냄새가 심하게 난다.
- 얼굴에 열이 오르는 증세가 있다.
- 피부가 거칠고 화장이 잘 안 받는다.

2) 성격

▶ 남자
- 걱정이 많고, 초조하거나 자주 짜증을 자주 낸다.
- 화를 자주 내고 매사에 예민하게 반응하며 기분전환이 쉽게 되지 않는다

▶ 여자
- 초조하거나 자주 짜증이 난다.
- 걱정이 많다.
- 화를 자주 내고 몸에 열이 자주 난다.
- 기분전환이 쉽게 되지 않는다

3) 모발 상태 및 관리
- 모발에 윤기가 없고, 모발의 끝이 갈라지고 부스러진다.
- 샴푸 후 모발의 손질이 되지 않고 엉킨다.
- 매일 드라이어로 10분 이상 손질한다.
- 최근 1개월 내 염색이나 퍼머넨트 웨이브후 모발이 푸석거린다.
- 60～100개 ⇒ 상담을 통해 두개피모발관리를 받으셔야 탈모를 예방하는 것이 좋다.
- 100개 이상 ⇒ 탈모가 진행 중이다.
  ⇒ 상담을 통해 탈모 예방 관리를 받으면 탈모가 진행되는 것을 막을 수 있고 잘못된 생활습관을 바꾸어야 된다.

1. 탈모의 특징

1. 생장기 탈모

- 있을 수 있는 (개인적, 정신적 살아 온 경험)증상들
- 스트레스, 쇼크, 열, 발병하는 전염병의 휴유증
- 정신적 충격 유무
- 예민한 스트레스
- 만성적 스트레스
- 개인적이거나 직업적, 감정적 생활에 있어서 일어날 수 있는 스트레스
- 불확실한 이전의 약물 복용 사용

2. 휴지기 탈모

- 원인이 없거나 (사실상 예측할 수 없는 변화가 많다)
- 스트레스, 모발 탈락
- 병원학적, 심리학적 요인(갑상선종, 갑상선의 이상을 체크 할 것)

3. 남성 호르몬성 탈모

- 스트레스가 오래 되었거나, 최근에 스트레스가 더 결합되거나 스트레스 자체

(1) 형태

- 유전 · 노화
- 유전 · 노화 2가지가 합산된 복합적인 장년성 탈모
- 다양한 강도의 전형적인 남성형 탈모분류
- 중간 관자놀이에서 시작 되는 M말발굽형 탈모
- 후두부의 환형만이 있는 히포크라테스 타입의 전통적인 탈모

(2) 심리학적 혹은 정신의학적 전후 맥락

- 알로페시 (탈모)에 있어서 매우 독립적이고 다양한 원인은 중요하다.

4. 남성형 여성탈모

(1) 형태 유전, 노화

- 남성형은 정수리(이마와 관자놀이 부분)에서 모발이 줄어들는 여성의 전형적인 탈모다.

(2) 안드로젠 생물학적 원인

- 여드름, 다모증, 생리불순, 비만, 당뇨들을 동반한 탈모
- 생리 기능에 관한 난소 혹은 부신의 안드로젠의 생물학적 원인

5. 독립된 탈모

- 모발이 빠지는 정도
- 정신적인 혼란 상태(스트레스 정도)
- 갑상선 저하
- 철분 겹핍
- 심리학적 요인들
- 태선

- 흉터가 있고 비늘모양 홍진성(염증)의 상해들이 결합된 두개피의 손상과 함께 발생하는 탈모 증세 (평면성 태선에 의한 피부의 상해로 인한 탈모는 흉터(반흔성)를 만든다)

6. 만성적 스트레스의 생리학적 탈모 경우

- 두개피의 상태나 전후 사정을 문진에 의해 진단할 것
- 여성은 자기 머리카락이 빠지는 것을 의식하면 탈모로 진행 된다.
- 신경증 : 아이들에게서 나타나는 경미한 안면 근육 경련은 이형 증 증후군
- 점진적인 생리적 탈모

7. 호르몬에 관계되는 탈모

- 여성에게 있어서 남성호르몬성 탈모 스트레스탈모와 구별하기 매우 어렵다
- 모발은 감소하고, 머리결은 보통으로 스트레스를 받으면 탈모로 진행 된다.
- 스트레스가 모든 걸 설명하지 않는다.

1) 폐경기의 탈모(여성의 생활 환경)

- 임신
- 출산
- 호르몬 치료

(1) 모발의 감소

- 초기
- 오래됨
- 진전의 속도
- 예민하거나 혹은 만성적인 스트레스

(2) 발병 전의 징후들

- 갑자기 모량 감소
- 여드름
- 생리 불순
- 에스트로겐성 (과잉의 남성 호르몬에 의한 요인)
- 약물 부작용(빈혈, 갑상선 기능저하)
- 외과 수술 부작용
- 진행중인 병원 치료

(3) 폐경기

- 날짜
- 경과시

2). 산후 탈모

- 내분비 실소
- 호르몬의 언밸런스에 의한 탈모
- 면역체계의 불균형으로 탈모 현상이 나타난다.
- 출산 후유증으로 탈모의 위치는 두상 앞부분 3/1부분.
- 휴지기 모발의 비율은 64%～84%이며 남성형으로 전두부에 탈모가 나타나는 경향도 있다.

※ 두개피와 내분비계와 관계

- 두개피는 내분비계와 밀접한 관계로 체온의 발열하는 변화 작용으로 열, 혈액순환상승, 가려움, 과다피지, 염증이 발생되면 탈모로 진행 된다.
- 남녀 모두 두개피에 남성 호르몬의 비율이 증가하면 두정부에서 모발이 감소된다.
- 두개피는 두부에 힘이 가해지면 두피의 일부가 두개골과 박리되는 두개피 박리가 발생되고 모근의 위축으로 탈모가 진행 된다.
- 두개피 열의 상승은 피지의 산화, 두피 경화, 두피 흡착을 발생시켜 모근의 위축으로 탈모가 진행 된다.
- 두개피가 건강하지 않으면 모근이 약해지고 모발의 싸이클 변화로 탈모가 진행 된다.
- 두개피(두개골)의 손상으로 두개골 내출혈이나 뇌의 손상에 대한 후유증은 의식장애를 일으키고 반흔성 탈모가 나타난다.
- 두통은 간뇌 감각의 간접적인 표현이다.

※ 두개피의 건강

- 스트레스 없는 생활, 정신적 안정, 유산소 운동, 규칙적이고 균형적인 식습관, 피지, 땀, 각질, 먼지, 세균, 왁스, 스프레이 등의 이물질들을 깨끗이 하는 것이 좋다.

※ 두개피 문제

(1) 가족(외가 친가)중에 탈모가 있다.
(2) 모발이 빠진다.
(3) 모발이 윤기가 없고 건조하고 가늘어진다.
(4) 두개피에 각질(비듬)이 생기고 비듬(각질)이 일어난다.(건조)
(5) 기름기가 많아지고 냄새가 난다.(과피지)
(6) 두개피에 여드름이나 뾰루지가 자주 생긴다(염증)
(7) 두개피가 딱딱해지고 당기거나 통증이 있다(두피 경화)
(8) 펌 시술후, 염색 시술후, 샴푸로 인한 두개피 트러블(붉은색 가려움)을 경험한 적이 있다

Scalp Care 탈모 임상

Chapter 06

1. 남성 탈모

1. 원인

- 유전 : 남성호르몬기전
  노화 : 스트레스, 생활 습관
- 예전
  - 40~50세 후에 발병
- 현재
  - 사춘기 직후 20~30세
- 스트레스와 유전적인 요인으로 이마의 모발이 탈락되고, 두 정부의 모발이 가늘어지는, 대머리가 되는 것을 말한다.

- 만성적
  - 두개피
    - 형태
      - 전두부 · 두정부
    - 증상
      - 두개피 흡착
      - 피부염 · 지루성
      - 건선 · 태선
  - 원인
    - 생리적
      - 스트레스
      - 노화
      - 신체질환
    - 자연적
      - 유전 · 호르몬
    - 후천적
      - 생활습관병
    - 영양
      - 미네랄검사

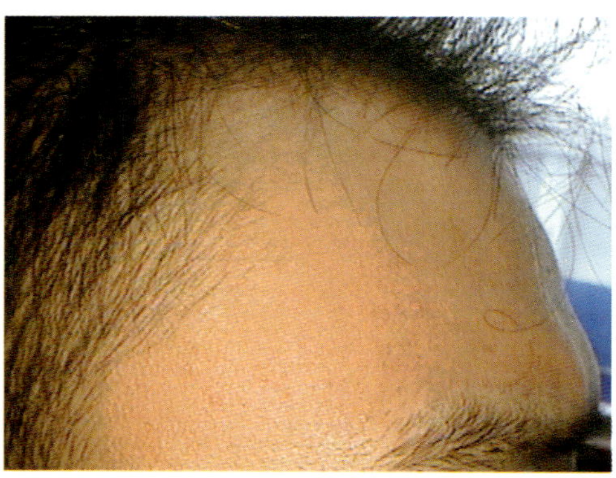

1) 형태

- M자형 전 두부(머리 앞부분)

2) 유전

- 유전은 유전자가 모습, 성질, 습관을 일정한 양식으로 DNA를 복제하여 어버이에서 자식으로 물려주어 다음 세대로 이어진다.
  유전자는 부모가 자식에게 같은 형질으로 만들어 내는 특성을 물려주는 현상인 인자로 유전 정보의 단위는 생물 세포의 염색체를 구성하는 DNA가 배열된 단위이며 유전자를 구성하는 물질은 DNA다.

2. 남성호르몬(male hormone)

1) 남성호르몬(male hormone)의 작용

- 남성호르몬(male hormone)은 체내에서 안드로겐(androgen)과 5-α 리닥타제(5-α reductase)의 만남으로 발생되는 DHT dihydrotestosterone, (디하이드로 테스토스테론)에 대해 유전적으로 민감할 때 발생한다.
- DHT의 활동은 피지샘의 활발한 활동으로 많은 피지 발생은 모낭을 소형화시켜 모발이 자라는 기간을 단축시키고 성모의 수를 감소시킴으로써 탈모를 일으킨다.
- 남성호르몬(male hormone)은 사춘기에 왕성하게 분비되고 이시기에는 발모가 매우 풍성하게 되고 고환에서 분비되는 테스토스테론(dehydroetosterone)과 오줌속에 배설되는 안드로스테론(androsterone)이나 디히드로에피안드로스테론(dehydroepiandrosterone)등과 부신 피질에서 분비되는 아드레노스테론 등이 포함 된다.
- 남성호르몬(male hormone)이 여성에 비하여 많이 분비되고 있기 때문에 안드로겐이 증가할 수록 남성 특징인 수염은 증가하고 유지되지만, 이마(전두부)나 정수리 모발은 줄어들어 탈모로 진행 된다.

※ 여성

- 안드로겐의양이 상대적으로 적어 수염이 나지 않거나 가늘게 나게 된다

2) 생식기관

- 성적 특징의 발육이나 유지 및 기능

3) 조직

- 단백질의 증가, 신장의 무게와 크기 증가, 땀과 피지샘의 활동 증가, 적혈구 세포의 재생

4) 피부

- 피지의 증가로 표피의 각질층이 두꺼워지고, 사춘기의 청소년들에게 발생되는 여드름의 원인

5) 체모

- 다리털, 가슴털, 겨드랑이 털, 수염, 음모등 모든 체모의 성장이 빠르고 남성의 특징이 나타남

3. 노화

- 나이가 많아짐에 따라서 나타나는 퇴행적 변화를 말한다.

1) 세포의 노화현상

- 노화색소의 침착, 소지방구의 축적, 세포의 실질감소, 핵의 위축, 신경세포(니슬소체)의 감소, 골 지체의 파괴가 일어난다.
- 이와 같은 현상은 세포의 종류에 따라 다르게 나타난다.

2) 노화를 진행시키는 원인

- 원형질 이력현상(protoplasmic hysteresis)에 의해서 세포의 물질대사가 장애를 받기 때문이라고 주장하는 설
- 혈장 등 세포의 내부환경을 중시하는 외인설
- 치사유전자와 같은 것에 의해서 세포의 수명이 유전적으로 결정된다는 설

- 최근에는 시간의 경과에 따라서 일어나는 세포 내의 DNA(디엔에이)분자의 절단 증가, DNA분자 장애의 회복능력 감퇴, DNA의 유전정보의 전사·해독의 오류, 콜라겐 등의 생체 내의 거대분자의 다리결합의 증가, 면역기능의 저하 등이 노화의 원인으로 밝혀지고 있다.

4. 생활습관

1) 유전적 (환경)

- 할아버지 ⇒ 아버지, 할머니 ⇒ 어머니가 탈모가 있으면 형제 자매 중 탈모가 심하고 숱이 많은 현상도 나타날 수 있다.
  - 할아버지, 아버지, 할머니어머니로 유전되는 가족의 생활식습관이 복합적으로 작용한다.
  - 부모로부터 물려 받은 유전적 요인이 탈모의 가장 큰 원인이다.

2) 자연적

- 기온이나 대기압력의 차이 오염된 환경 물질

3) 물리적

- 지나친 압력, 당김, 헤어 커트에 의한 손상 및 상처, 모자의 착용 비위생적인 두발관리

4) 화학적

- X광선, 항암제, 항생제 오남용으로 축척된 독소 또는 강하고 부적절한 두발제품의 사용 환경호르몬(오염물질)

5) 잘못 된 습관

- 밤을 자주 새운다
- 오락 혹은 일에 빠져서 컴퓨터를 오래하거나 PC방에서 많은 시간을 보낸다.
- 스트레스를 많이 받는 환경, 직장일, 학업에 싫증, 신경질 짜증 화가 잘 난다.
- 술을 일주일에 두 번 이상 취하도록 먹는다.
- 담배를 하루에 1갑 이상 피우거나 담배연기를 많이 마신다.
- 두개피에 상관없이 아무 샴푸나 비누로 머리를 감는다.
- 두발를 자주 감지 않아 두개피가 불결하다.
- 파마, 염색을 매월 한다.
- 드라이어로 거의 매일 손질을 한다.
- 고기나 육가공제품 캔이나 병에든 음료수를 많이 먹는다.
- 편식을 한다.

6) 운동(활동)부족

- 운동이 부족한 소극적 생활은 섭취량보다 활동량이 적어 에너지 소모 감소로 비만과 질병들이 나타난다.

7) 스트레스

- 심하게 흥분하는 사람, 쉽게 화를 잘 내는 사람의 흥분상태의 생활은 신체의 호르몬의 불균형으로 탈모는 빠르게 진행 된다.

8) 심리적 장애

- 감정의 미숙 (과잉보호, 열등의식, 대인 관계 적응곤란, 학업성적불량 ,부모의 사랑이 결핍)은 스트레스로 인한 탈모가 진행 된다.
- 사회, 문화, 경제적 요인
  경제적 성장과 산업구조의 변화로 말미암아 식생활이 개선되고 활동량이 감소 되면서 탈모의 발생빈도가 높아지고 있다.

5. 배율별 두개피 이미지

▶ 기본 배율

탈모 형태

- 유전(M자형)

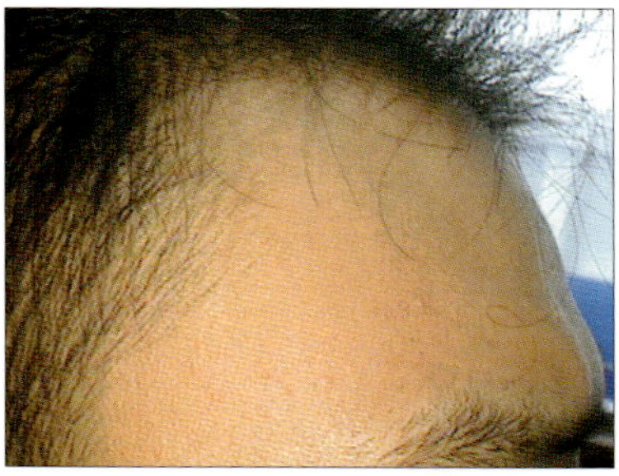

▶ 40배율

모량

- 두개피에 있는 모발의 존재
- 모발의 감소

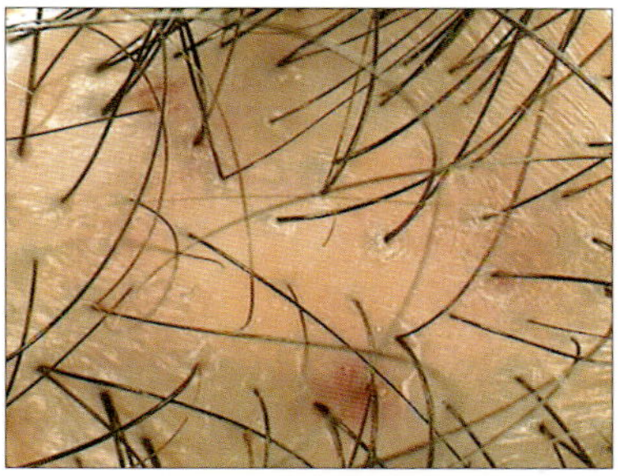

▶ 100배율

모발 수

- 모낭의 개수
- 모발의 개수

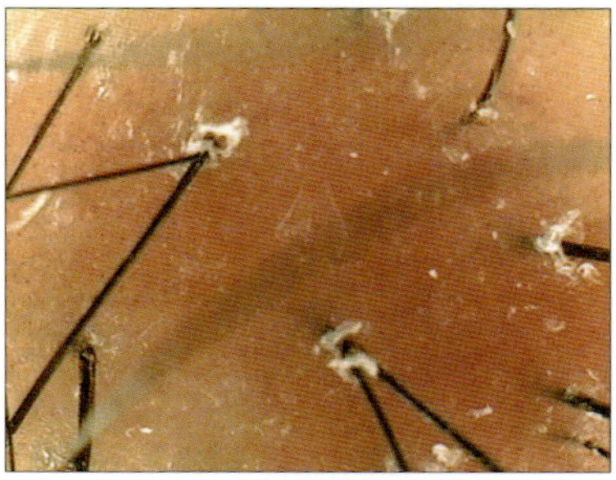

▶ 300배율

두개피

- 혈액 순환 장애
- 피지가 많고 산화됨
- 모공의 막힘은 배출과 흡수기능 상실
- 산소 공급 상실
- 신진대사의 노폐물 배출 기능 상실
- 모발에 영양 공급 상실

모낭

- 막힘

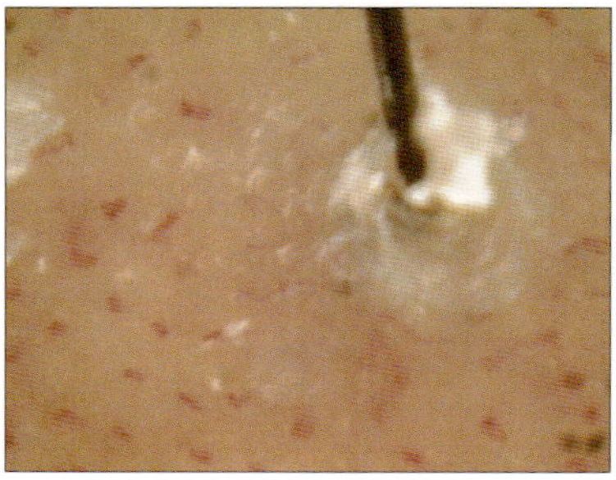

6. 문제성 두개피 이미지

■40배율

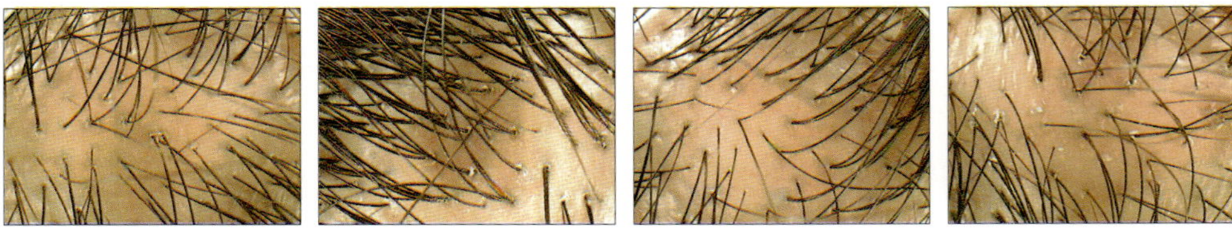

■100배율

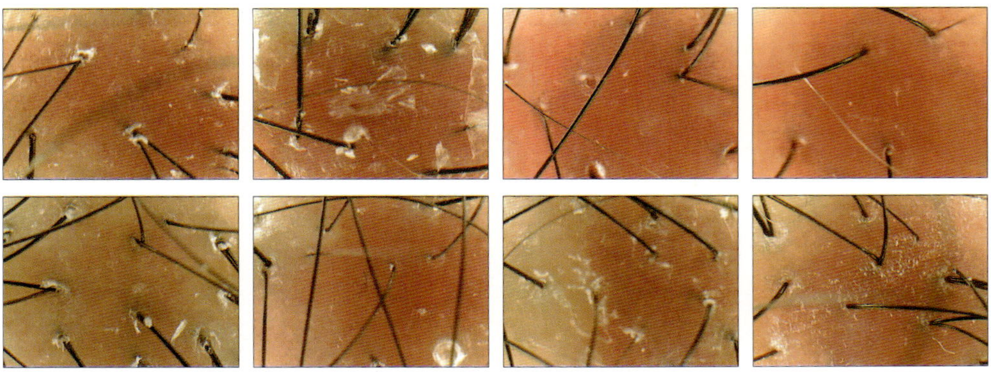

■300배율

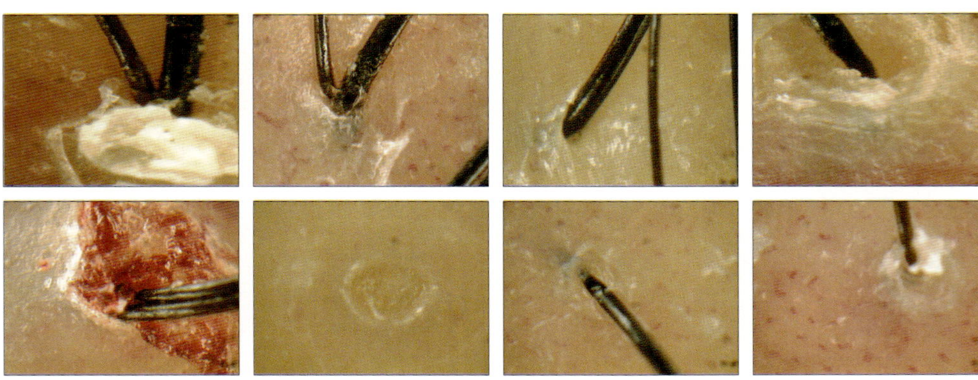

■모근

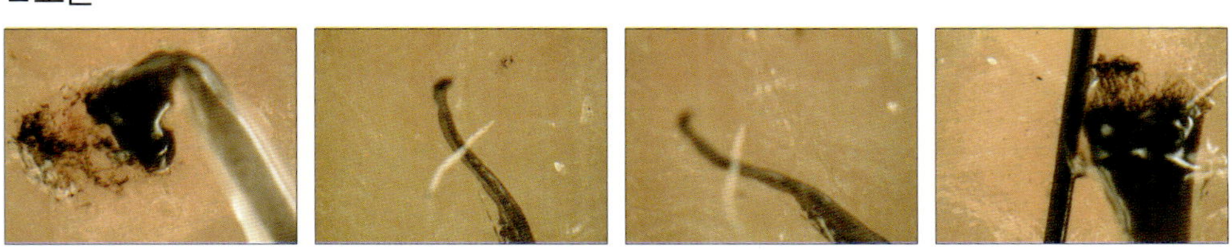

7. 관리 전·후 두개피 이미지 비교분석

■기본 : 탈모 형태 관리 전 · 후

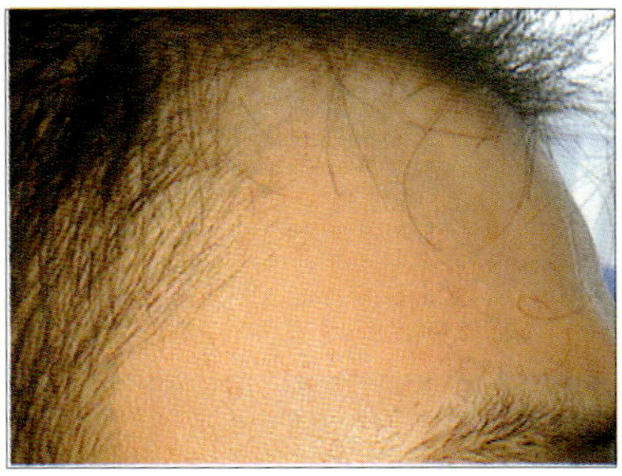

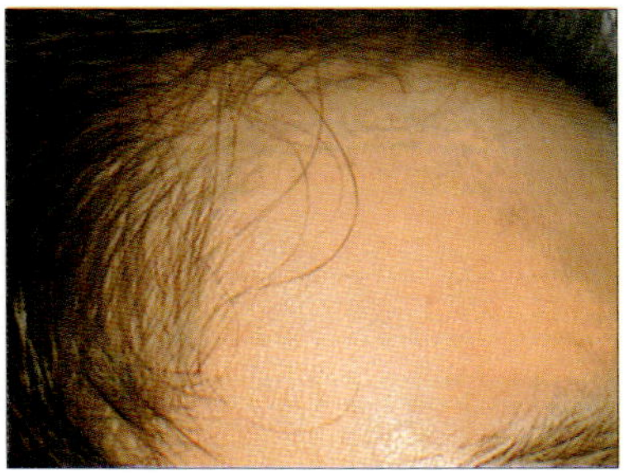

■40배율 : 탈모량 관리 전 · 후

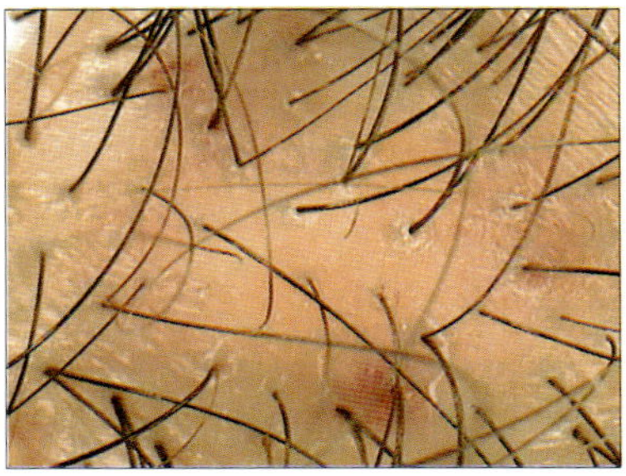

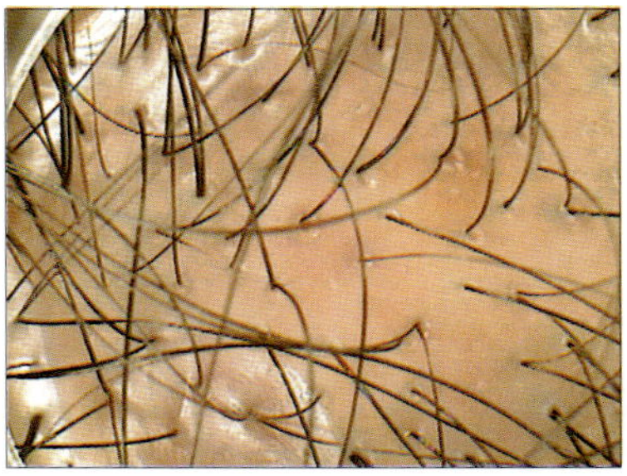

■100배율 : 모발 수 관리 전 · 후

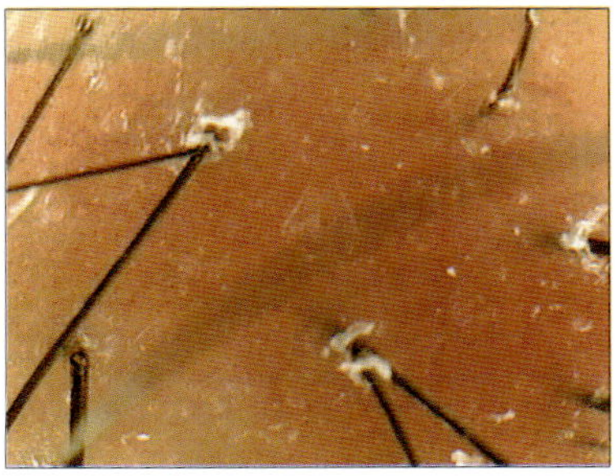

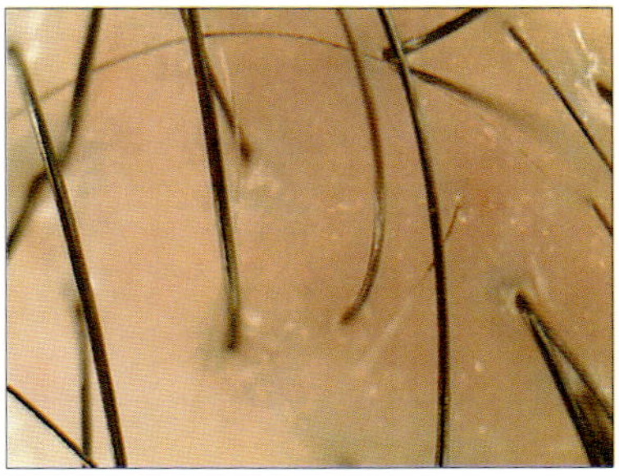

■300배율 : 두개피 관리 전 · 후

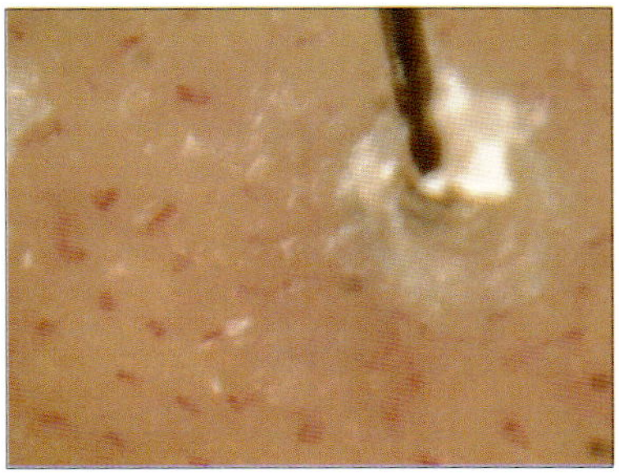

8. 관리 후 변화되는 형태 이미지

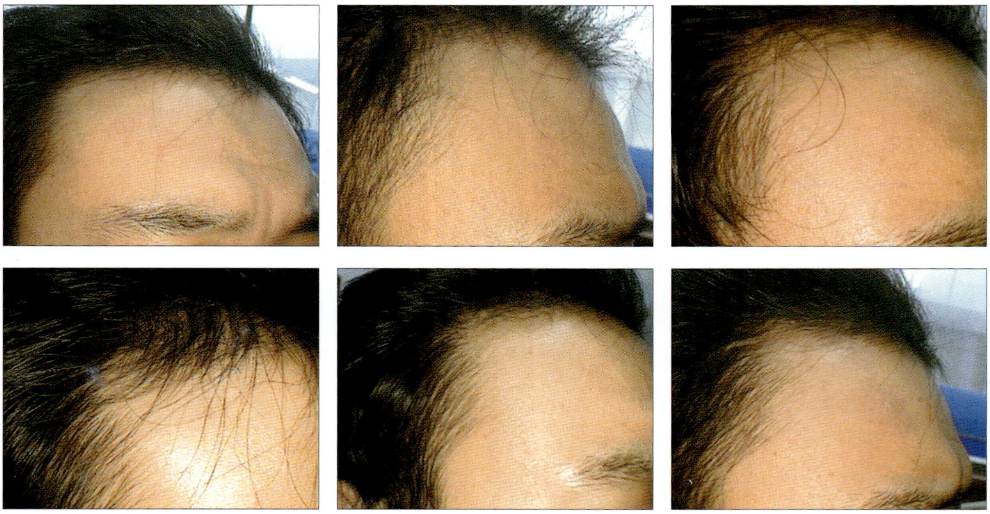

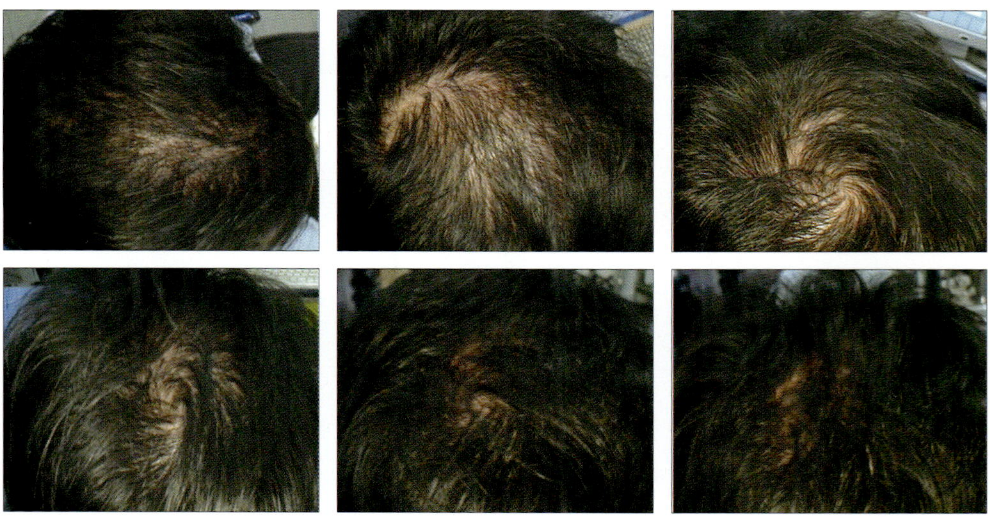

※ 남성탈모 (노화 · 유전)

1. 원인

- 유전 : 남성호르몬기전
  노화 : 스트레스, 생활습관
- 스트레스와 유전적인 요인으로 이마의 모발이 탈락되고, 두정부의 모발이 가늘어지는, 대머리로 진행 된다.

- 만성적
  - 두개피
    - 형태
    - 전두부 · 두정부
    - 증상
      - 두개피 흡착
      - 피부염 · 지루성
      - 건선 · 태선
  - 원인
    - 생리적
      - 스트레스
      - 노화
      - 신체질환
    - 자연적
      - 유전 · 호르몬
    - 후천적
      - 생활습관
    - 영양
      - 미네랄검사

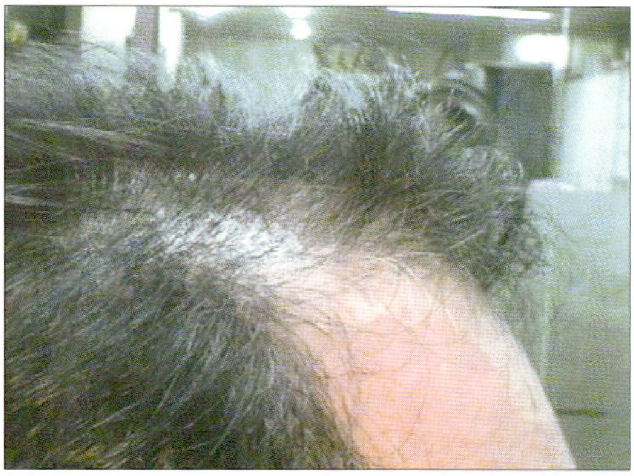

1) 형태

- M자형 전두부(머리 앞부분)

2) 유전

- 유전은 유전자가 모습, 성질, 습관을 일정한 양식으로 DNA를 복제하여 어버이에서 자식으로 물려주어 다음 세대로 이어진다.
- 유전자는 부모가 자식에게 같은 형질으로 만들어 내는 특성을 물려주는 현상인 인자로 유전 정보의 단위는 생물 세포의 염색체를 구성하는 DNA가 배열된 단위이며 유전자를 구성하는 물질은 DNA가 된다.

2. 배율별 두개피 이미지

기본 배율
탈모 형태
유전(M자형)

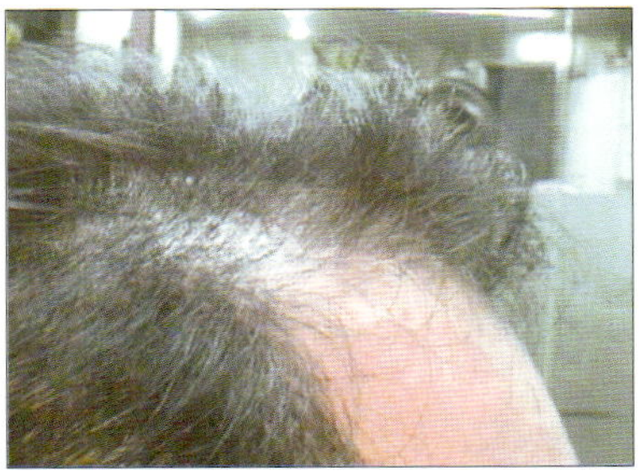

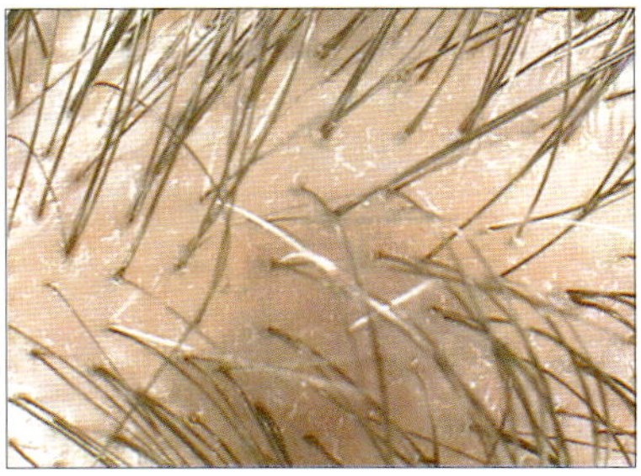

40배율
모낭에 존재하는 모발
성모 연모 취모 솜털의 수

100배율
모낭 성모 연모 취모 솜털
퇴화기 모발 수

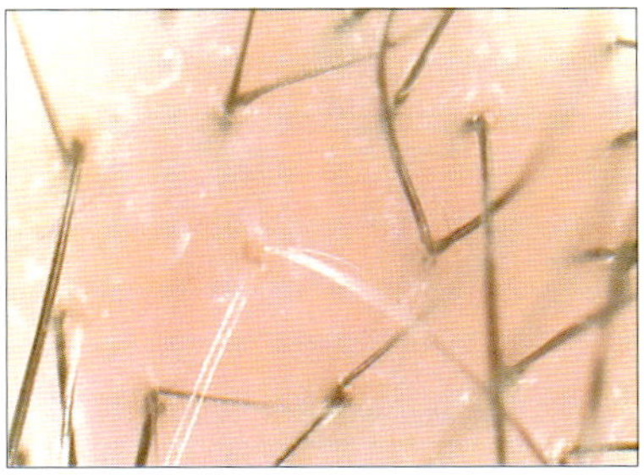

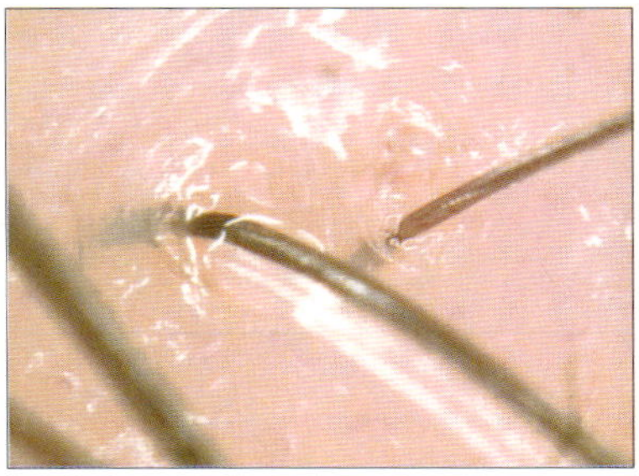

300배율
두개피 조직적 손상
모근의 이상은 탈모진행 추정

모근의
이상은 탈모
진행 추정

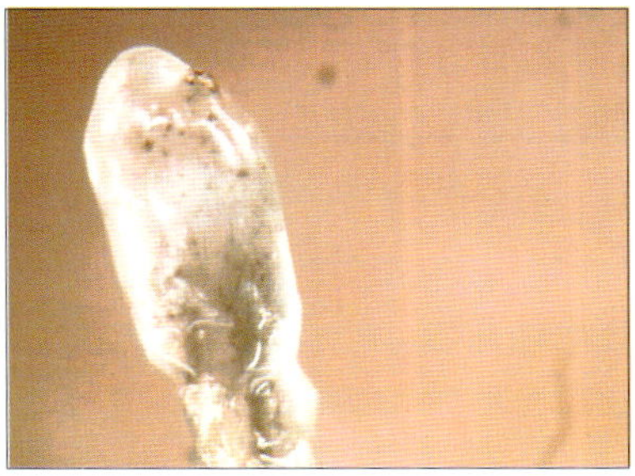

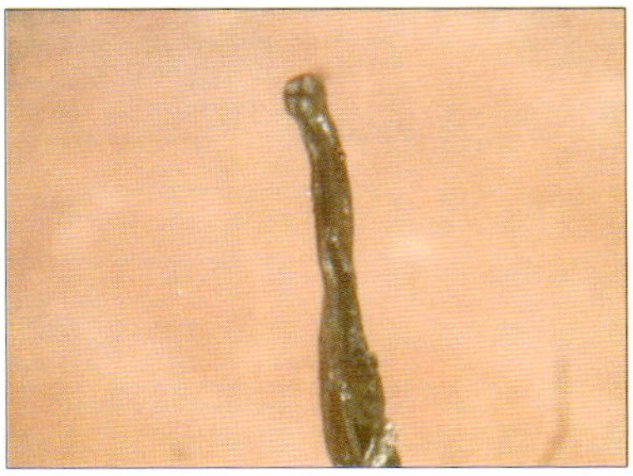

3. 관리 전 · 후 이미지 비교 분석

■기본 : 탈모 형태 관리 전 · 후

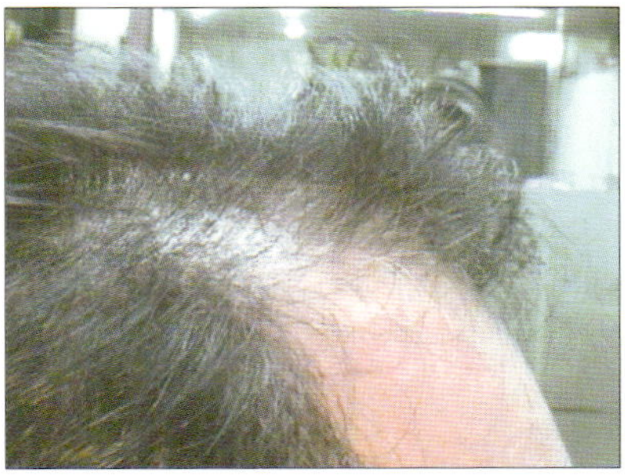
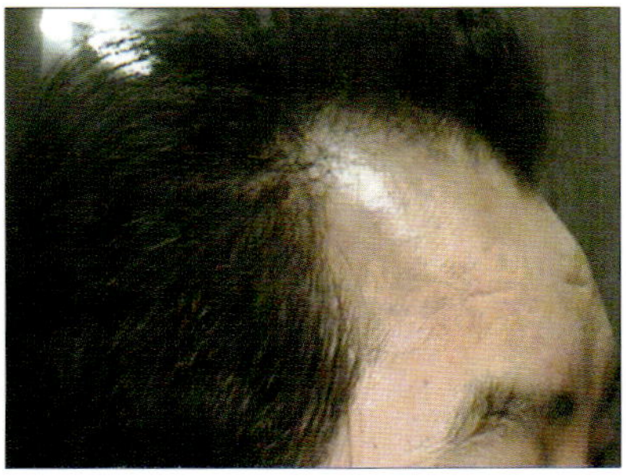

■40배율 : 탈모량 관리 전 · 후

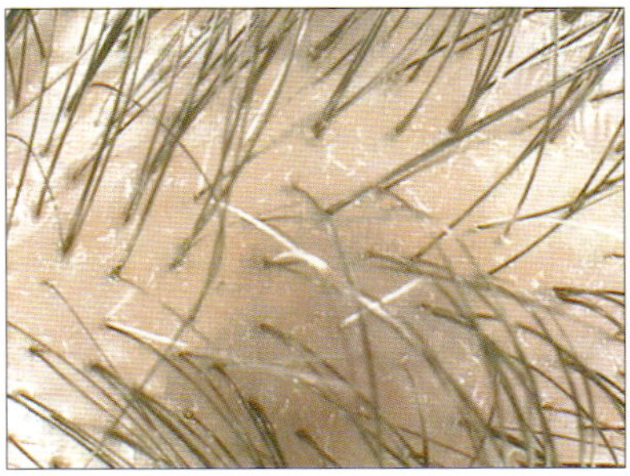
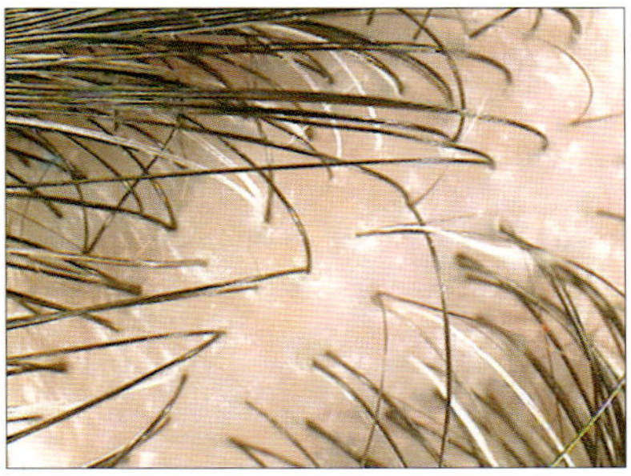

■100배율 : 모발 수 관리 전 · 후

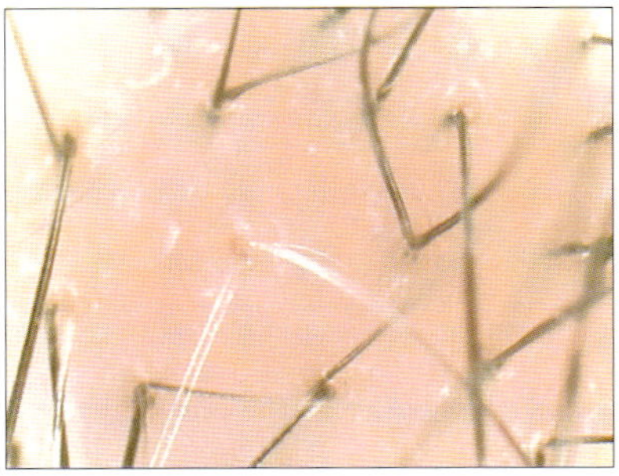
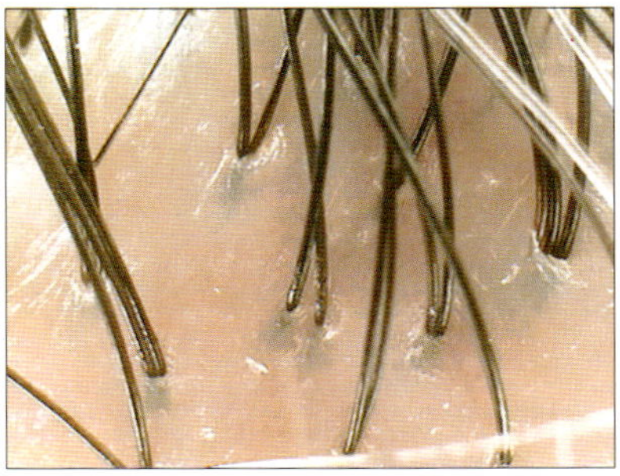

■300배율 : 두개피 관리 전 · 후

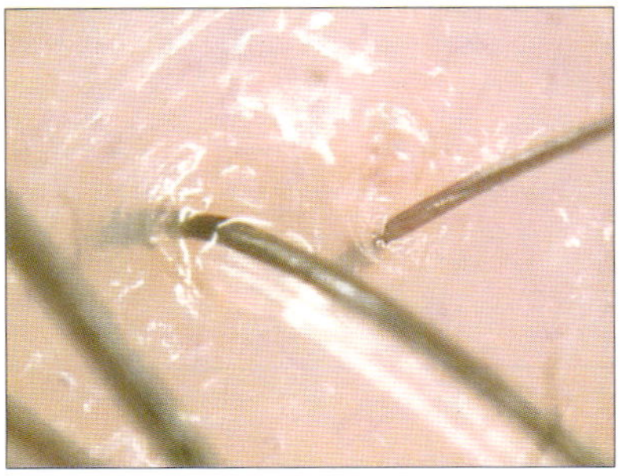
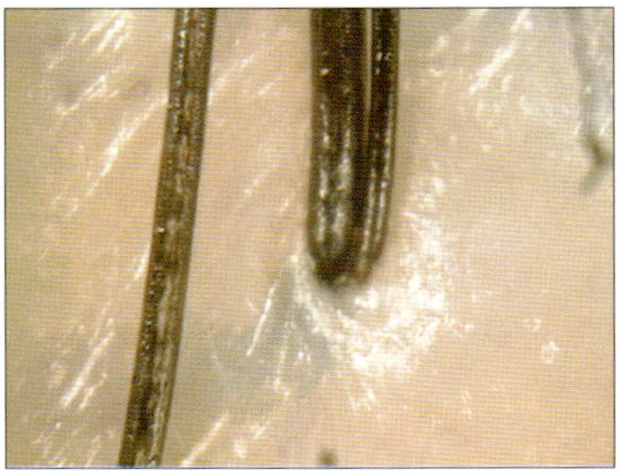

4. 관리 후 변화되는 유형

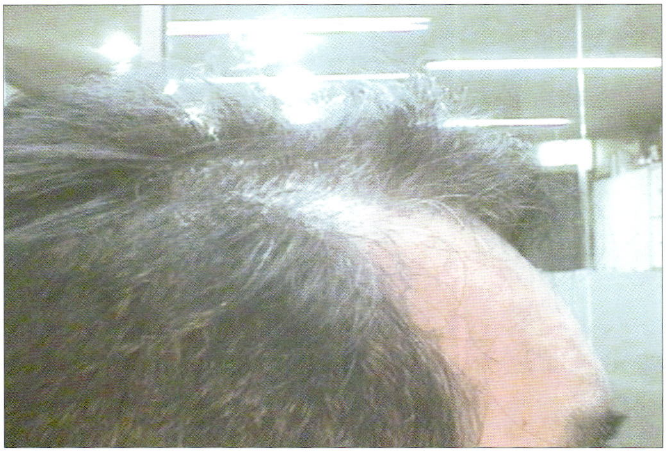
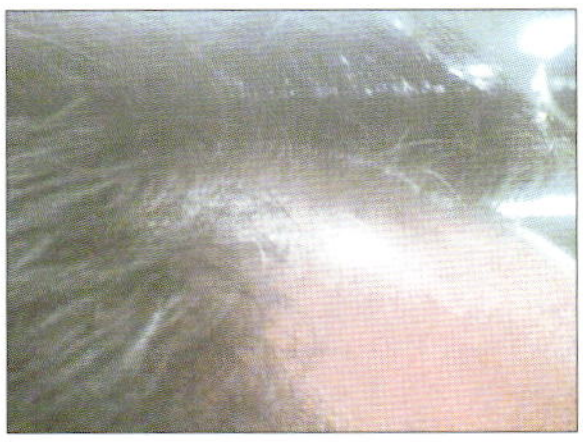
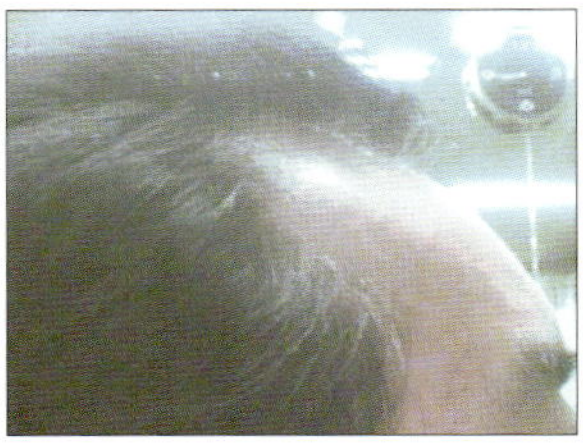
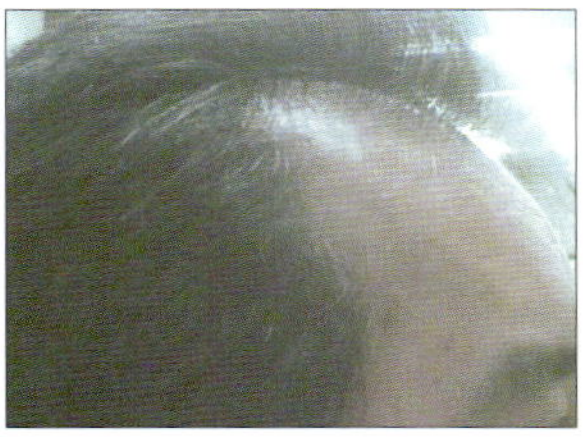
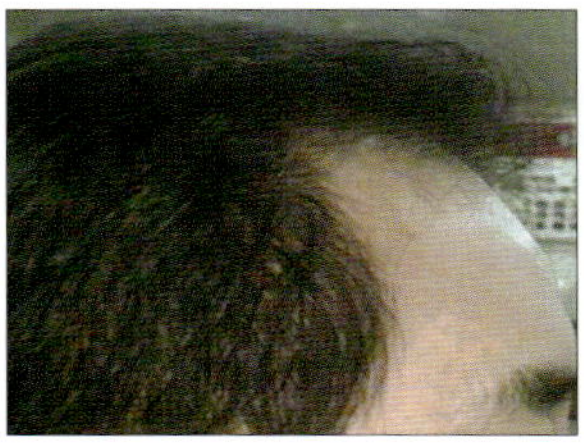
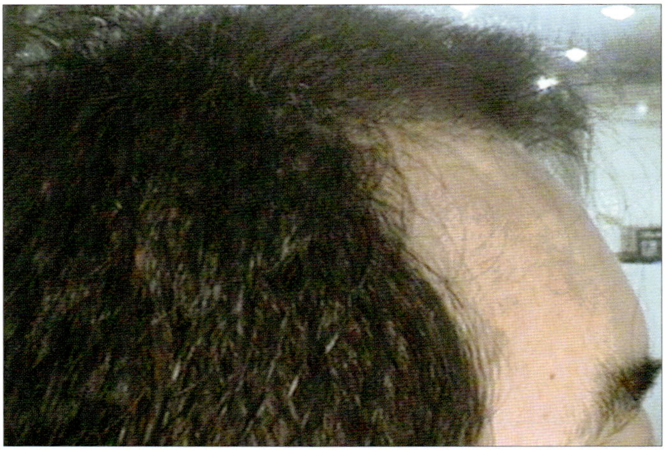
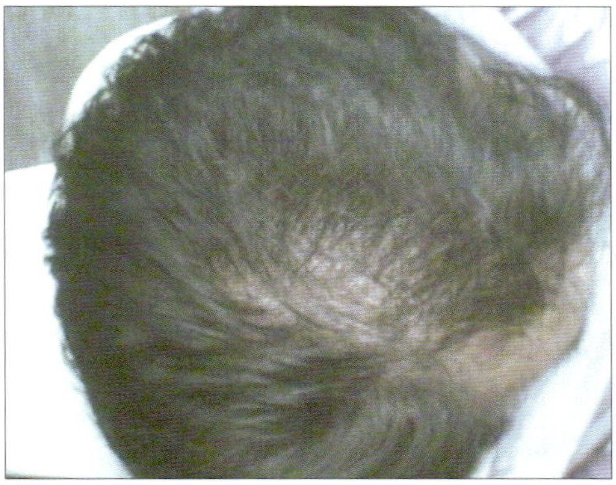
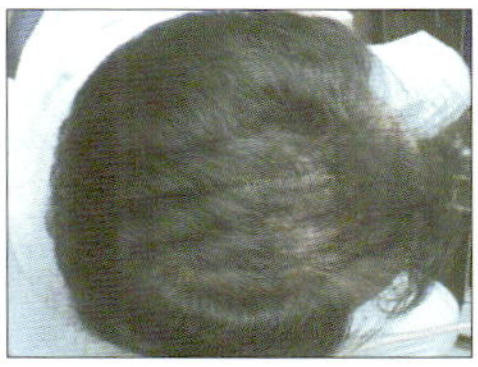
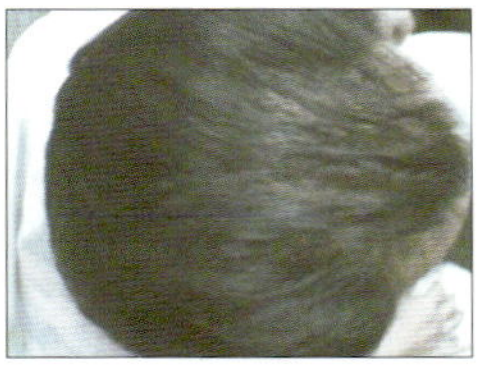
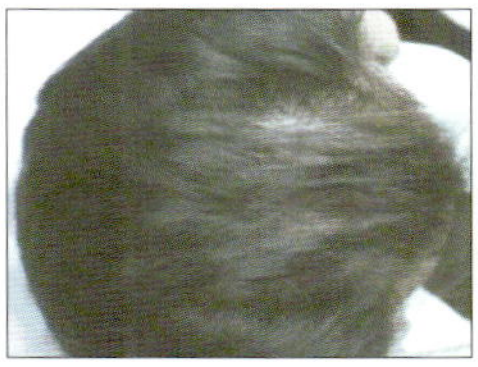
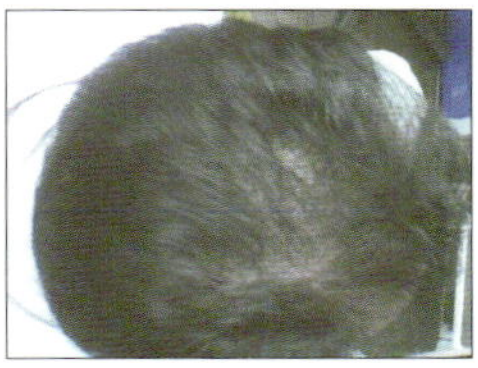

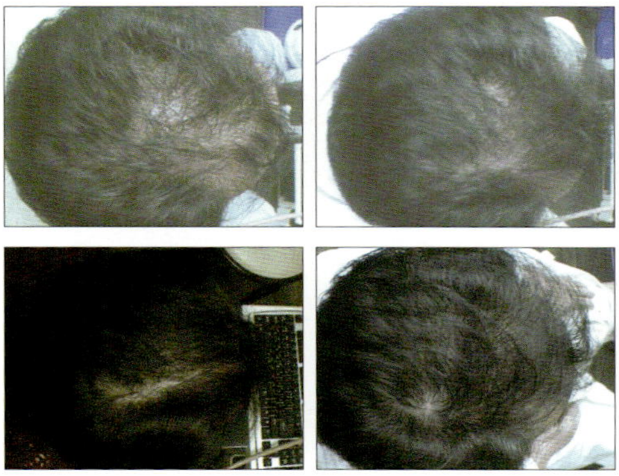

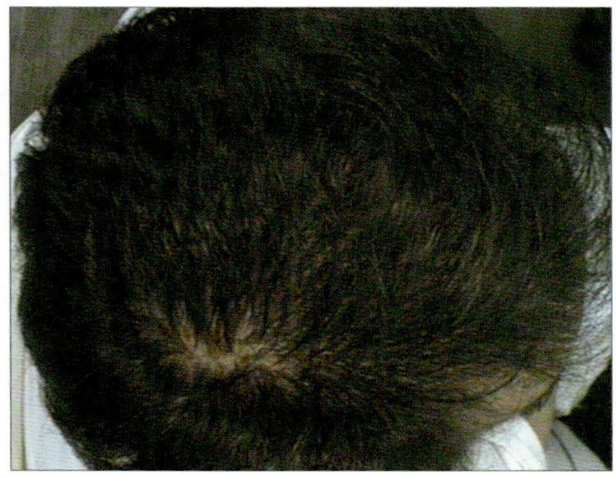

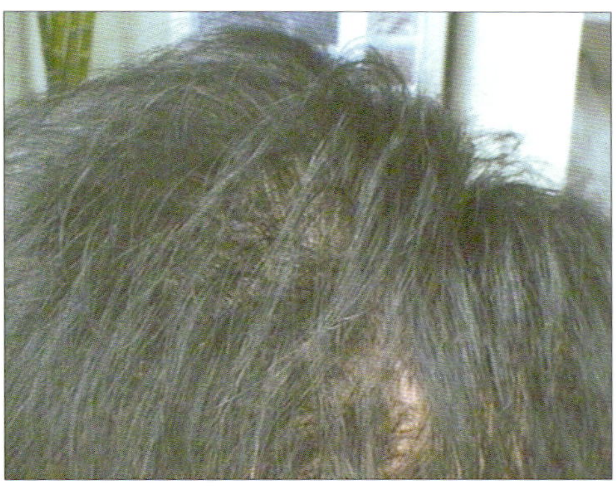

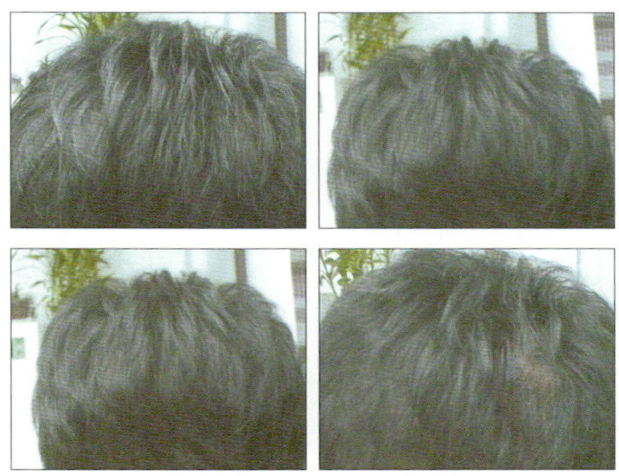

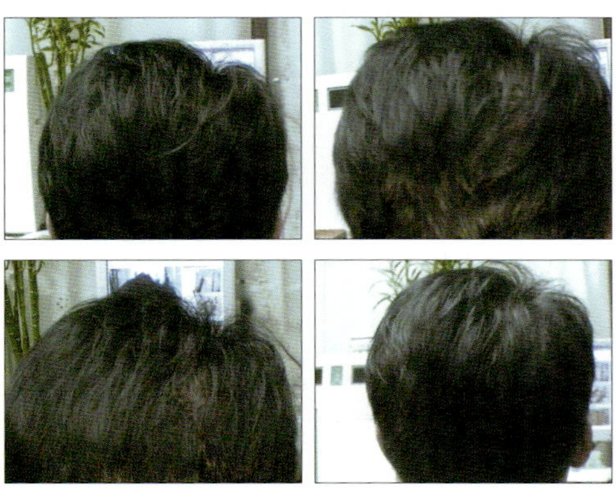

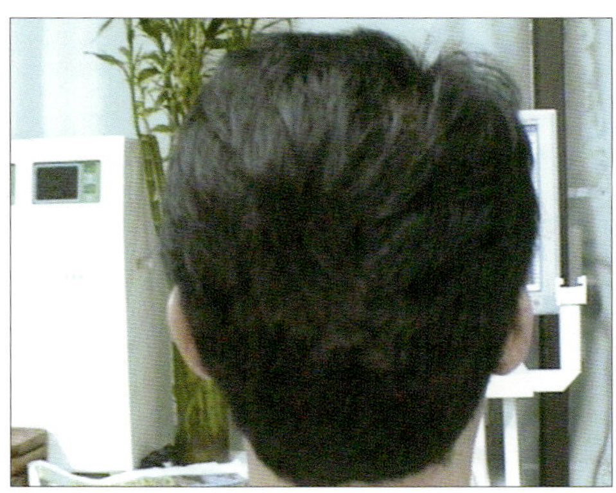

5. 관리 후 증가되는 모발

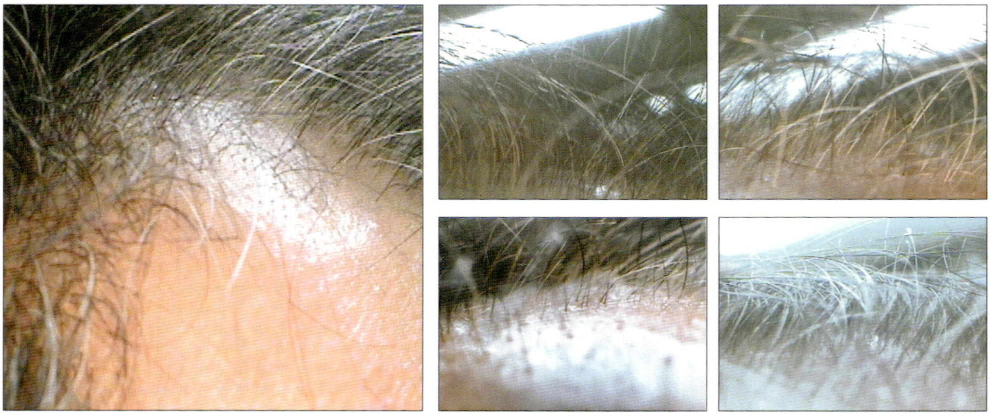

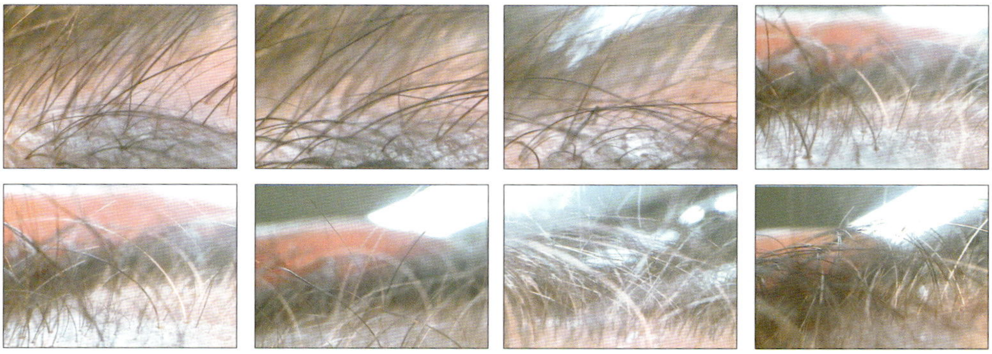

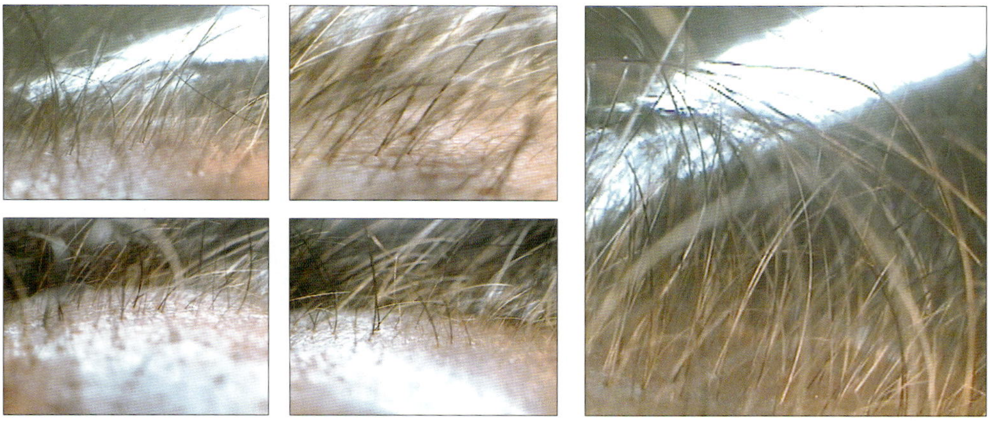

※ 남성탈모 (유전)

- 만성적
  - 두개피
    - 형태
    - 전두부 · 두정부
    - 증상
      - 두개피 흡착
      - 피부염 · 지루성
      - 건선 · 태선
  - 원인
    - 생리적
      - 스트레스
      - 노화
      - 신체질환
    - 자연적
      - 유전 · 호르몬
    - 후천적
      - 생활 습관
    - 영양
      - 미네랄 검사

1. 문진

1) 형태

● 전두부 M자형

2) 유전 ·후천적

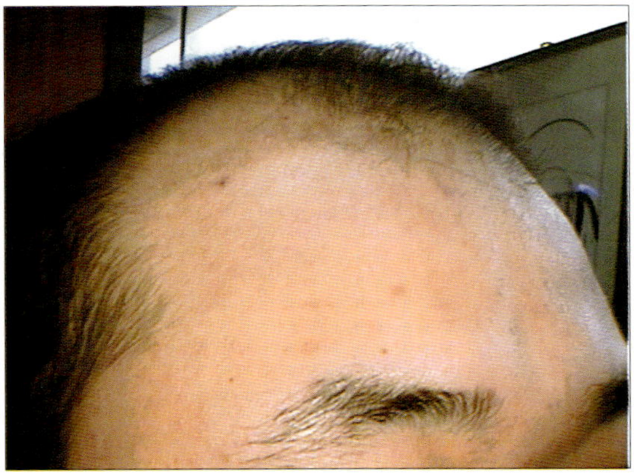

2. 배율별 두개피 이미지

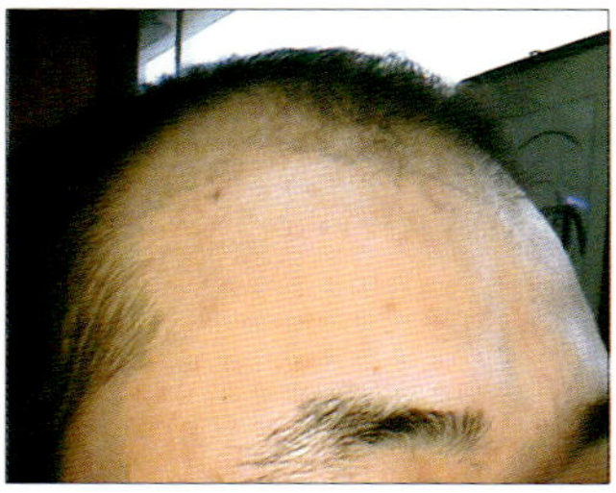
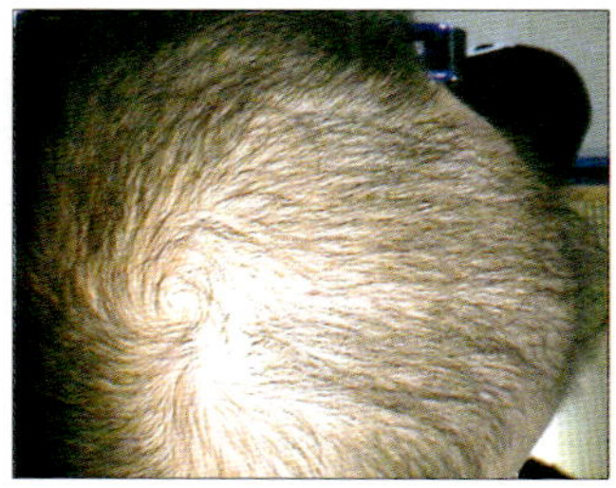
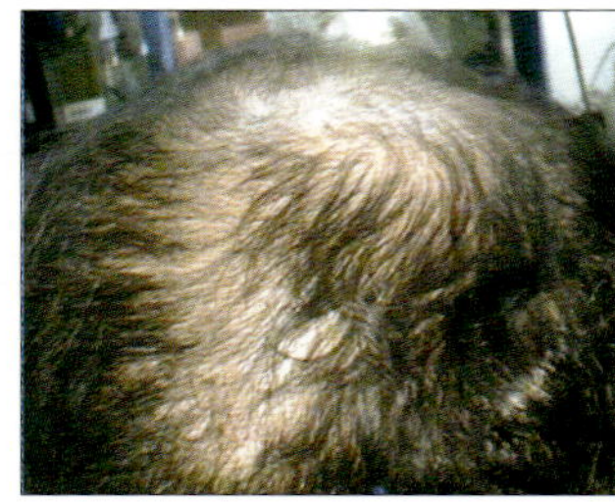

▶ 기본 배율

탈모 형태

- 유전(M자형)

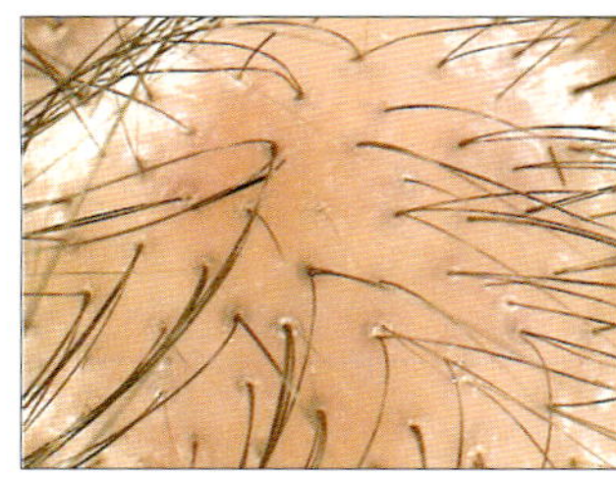

▶ 40배율

모량

- 두개피에 있는 모발의 존재
- 모발의 감소

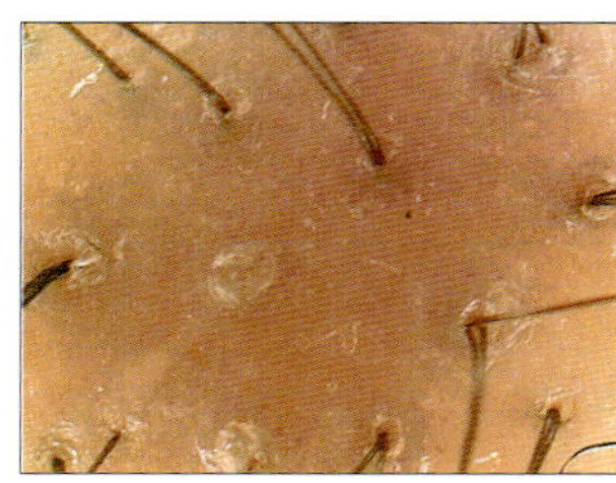

▶ 100배율

모발 수

- 모낭의 개수
- 모발의 개수

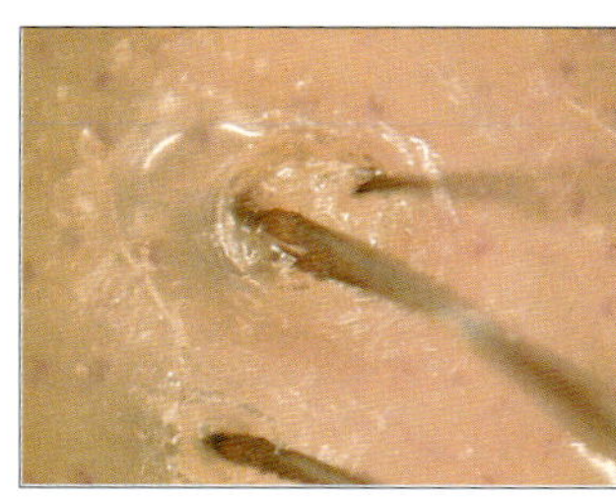

▶ 300배율

두개피

- 혈액 순환 장애
- 피지가 많고 산화됨
- 모공의 막힘은 배출과 흡수기능 상실
- 산소 공급 상실
- 신진대사의 노폐물 배출 기능 상실
- 모발에 영양 공급 상실

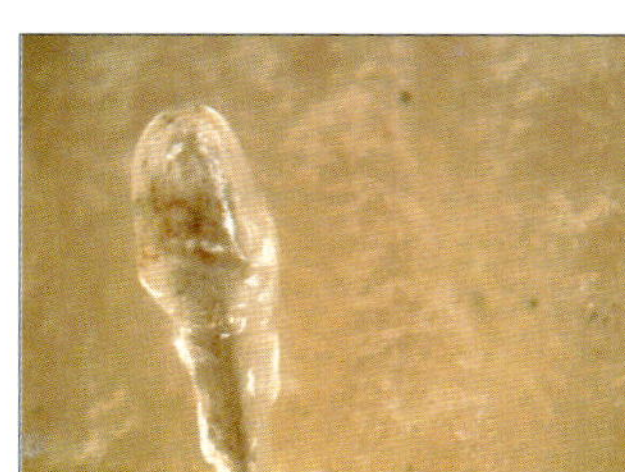

모낭

- 막힘

모근

- 탈모 진행 추정

3. 문제성 두개피 이미지

■40배율

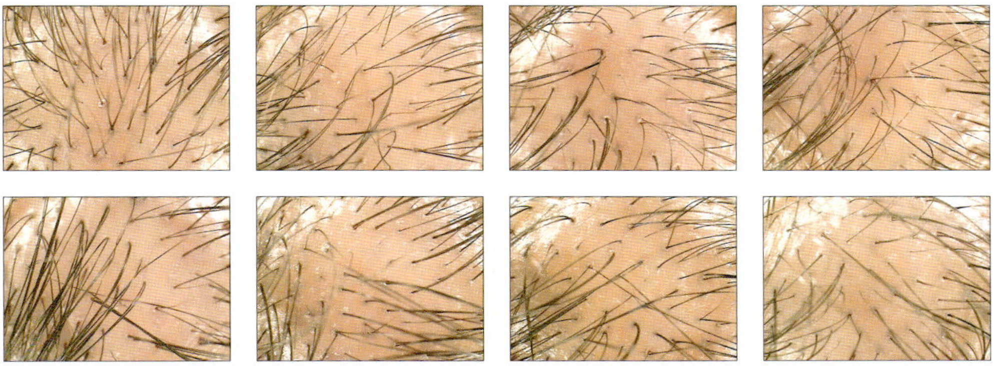

■100배율

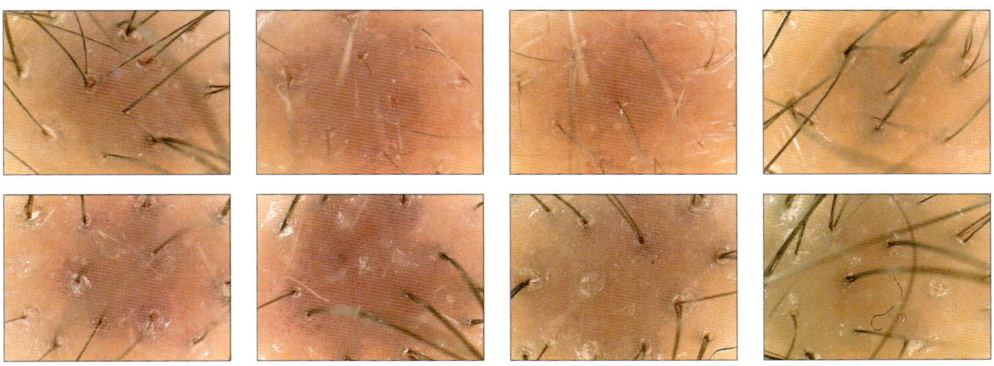

■300배율

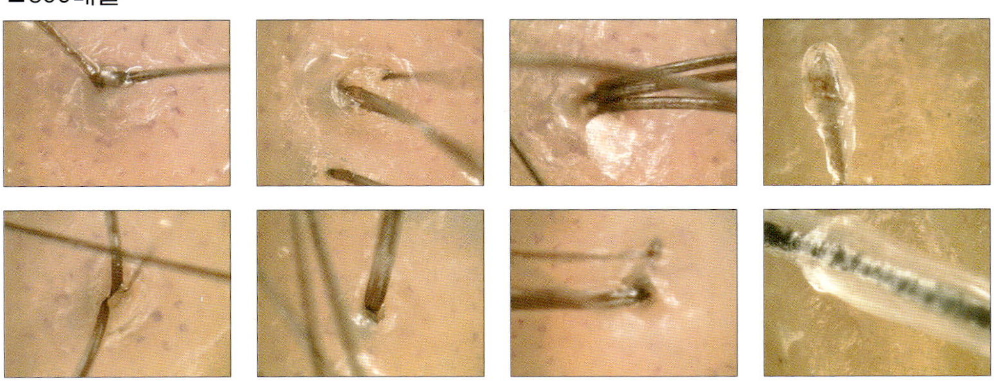

4. 관리 전·후 두개피 이미지 비교 분석

▶ 기본 배율

탈모 형태

- 유전(M자형)

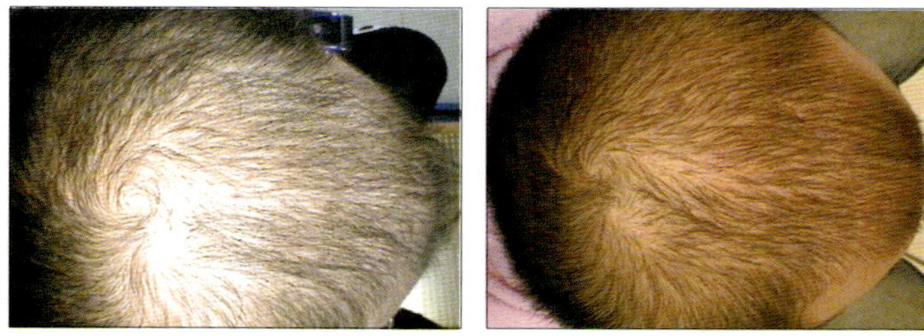

▶ 40배율

모량

- 두개피에 있는 모발의 존재
- 모발의 감소

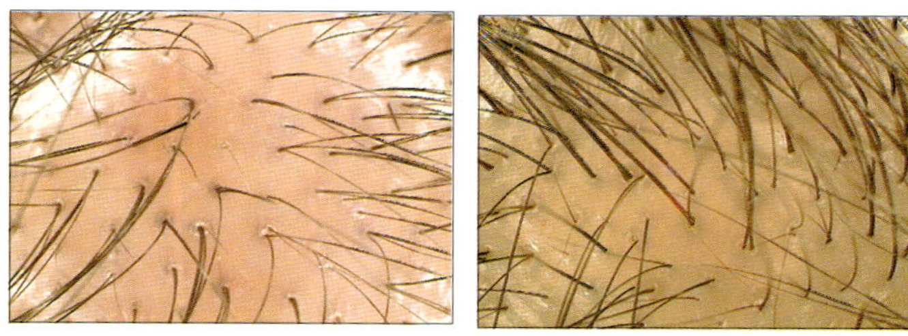

▶ 100배율

모발 수

- 모낭의 개수
- 모발의 개수

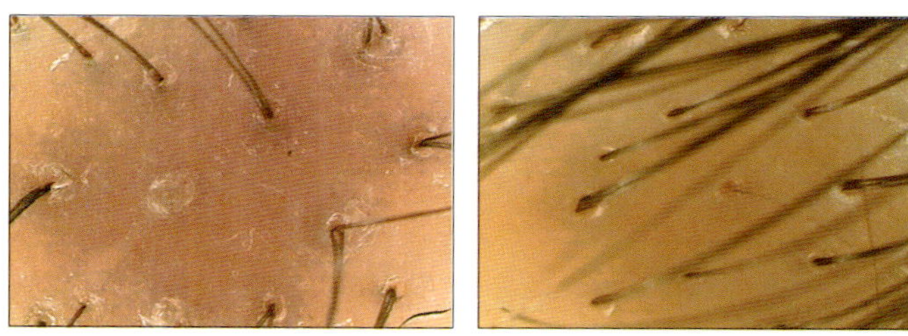

▶ 300배율

두개피

- 혈액 순환 장애
- 피지가 많고 산화됨
- 모공의 막힘은 배출과 흡수기능 상실
- 신진대사의 노폐물 배출 기능 상실
- 산소공급 상실
- 모발에 영양 공급 상실

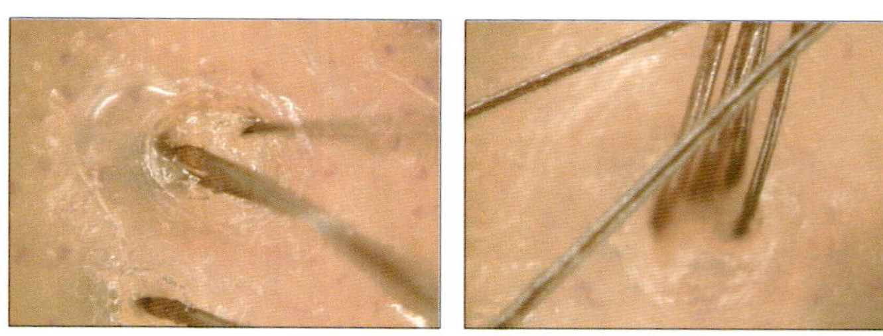

모낭

- 막힘

모근

- 탈모 진행 추정

5. 관리 후 변화되는 유형

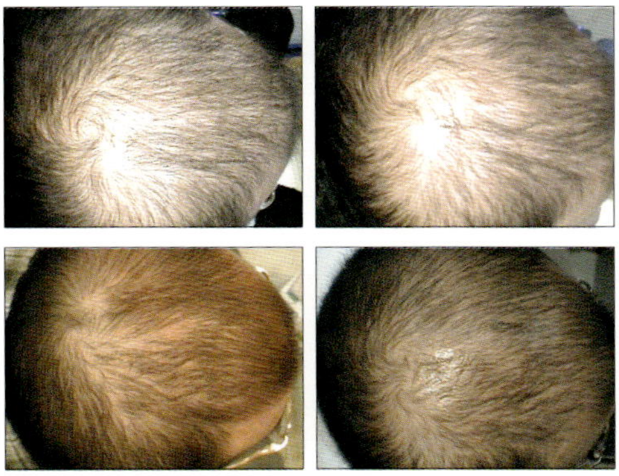
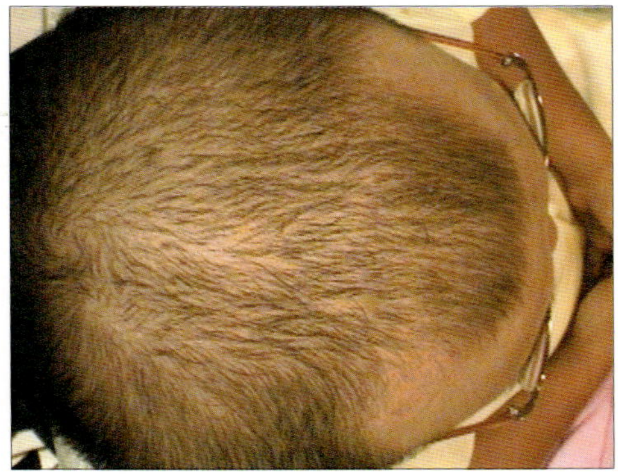
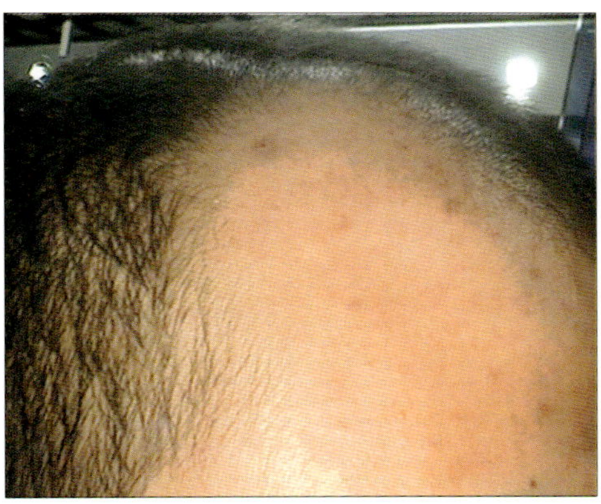
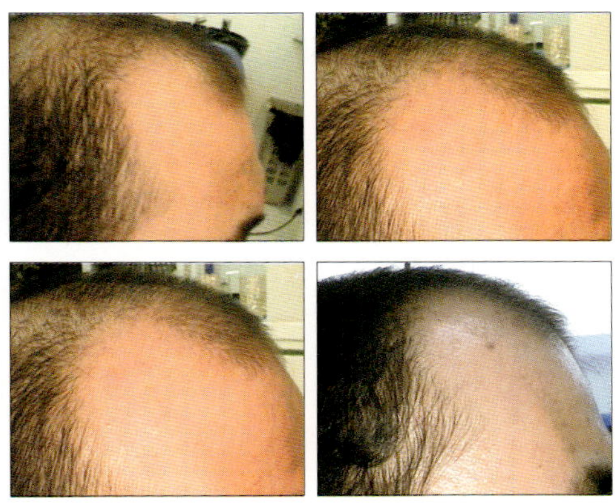
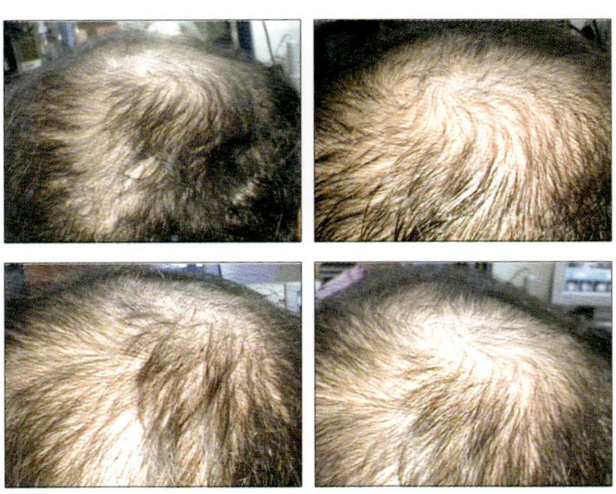
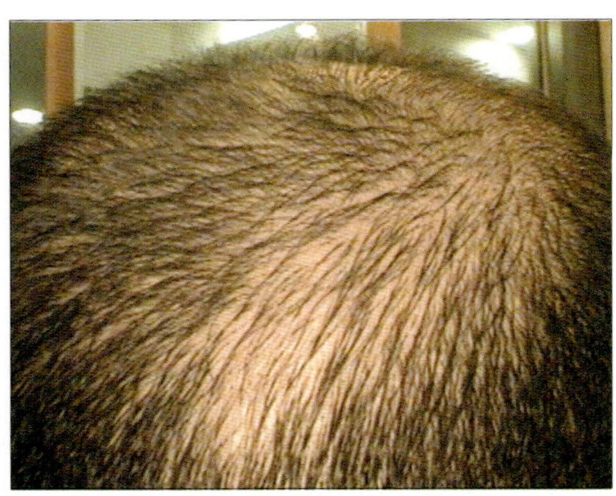

2. 장년성 탈모

※ 남성 장년성 탈모 1

- 만성적
  - 두개피
    - 형태
      - 전두부 · 두정부
    - 증상
      - 두개피 흡착
      - 피부염 · 지루성
      - 건선 · 태선
  - 원인
    - 생리적
      - 스트레스
      - 노화
      - 신체질환
    - 자연적
      - 유전 · 호르몬
    - 후천적
      - 생활 습관 병
    - 영양
      - 미네랄 검사

1. 문진

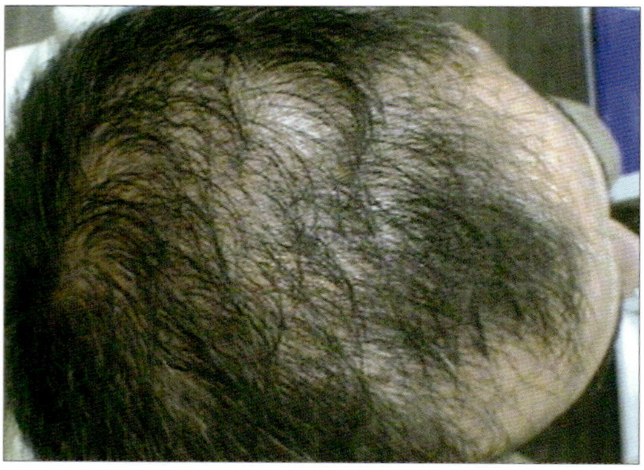

※ 장년성 . 남성 탈모 진행

남성탈모에서 많이 나타나는 현상.
많은 양의 피지
모낭 안에서 세균번식
모근부의 고착력 저하
모발의 양이 적어짐.
지루성 두개피가 지속적으로 유지됨
합병증으로 장년성 탈모로 진행된다.

● 원인

모유두 조직의 노화 유전적 요인(DHT) 두개피 경화는 50세 이상 남성에게서 흔히 볼 수 있다.

2. 배율별 두개피 이미지

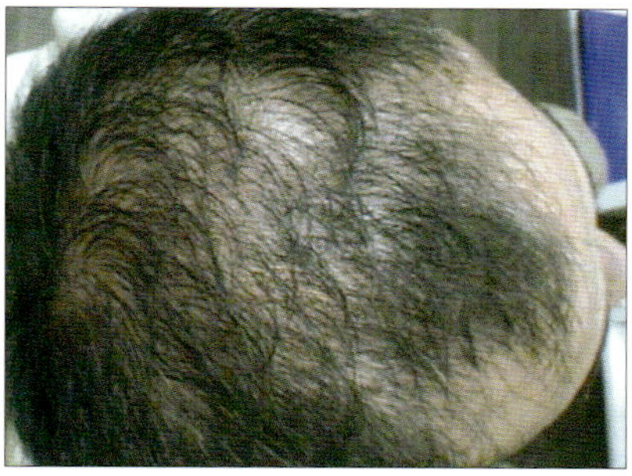

▶ 기본 배율

형태

- 탈모 진행(유전 M자형·노화)

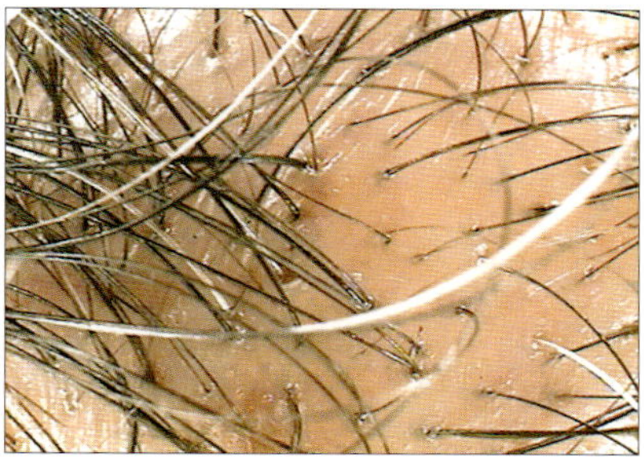

▶ 40배율

모발의 밀도

- 성모보다 연모가 많이 존재한다.

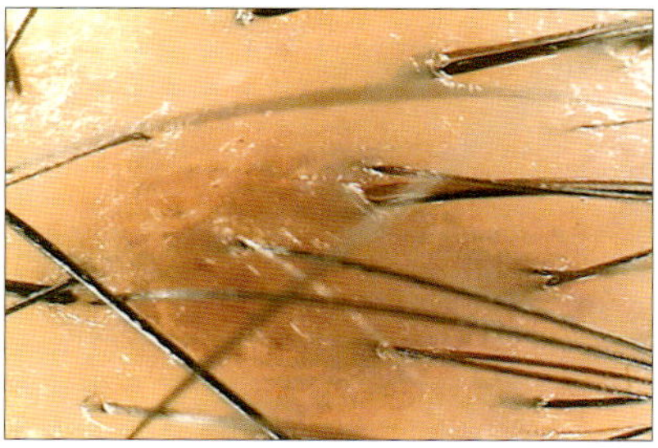

▶ 100배율

모발 수

- 두정부의 두개피 이상은 모발의 감소와 모발의 변화를 나타내고 있다.

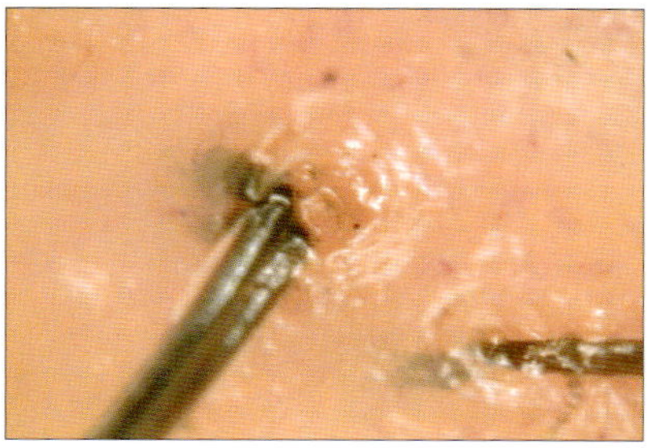

▶ 300배율

두개피

- 두개피의 조직적 손상
- 많은 남성호르몬은(유전) 전두부에 과피지형성, 혈액 순환 장애, 모낭 막힘, 염증, 모근위축과 모낭손상 두개피 흡착 두개피경화로 탈모가 진행 된다.

3.문제성 이미지

1) 관리 전

■40배율

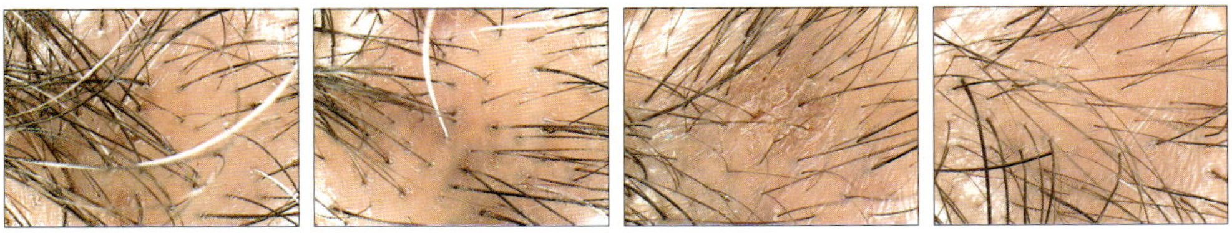

■100배율

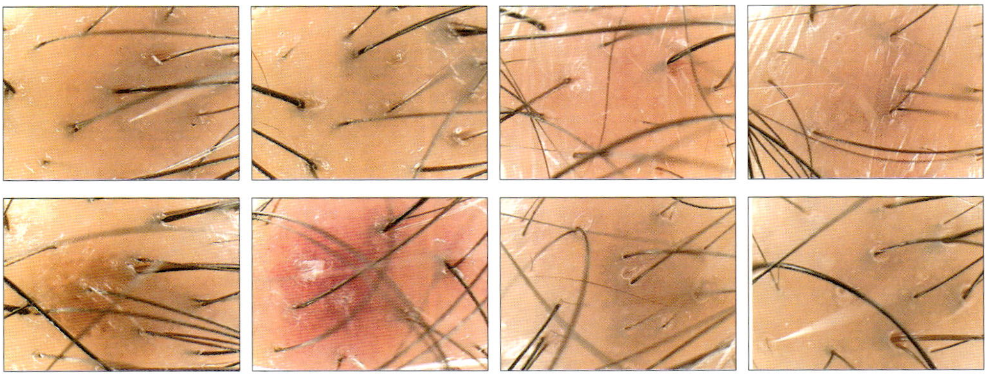

■300배율

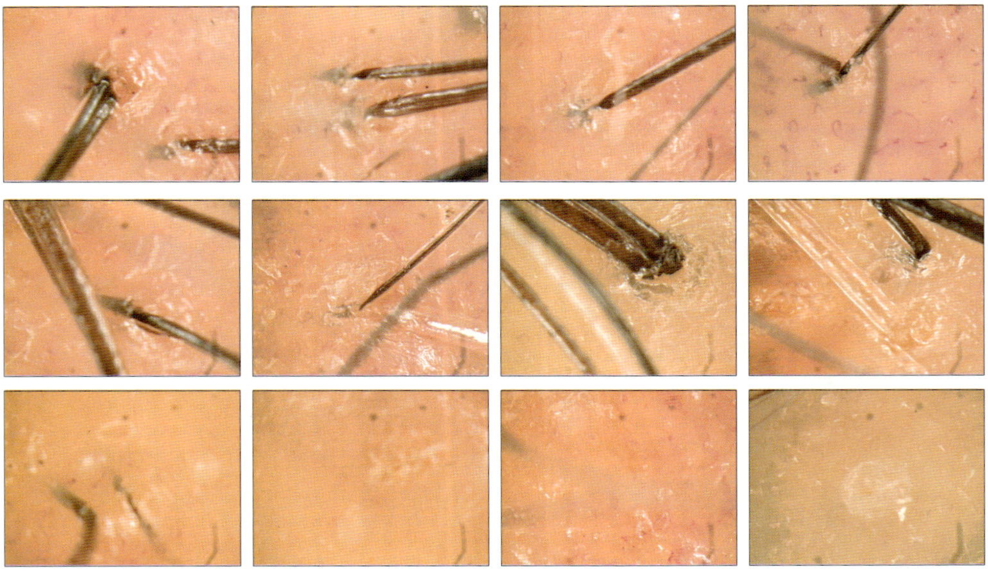

2) 관리 후

■40배율

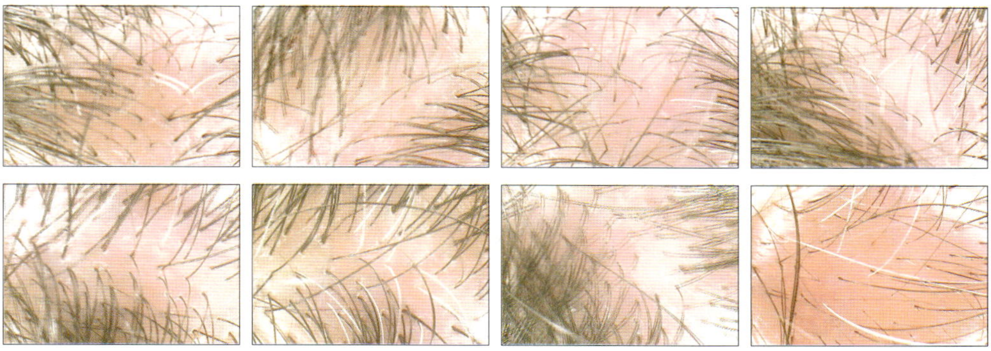

■100배율

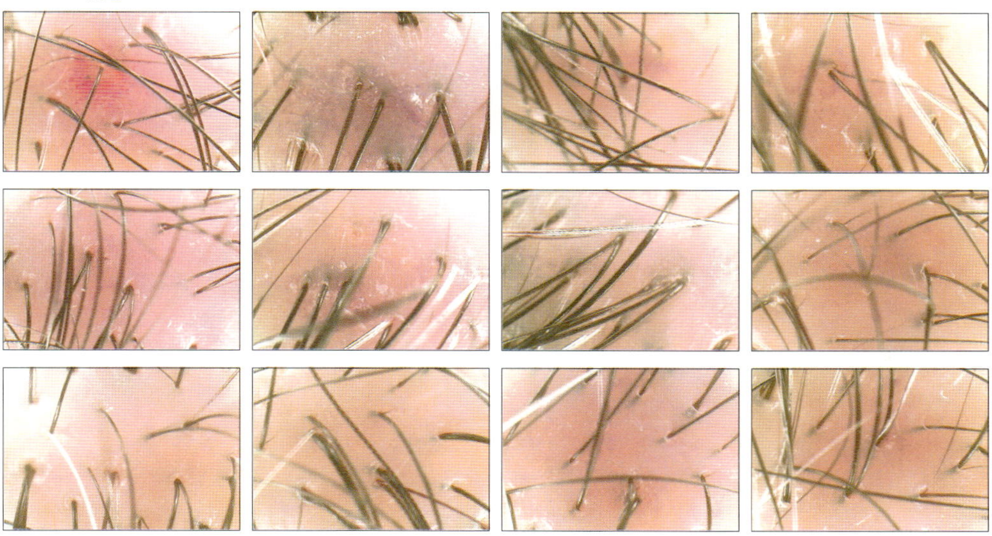

■300배율

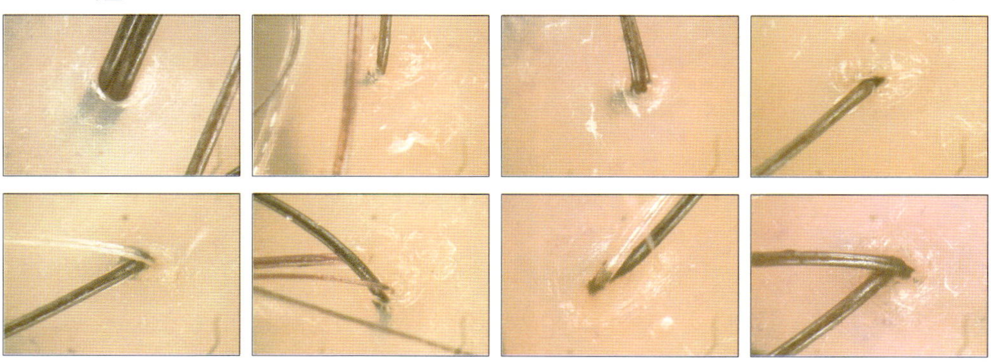

4. 관리 전 · 후 변화된 두개피 이미지 비교 분석

■40배율 : 모낭에 존재하는 모발의 존재 성모, 연모, 취모, 솜털

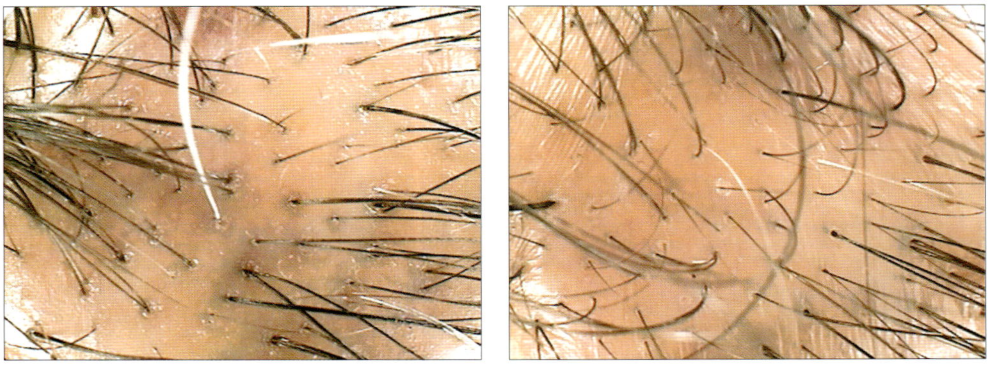

■100배율 : 모낭, 성모, 연모, 취모, 솜털, 퇴화기 모발 수

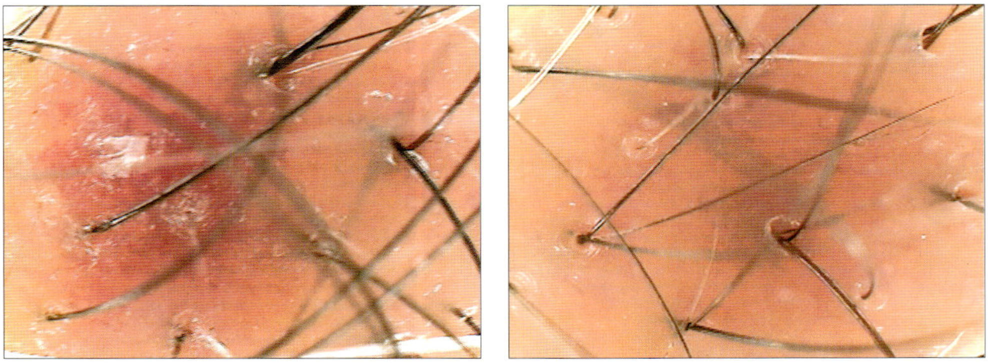

■300배율 : 두개피의 조직적 손상 모근의 이상은 탈모 진행을 추정 판단

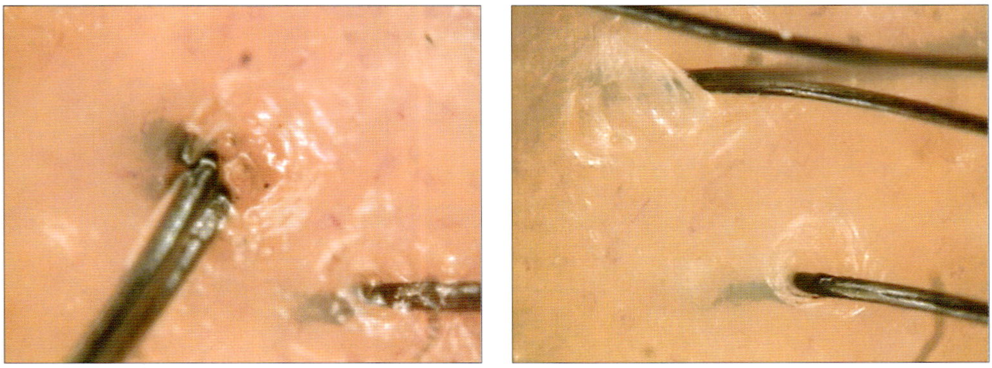

5. 관리 후 변화되는 유형

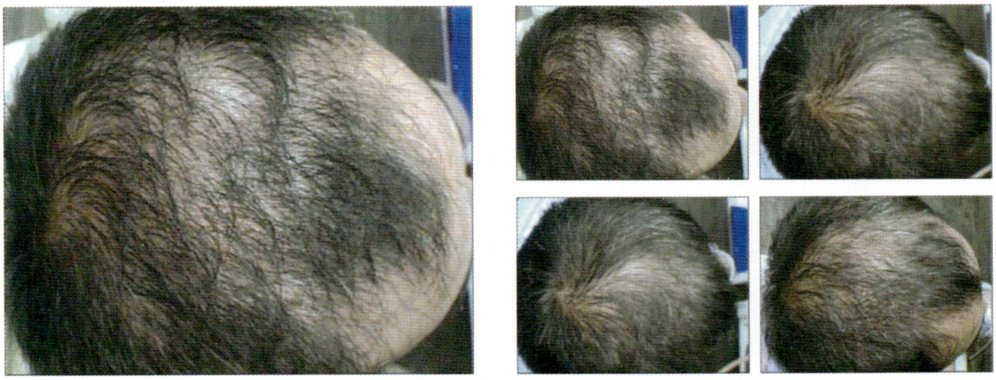

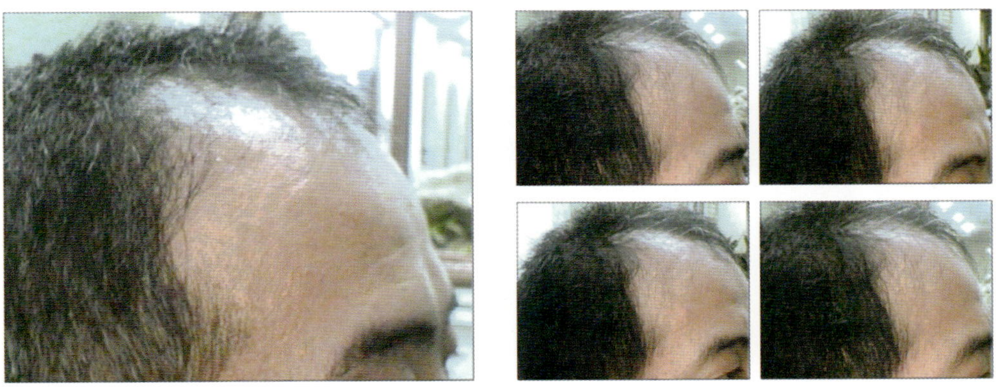

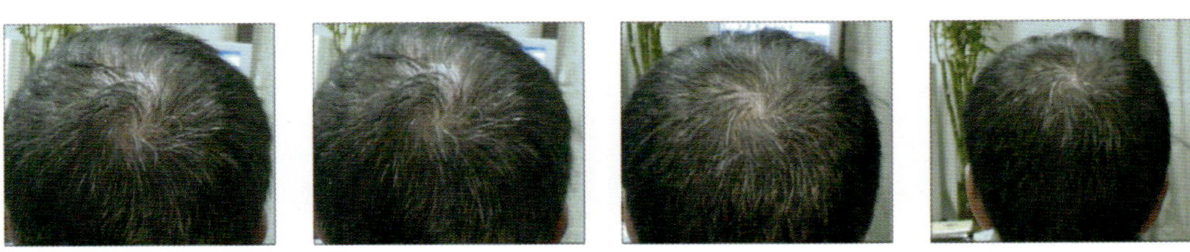

※ 남성 장년성 탈모 2

- 만성적
  - 두개피
    - 형태
    - 전두부 · 두정부
    - 증상
      - 두개피 흡착
      - 피부염 · 지루성
      - 건선 · 태선
  - 원인
    - 생리적
      - 스트레스
      - 노화
      - 신체질환
    - 자연적
      - 유전 · 호르몬
    - 후천적
      - 생활 습관
    - 영양
      - 미네랄 검사

1. 문진

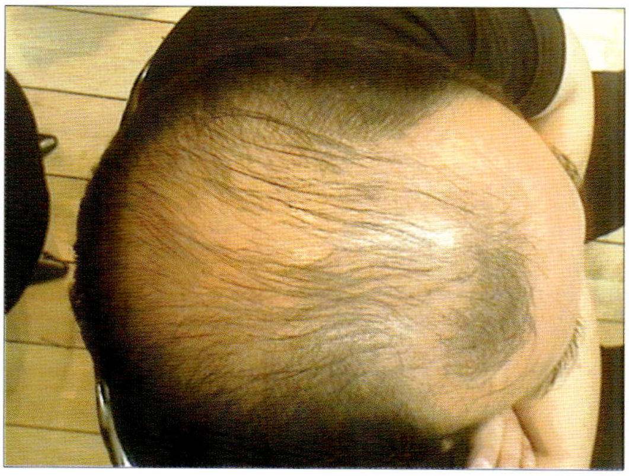

2. 배율별 두개피 이미지

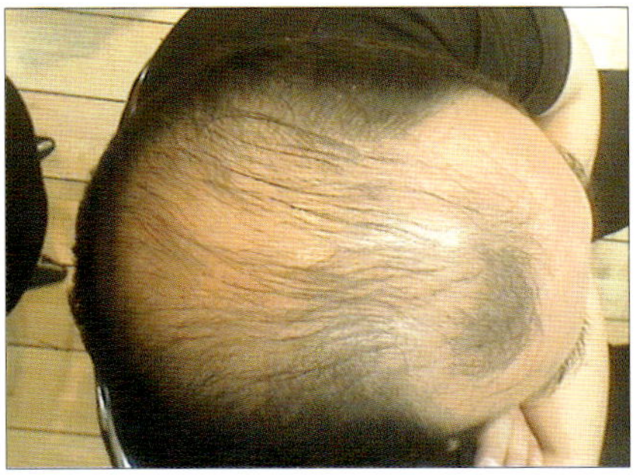

▶ 기본 배율

형태

- 탈모 진행(유전)

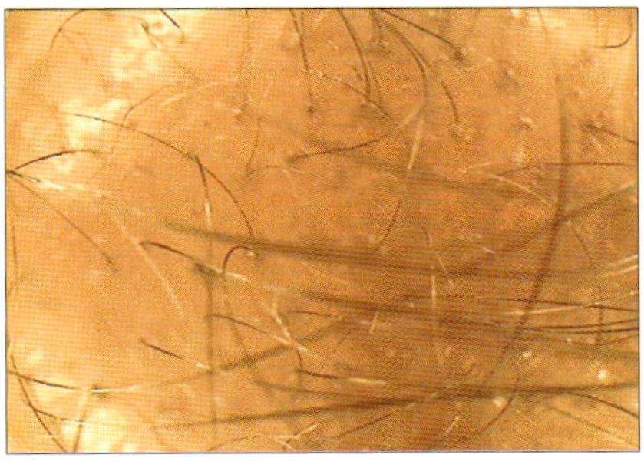

▶ 40배율

모발의 밀도

- 성모보다 연모가 많이 존재한다.

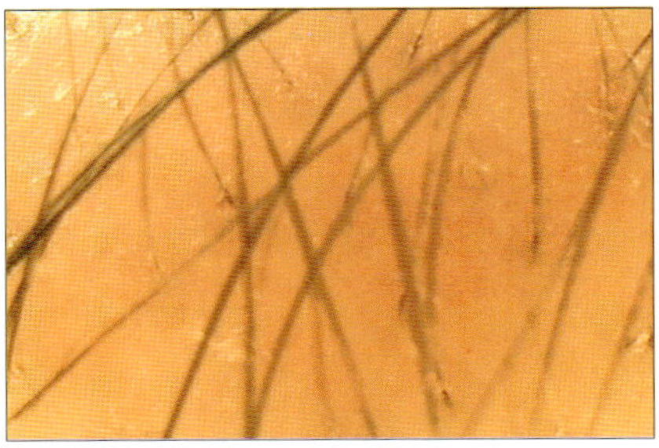

▶ 100배율

모발 수

- 두정부의 두개피 이상
  - 모발의 감소와 모발의 변화를 나타내고 있다.

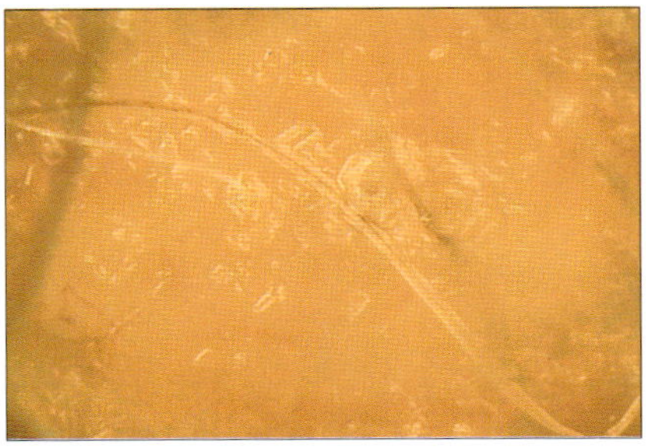

▶ 300배율

두개피

- 남성호르몬작용
  - 전두부 두개피의 조직적 손상
  - 과 피지형성
  - 혈액 순환 장애
  - 모낭 막힘
  - 염증
  - 모근위축 모낭손상 두개피 흡착 · 경화로 탈모가 진행 된다

3. 문제성 두개피 이미지

■40배율

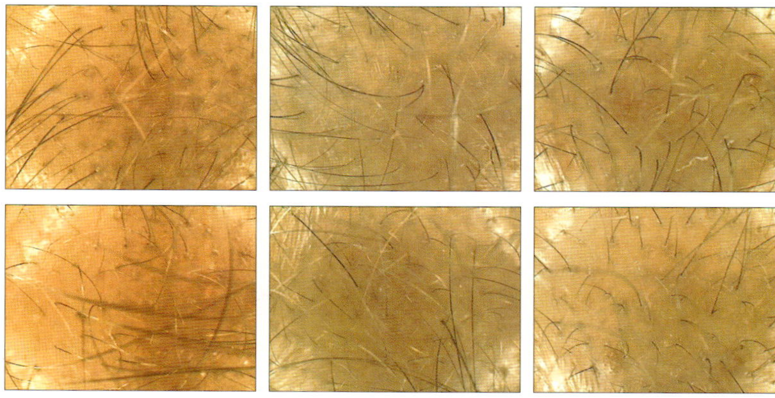

■100배율

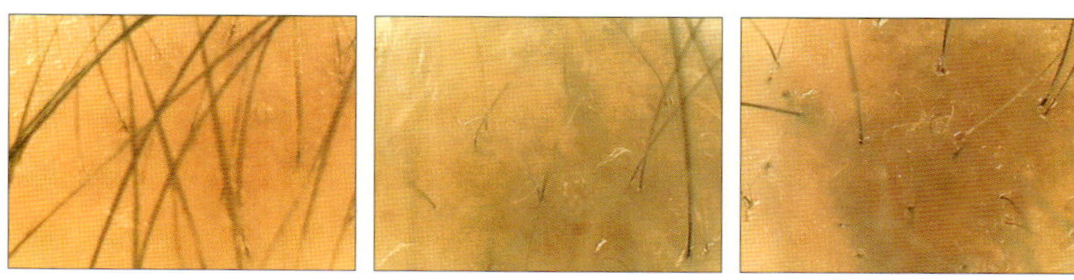

■300배율

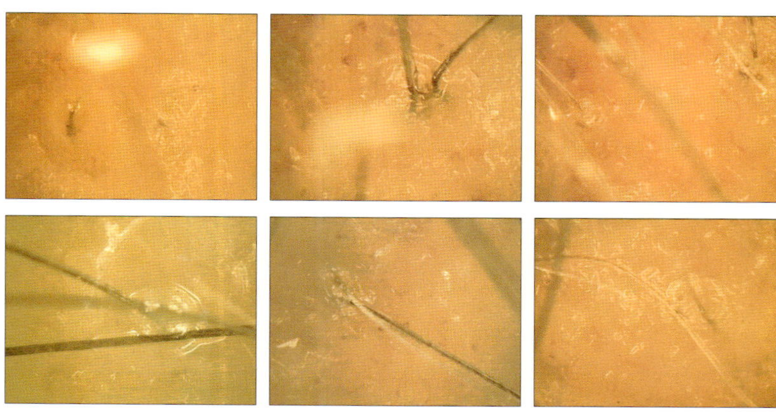

■모근

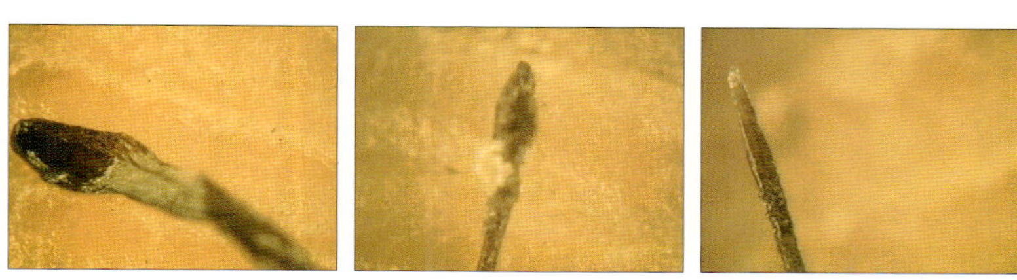

4. 관리 전 · 후 두개피 이미지 비교 분석

■기본 : 탈모 형태 관리 전 · 후

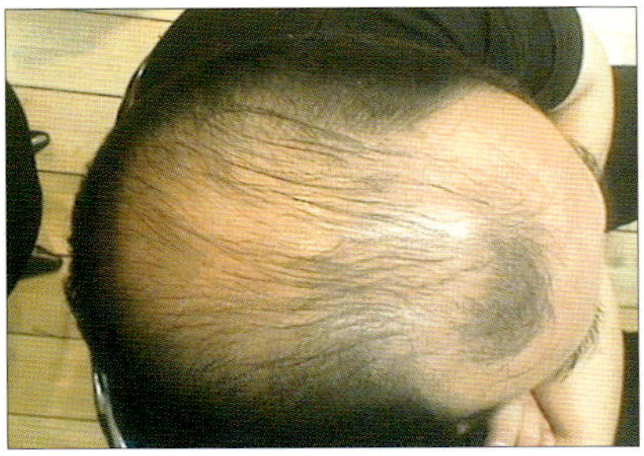
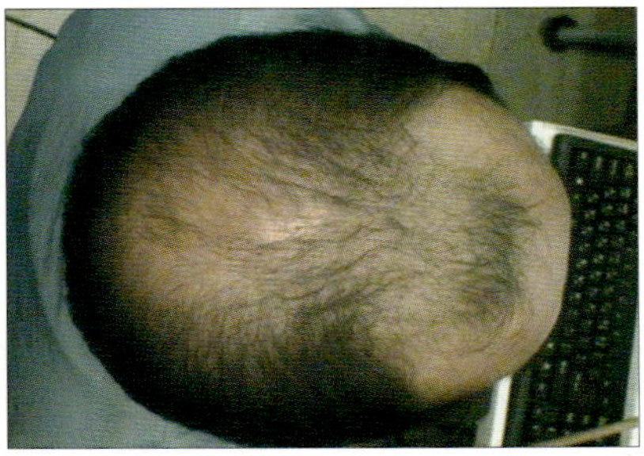

■40배율 : 탈모량 관리 전 · 후

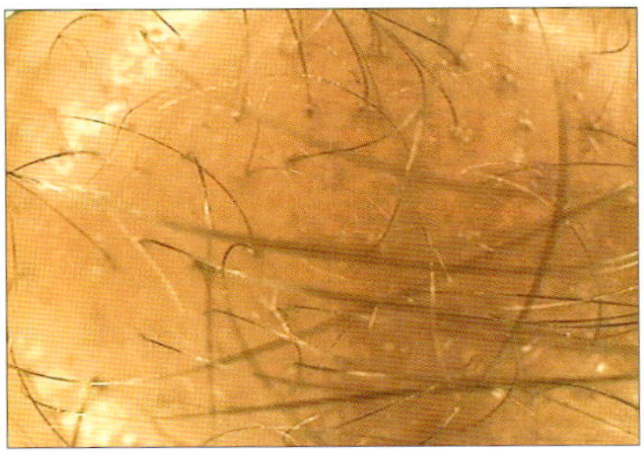
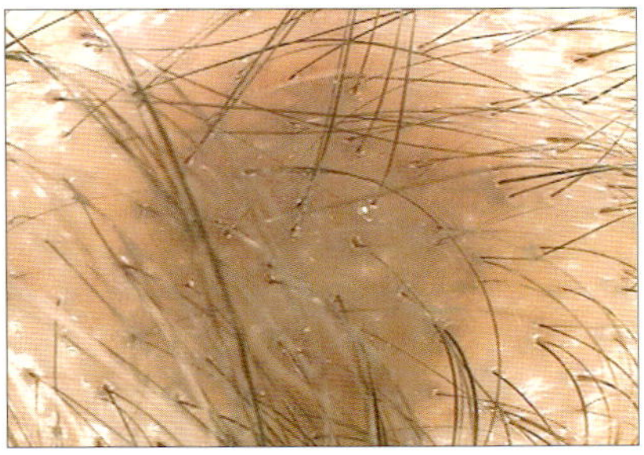

■100배율 : 모발 수 관리 전 · 후

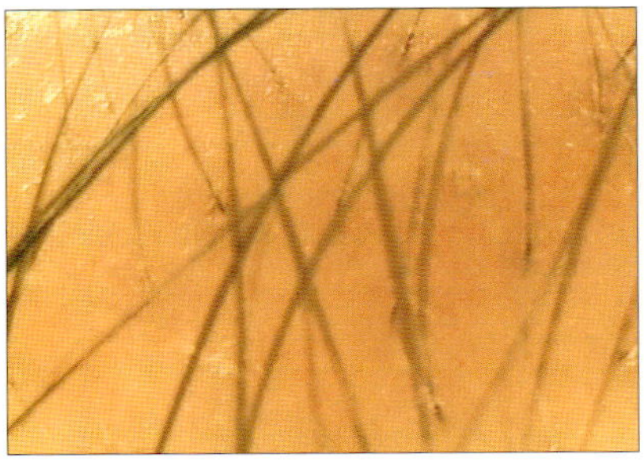
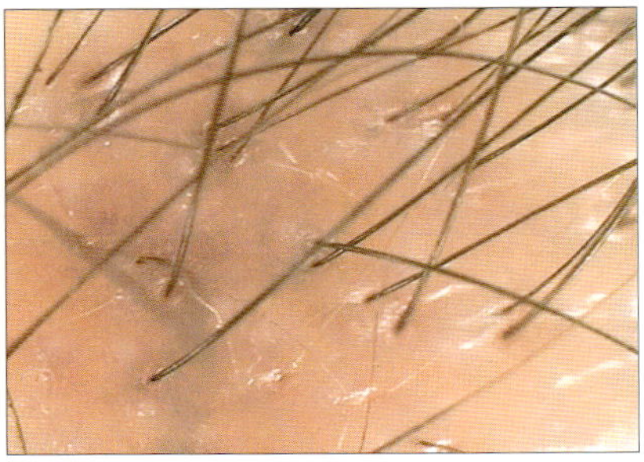

■300배율 : 두개피 관리 전 · 후

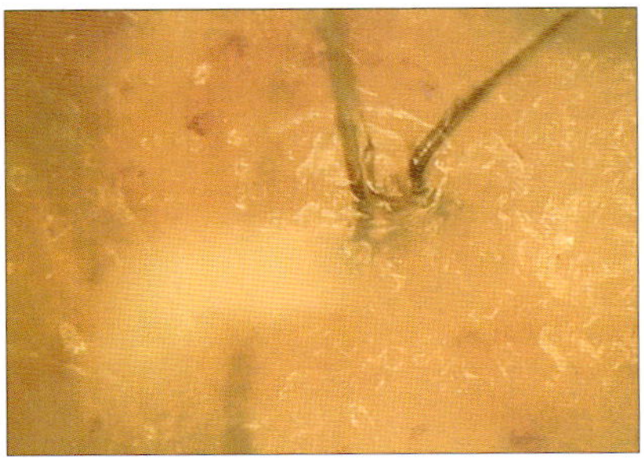
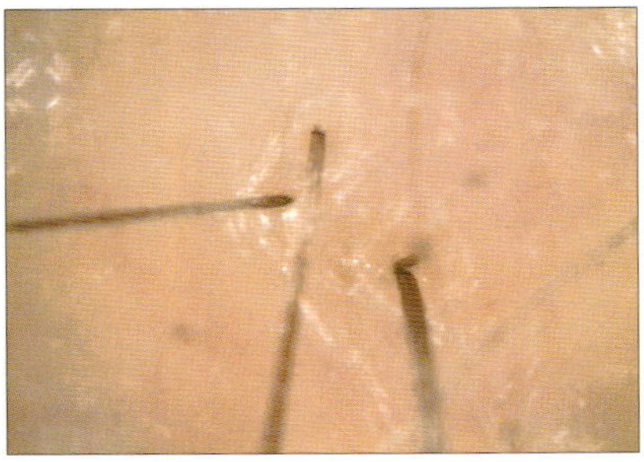

5. 관리 후 변화되는 유형

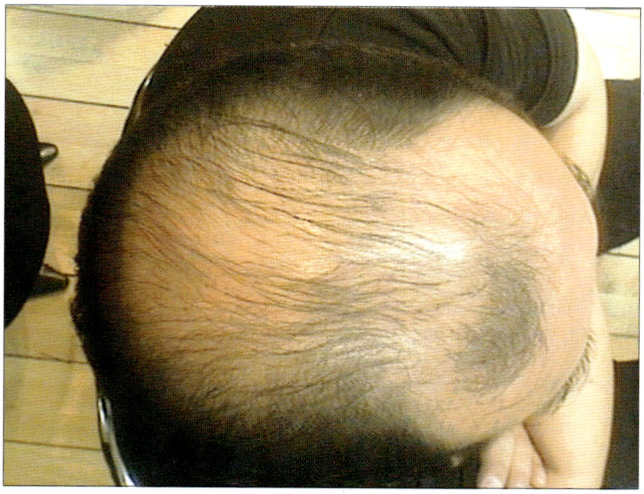

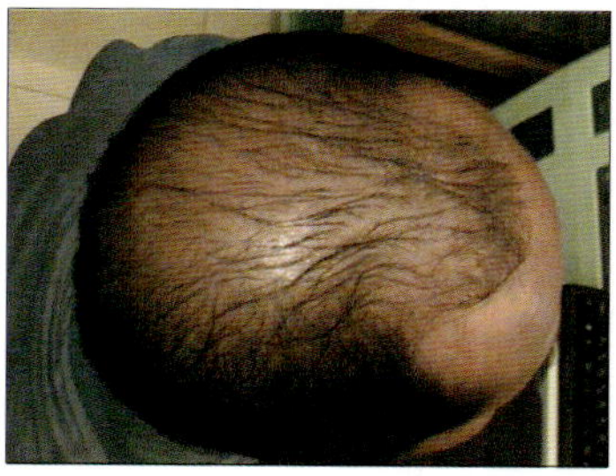

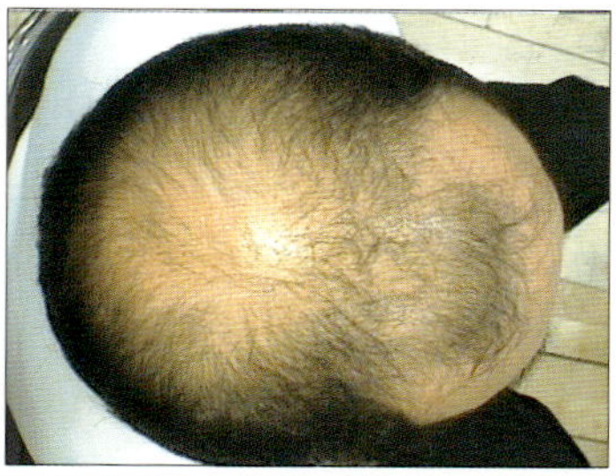

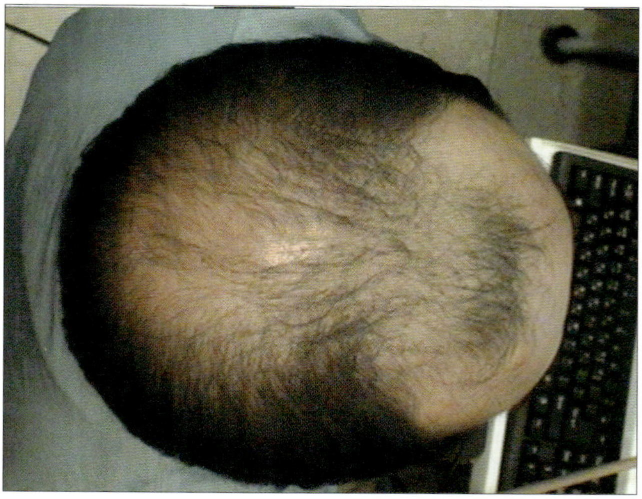

※ 남성 장년성 탈모 3

- 만성적 탈모
  - 두개피
    - 형태
    - 전두부 · 두정부
    - 증상
      - 지루성
      - 피부염 건선·태선
      - 두개피 흡착·경화
  - 원인
    - 자연적
      - 유전
      - 호르몬
      - 노화
    - 생리적
      - 생활식 습관
    - 후천적
      - 스트레스
      - 신체질환
    - 영양
      - 미네랄 검사

1. 문진

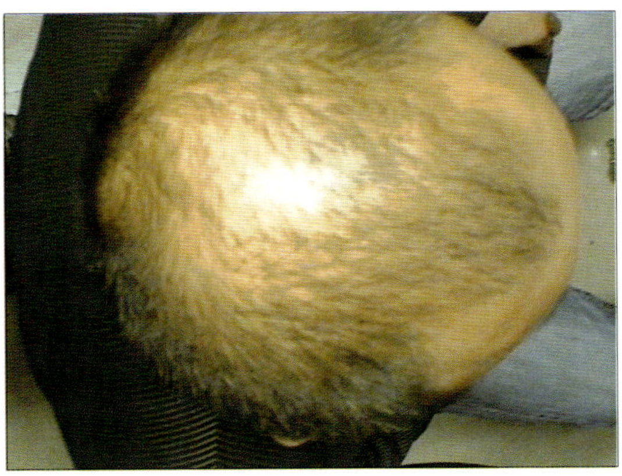

2. 배율별 두개피 이미지

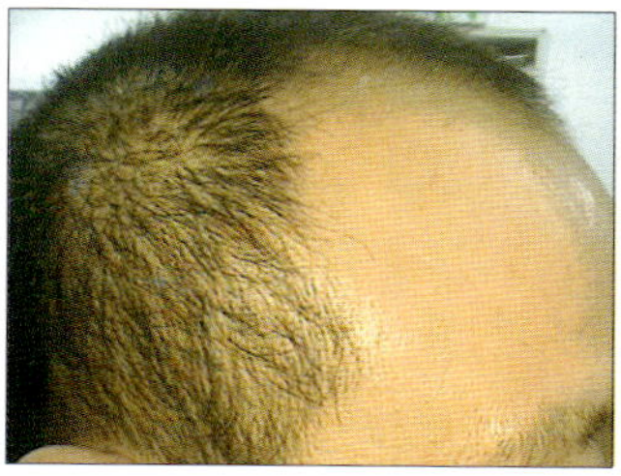
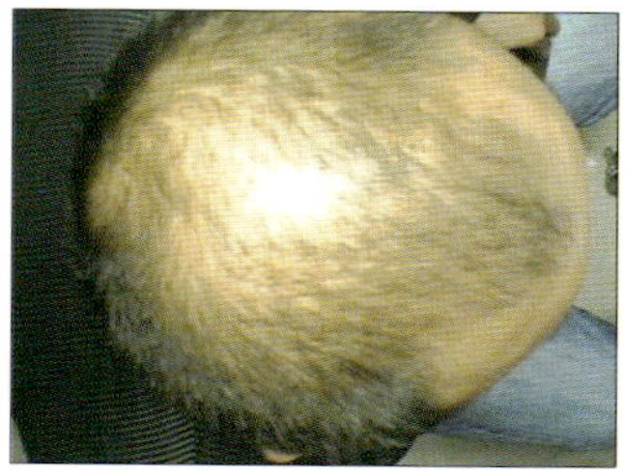

▶ 기본 배율
- 형태

▶ 40배율
- 존재하는 모발의 밀도
  - 성모, 연모, 취모, 솜털

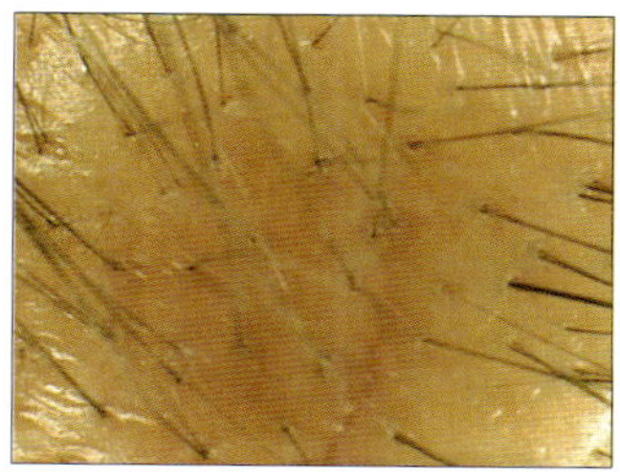
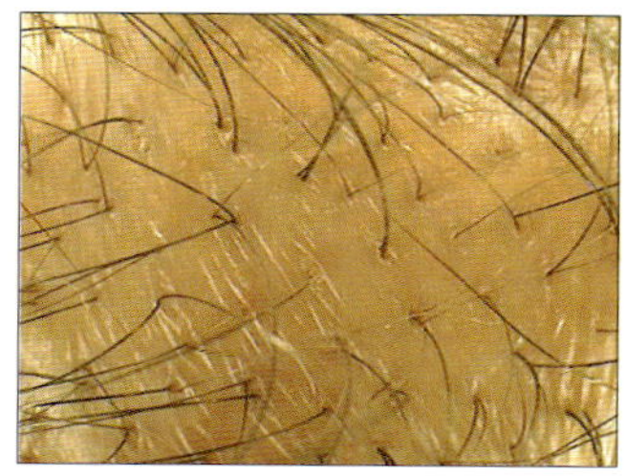

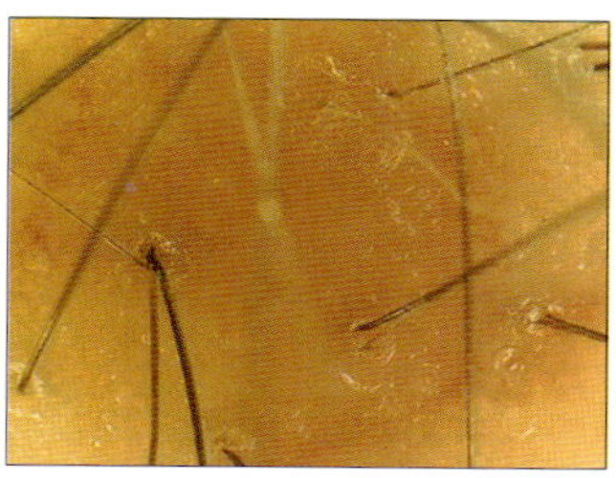
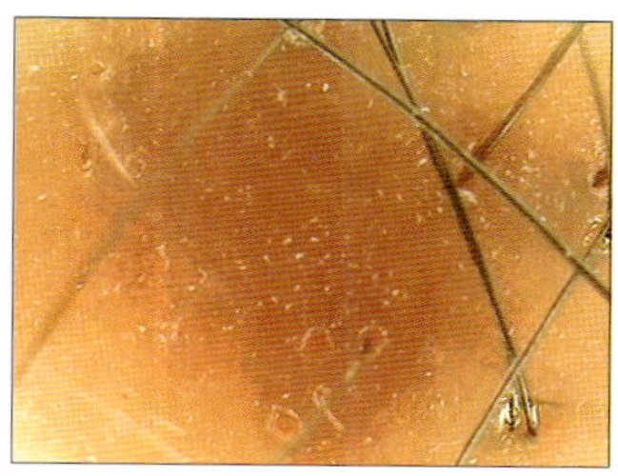

▶ 100배율
- 모발수
  - 모낭, 성모, 연모, 취모, 솜털
  - 퇴화기 모발 수

▶ 300배율
- 두개피 모근 이상
  - 두개피의 조직적 손상
  - 모근의 이상
  - 탈모 진행을 추정

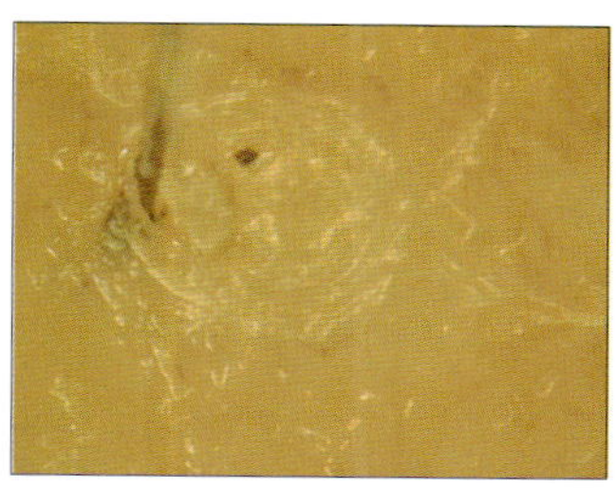
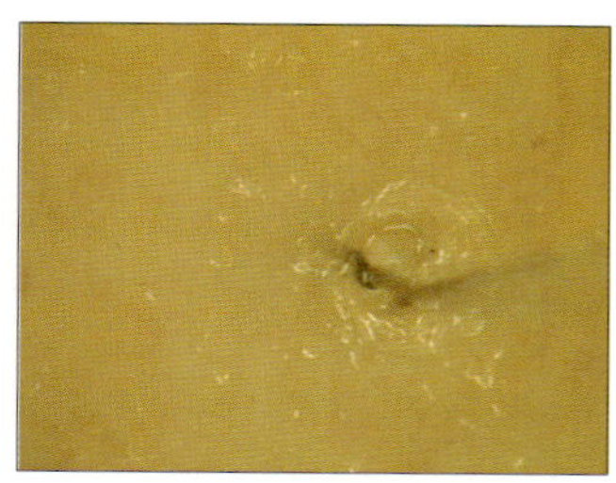

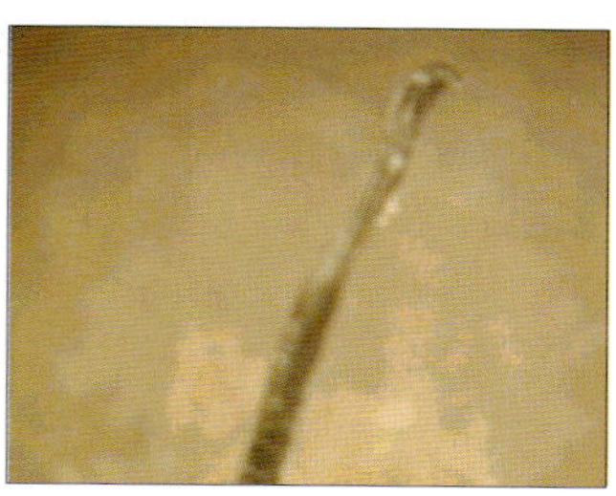
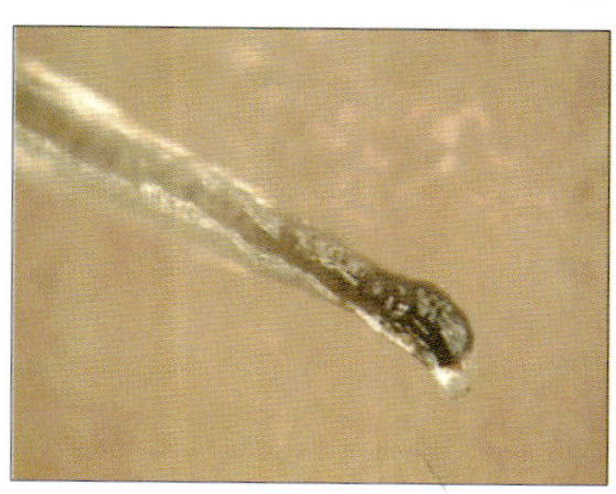

3. 문제성 두개피 이미지

■40배율

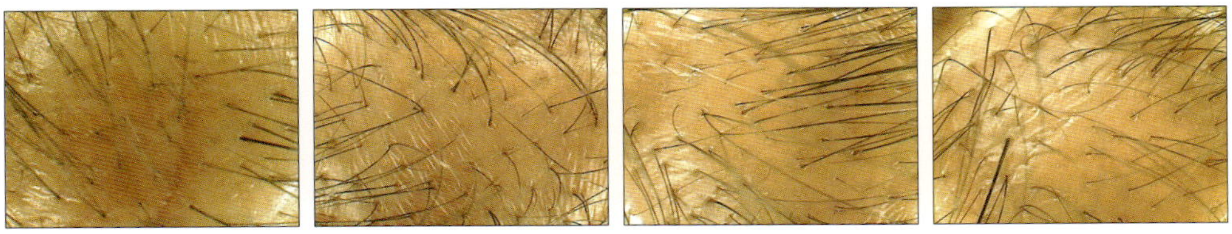

■100배율

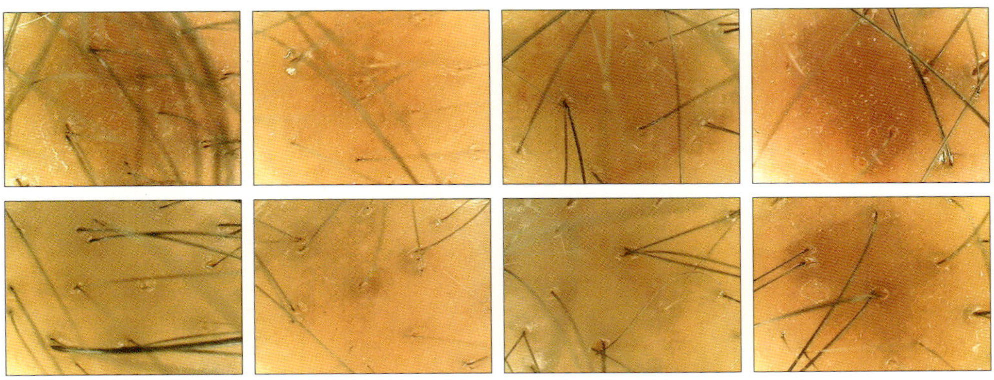

■300배율

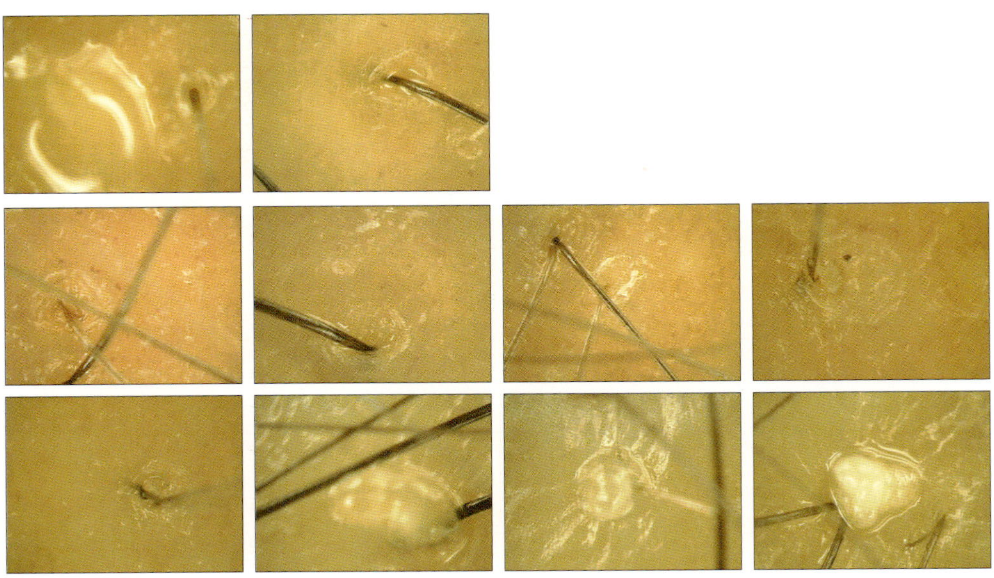

4. 관리 전 후 두개피 이미지 비교 분석

▶ 기본배율
- 탈모 형태

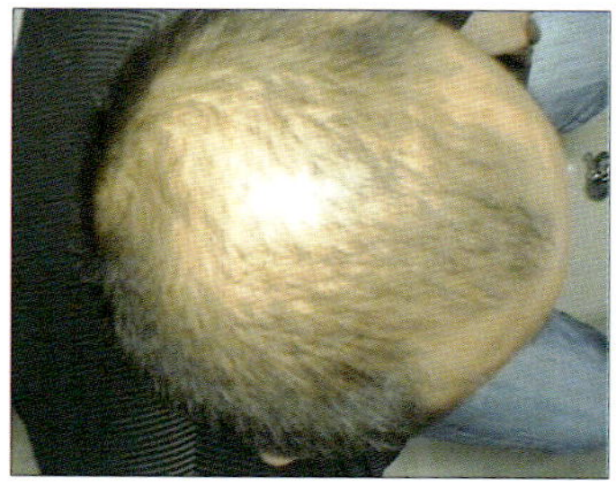
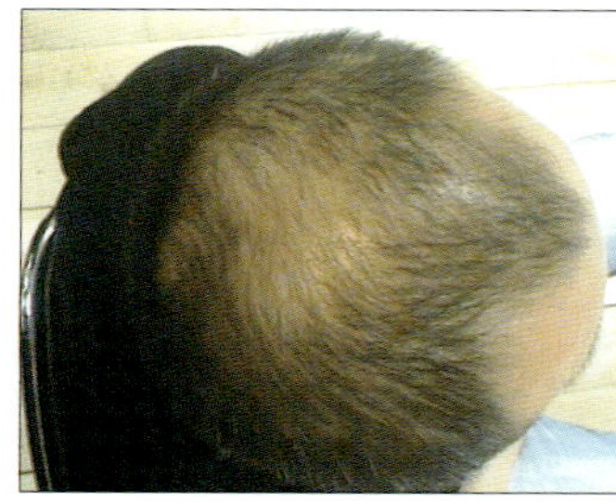

▶ 40배율
- 두개피에 존재하는 모량의 밀도
- 성모, 연모, 취모, 솜털

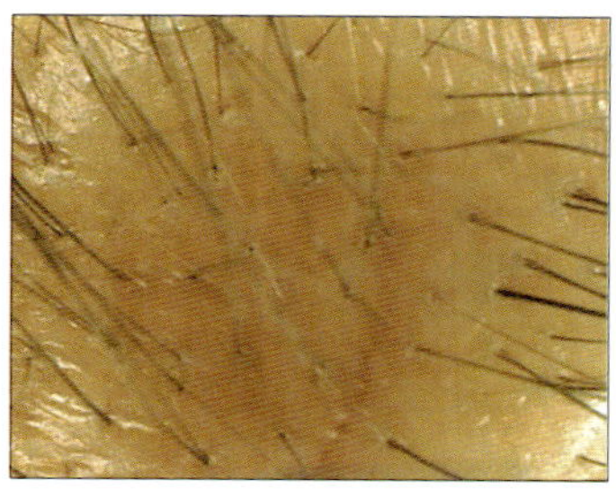
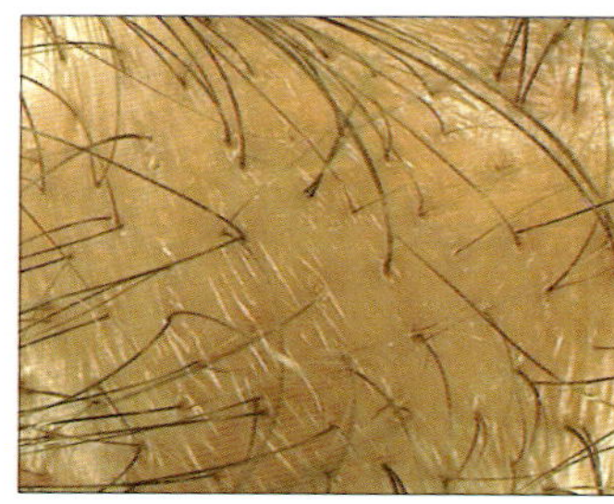

▶ 100배율
- 솜털의 개수, 퇴화기 모발 수
- 모낭, 성모, 연모, 취모

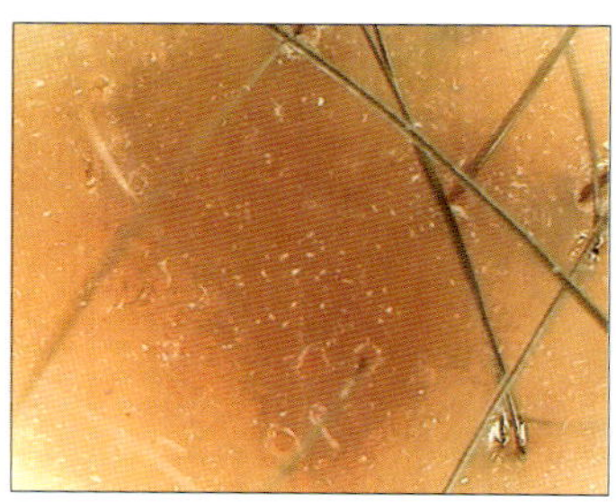
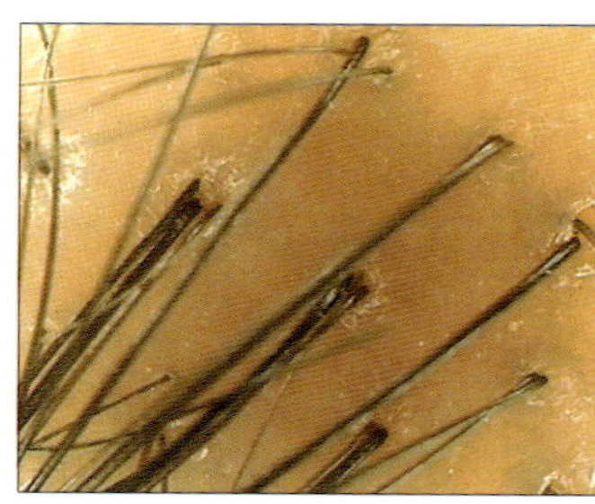

▶ 300배율
- 모근의 정상여부, 두개피의 조직적 손상여부판단

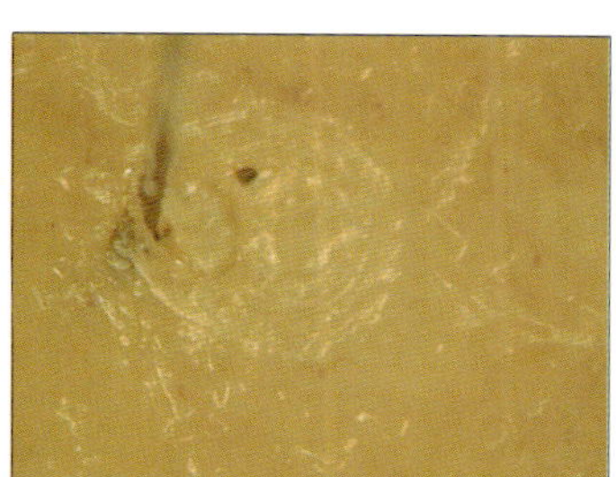
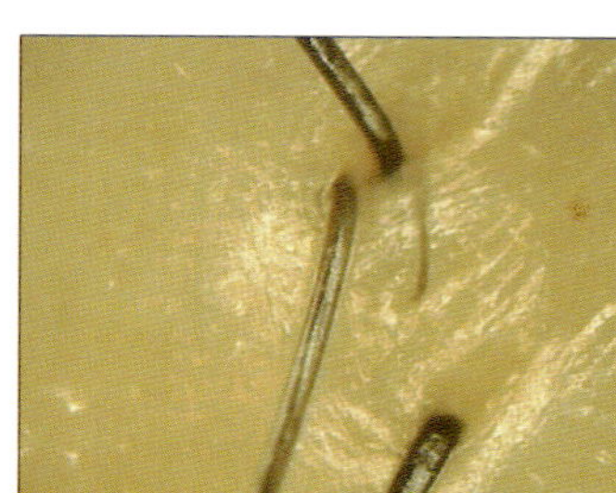

5. 관리 후 변화되는 유형

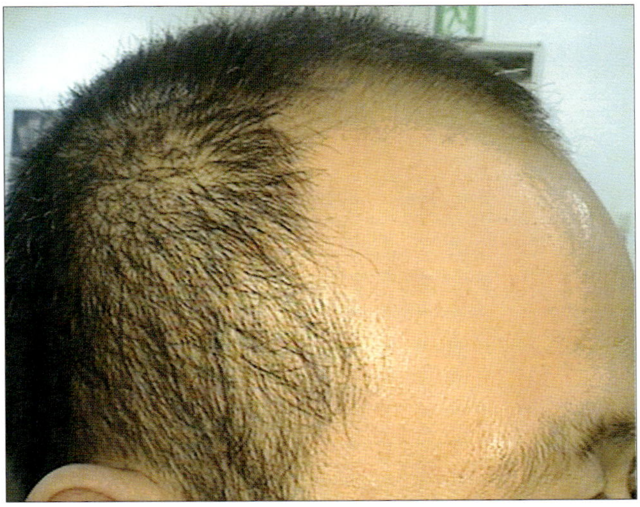

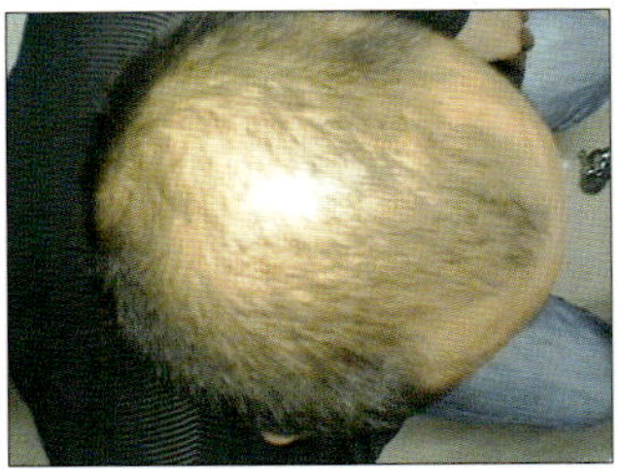

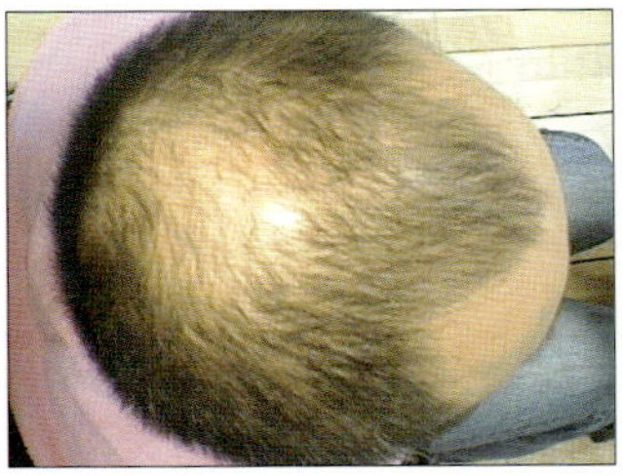

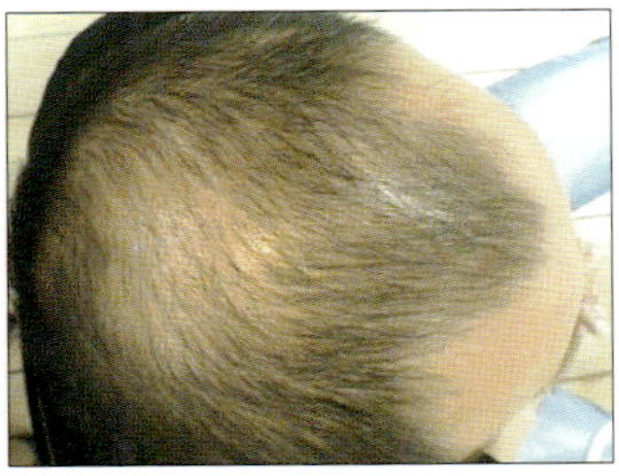

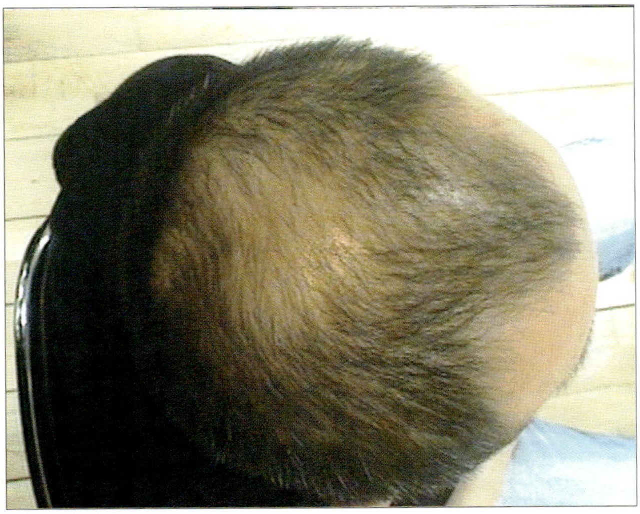

※ 남성 장년성 탈모 4

- 만성적
  - 두개피
    - 형태
    - 전두부(U자형)
    - 증상
      - 두개피 흡착
      - 피부염
      - 지루성(유전)
      - 건선 · 태선
  - 원인
    - 유전적 · 생리적
      - 호르몬
      - 스트레스
      - 노화
      - 신체질환
      - 수면부족
    - 자연적
      - 유전
    - 후천적
      - 생활식 · 습관
    - 영양
      - 미네랄 검사

1.문진

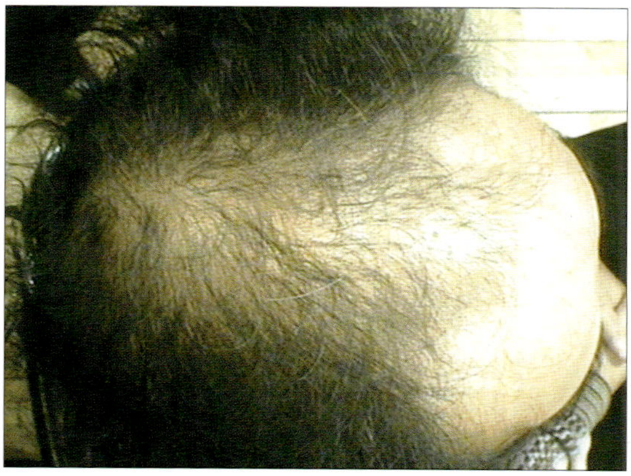

● 만성탈모(유전(DNA)호르몬)

● U자형 (장년성 탈모)

● 유전적, 노화

- 두개피 경화로 두개골에 피부가 밀착 되고 모낭이 막혀 모발이 없음
- 50세 이상 남성에게서 흔히 볼 수 있는 현상
- 생장(휴지)기 탈모, 신경성 탈모, 병인성 탈모, 화학적 탈모
- 노화에 의한 탈모로 남성 호르몬의 과잉과 잘못된 식습관, 영양불균형, 남성 호르몬의 과잉은 지루성 탈모를 병행하기 쉽다.
- 과피지는 모낭 안에서 세균번식과 모근부의 고착력 저하로 모발은 가늘어지고 소실된 모발의 모량이 많아진다.
- 모구의 주위에 피지와 모근을 피지로 감싸고 피지로 된 꼬리가 붙어 있음

2. 배율별 두개피 이미지

▶ 기본 배율

형태

● 탈모 진행(유전 M자형 · 노화)

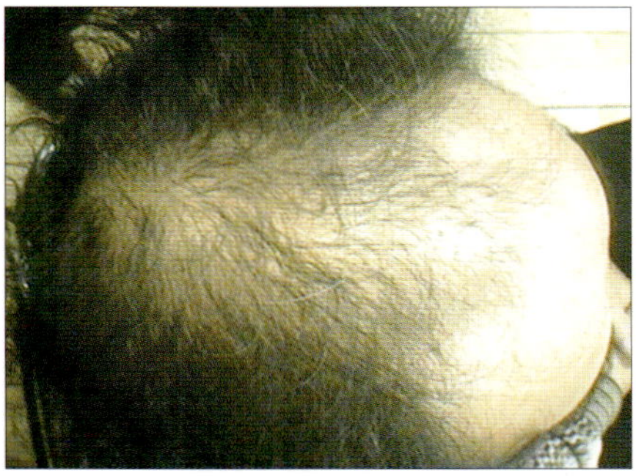

▶ 40배율

모발의 밀도

● 성모보다 연모가 많이 존재한다.

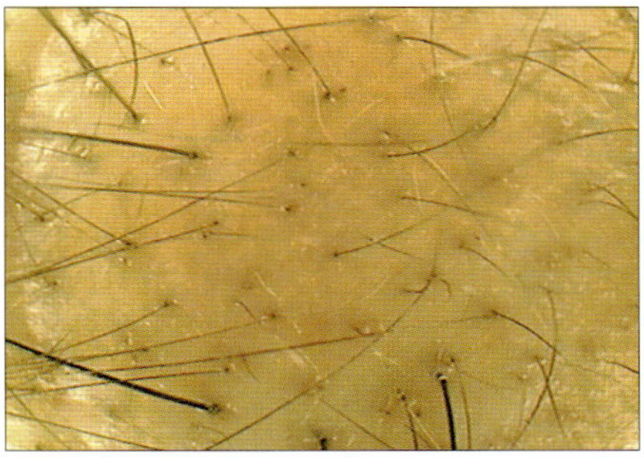

▶ 100배율

모발 수

● 두정부의 두개피 이상은 모발의 감소와 모발의 변화를 나타내고 있다.

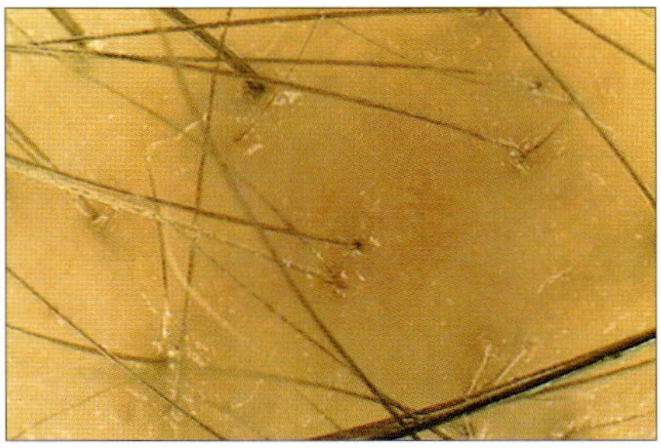

▶ 300배율

두개피

● 남성호르몬 작용

● 전두부 두개피의 조직적 손상

- 과 피지형성
- 혈액 순환 장애
- 모낭 막힘
- 염증
- 모근위축 모낭손상 두개피 흡착·경화로 탈모가 진행 된다

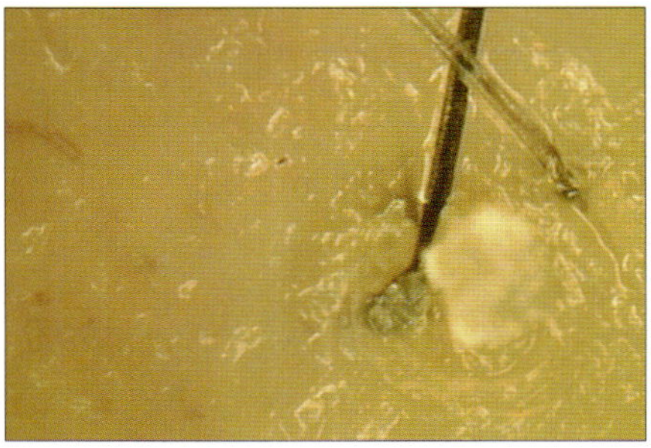

3. 문제성 두개피 이미지

■40배율

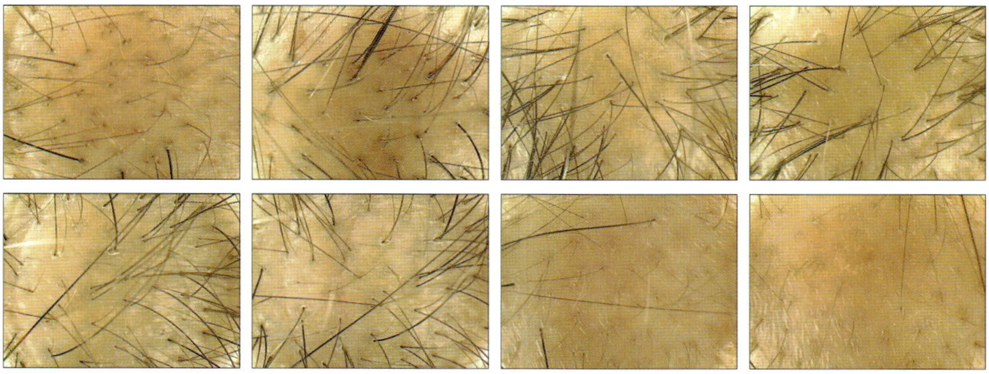

■100배율

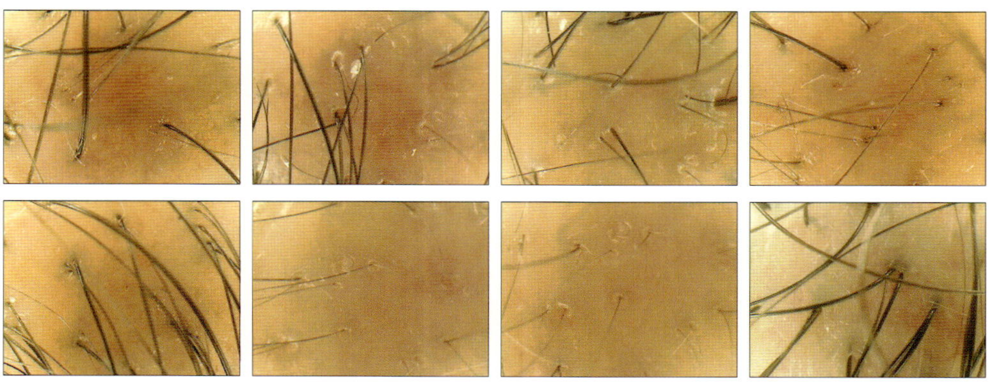

■300배율

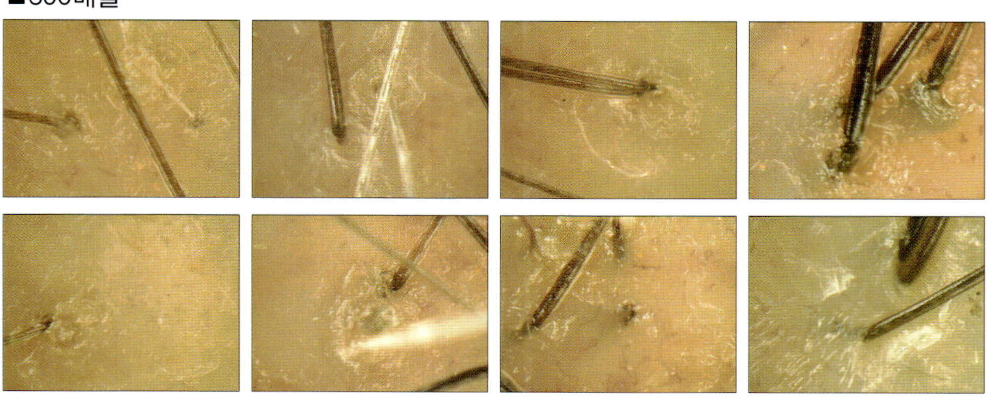

4. 관리 전 · 후 두개피 이미지 비교 분석

■기본 : 탈모 형태 관리 전 · 후

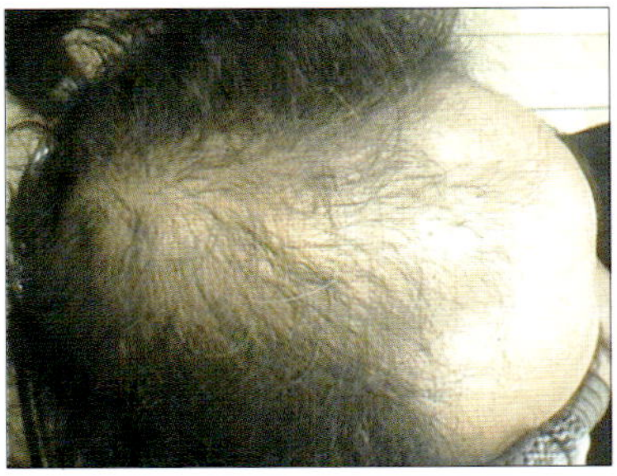
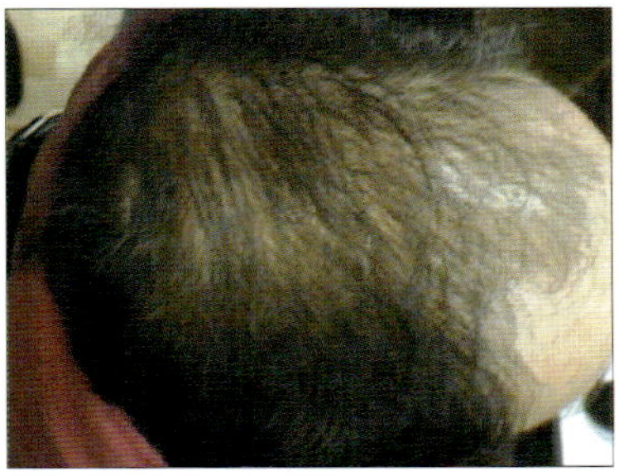

■40배율 : 탈모량 관리 전 · 후

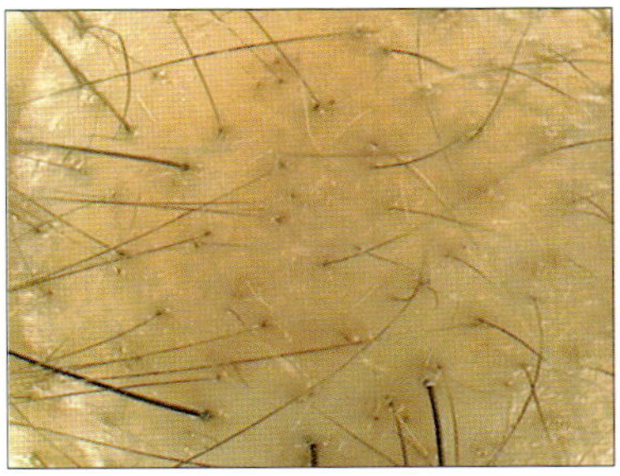
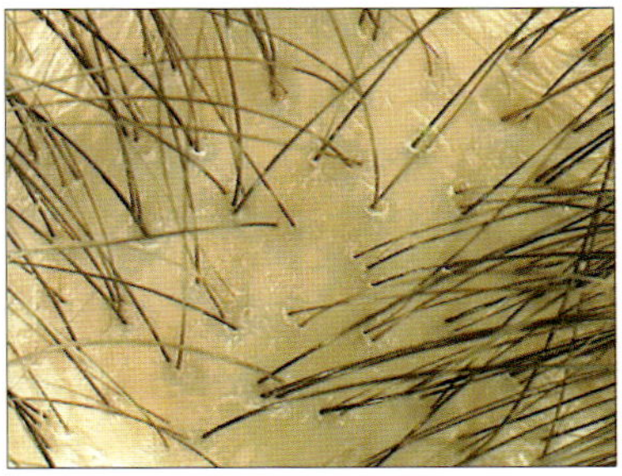

■100배율 : 모발 수 관리 전 · 후

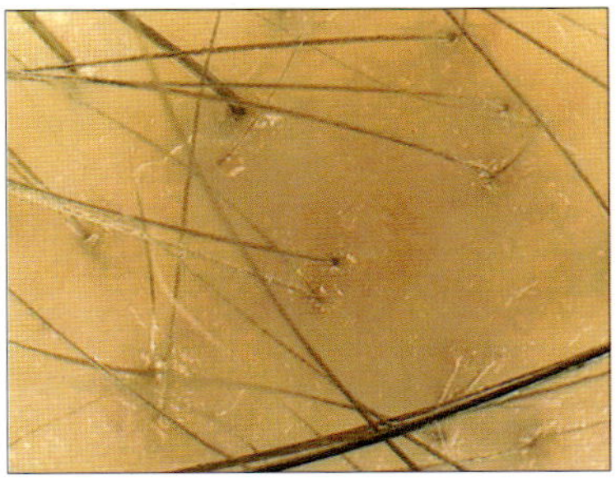
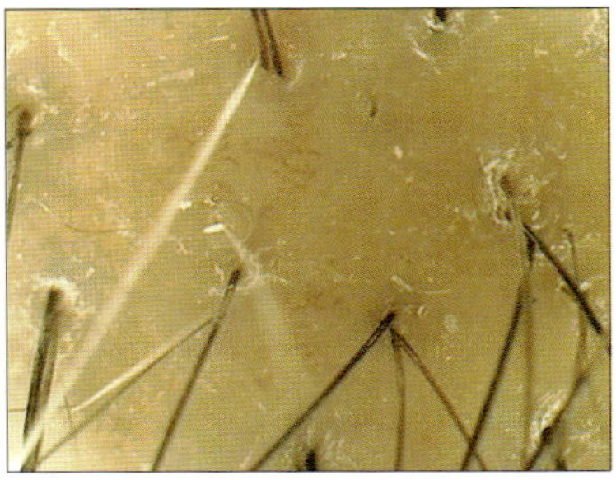

■300배율 : 두개피 관리 전 · 후

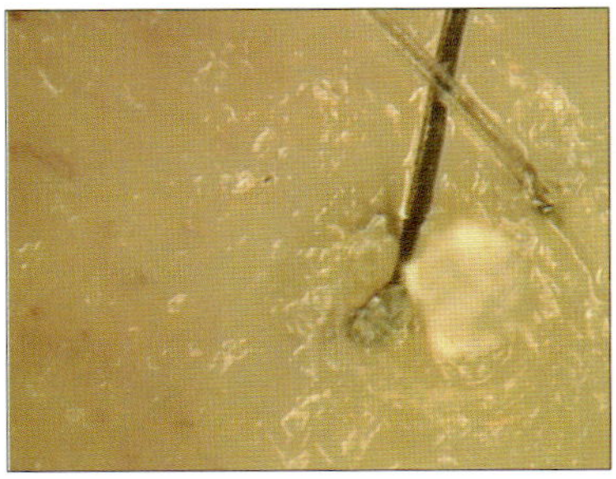
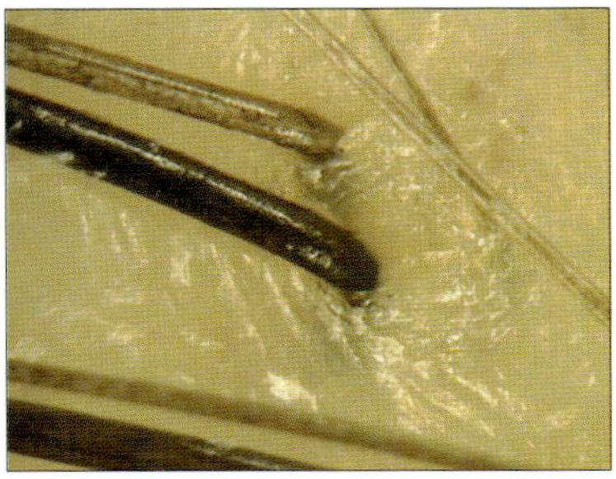

5. 관리 후 변화되는 유형

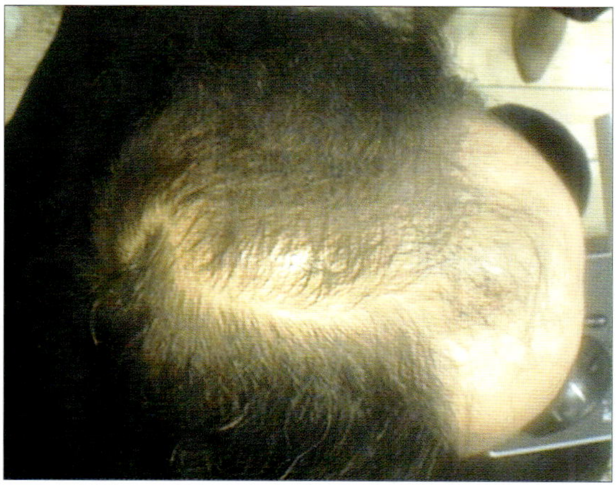

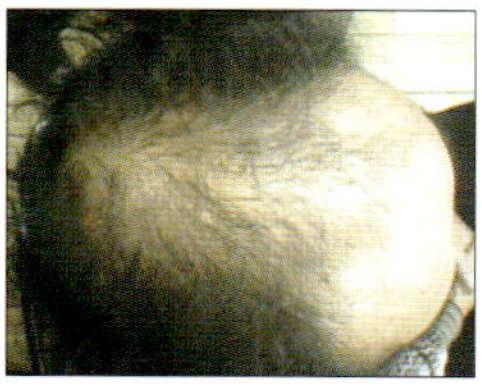

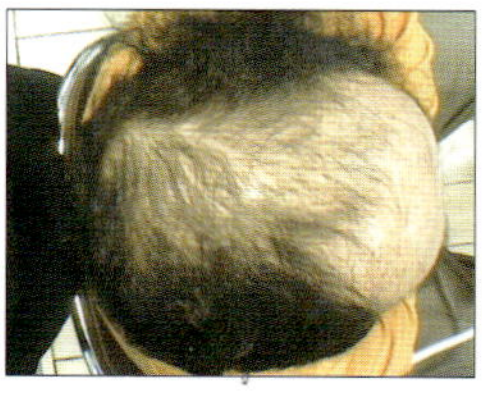

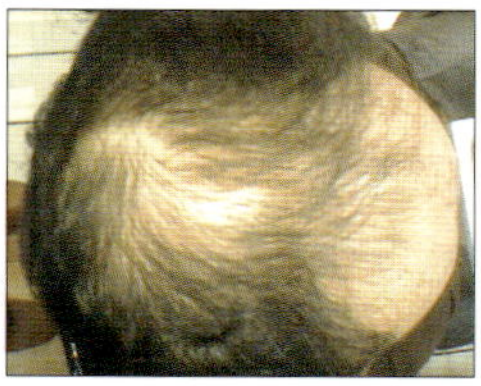

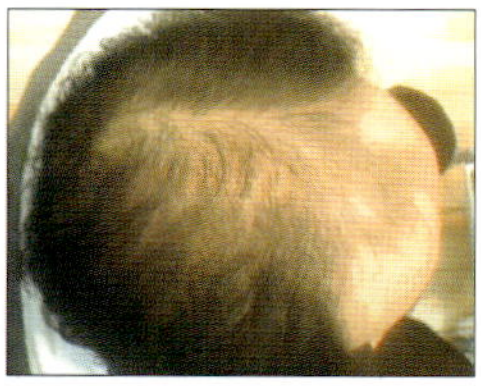

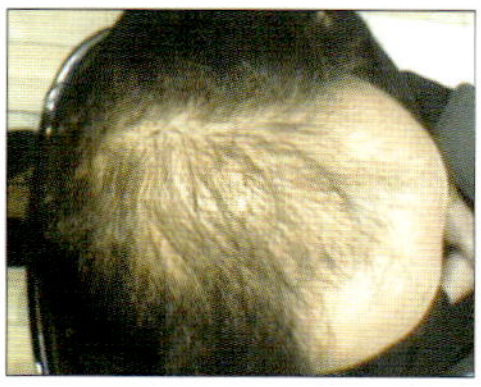

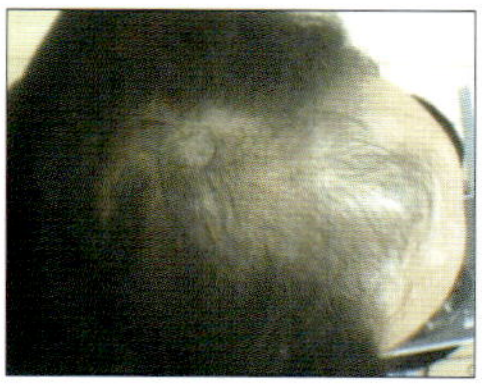

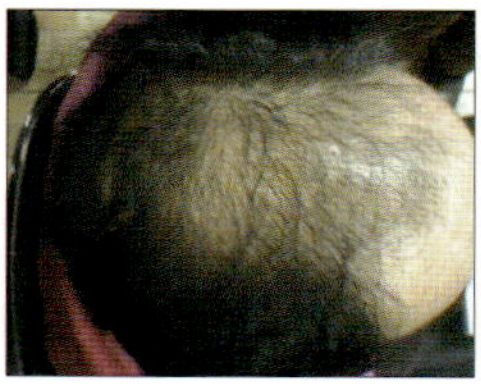

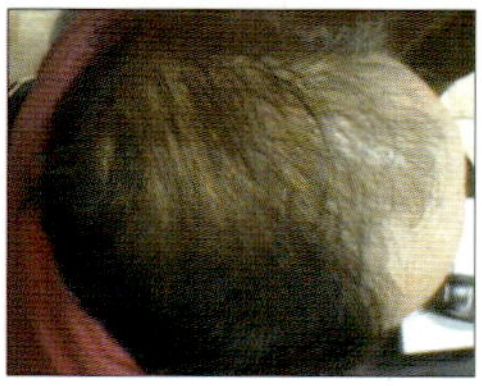

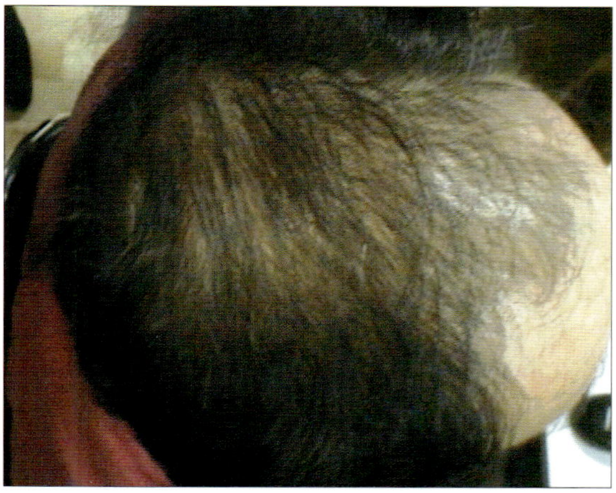

※ 남성 장년성 탈모 5

- 만성적
  - 두개피
    - 형태
    - 전두부(U자형)
    - 증상
      - 두개피 흡착
      - 피부염
      - 지루성(유전)
      - 건선 · 태선
  - 원인
    - 유전적 · 생리적
      - 호르몬
      - 스트레스
      - 노화
      - 신체질환
      - 수면부족
    - 자연적
      - 유전
    - 후천적
      - 생활식 · 습관
    - 영양
      - 미네랄 검사

1. 문진

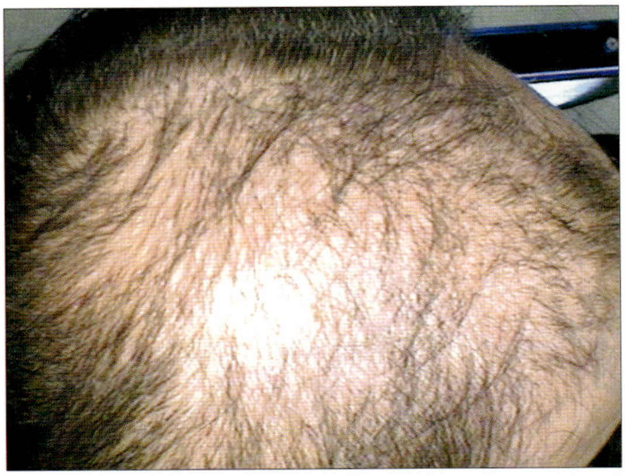

- 만성탈모(유전(DNA) 호르몬)
- U자형 (장년성 탈모)
- 유전적 · 노화
  - 두개피 경화로 두개골에 피부가 밀착 되고 모낭이 막혀 모발이 없음
  - 50세 이상 남성에게서 흔히 볼 수 있는 현상
  - 생장(휴지)기 탈모, 신경성 탈모, 병인성 탈모, 화학적 탈모
  - 노화에 의한 탈모로 남성 호르몬의 과잉과 잘못된 식습관, 영양 불균형, 남성 호르몬의 과잉은 지루성 탈모를 병행하기 쉽다.
  - 과피지는 모낭 안에서 세균번식과 모근부의 고착력 저하로 모발은 가늘어지고 소실된 모발의 모량이 많아진다.
  - 모구의 주위에 피지와 모근을 피지로 감싸고 피지로 된 꼬리가 붙어 있음

2. 배율별 두개피 이미지

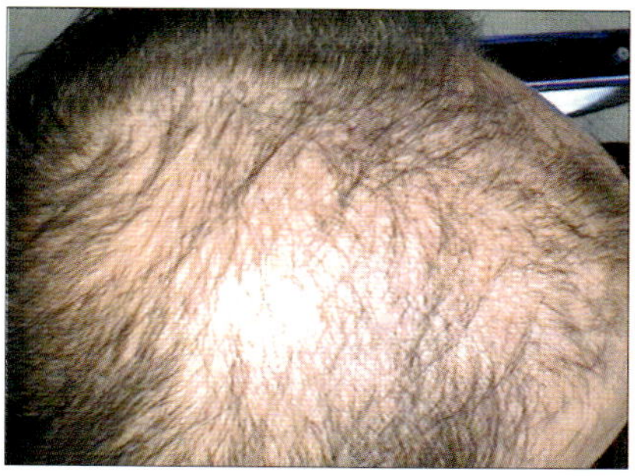

▶기본 배율
- 형태

▶ 40배율
- 모낭에 존재하는 모발수
  성모, 연모, 취모, 솜털

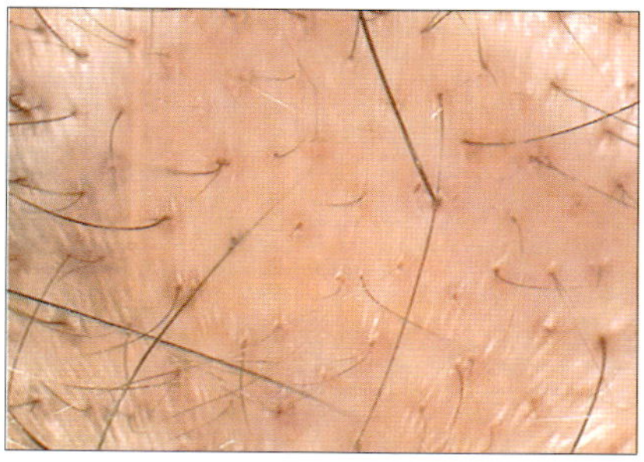

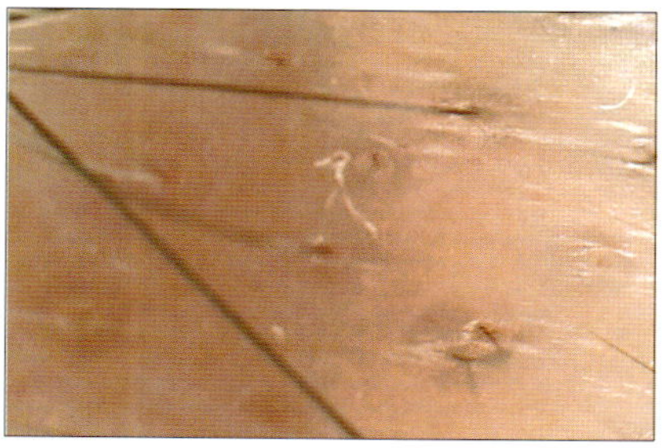

▶100배율
- 모낭, 성모, 연모, 취모, 솜털, 퇴화기 모발 수

▶ 300배율

두개피

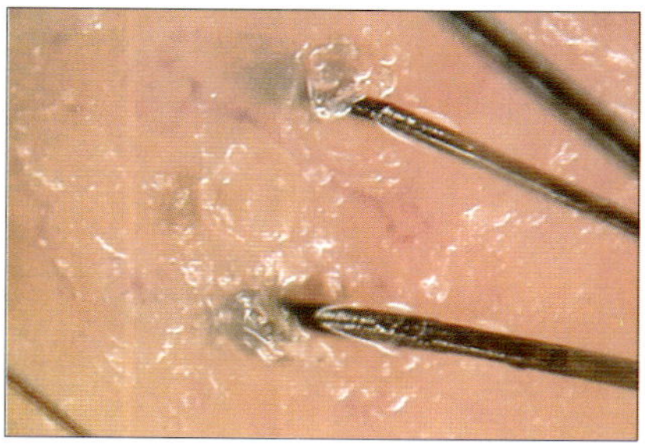

- 남성호르몬작용
- 전두부 두개피의 조직적 손상
  - 과 피지형성
  - 혈액 순환 장애
  - 모낭 막힘
  - 염증
  - 모근위축 모낭손상 두개피 흡착 · 경화로 탈모가 진행 된다.

3. 문제성 두개피 이미지

■40배율

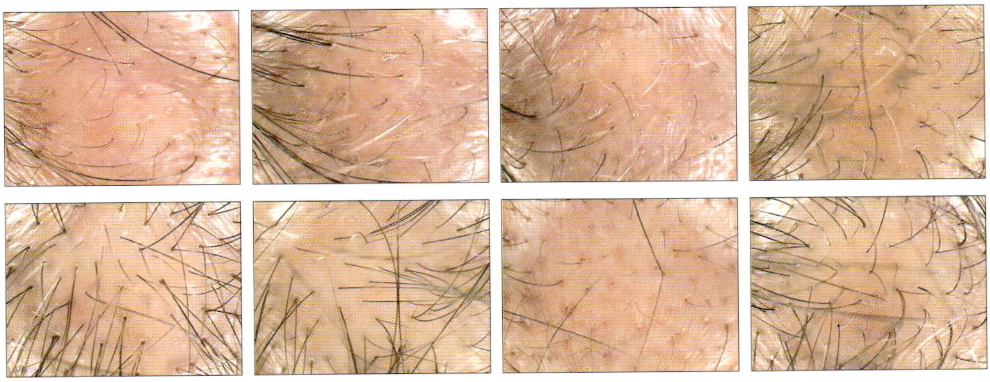

■100배율

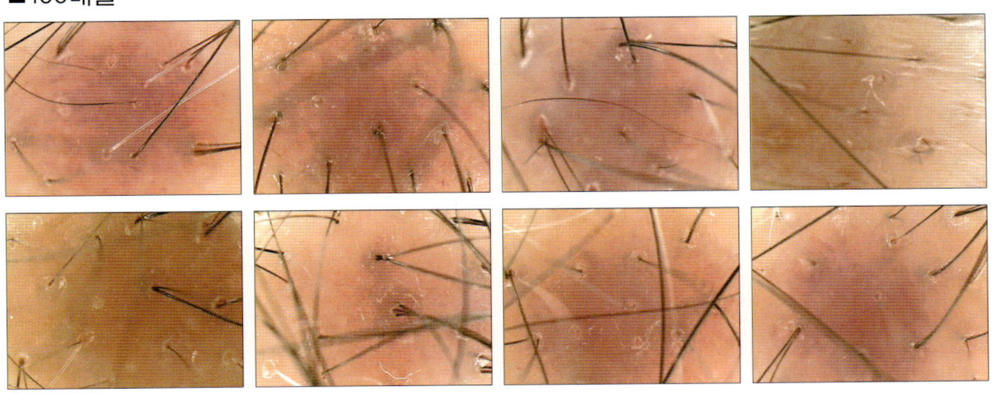

■300배율

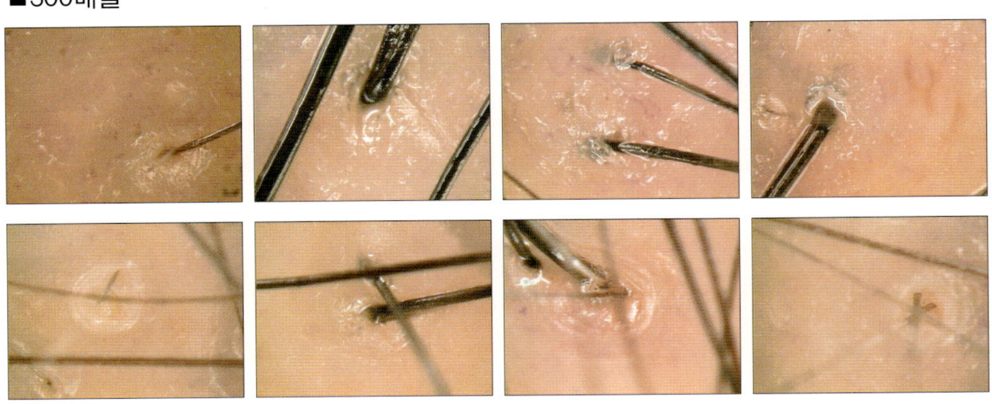

4. 관리 전 · 후 두개피 이미지 비교 분석

■기본 : 탈모 형태 관리 전 · 후

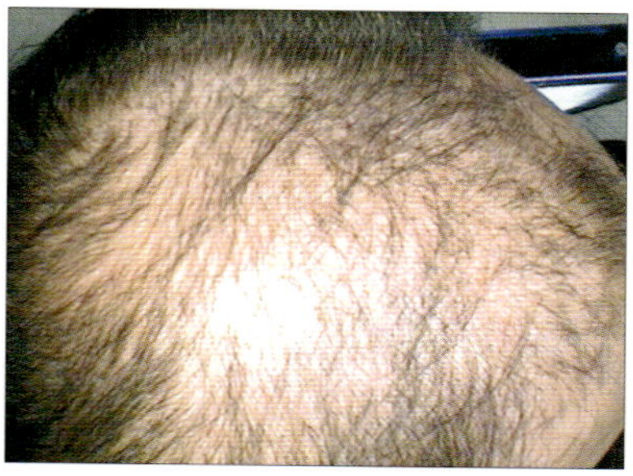
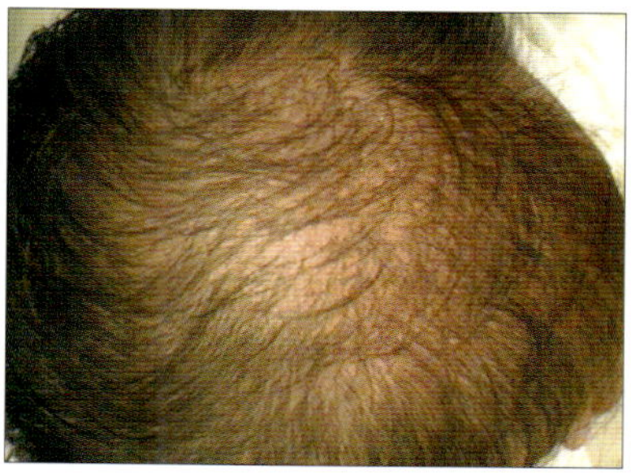

■40배율 : 모발의 밀도 관리 전 · 후

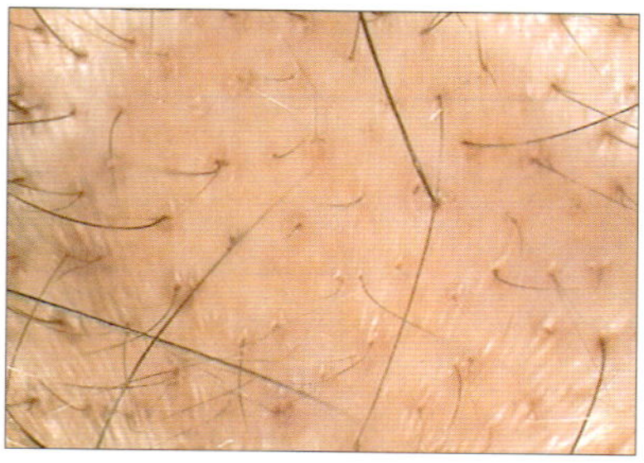
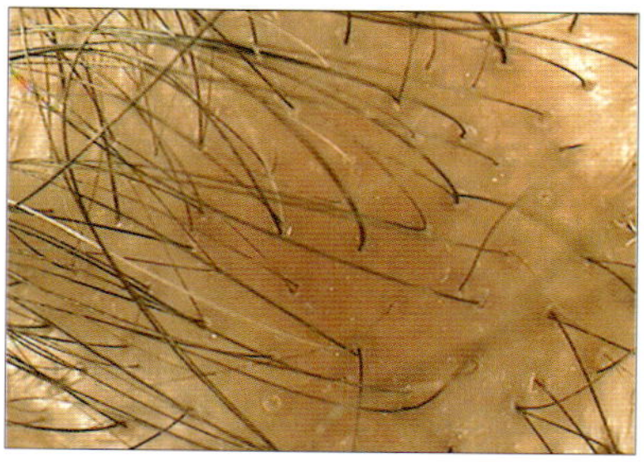

■100배율 : 모발 수 관리 전 · 후

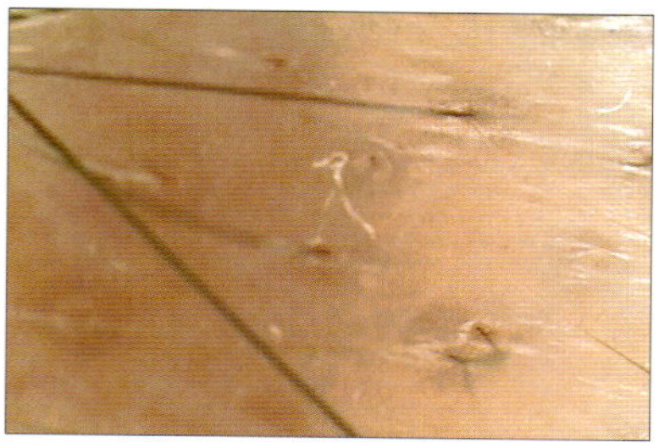
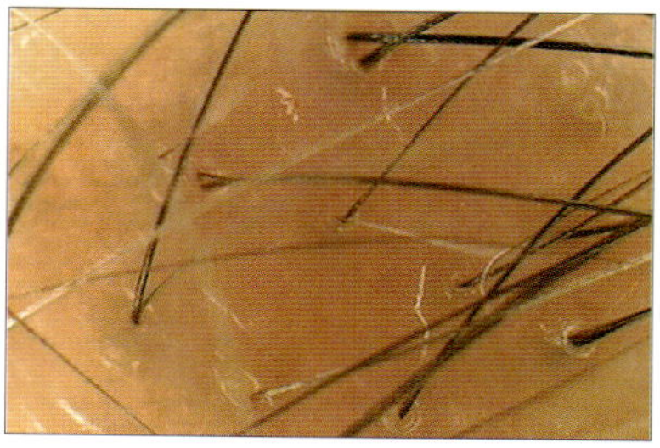

■300배율 : 두개피 관리 전 · 후

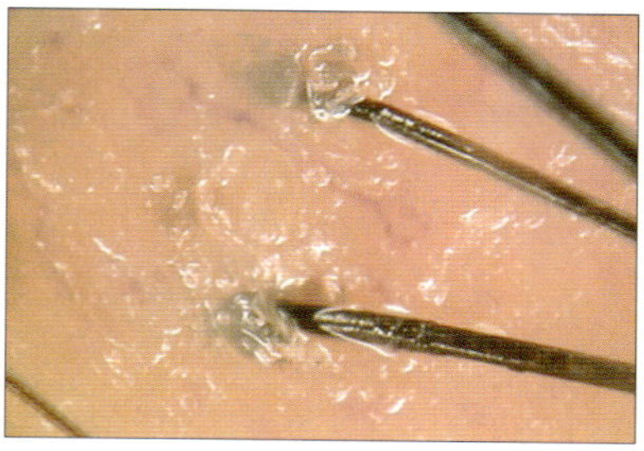
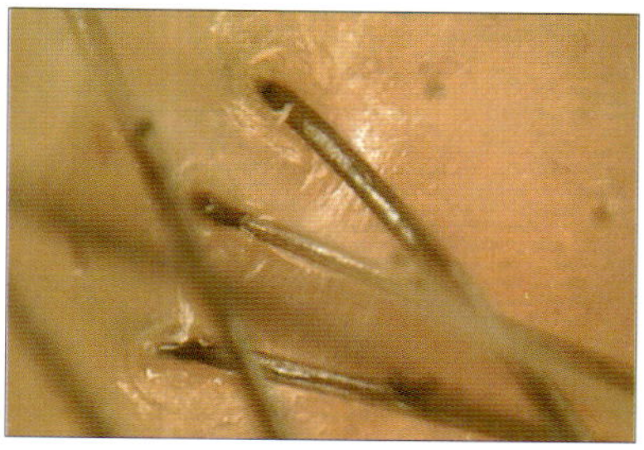

5. 관리 후 변화되는 유형

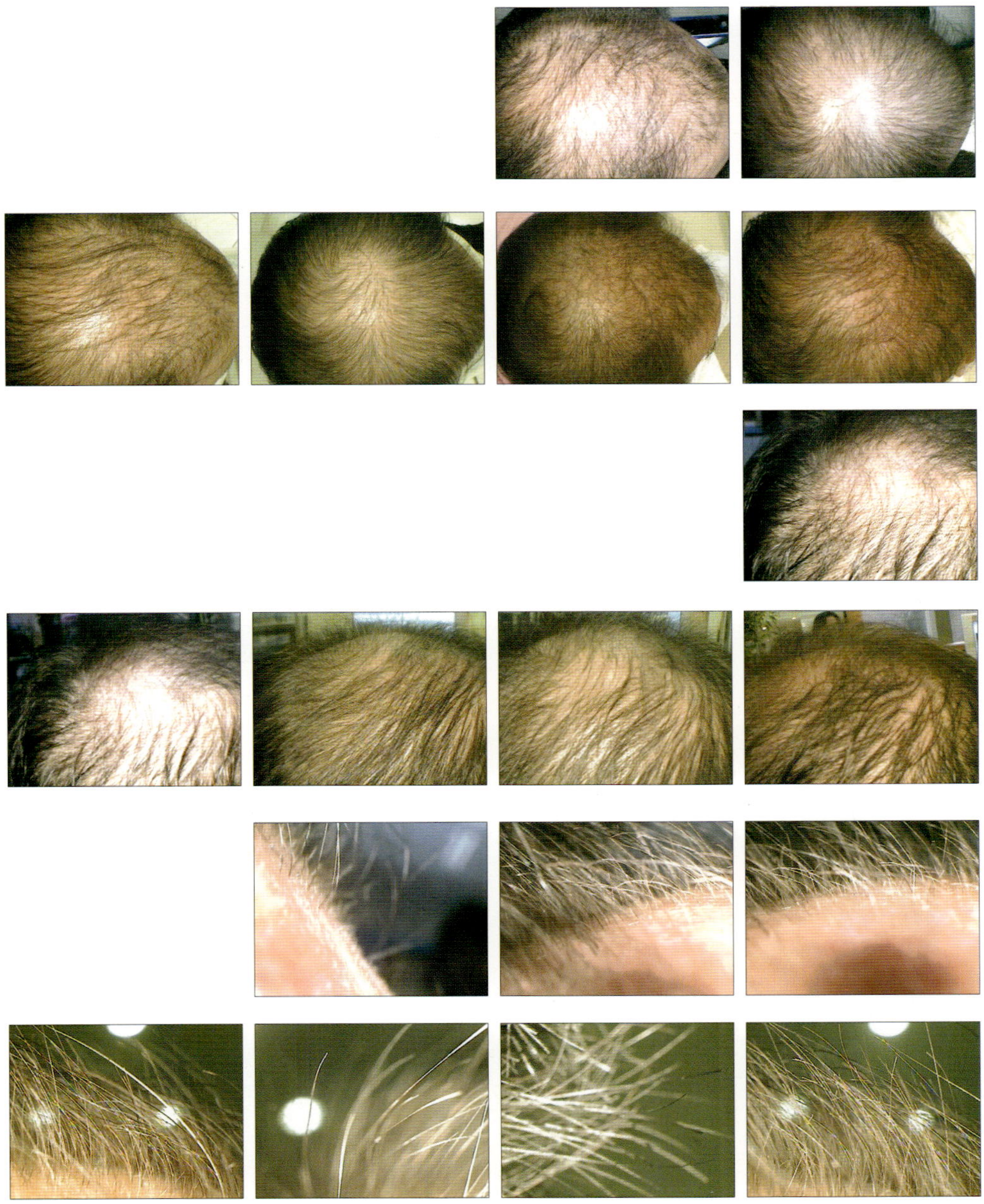

※ 장년성 탈모(노인성) 1

- 만성적
  - 두개피
    - 형태
    - 전두부(U자형)
    - 증상
      - 두개피 흡착
      - 피부염
      - 지루성(유전)
      - 건선 · 태선
  - 원인
    - 유전적 · 생리적
      - 호르몬
      - 스트레스
      - 노화
      - 신체질환
      - 수면부족
    - 자연적
      - 유전
    - 후천적
      - 생활식 · 습관
    - 영양
      - 미네랄 검사

1. 문진

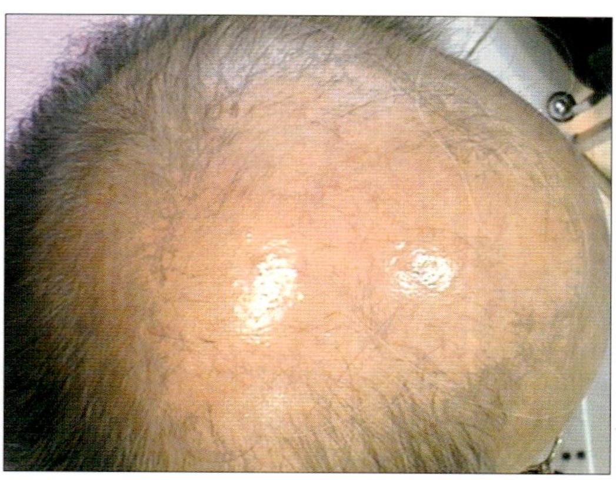

2. 배율별 두개피 이미지

▶ 기본 배율

형태

- 탈모 진행(유전U자형·노화)

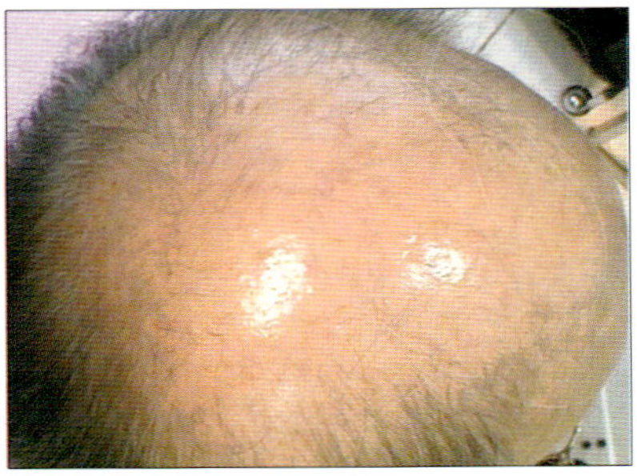

▶ 40배율

모발의 밀도

- 성모보다 연모가 많이 존재한다.

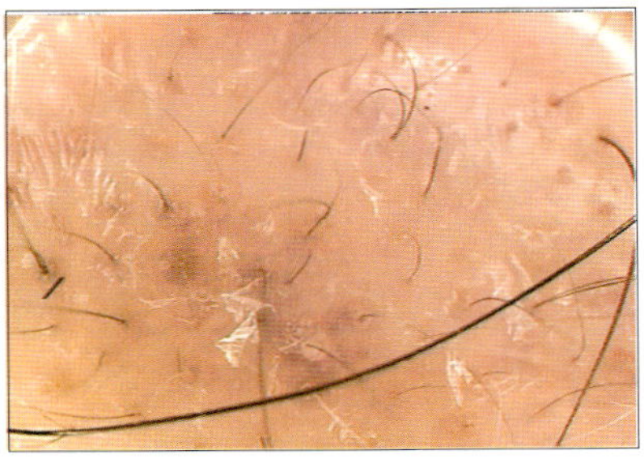

▶ 100배율

모발 수

- 두정부의 두개피 이상은 모발의 감소와 모발의 변화를 나타내고 있다.

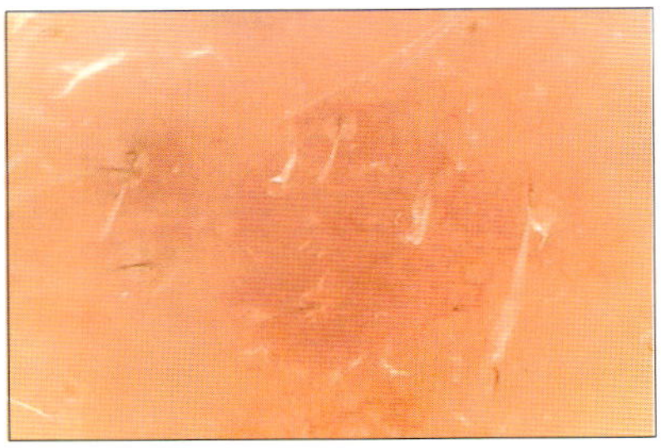

▶ 300배율

두개피

- 남성호르몬작용
- 전두부 두개피의 조직적 손상
  - 과 피지형성
  - 혈액 순환 장애
  - 모낭 막힘
  - 염증
  - 모근 위축 모낭손상 두개피 흡착·경화로 탈모가 진행 된다.

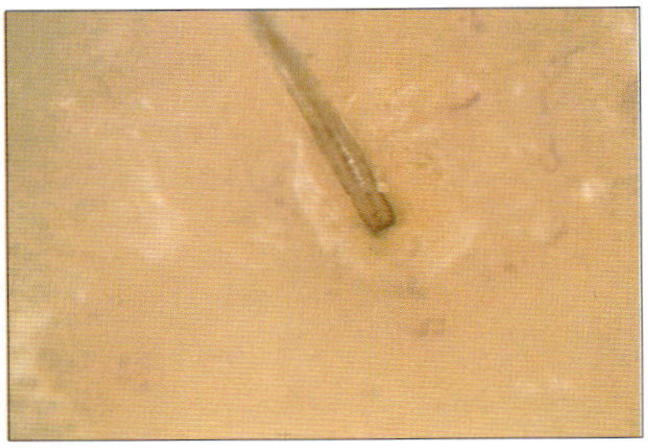

3. 문제성 두개피 이미지

● 배율별 두개피 이미지

■ 40배율

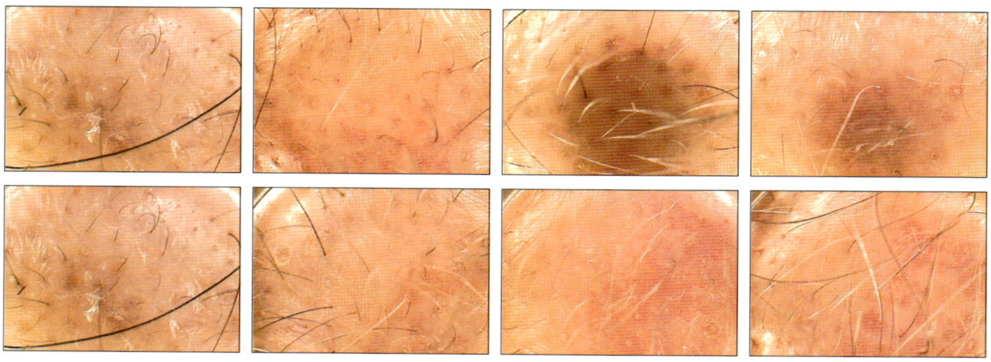

■ 100배율

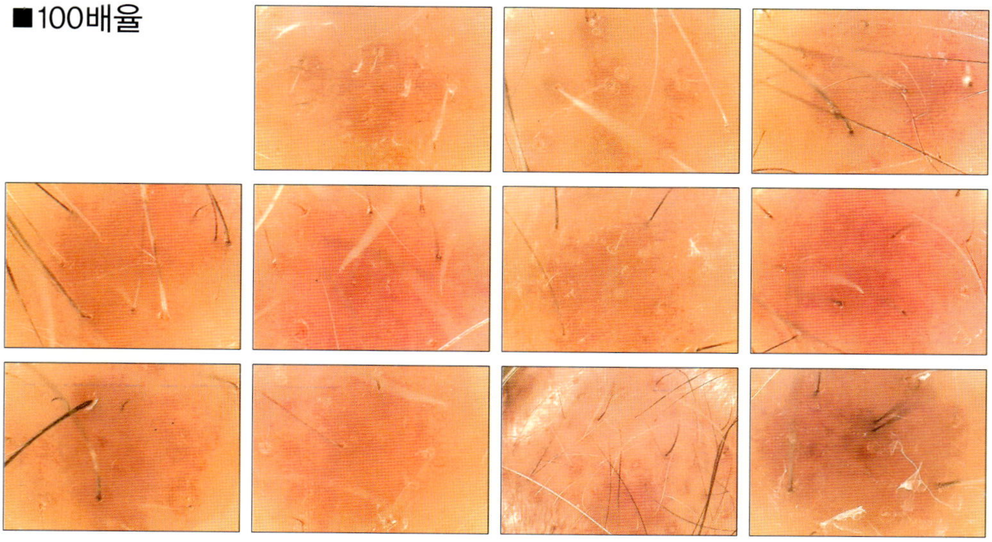

■ 300배율

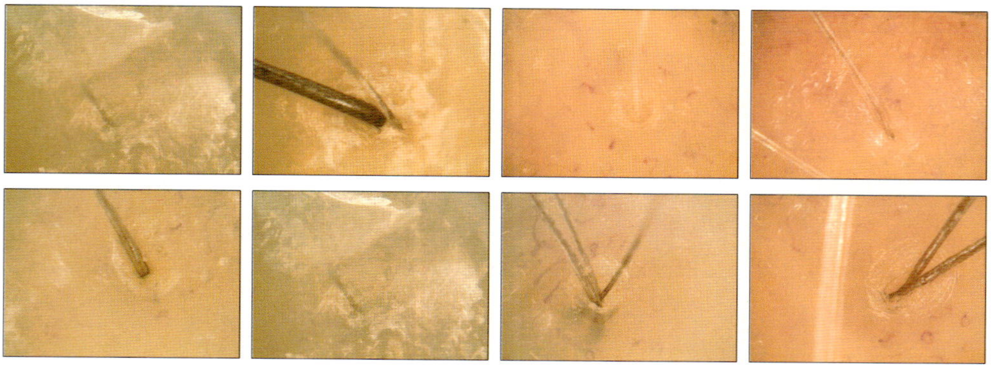

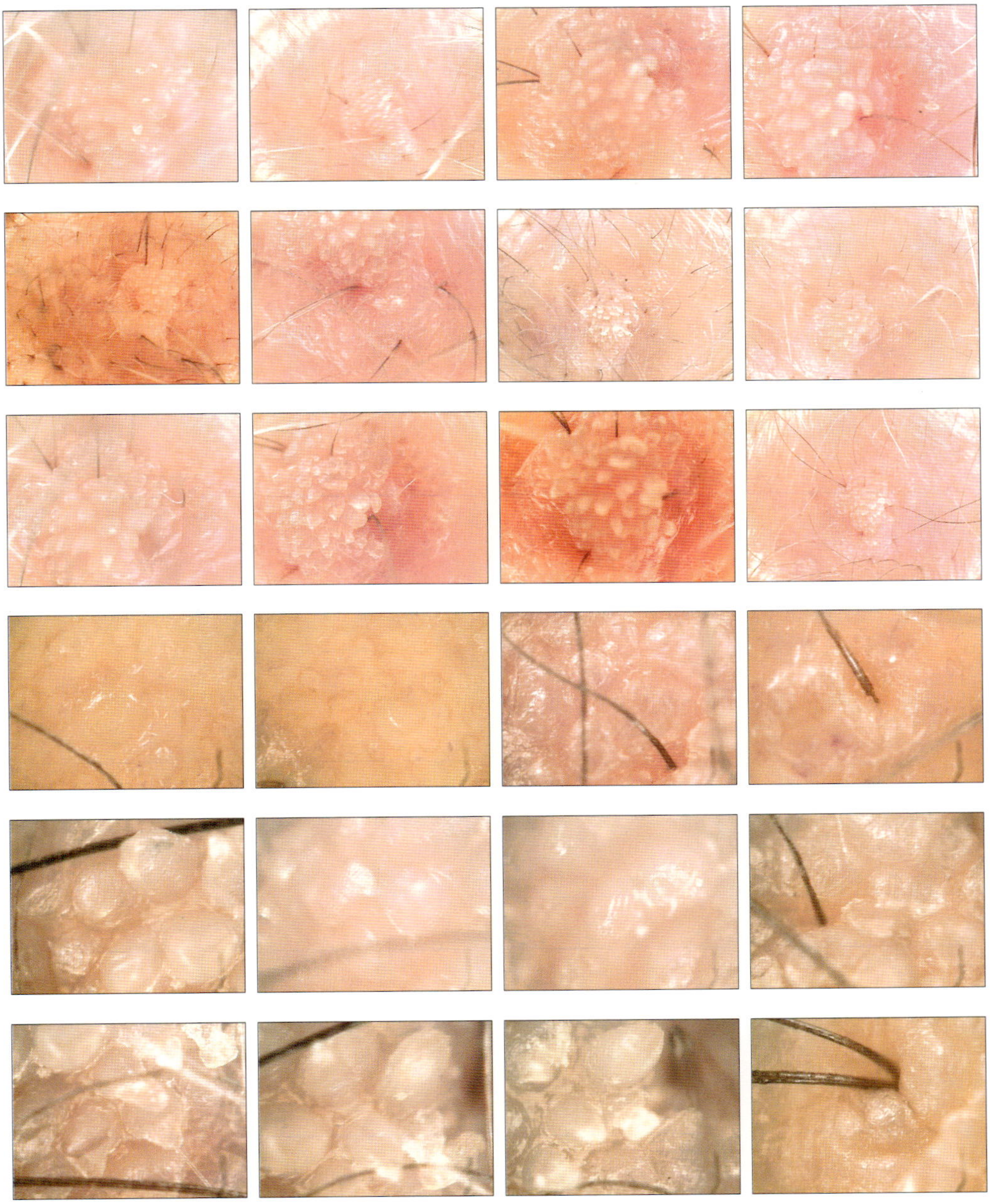

4. 관리 후 변화되는 유형

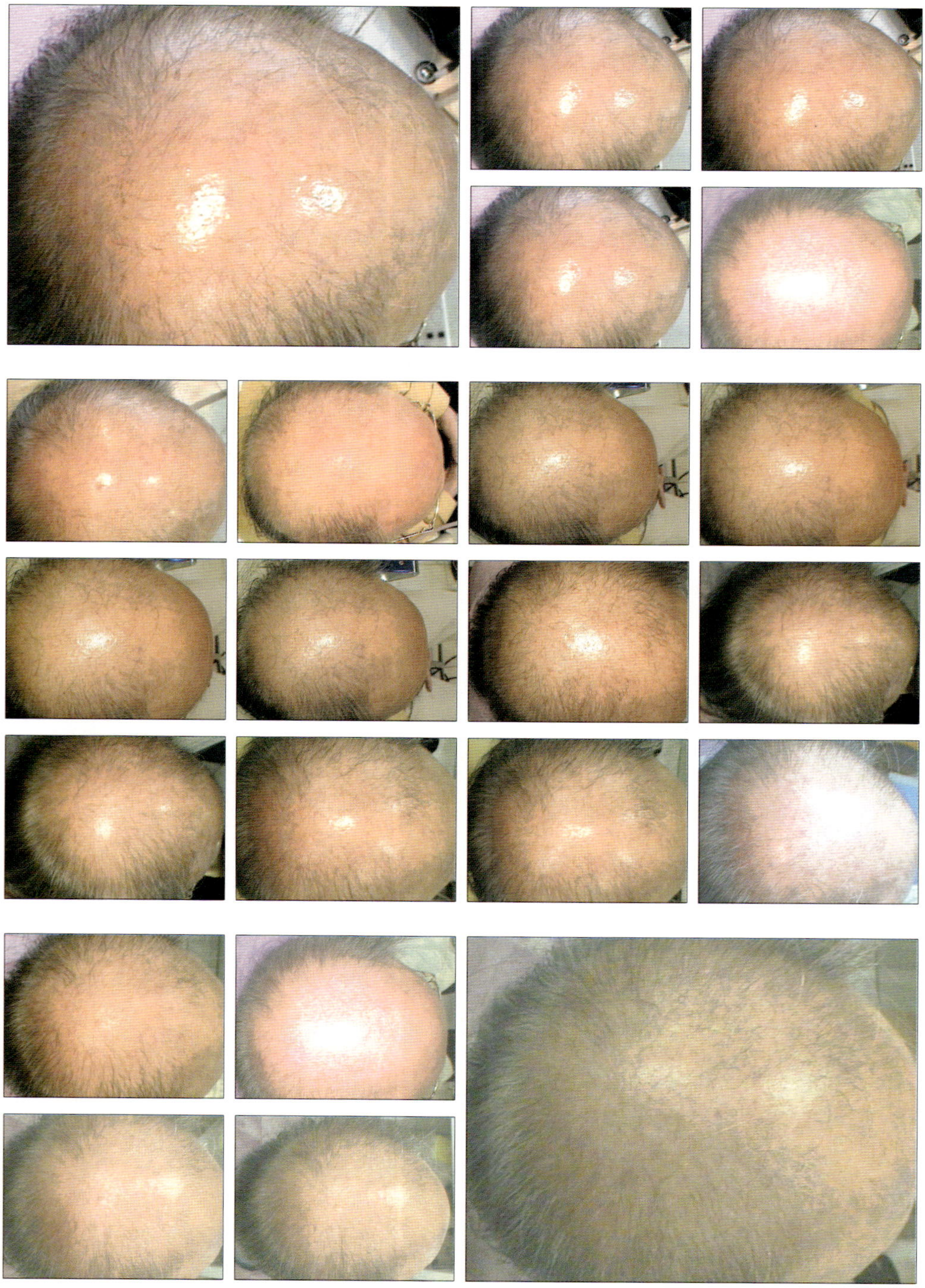

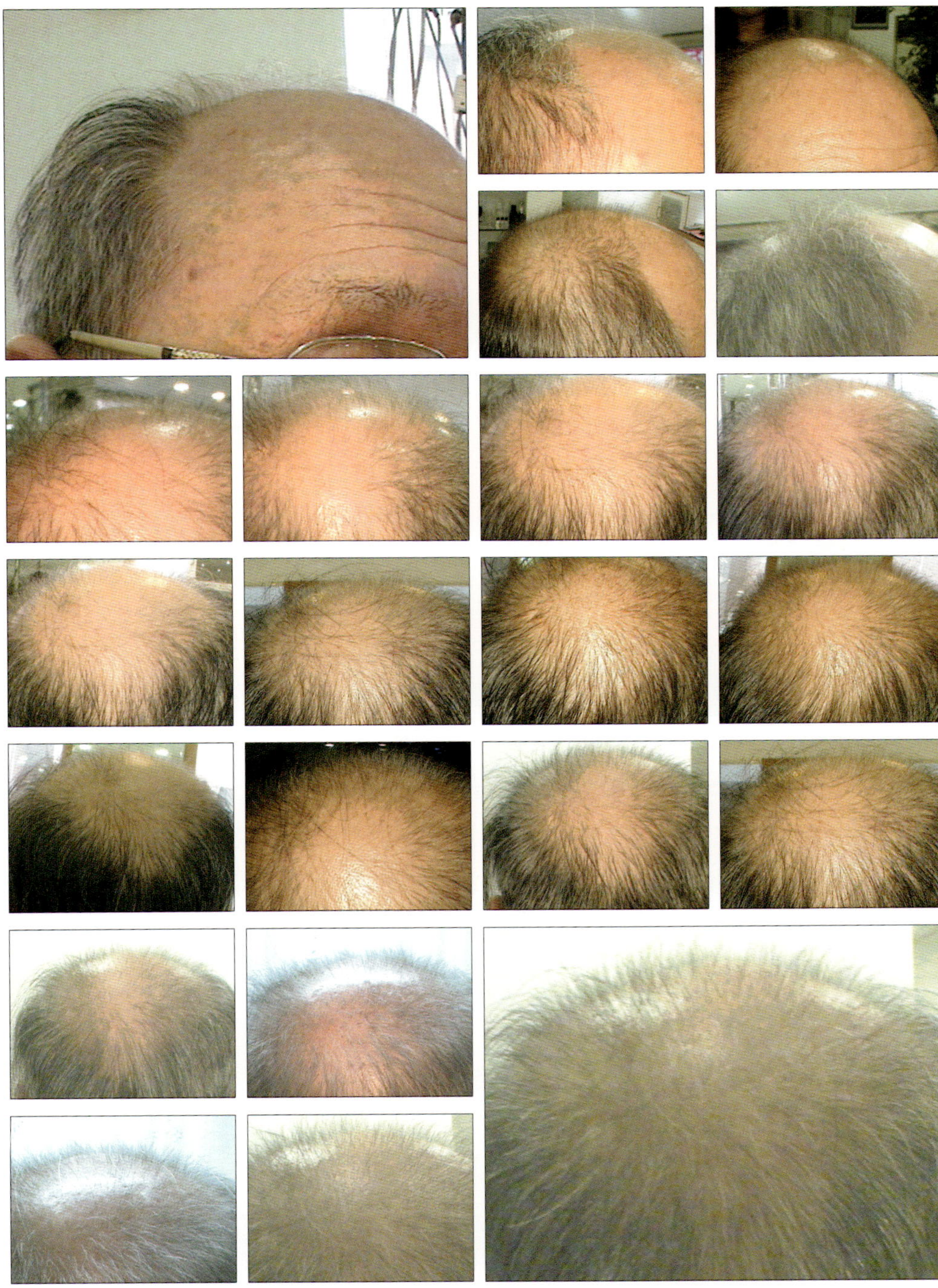

5. 관리 후 변화되는 유형

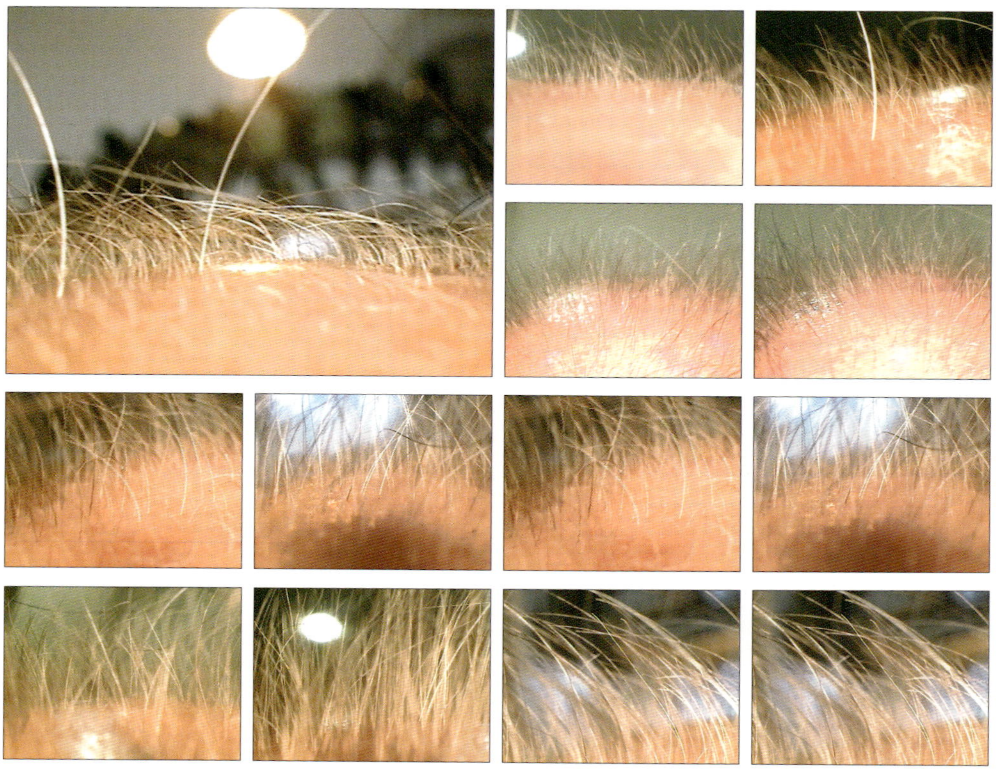

6. 1~6 관리전 모근 7~8 관리후 모근

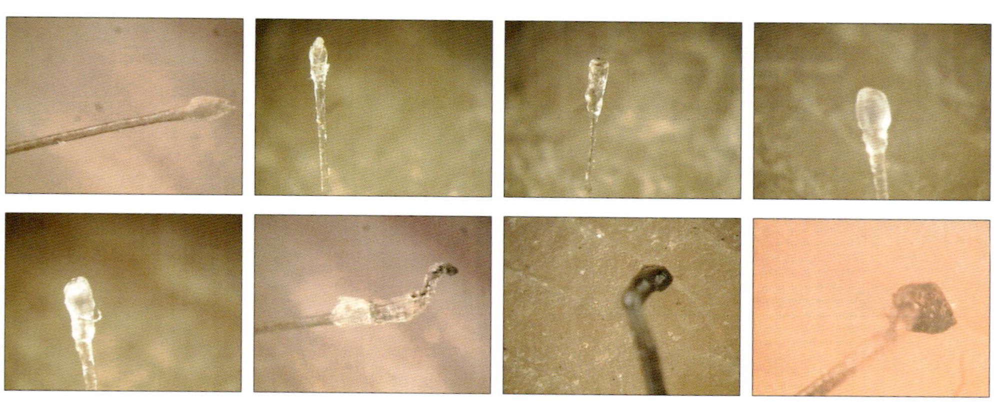

※ 장년성 탈모(노인성) 2

- 만성적
  - 두개피
    - 형태
    - 전두부(U자형)
    - 증상
      - 두개피 흡착
      - 피부염
      - 지루성(유전)
      - 건선 · 태선
  - 원인
    - 유전적 · 생리적
      - 호르몬
      - 스트레스
      - 노화
      - 신체질환
      - 수면부족
    - 자연적
      - 유전
    - 후천적
      - 생활식 · 습관
    - 영양
      - 미네랄 검사

1. 문진

- 모유두와 조직의 노화, 유전적 요인으로 인한 두개피 경화

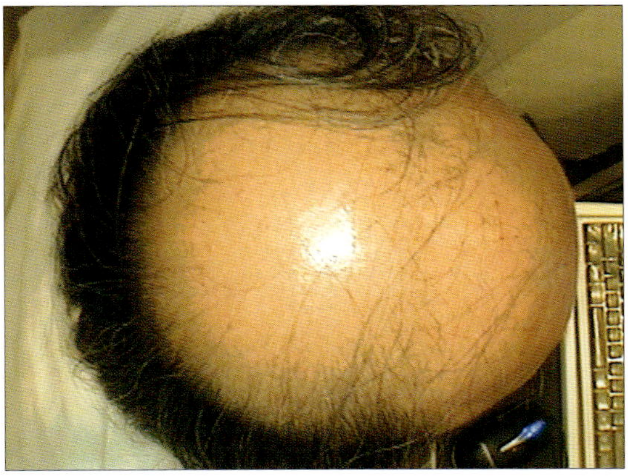

2. 배율별 두개피 이미지

▶ 기본 배율

형태

- 탈모 진행(유전U자형·노화)

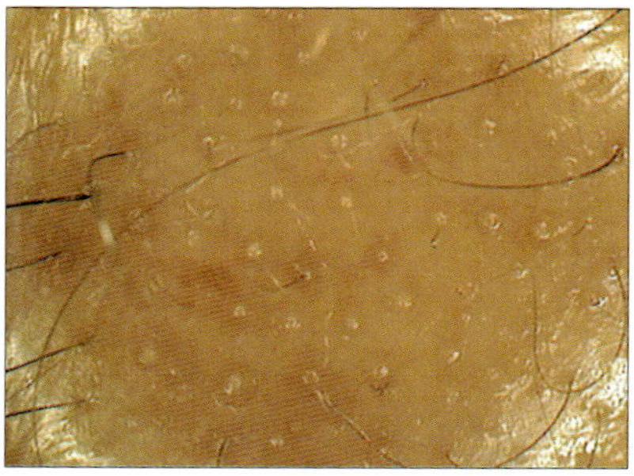

▶ 40배율

모발의 밀도

- 성모보다 연모가 많이 존재한다.

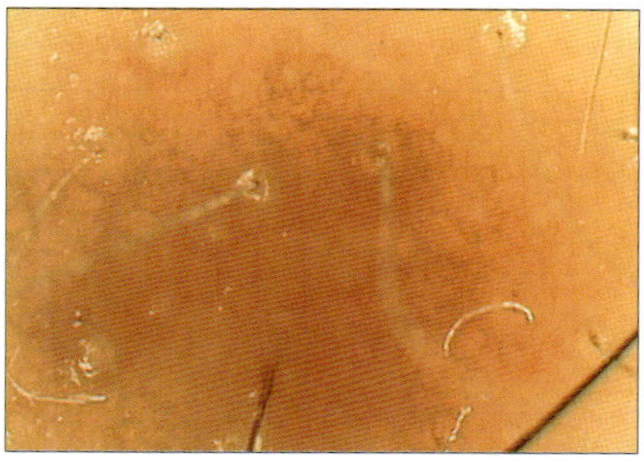

▶ 100배율

모발 수

- 두정부의 두개피 이상은 모발의 감소와 모발의 변화를 나타내고 있다.

▶ 300배율

두개피

- 남성호르몬작용
- 전두부 두개피의 조직적 손상
  - 과 피지형성
  - 혈액 순환 장애
  - 모낭 막힘
  - 염증
  - 모근 위축 모낭손상 두개피 흡착·경화로 탈모가 진행 된다.

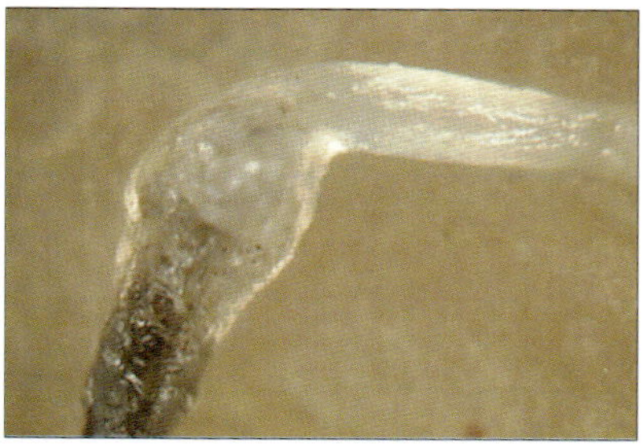

3. 문제성 두개피 이미지

■40배율

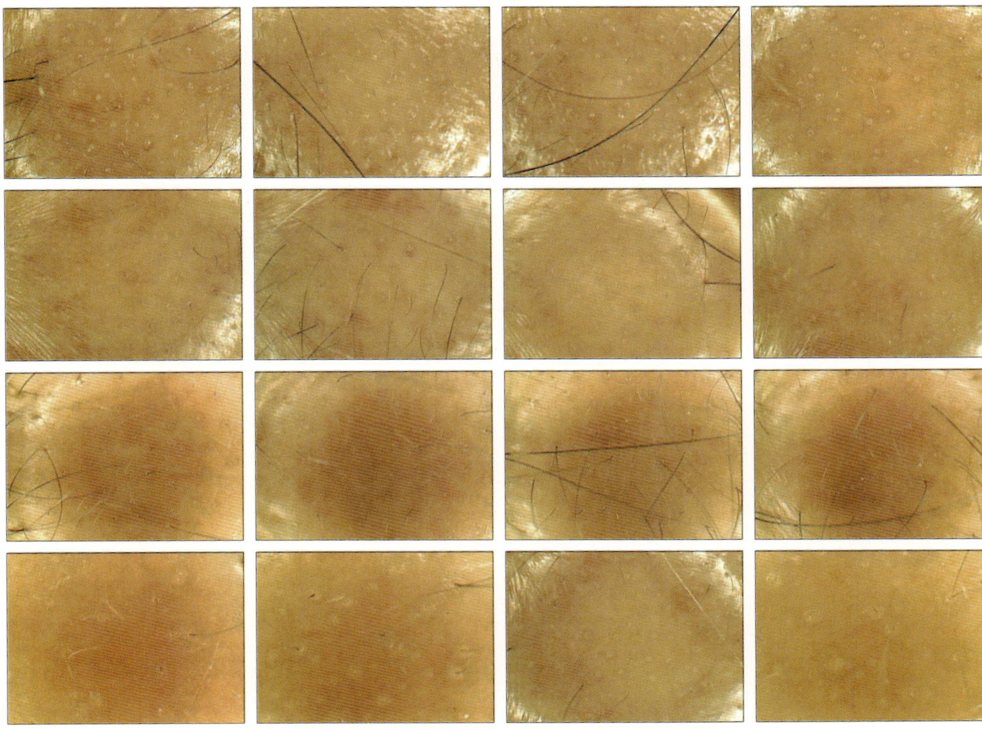

■100배율

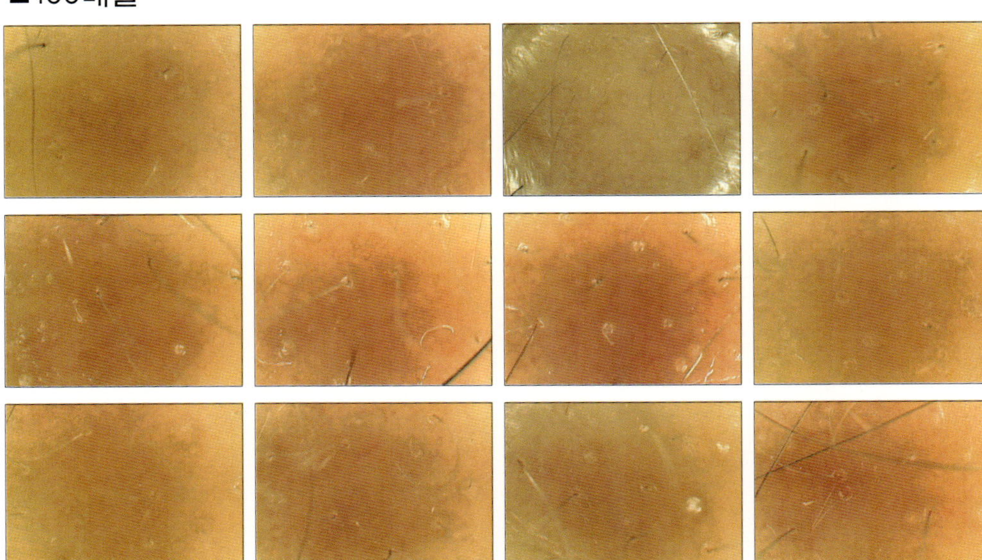

■300배율

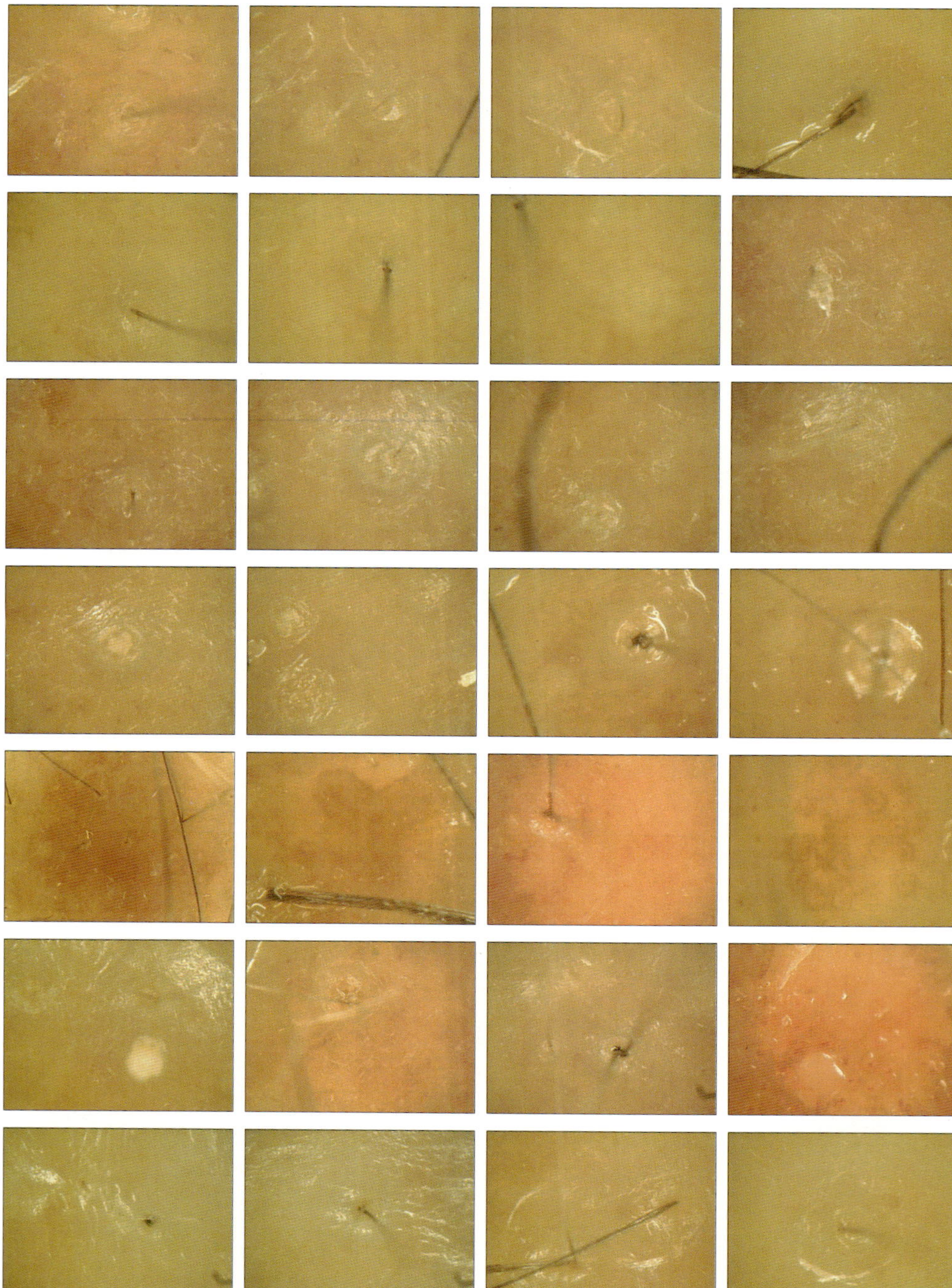

5. 관리 후 변화되는 유형

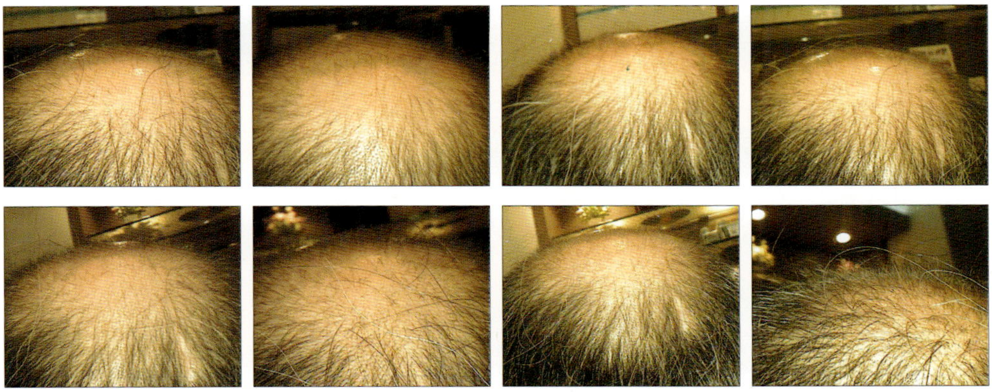

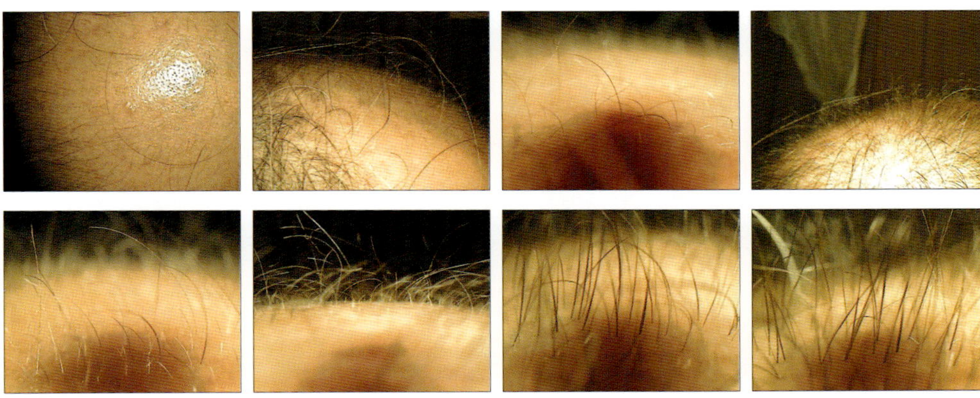

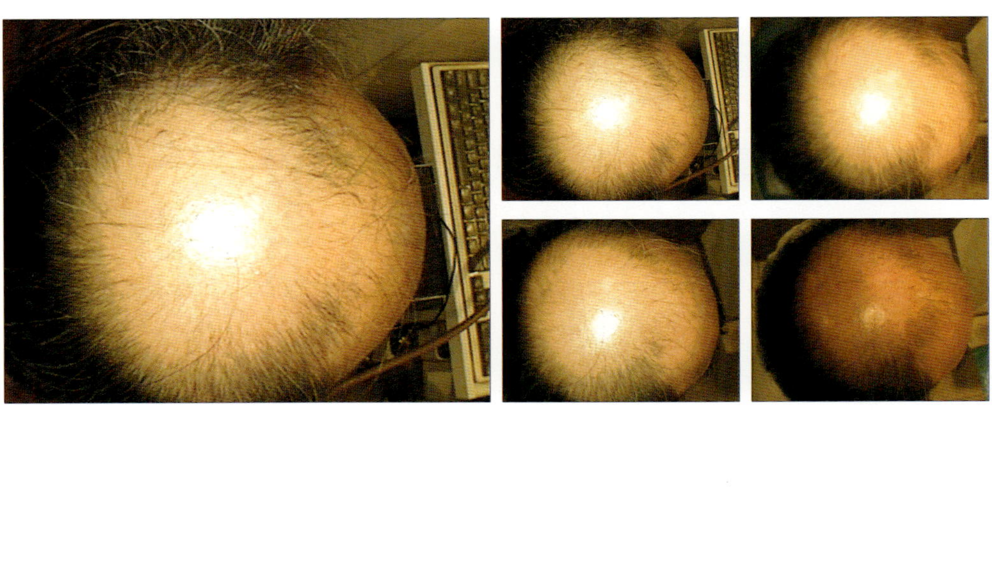

3. 여성 탈모

▶ 여성 탈모

- 남성에 비해 빈도가 적고 정도가 약하며 주로 폐경기 이후에 나타난다.
- 빈혈, 갑상선 기능 이상 같은 신체 질환으로 탈모가 일어나기도 하며, 피임약·우울증 약 같은 의약품, 과도한 체중 감량, 출산이나 폐경 등도 탈모의 원인이 된다.
- 머리전체(확산성) 노화 휴지기 탈모

※ 여성 휴지기 (생장기) 탈모 1

1. 문진

▶ 여성 휴지기 (생장기) 탈모

- 모발주기는 성장기의 모발이 빠지고 새로운 모발이 자라나는 자연적인 주기가 어떤 이유로 성장기의 모발이 성장을 멈추고 휴지기로 변하는 경우 모발이 평소보다 많이 빠지게 되며 이를 휴지기 탈모라 한다.
- 다른 탈모와 다른 점은 탈모기간이 길며, 적은 양의 탈모가 자주 재발하는 것이다. 두상 전체에서 탈모가 발생된다.

- 만성적
  - 두개피
    - 형태
    - 두상전체
    - 증상
      - 두개피 흡착
      - 피부염
      - 지루성
      - 건선 · 태선
  - 원인
    - 유전적 · 생리적
      - 호르몬
      - 스트레스
      - 노화
      - 신체질환
    - 자연적
      - 생활습관병
    - 화학적
      - 액물(보르액)
      - 염모제
      - 펌
    - 영양
      - 미네랄 검사

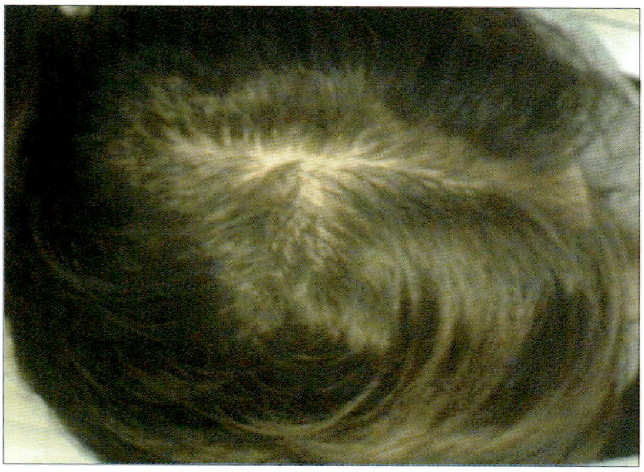

2. 배율별 두개피 이미지

▶ 기본 배율

형태

● 탈모 진행(유전 U자형 · 노화)

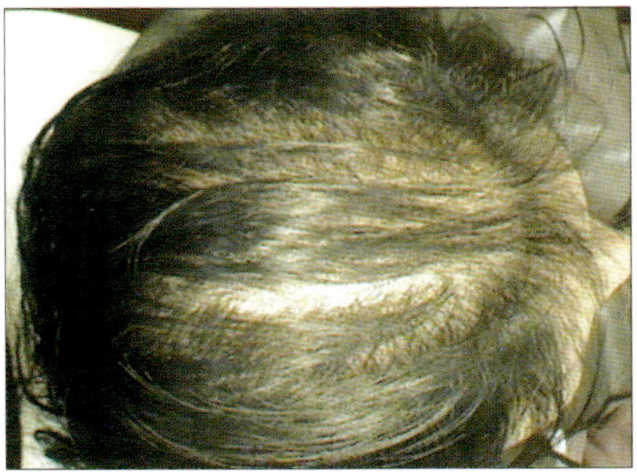

▶ 40배율

모발의 밀도

● 성모보다 연모가 많이 존재한다.

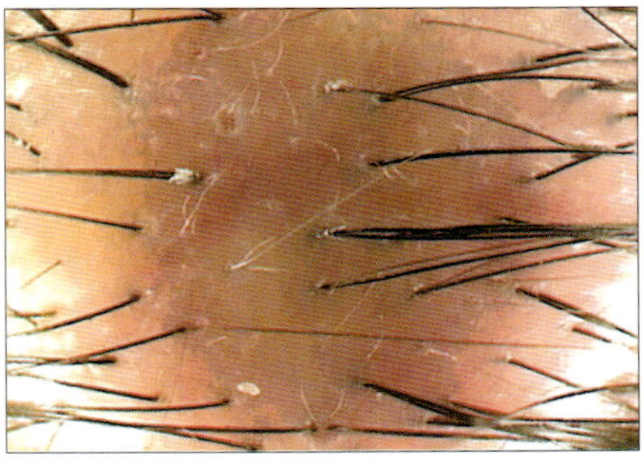

▶ 100배율

모발 수

두정부의 두개피 이상은 모발의 감소와 모발의 변화를 나타내고 있다.

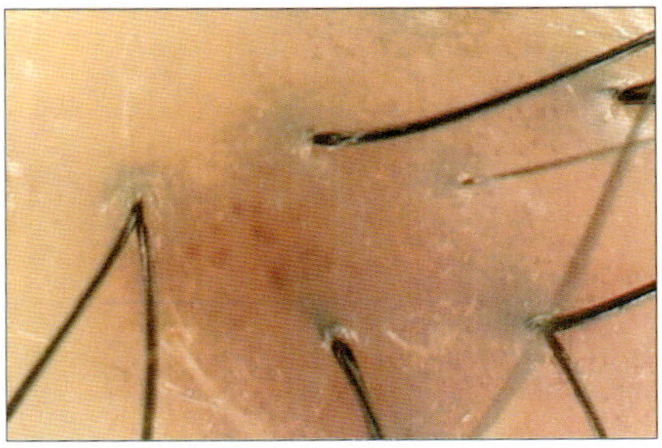

▶ 300배율

두개피

- 두개피의 색이 투명하지 않으면 이물질(피지 역류 – 산화) 축적으로 염증 유발
- 전두피의 조직적 손상
- 과 피지형성
- 두개피의 붉은 빛은 혈액 순환 장애, 염증, 발열상태를 의심 해야 된다.

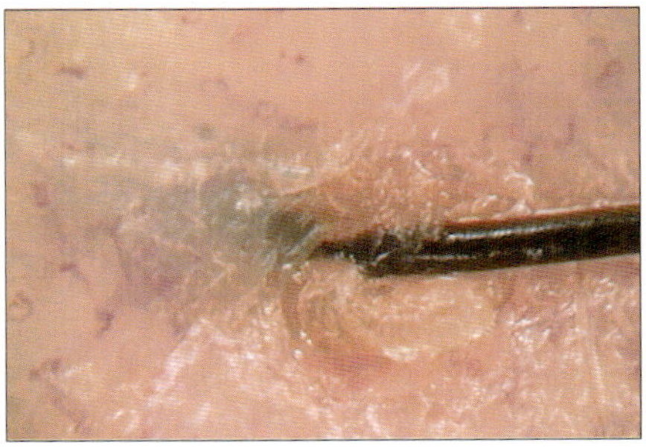

모공

- 모낭 막힘

염증

- 모근 위축 모낭손상 두개피 흡착 · 경화로 탈모가 진행 된다.

3. 문제성 두개피 이미지

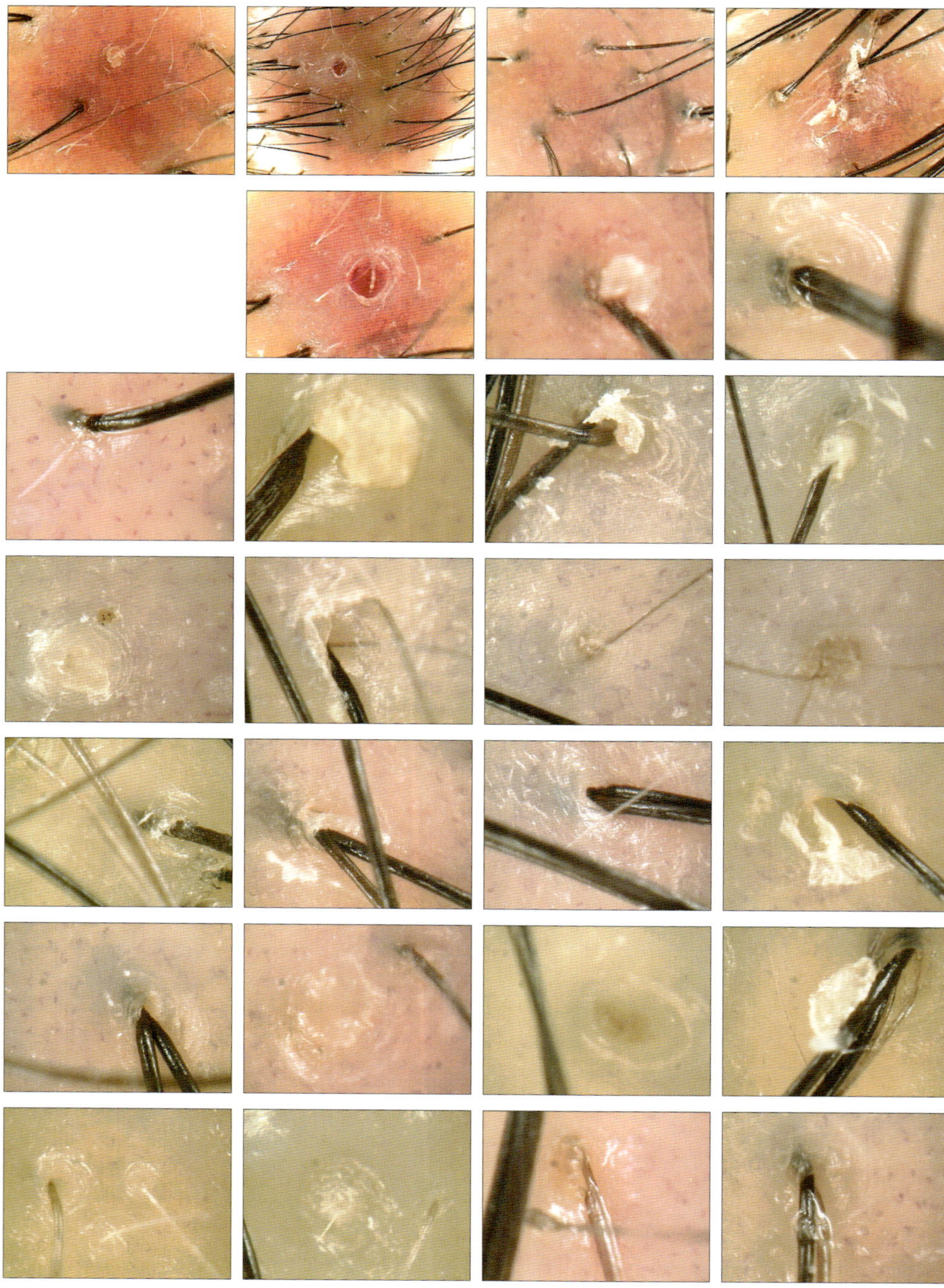

4. 관리 전 · 후 두개피 이미지 비교 분석

■기본배율 : 탈모 형태 관리 전 · 후

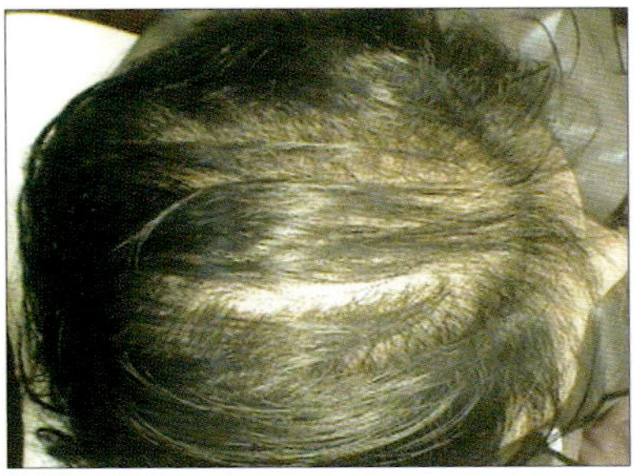
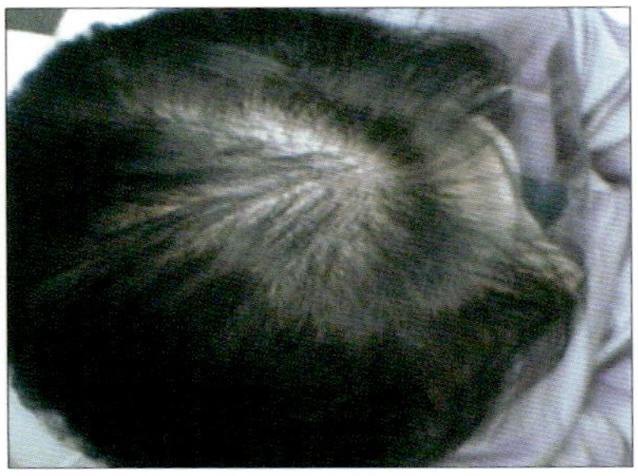

■40배율 : 탈모 량 관리 전 · 후

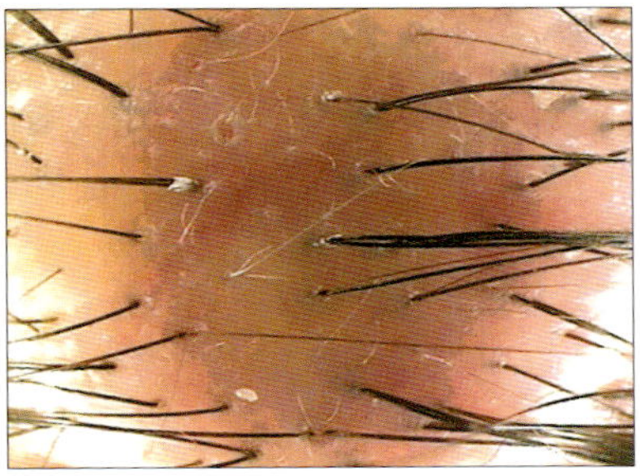
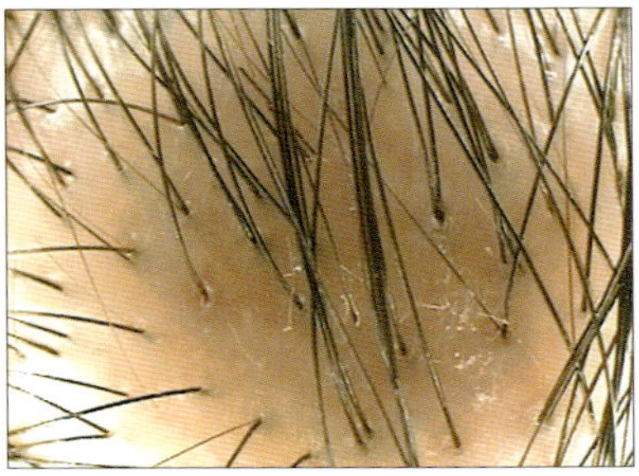

■100배율 : 모발 수 관리 전 · 후

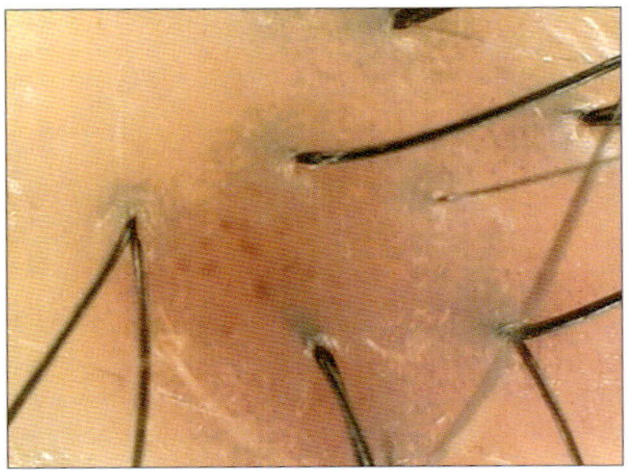
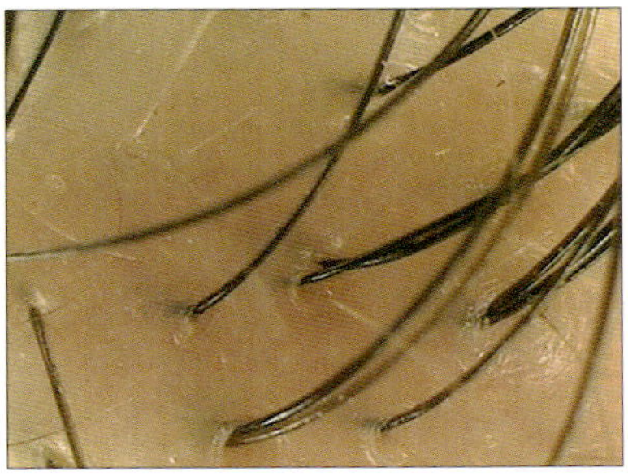

■300배율 : 두개피 관리 전 · 후

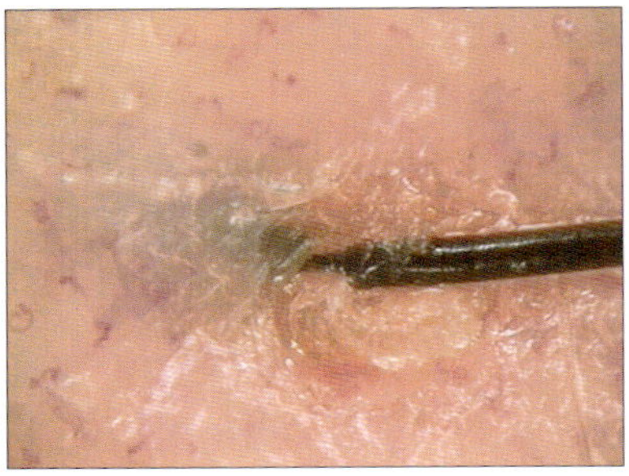
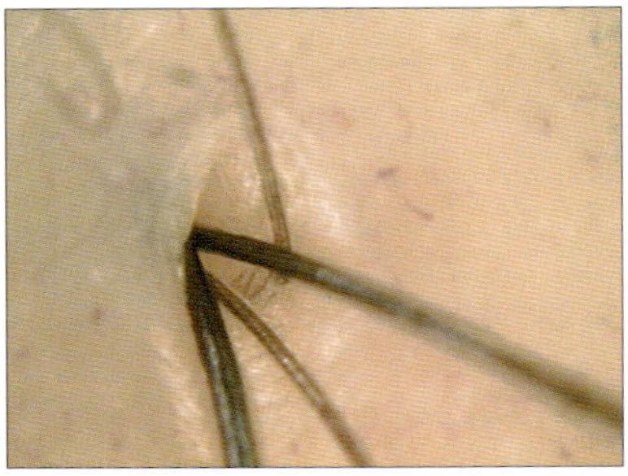

5. 관리 후 변화되는 유형

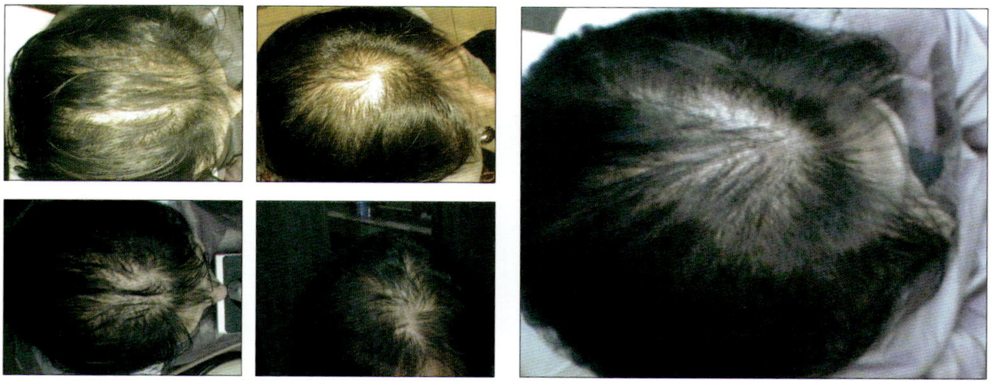

■관리후 모발 증가

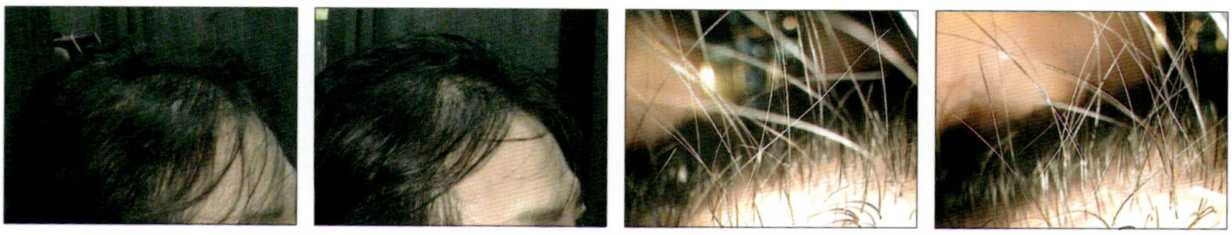

■관리전 · 후 모근

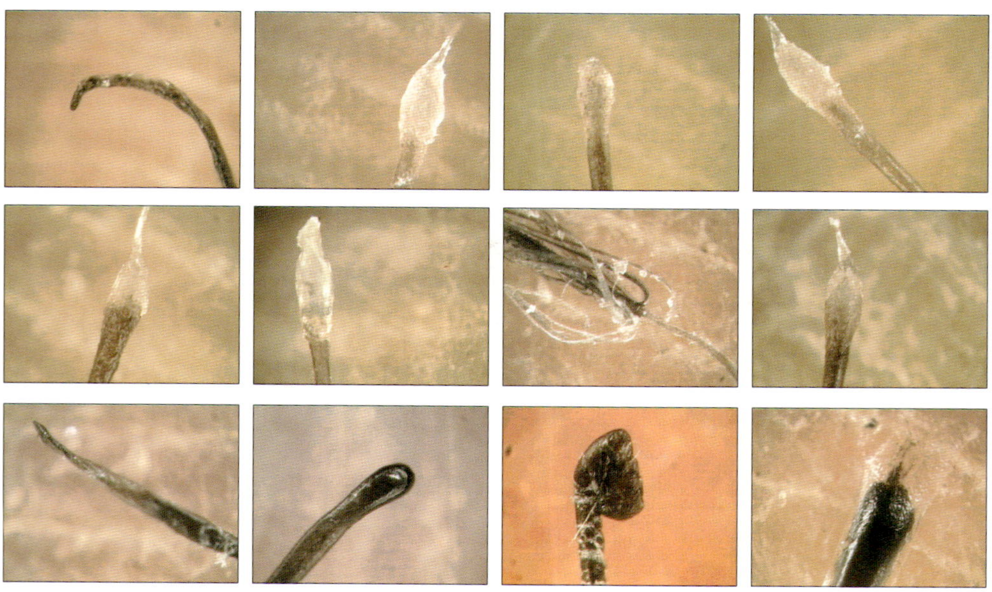

※ 남성형 여성 휴지기 탈모 2

1. 문진

▶ 남성형 여성 탈모의 원인

- 유전적인 요인으로 남성호르몬의 영향 때문이다.
- 유전적 소인으로 DHT의 피지샘의 활동 증가는 모낭을 소형화시켜 모발이 자라는 기간을 단축시키고 굵고 튼튼한 성모의 수를 감소시킴으로써 탈모를 일으킨다.
- 탈모 유전자를 가진 여성들은 정수리 부위의 모낭이 남성호르몬에 과민 반응하여 이마나 정수리부위의 모발이 가늘어지고 줄어들지만 남성형 M탈모로 진행되지는 않는다.
- 두개피에 피지 분비가 많으면 모공 입구에 쌓이는 굳고 기름진 피지가 모발로 가는 정상적인 영양이나 산소의 흐름을 방해해 탈모로 진행 시킨다.

- 만성적
  - 두개피
    - 형태
    - 두상전체
    - 증상
      - 두개피 흡착
      - 피부염
      - 지루성
      - 건선 · 태선
  - 원인
    - 유전적 · 생리적
      - 호르몬
      - 스트레스
      - 노화
      - 신체질환
    - 자연적
      - 생활식습관
    - 화학적
      - 약물(보르액)
      - 염모제
      - 펌
    - 영양
      - 미네랄검사

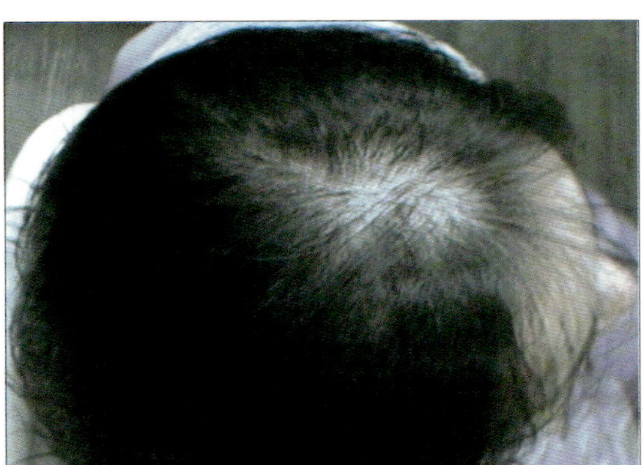

2. 배율별 두개피 이미지

▶ 기본 배율

- **형태**
  - 탈모 진행(유전U자형)

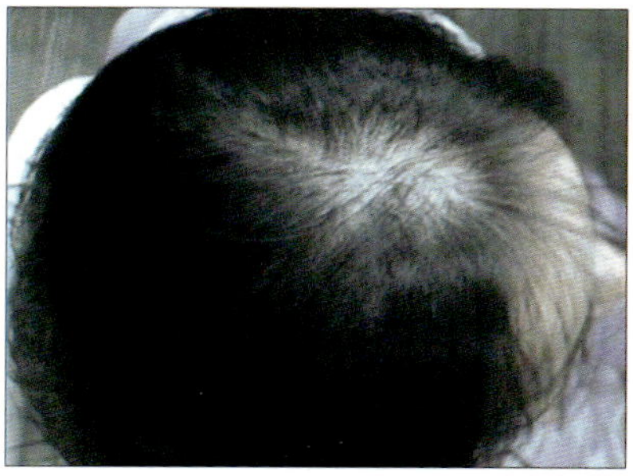

▶ 40배율

- **모발의 밀도**
  - 성모보다 연모가 많이 존재한다.
  - 탈모량
- **모량의 밀도**
  - 성모의 감소

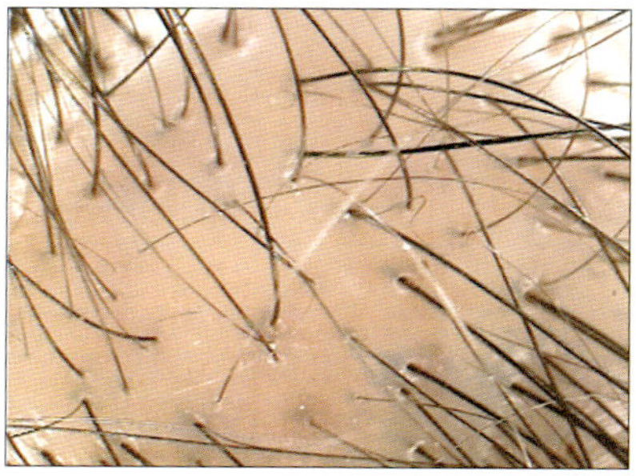

▶ 100배율

- **모발 수**
  - 두정부의 두개피 이상은 모발의 감소와 모발의 변화를 나타내고 있다.
- **모낭 수**
  - 8 ~ 11개
- **모발의 수**
  - 한 모공에 2-3개의 성모
  - 성모의 개수
  - 연모의 개수
  - 취모의 개수

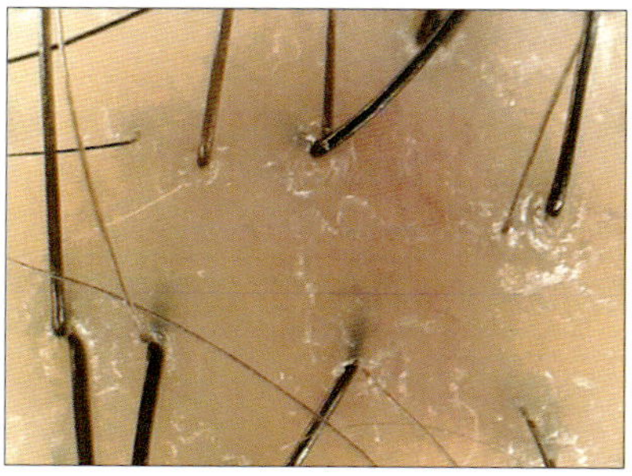

▶ 300배율

- **두개피**
  - 남성호르몬작용
  - 전두부 두개피의 조직적 손상
  - 과 피지형성,
  - 혈액 순환 장애
  - 모근 위축 모낭 손상 두개피 흡착·경화로 탈모가 진행 된다.
  - 두개피의 색이 투명하지 않으면 이물질(피지 역류- 산화) 축적으로 모공에 염증 유발
  - 두개피의 붉은 빛은 혈액 순환 장애, 염증, 발열상태를 의심 해야 된다.
- **모낭**
  - 모낭 막힘
  - 염증 모공을 막고 있는 산화된 피지는 모발의 변화

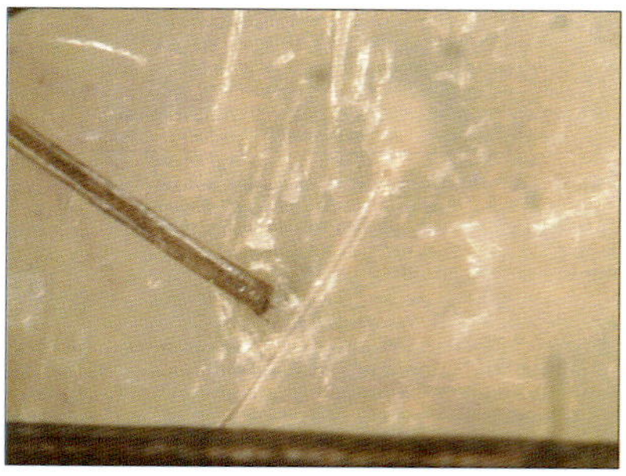

3. 문제성 두개피 이미지

■40배율

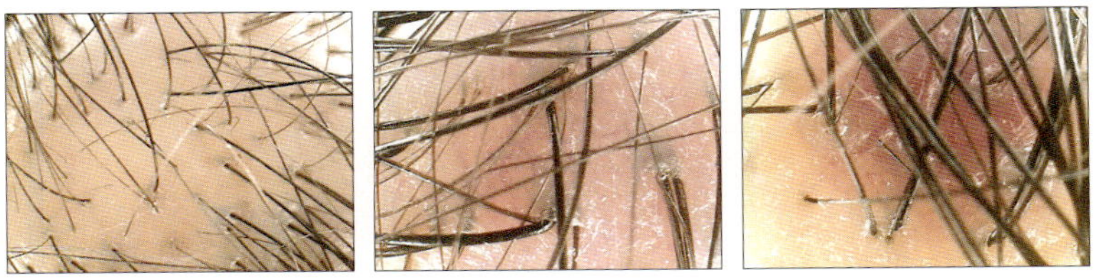

■100배율

■300배율

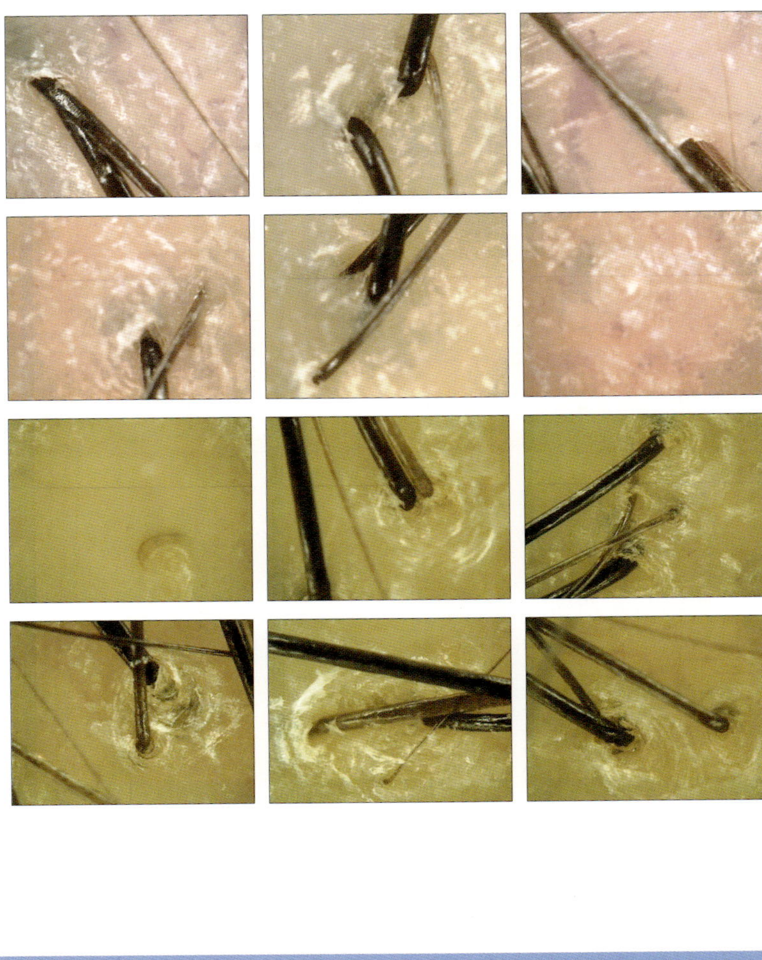

4. 관리 전 · 후 두개피 이미지 비교 분석

■ 기본배율 : 탈모 형태 관리 전 · 후

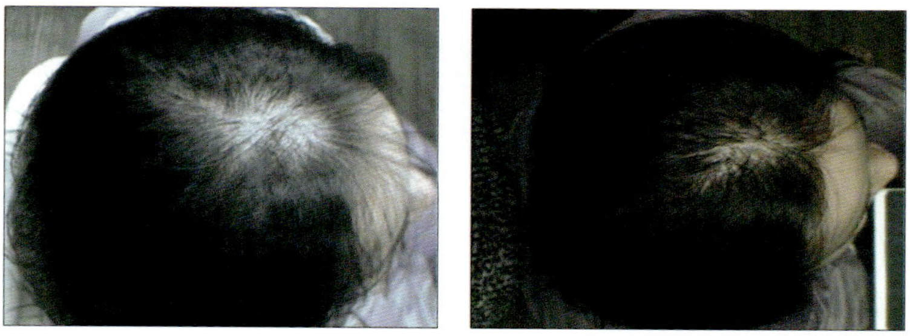

■ 40배율 : 탈모 량 관리 전 · 후

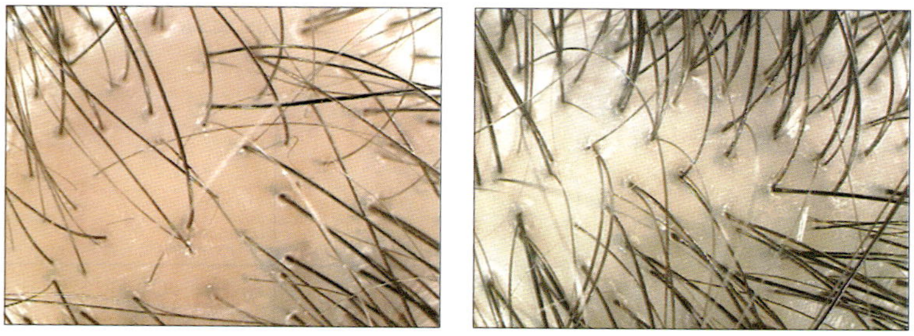

■ 100배율 : 모발 수 관리 전 · 후

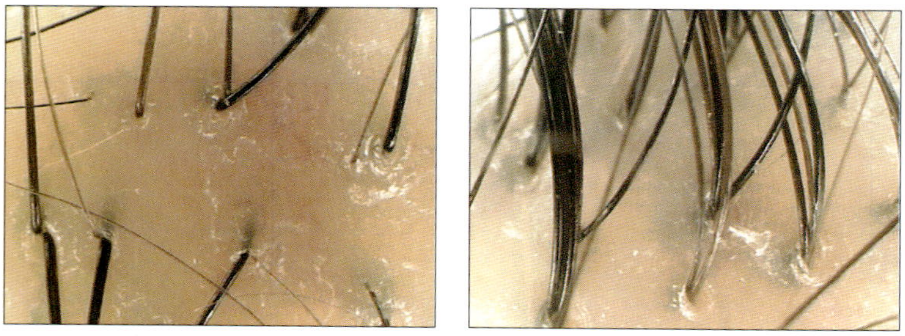

■ 300배율 : 두개피 관리 전 · 후

5. 관리 후 변화되는 유형

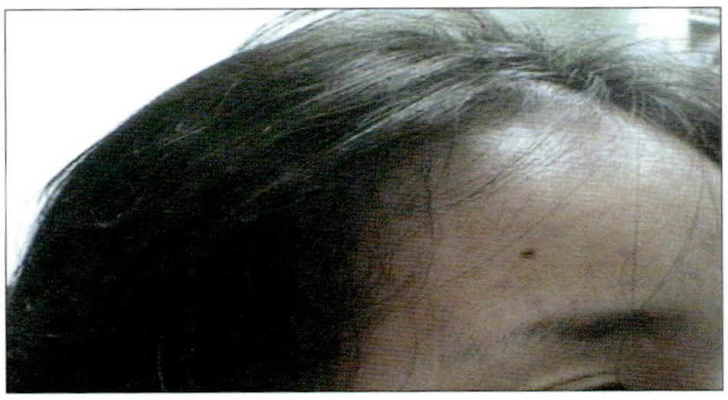

■두개피 관리 전

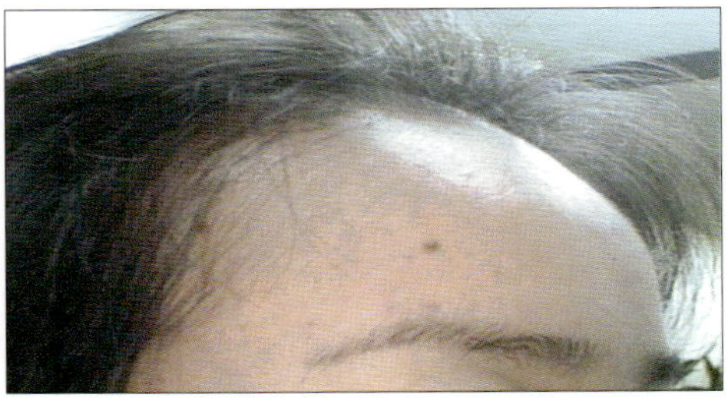

■두개피 관리 후

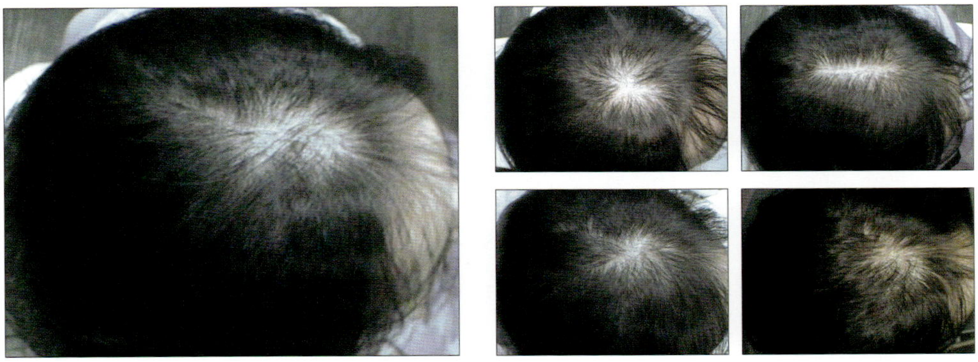

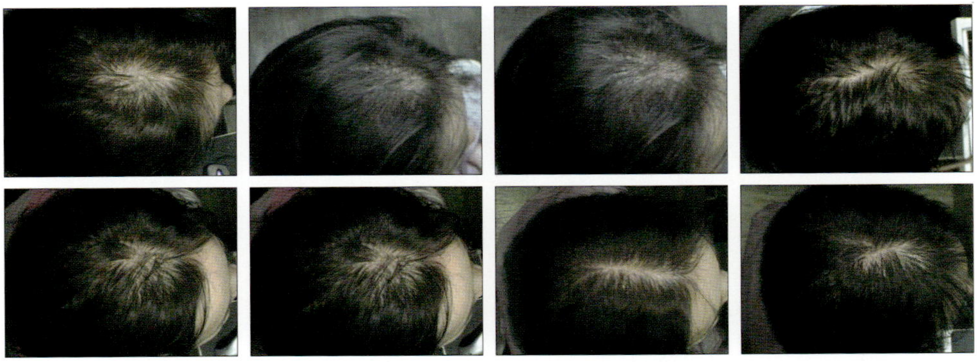

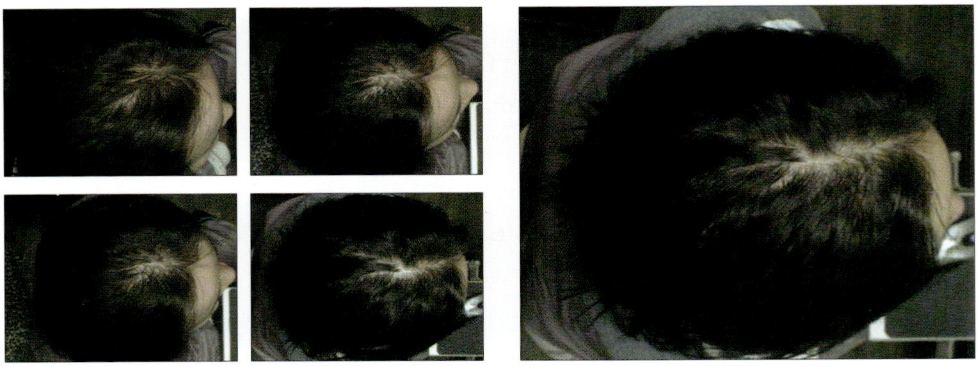

※ 여성 휴지기 탈모 3 (가르마 형)

- 만성적
  - 두개피
    - 형태
    - 두상전체
    - 증상
      - 두개피 흡착
      - 피부염
      - 지루성
      - 건선 · 태선
  - 원인
    - 유전적 · 생리적
      - 호르몬
      - 스트레스
      - 노화
      - 신체질환
    - 자연적
      - 생활식습관
    - 화학적
      - 약물(보르액)
      - 염모제
      - 펌
    - 영양
      - 미네랄검사

1. 문진

▶ 가르마형 휴지기(만성)탈모가

- 탈모와 다른 점은 가르마 부위에 발생되는 탈모로 신체 질환, 또는 장기간 오염물질, 일사광선에 노출 되어 적은 양의 탈모가 자주 재발하며 휴지기다.

- 두상전체(확산성) 노화 휴지기 탈모가 함께 발생 되는 경우도 많다.

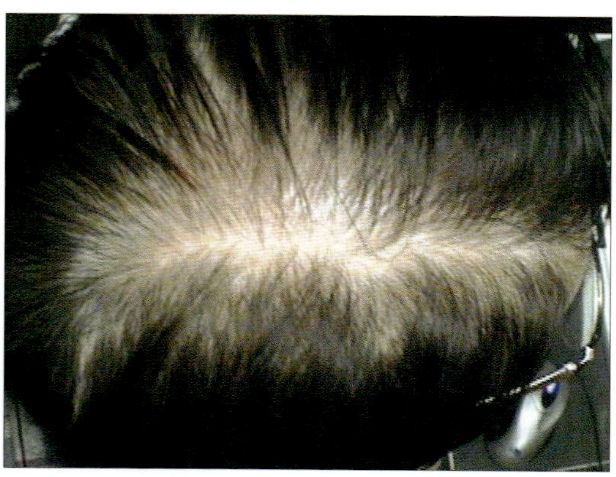

2. 배율별 두개피 이미지

▶ 기본 배율

- **형태**
  - 탈모 진행

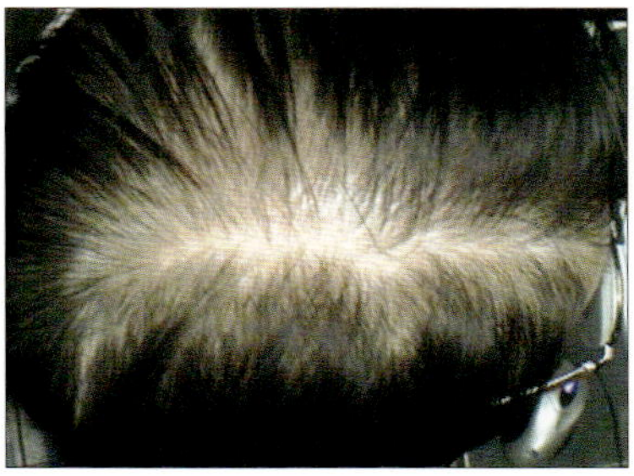

▶ 40배율

- **모발의 밀도**
  - 성모보다 연모가 많고 모량이 감소되어 있다.

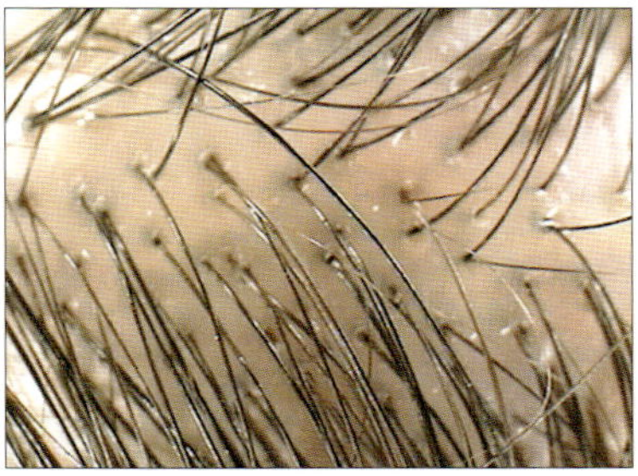

▶ 100배율

- **모발 수**
  - 모발수가 감소되어 있다.
  - 성모보다 연모와 취모가 많다.

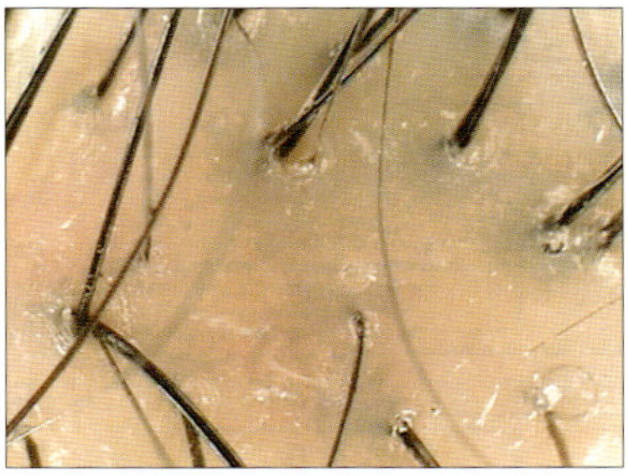

▶ 300배율

- **두개피**
  - 두개피의 색이 투명하지 않으면 이물질(피지 역류- 산화) 축적으로 염증 유발
- **모공**
  - 두개피의 붉은 빛은 혈액 순환 장애, 염증, 발열상태를 의심 해야 된다
- **모발**
  - 모공을 막고 있는 산화된 피지는 모발의 변화.

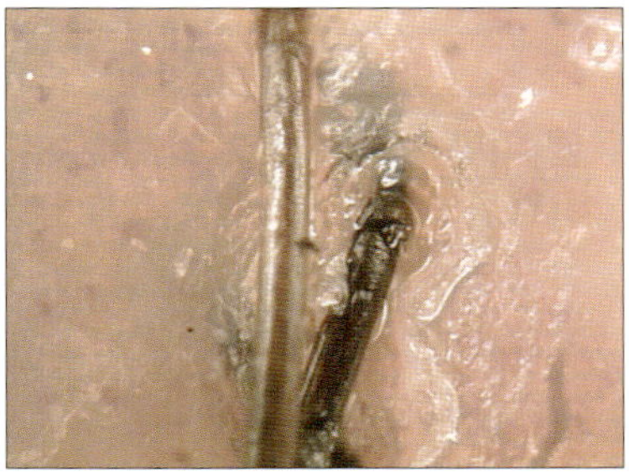

3. 문제성 두개피 이미지

■40배율

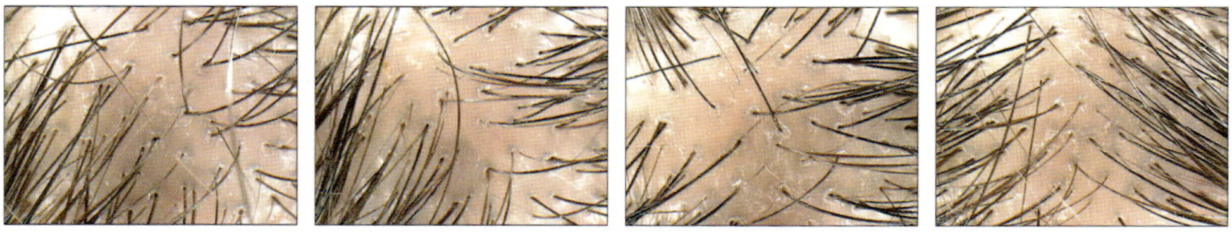

■100배율

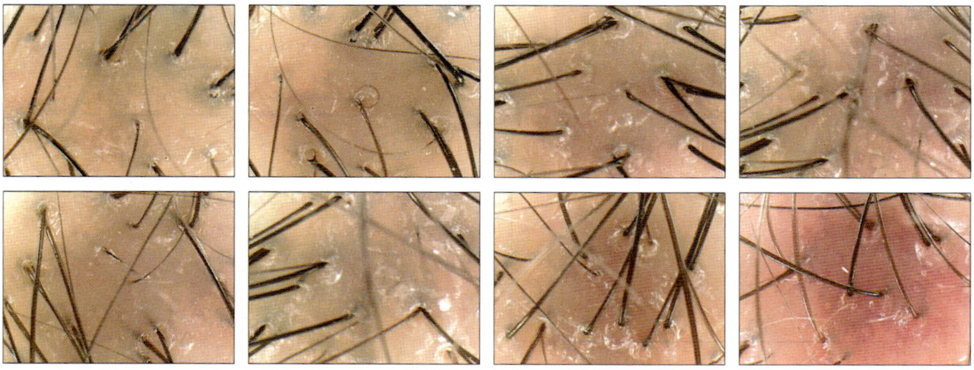

■300배율

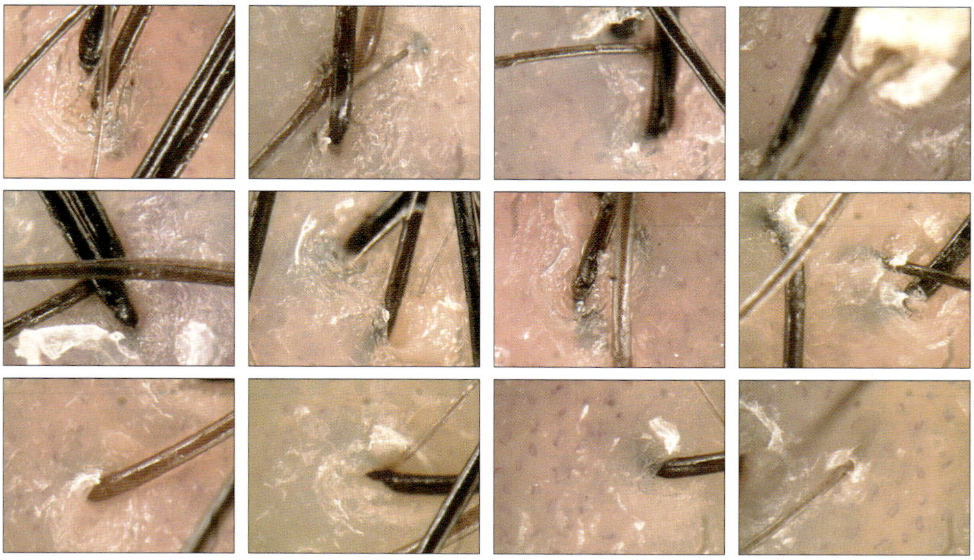

4. 관리 전 · 후 두개피 이미지 비교 분석

● 기본 : 탈모 형태 관리 전 · 후

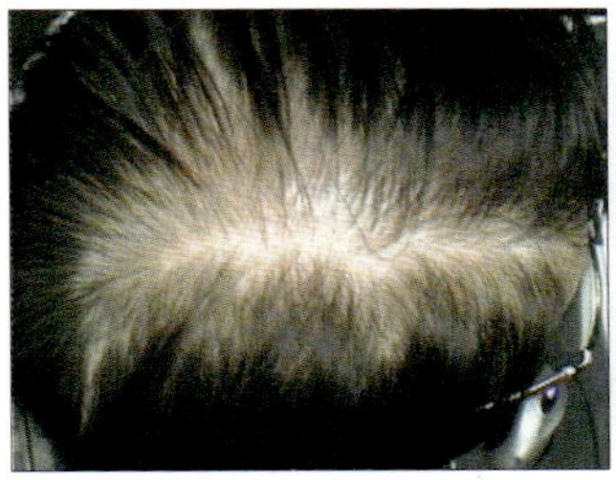

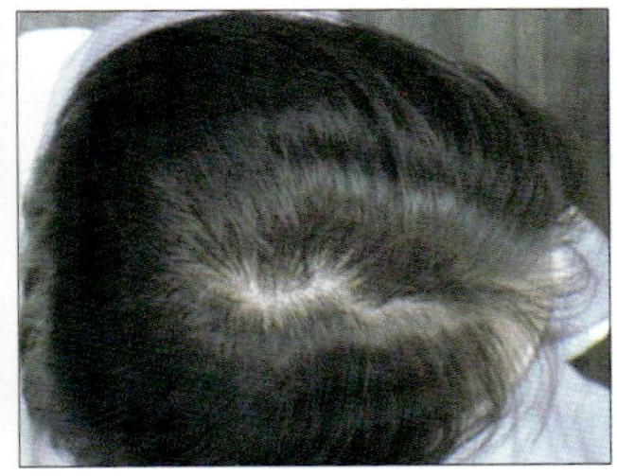

● 40배율 : 탈모량 관리 전·후

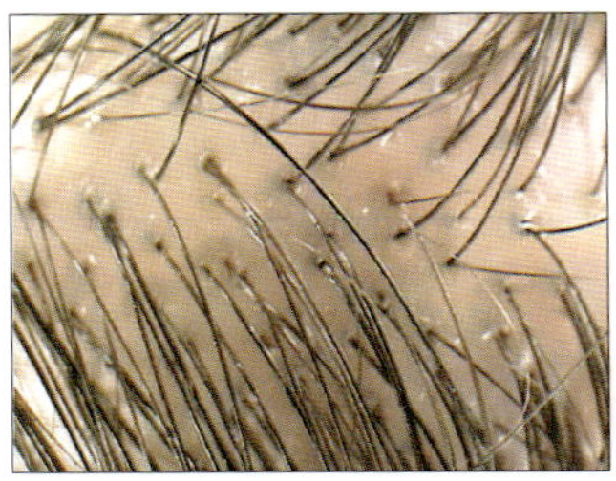

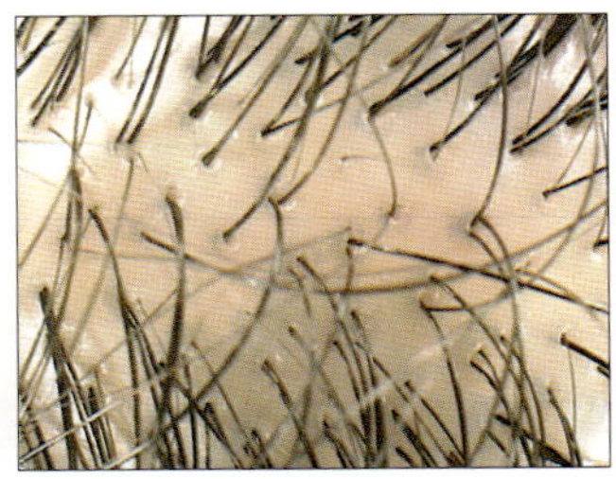

● 100배율 : 모발 수 관리 전·후

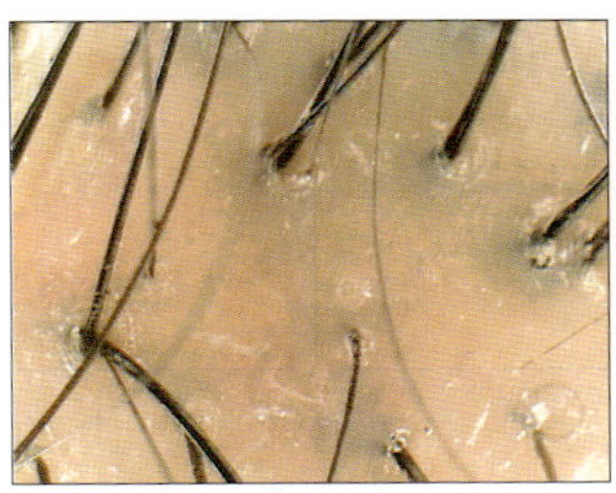

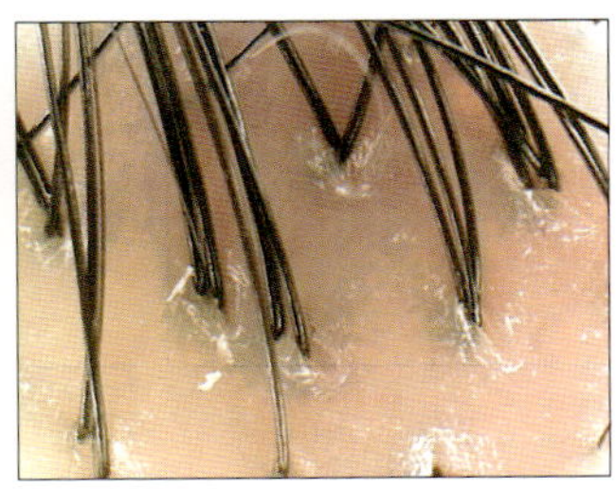

● 300배율
 - 두개피 관리 전·후
 - 모근 관리 전·후

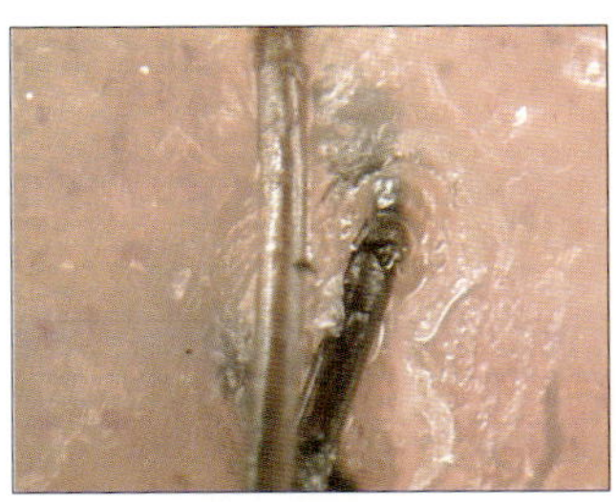

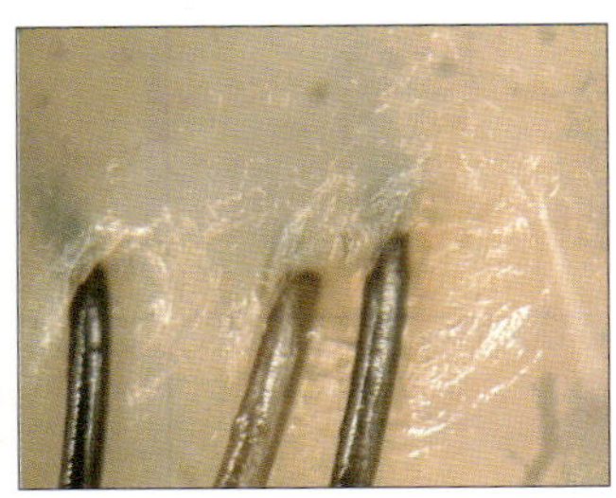

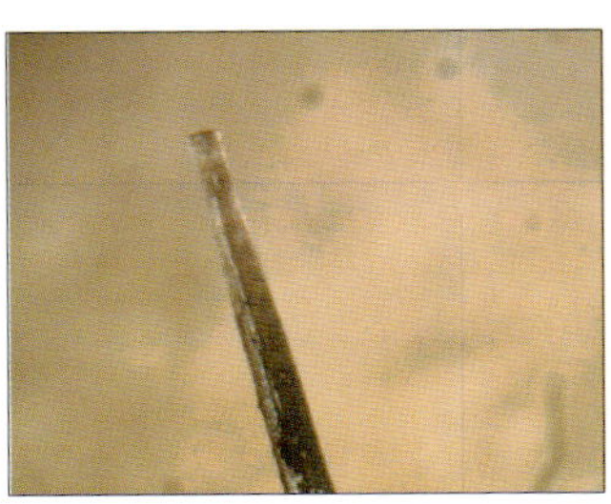

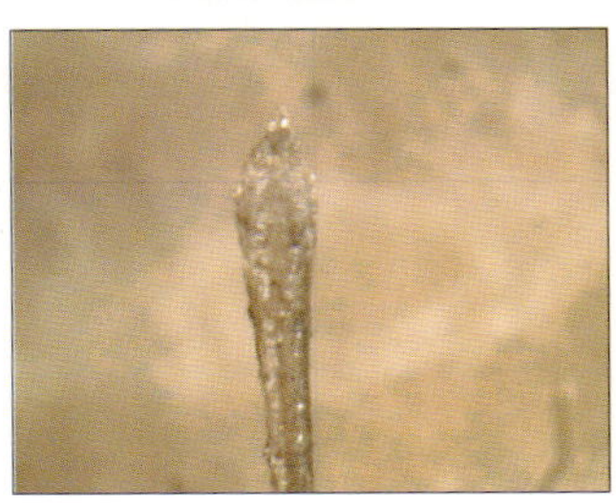

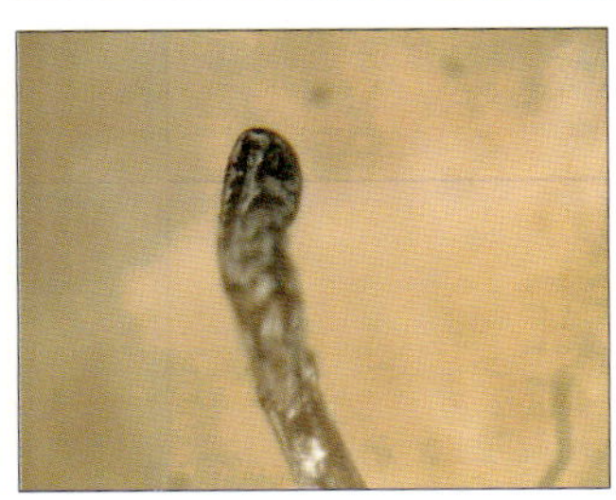

5. 관리 후 변화되는 형태

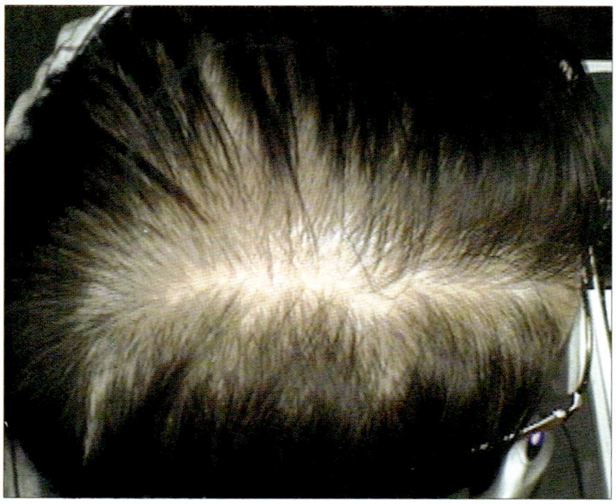

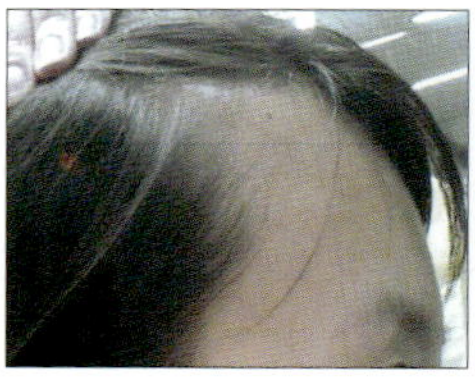

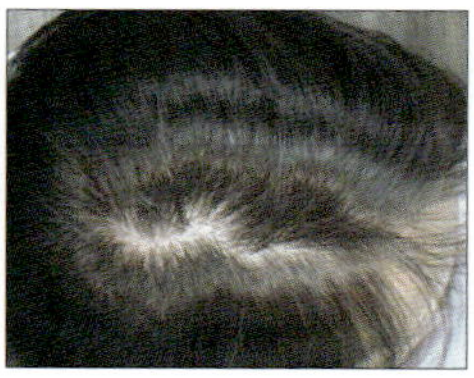

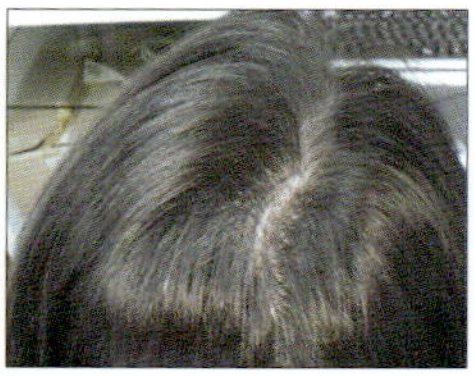

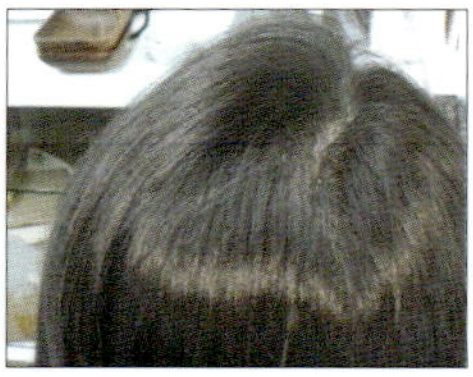

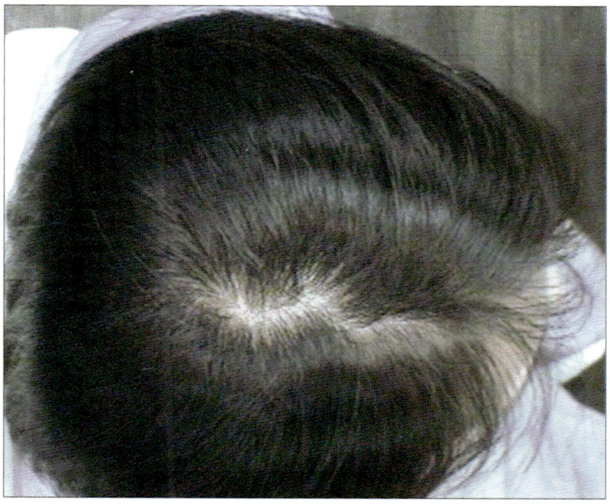

4. 산후 탈모

1. 문진

- 만성적
  - 두개피
    - 형태
    - 두상전체
    - 증상
      - 두개피 흡착
      - 피부염
      - 지루성
      - 건선 · 태선
  - 원인
    - 유전적 · 생리적
      - 호르몬
      - 스트레스
      - 노화
      - 신체질환
    - 자연적
      - 생활식 습관
    - 화학적
      - 약물(보르액)
      - 염모제
      - 펌
    - 영양
      - 미네랄검사

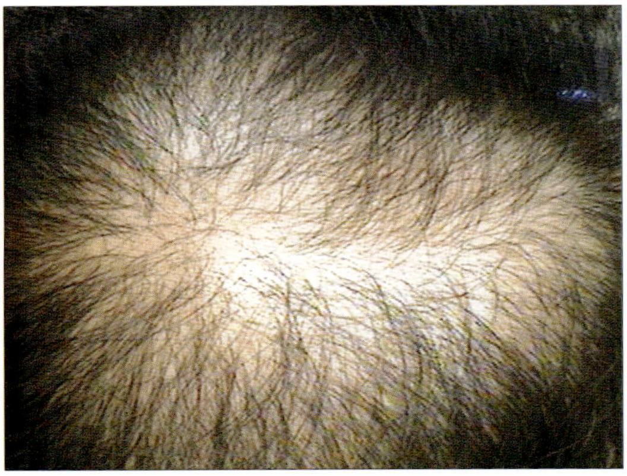

▶ 산후 탈모

- 호르몬의 언밸런스(내분비 실소)에 의한 면역체계의 불균형으로 탈모현상이 나타난다.
- 임신을 하게 되면 태아의 영양공급을 위해 내분비 호르몬의 변화가 생기는데 임신 후기에는 여성 호르몬의 증가로 모발의 탈락이 감소되나, 수명이 연장되어 있던 모발은 출산후 호르몬의 분비가 정상화 되면서 탈모현상을 초래한다.
- 출산후유증으로 임산부가 출산을 마치고 2~4개월 이내에 탈모가 나타난다.
- 탈모의 위치는 두상 앞부분 3/1부분에서 나타나며 모발의 재생은 출산한 6개월 후 정상적으로 되지만 탈모증상을 보이는 사람도 있다.

2. 배율별 두개피 이미지

▶ 기본 배율

● **형태**

- 탈모 진행

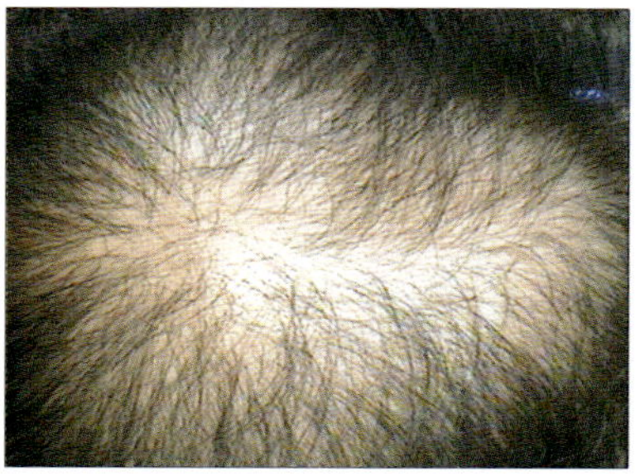

▶ 40배율

● **모발의 밀도**

- 성모 보다 연모가 많다.

▶ 100배율

● **모발 수**

- 모발수가 감소되어 있다.
- 비워있는 모낭이 많다.

▶ 300배율

● **두개피**

- 두개피의 조직적 손상
- 두개피의 발열은 혈액 순환 장애, 염증,
- 모근 위축과 모낭 손상이 발생 된다. 호르몬 불균형으로 두피에 많은 피지 발생으로 인하여 모낭에 이물질 (피지 역류로 피지산화)축적은 두개피가 불안정하고 혈액 순환 장애로 모주기 변화가 발생 된다.
- 두개피의 혈액 순환 장애는 휴지기 탈모로 진행 된다.

3. 문제성 두개피 이미지

■40배율

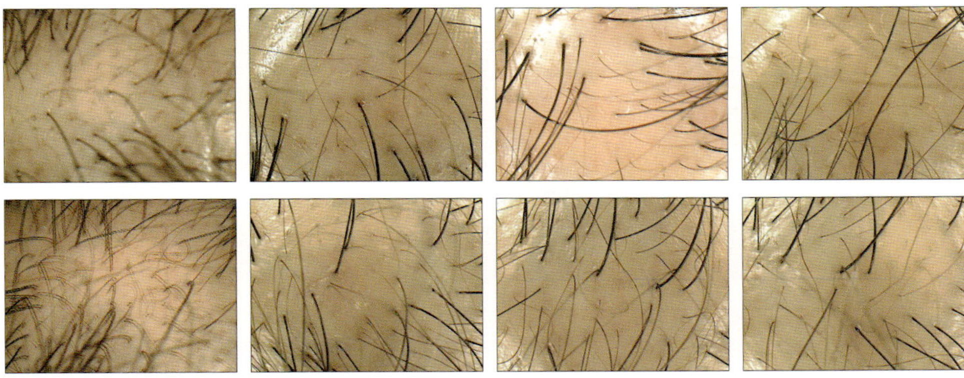

■100배율

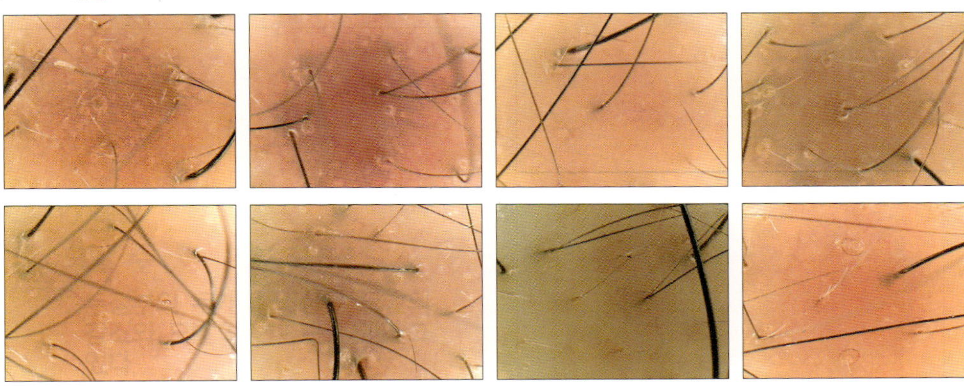

■300배율

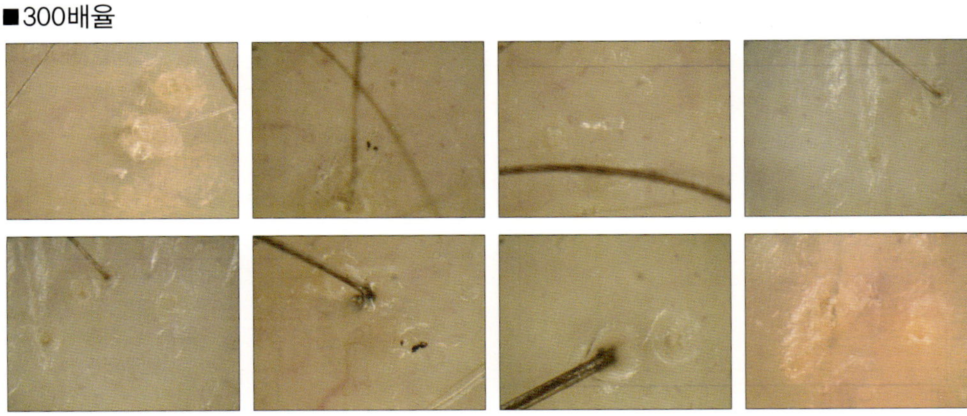

4. 관리 전 · 후 두개피 이미지 비교 분석

■기본 : 탈모 형태 관리 전 · 후

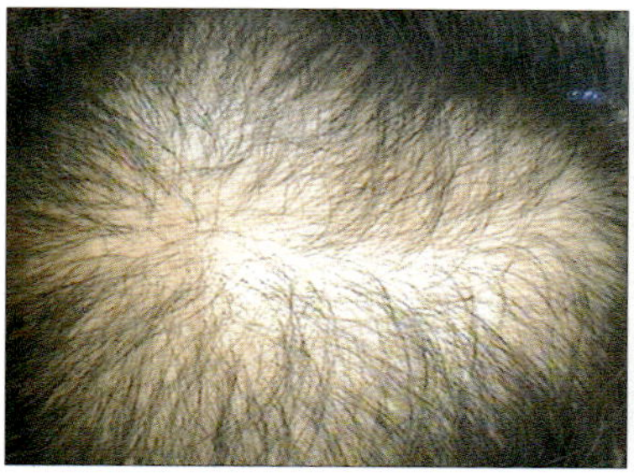

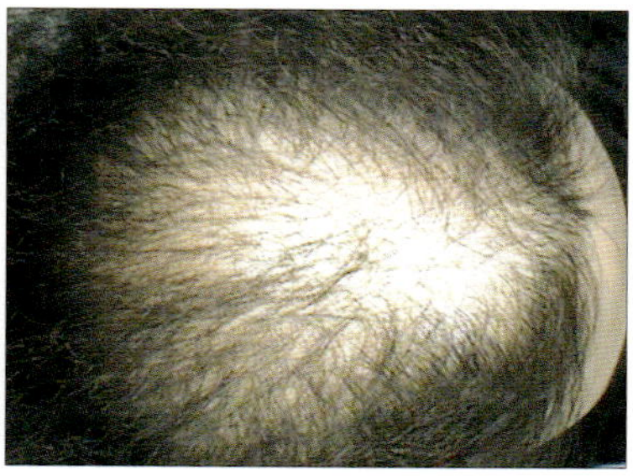

■40배율 : 탈모량 관리 전 · 후

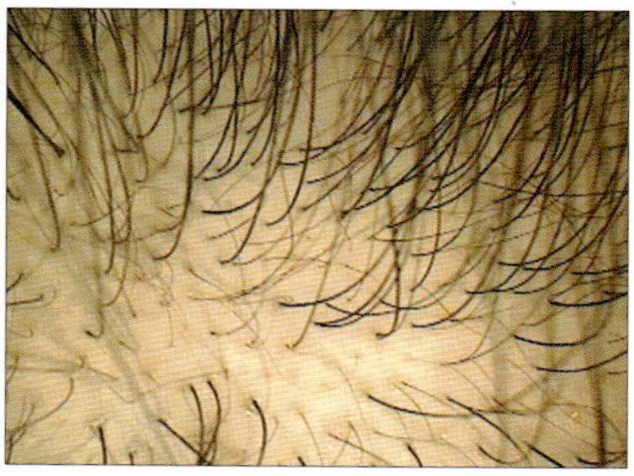

■100배율 : 모발 수 관리 전 · 후

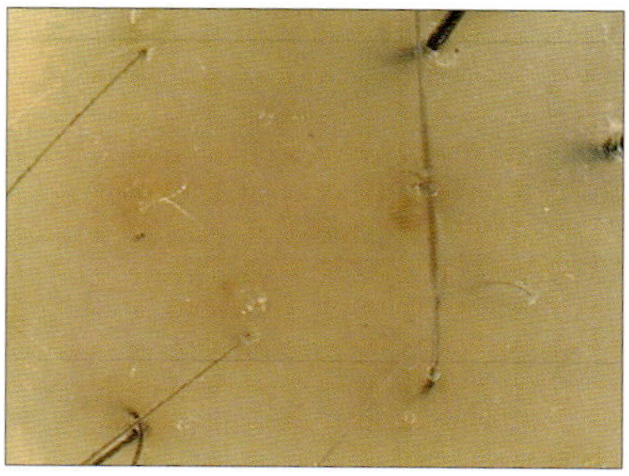

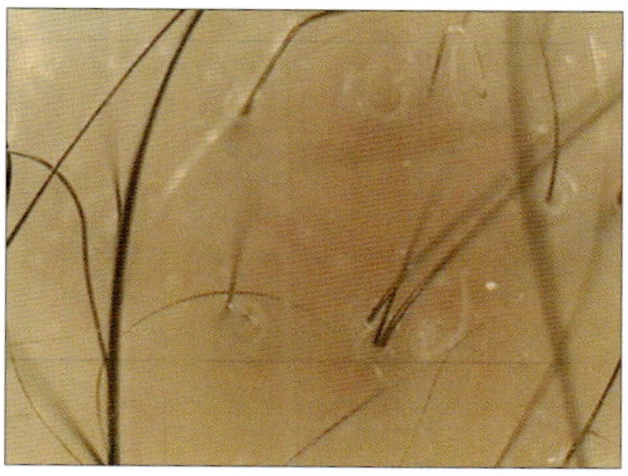

■300배율 : 두개피 관리 전 · 후

5. 관리 후 변화되는 유형

■형태 변화

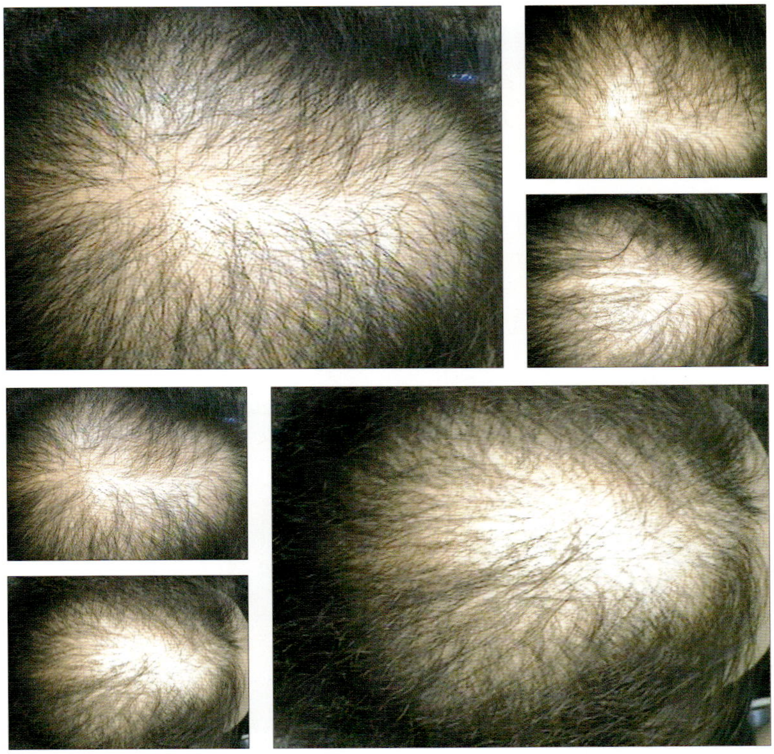

■모발 증가

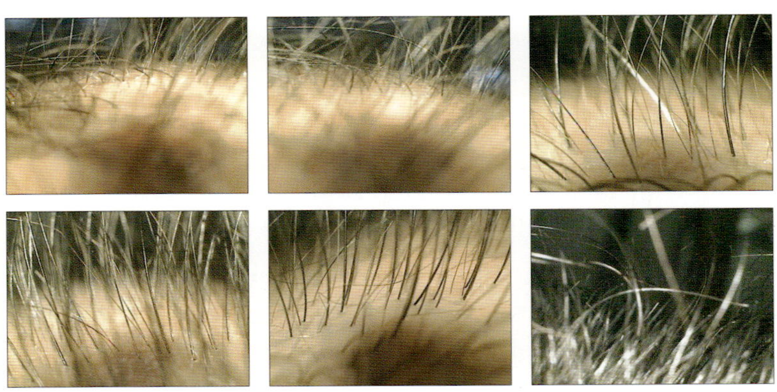

■모근 변화

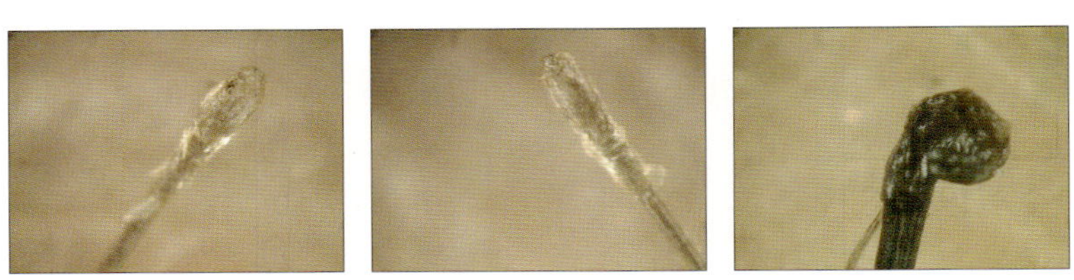

5. 압박성 휴지기 탈모 (pressure alopecia)

- 만성적
  - 두개피
    - 형태
    - 두상전체
    - 증상
      - 두개피 흡착
      - 피부염
      - 지루성
      - 건선 · 태선
  - 원인
    - 생리적
      - 호르몬
      - 스트레스
      - 신체질환
      - 혈액순환장애
    - 화학적
      - 약물(보르액)
    - 영양
      - 미네랄검사

1. 문진

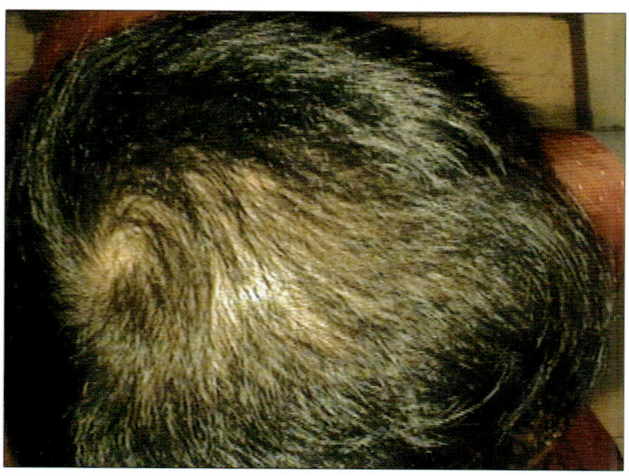

▶ 압박 성 휴지기 탈모

- 두개피가 압박되어 영양이 정상적으로 공급되지 못하거나 오랫동안 누워있는 영아의 후두부나 수술 후 같은 위치로 누워 있는 환자에게서 볼 수 있는 금성 탈모다.
- 전두부 두정부 부위 탈모는 습관적으로 모자를 쓰면 두개피에 영양과 산소 공급이 되지 못해 생리적 자극을 반복할 때 모낭의 혈류 장해가 생기고 모유두 조직 주변에 염증을 일으켜 조직의 노화로 진행되기 때문이다.
- 예) 정신적 스트레스나 두개피에 산소 중단은 영구적인 탈모를 일으킬 수 있다.
- 군인 제대후 지루성과 함께 탈모가 나타난다.
- 지루성 탈모는 반복적, 지속적으로 나타나고 합병증으로 장년성 탈모로 이어짐.
- 현재는 생활 습관 병(환경 오염, 스트레스, 음식)등으로 20세 전후에 나타남.

2. 배율별 두개피 이미지

▶ 기본 배율

● **형태**

– 탈모 진행

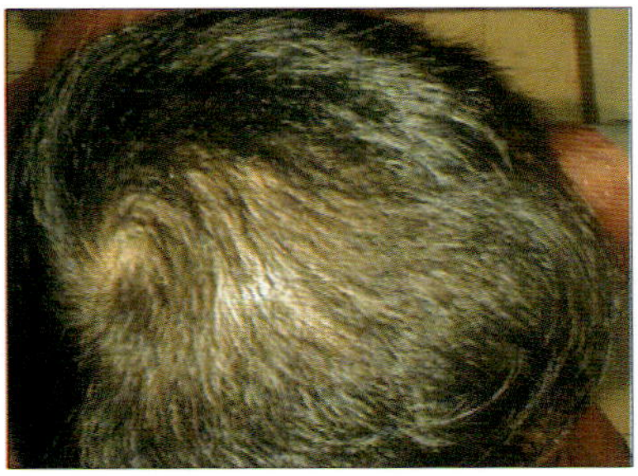

▶ 40배율

● **모발의 밀도**

– 성모보다 연모가 많다.

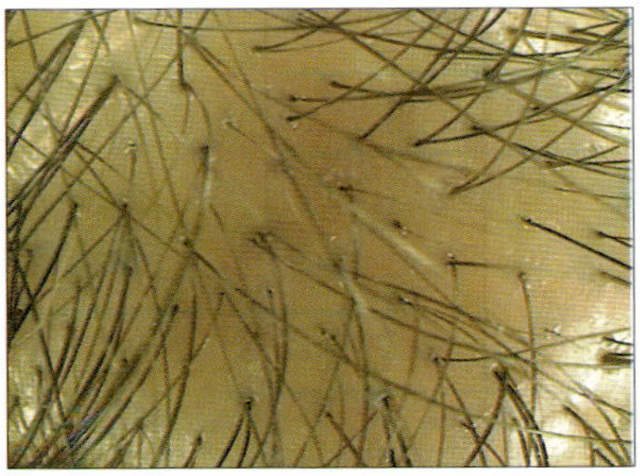

▶ 100배율

● **모발 수**

– 모발수가 감소되어 있다.

– 헤어 싸이클 변화로 연모가 많다.

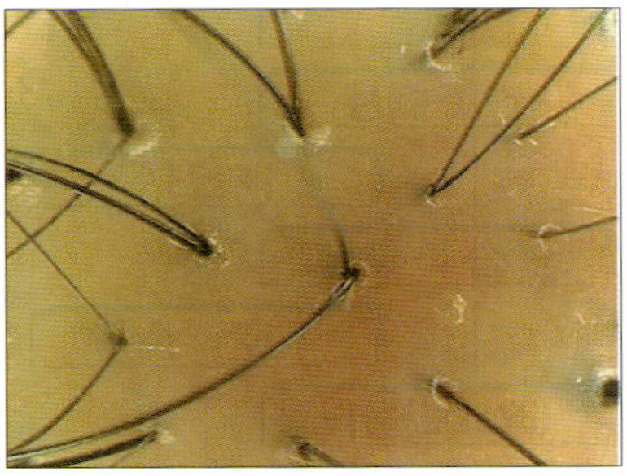

▶ 300배율

● **두개피**

– 압박에 의한 두개피의 조직적 손상

● **두개피의 발열**

– 혈액 순환 장애, 염증, 모근 위축과 모낭손상이 발생 된다.

– 두개피는 불안정하고 피지와 이물질 모낭(피지 역류 – 산화) 축적은 혈액 순환 장애로 모주기 변화를 발생시킨다.

– 두개피의 혈액 순환 장애는 후천적 (노화) 탈모로 진행된다.

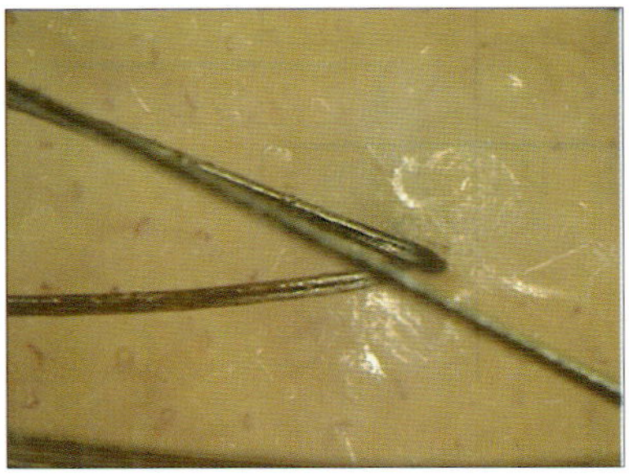

3. 문제성 두피 이미지

■40배율

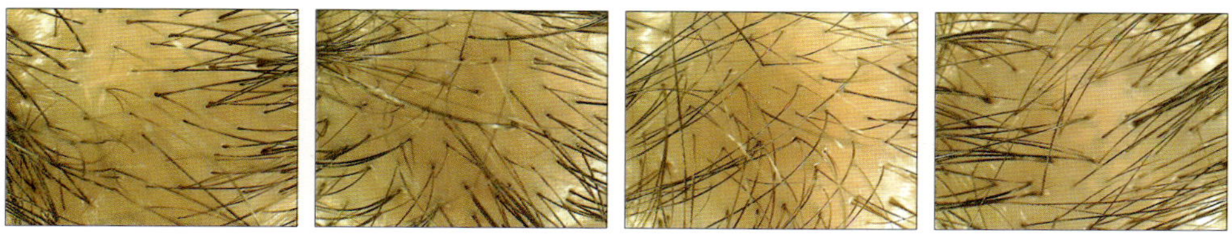

■100배율

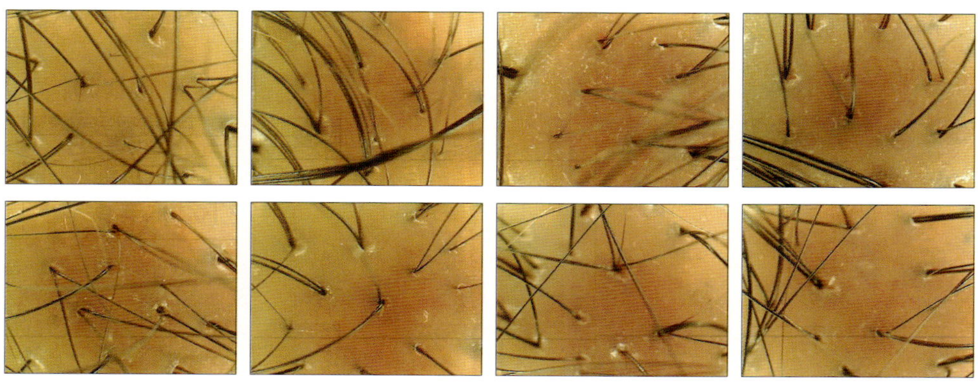

■300배율

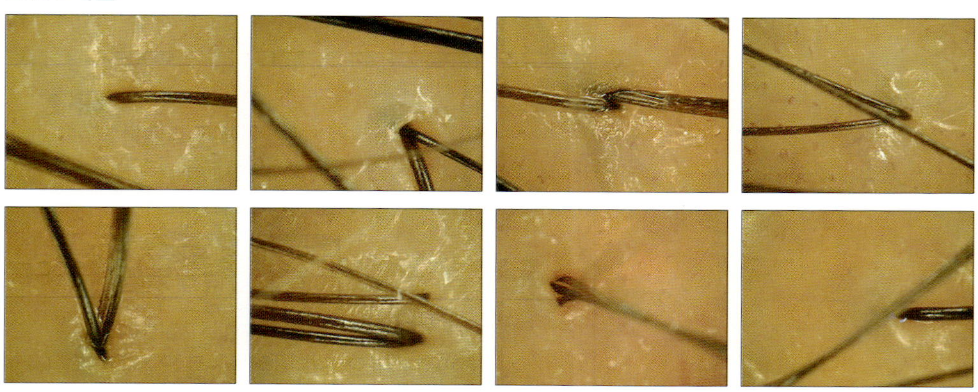

4. 관리 전 · 후 두개피 이미지 비교분석

■기본 : 탈모 형태 관리 전 · 후

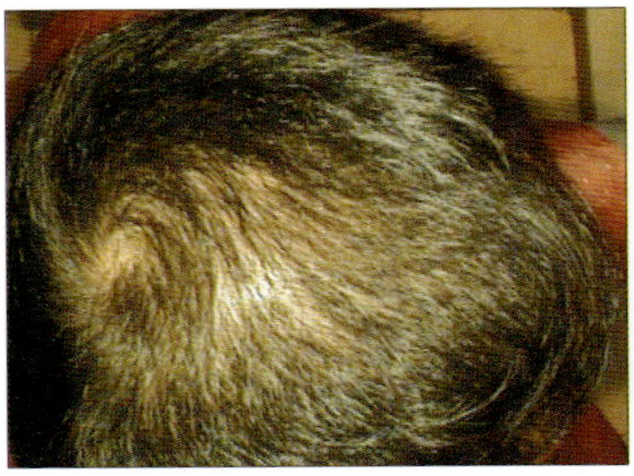
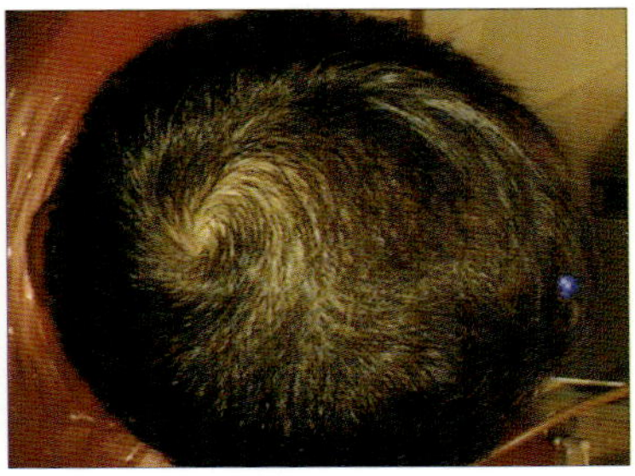

■40배율 : 탈모량 관리 전 · 후

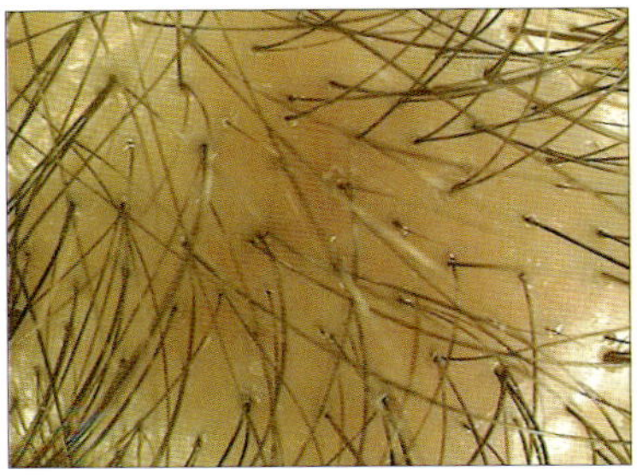

■100배율 : 모발 수 관리 전 · 후

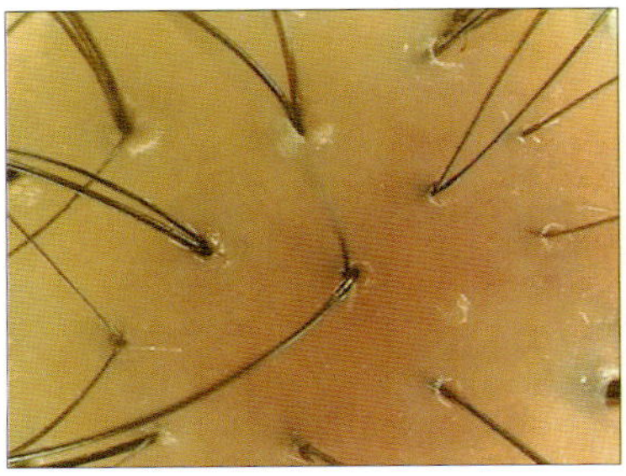
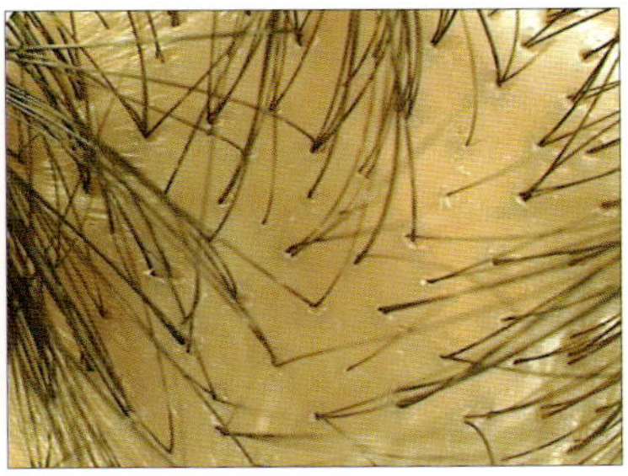

■300배율 : 두개피 관리 전 · 후

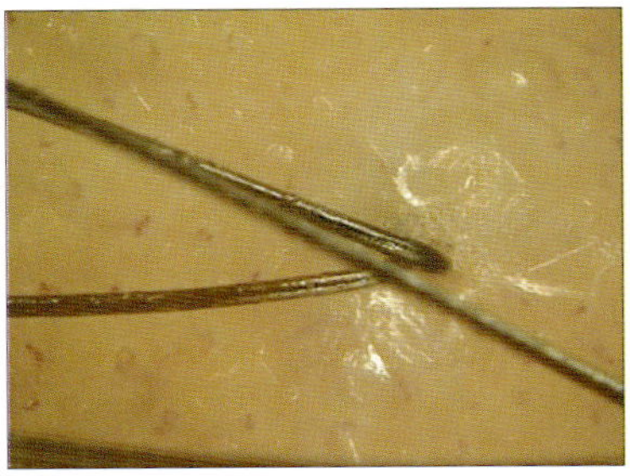
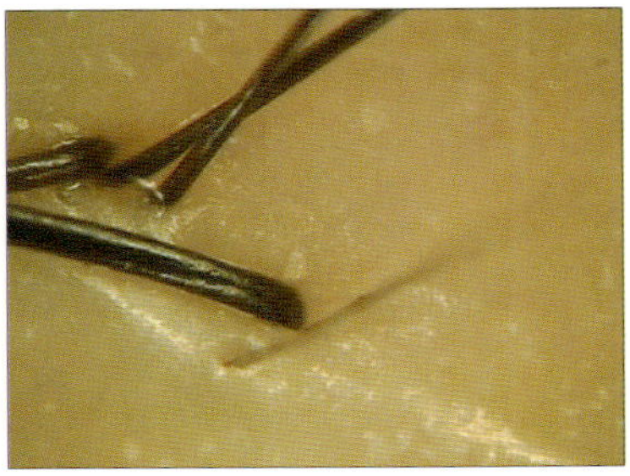

5. 관리 후 변화되는 유형

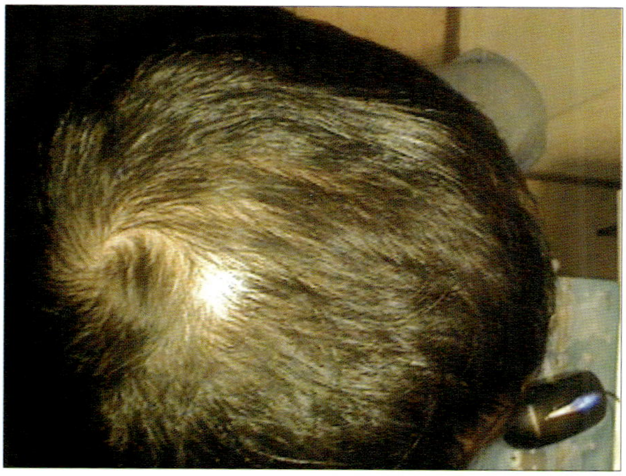
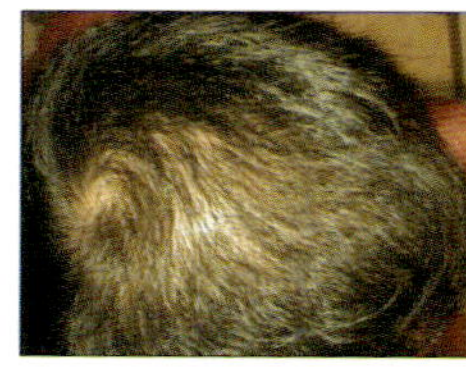
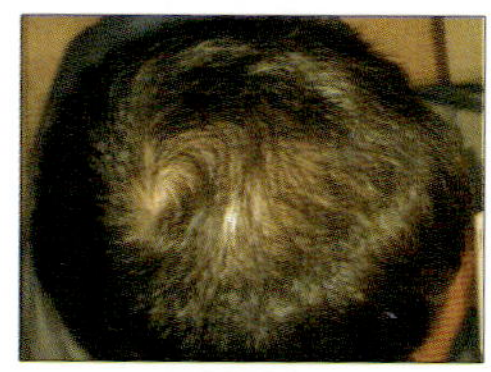
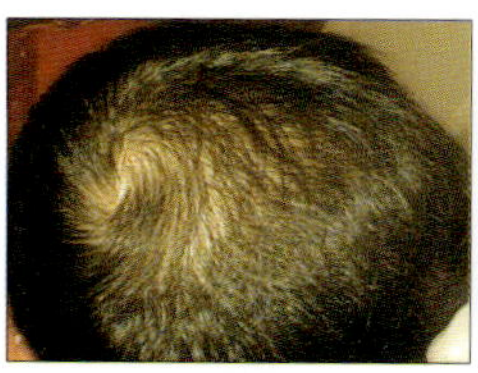
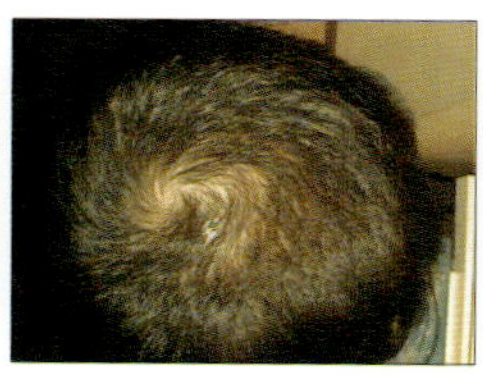
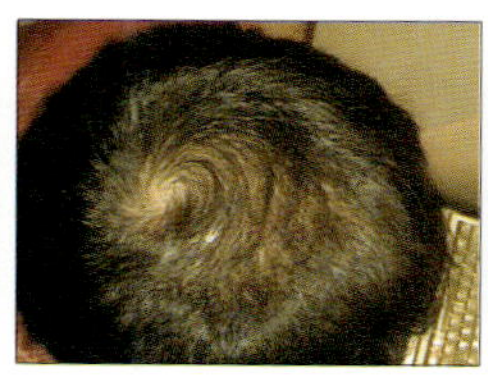
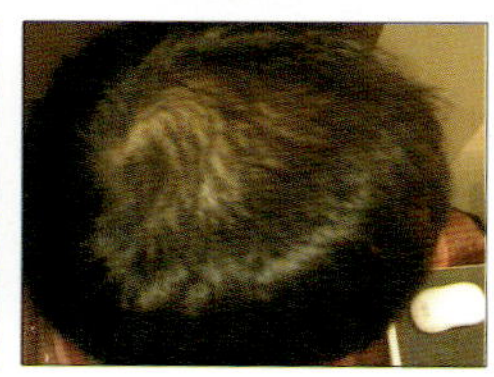
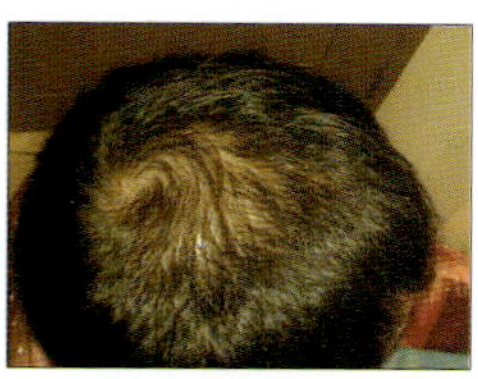
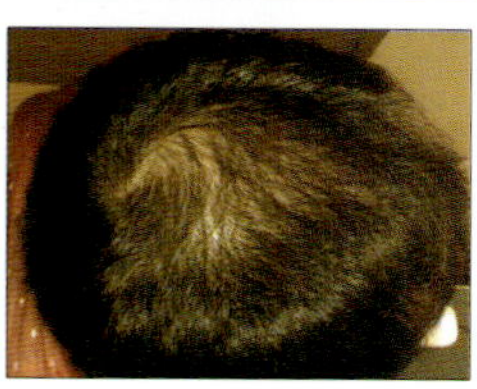
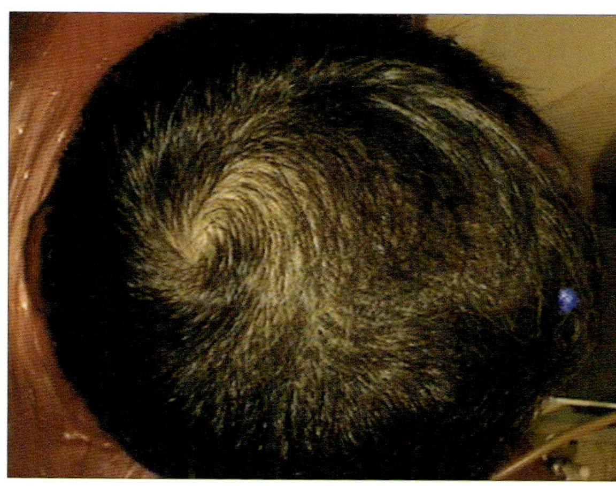

6. 신경성 탈모

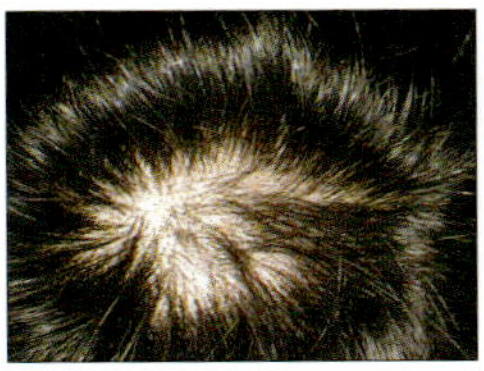
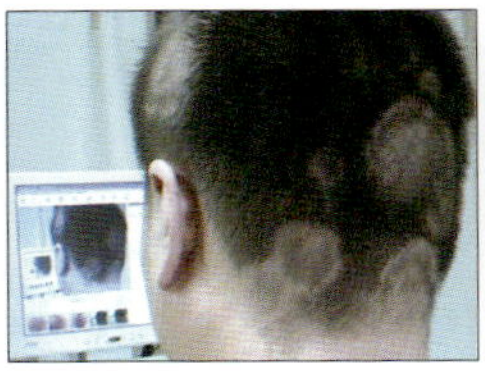
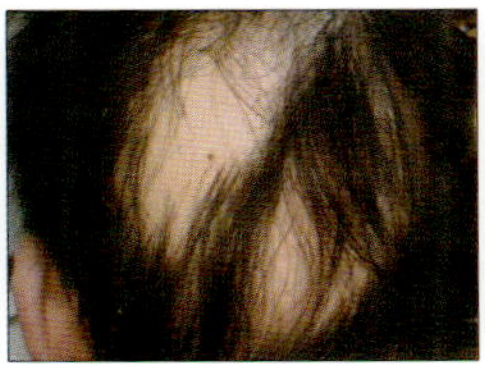
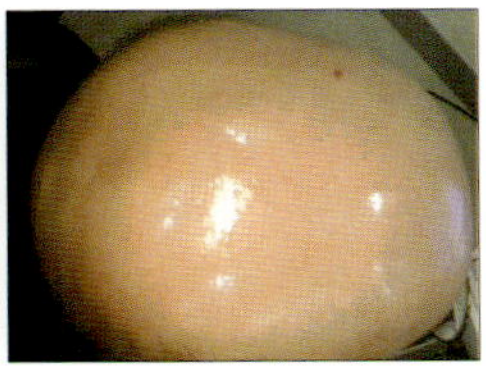

▶ 급성탈모

- 현대인은 빠르게 변화하는 시대와 과도한 경쟁 속에서 누구나 스트레스에 노출되어 있다.
- 현대사회에서 탈모의 가장 큰 원인으로 스트레스를 꼽는다.
- 스트레스는 심리적 압박의 크기는 사람에 따라 다르게 나타날 수 있다.
  - 과중한 학습,직장생활, 자녀교육, 금전적 문제, 경쟁에서 오는 압박, 완벽주의, 강한 자존심, 콤플렉스는 심한 스트레스를 유도할 수 있으며 탈모의 원인이 될 수 있다.
- 스트레스는 심장 박동이 빨라지고 혈압이 높아져 몸속의 혈액순환을 방해하여 모발이 필요로 하는 산소와 영양분의 공급을 차단하면 탈모의 원인이 된다.
- 원형탈모는 흔하게 볼 수 있는 탈모증의 하나로 3살부터 고령자까지, 남성보다 여성이 더 많다.
- 탈모반이 동전 모양이나 계란 모양으로 빠진다.
- 단발(한군데에만 발현된 원형탈모)인 경우 60%는 자연적으로도 치유가 되는것으로 알려져 있지만 재발할 경우에는 치유가 어렵다.
- 원형탈모는 면역계가 불안정한 사춘기 이전의 소아에게 발생하면 재발의 위험성이 높다.
- 부모, 형제간에 원형탈모를 앓은 경우가 있다면, 원형탈모를 유발할 수 있는 유전적 소인이 있다.
- 알러지성 비염, 천식, 아토피성 피부염이 있는 경우에는 다발성, 원형탈모로 진행 될 수 있다.
- 갑상선 기능 저하증, 갑상선 기능 항진증, 다낭성난소 증후군과 같은 탈모관련이 있는 호르몬 계통의 이상이 있는 경우에 원형탈모는 2~3개 이상의 다발성(범발성), 전두탈모, 전신 탈모로 진행 될 수 있다.
- 원형탈모로 병원에서 면역억제 치료로 호전된 이후 다시 재발한 경우에는 다시 발생될 가능성이 높다.
- 원형탈모가 일어난 부위(두피)의 탈모 반이 움푹 들어가면 두피의 진피층에 이상이 있을 수 있다.
- 원형탈모 부위가 가렵고, 붉어지고, 염증이 있으면 2차 감염의 위험성이 있다.

- 감염으로 모낭에 심한 염증은 모낭소실로 영구 탈모가 발생할 수도 있다.
- 사이드와 후두부는 모근이 가장 강하고 남성호르몬(DHT)에 대한 감수성이 낮아서 탈모가 잘 발생하지 않는 부위로 탈모가 발생하면 유전, 신체, 내분비 이상일 수 있다.
- 원형탈모 부위에서 솜털로 발모되어 점진적으로 굵어지면서 성모로 자라는데, 다시 빠지는 경우에는 2~3개 이상의 다발성(범발성), 전두 탈모, 전신탈모로 진행 될 수 있다.
- 사행성 탈모도 다발성 원형탈모의 일종으로, 사행(蛇行) 즉 뱀이 지나간 듯한 원형탈모의 모양을 일컫는 표현이다.

▶ 증상

- 모낭의 위축
- 모낭의 염증으로 모발 소실
- 비워 있는 모낭
- 두개피 속에는 구름 모양의 피지 형태로 피부이상을 볼 수 있다.
- 모공에는 배출 되지 못한 노폐물으로 막혀 있다.
- 두개피는 혈관 확장으로 예민 해져 있다.
- 모근은 피지로 감싸고 있어 영양공급 차단
- 신경성 스트레스로 인하여 자율 신경계의 실소는 건강한 세포를 바이러스로 착각하고 공격하는 데에서 시작된다.
- 심각한 경우 모발이 모두 빠져버리는 경우가 있다.
- 스트레스로 인해 일시적으로 군데군데 눈에 띄지 않을 정도로 2~3개의 모발이 빠져 나가는 경우도 있다.
- 모발이 성장할 때 기존 모발보다 가늘어지며 성장속도가 느려지면서 탈모로 진행 된다.

▶ 두부 백선

- 원형탈모와 비슷한 탈모형태로 곰팡이(진균류)에 의한 감염으로 발생 된다.
- 곰팡이(진균류) : 무좀균과 유사한 곰팡이류

1. 원형탈모

- 만성적
  - 두개피
    - 형태
    - 두상전체
    - 증상
      - 두개피 흡착
      - 피부염
      - 지루성
      - 건선 · 태선
  - 원인
    - 생리적
      - 면역계이상
      - 스트레스
      - 신체질환
      - 신경계이상
    - 자연적
      - 생활 습관병
    - 화학적
      - 약물(보르액)
      - 염모제
      - 펌
    - 영양
      - 미네랄검사

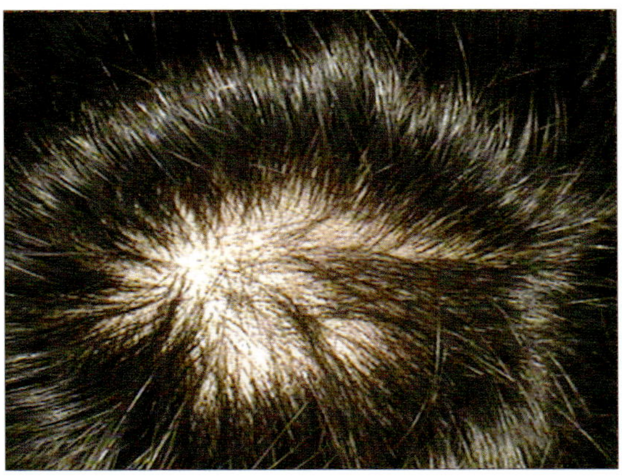

▶ 단발성 원형탈모

- 탈모 반이 한곳
- 원형탈모의 70～80%는 2～3개월 사이에 자연스런 호전을 보인다.
- 500원 동전 크기 이하의 단발성 원형탈모는 자연스런 호전을 기대해볼 수 있다.
- 원형탈모의 원인은 다양하며, 유발요인도 다양하지만, 원형탈모가 일어나는 병리적 기전은 자가 면역계 이상에서 오는 공통점이 있다.
- 다발성 탈모, 전두탈모, 전신탈모로 악화되기도 하며, 영구적 탈모가 유발될 수 있는 예후가 다양하다.

2. 배율별 두개피 이미지

▶ 기본 배율

● **형태**

– 두상에 탈모반이 형성 되어 있다

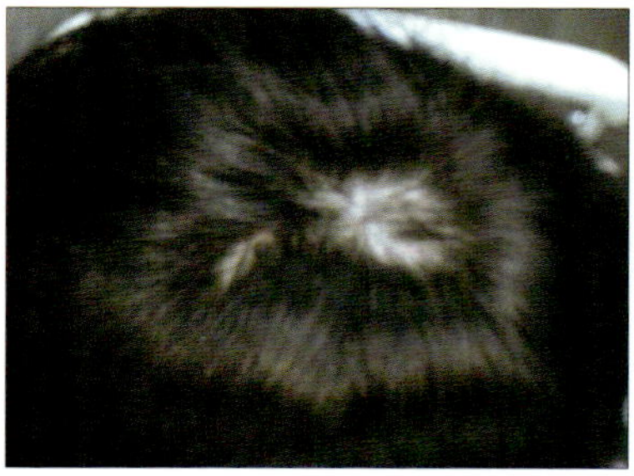

▶ 40배율

● **모발의 밀도**

– 탈모반에는 성모는 존재하자 않고 솜털 많이 존재 한다.

▶ 100배율

● **모발 수**

– 두개피 손상으로 비워 있는 모낭이 많고 탈모반에는 솜털이 존재한다.
– 모발의 형태가 불안정 하다.

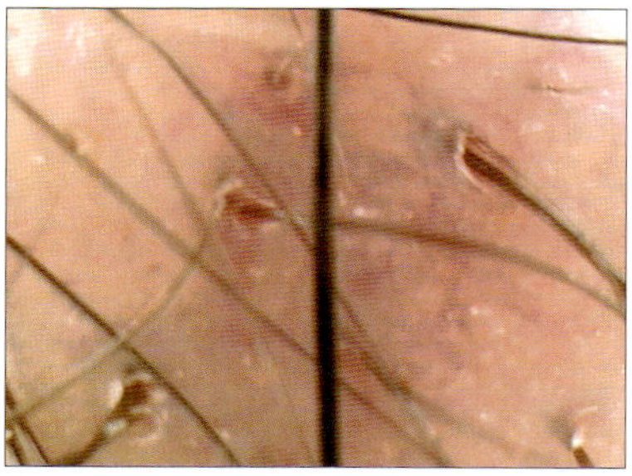

▶ 300배율

● **두개피**

– 두개피의 조직적 손상

– 두개피의 발열은 혈액 순환 장애, 염증, 모근위축과 모낭손상이 발생 된다.

– 두개피는 불안정하고 피지와 이물질 모낭(피지 역류 – 산화)축적은 혈액 순환 장애로 모낭 손상과 모발 소실을 발생 시킨다.

– 두개피 발열은 방치시 모낭 손상과 모발 소실은 반흔성 탈모반으로 진행된다.

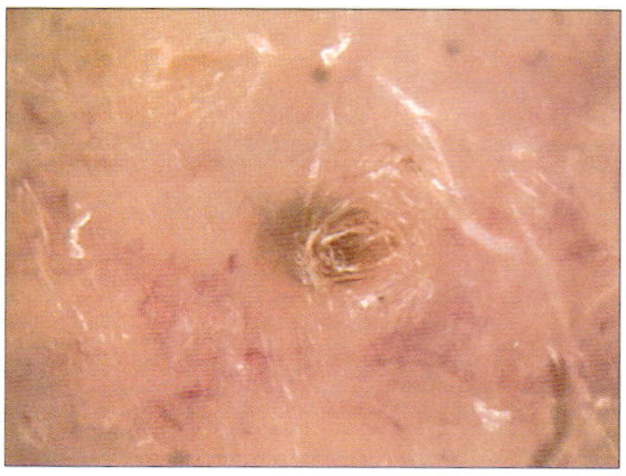

3. 문제성 두개피 이미지

■40배율

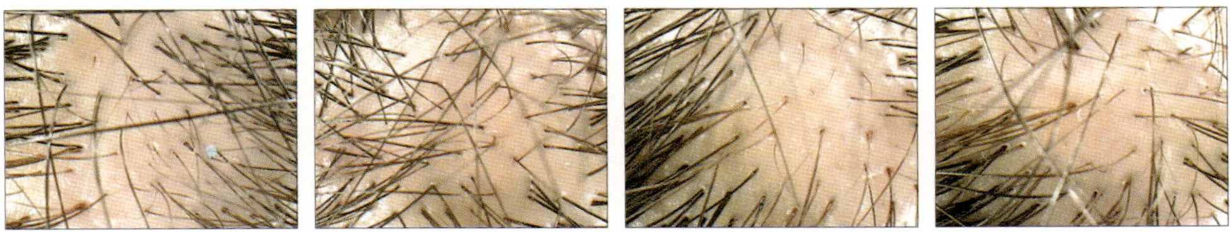

■100배율

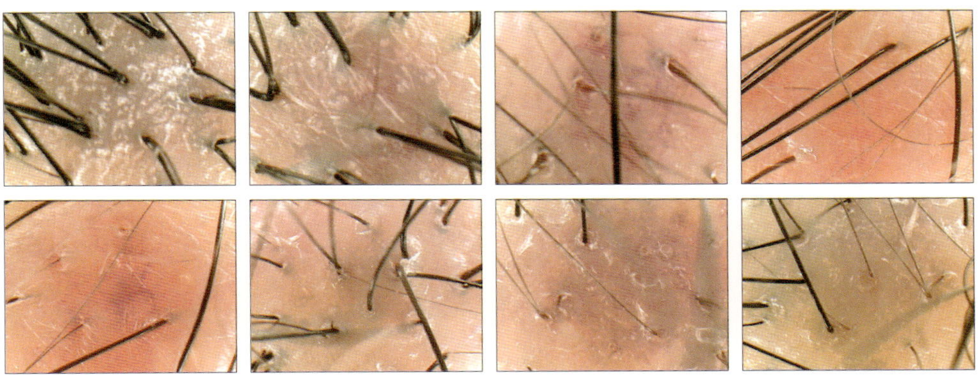

■300배율

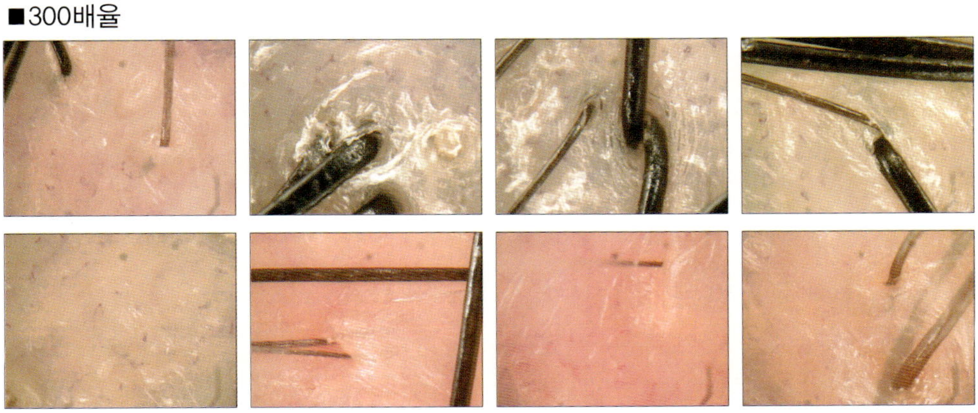

4. 관리 전 · 후 두개피 이미지 비교분석

■ 기본 : 탈모 형태 관리 전 · 후

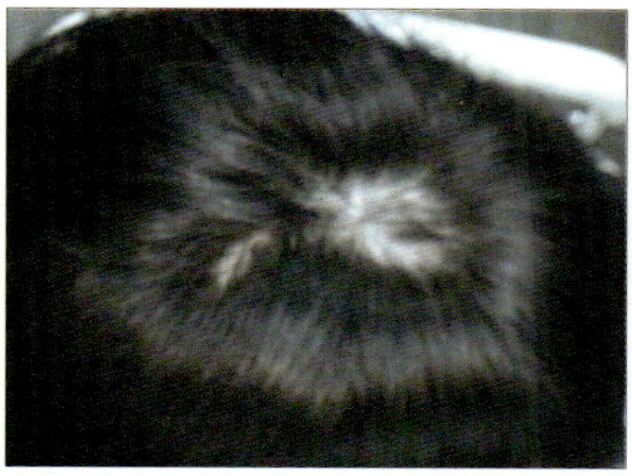

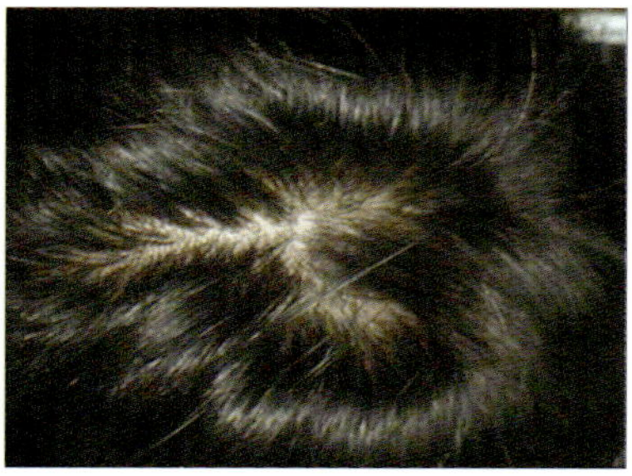

■ 40배율 : 탈모량 관리 전 · 후

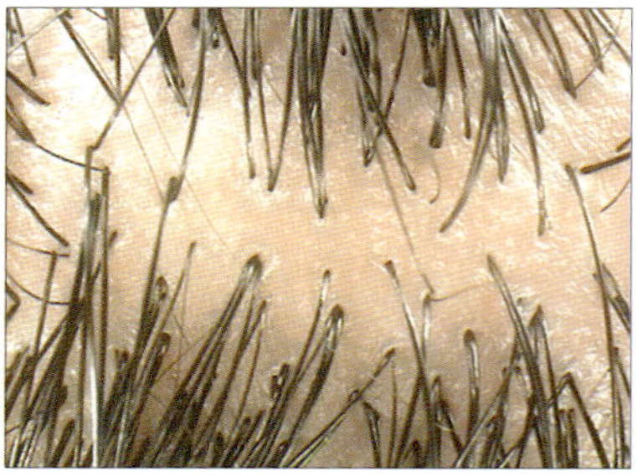

■ 100배율 : 모발 수 관리 전 · 후

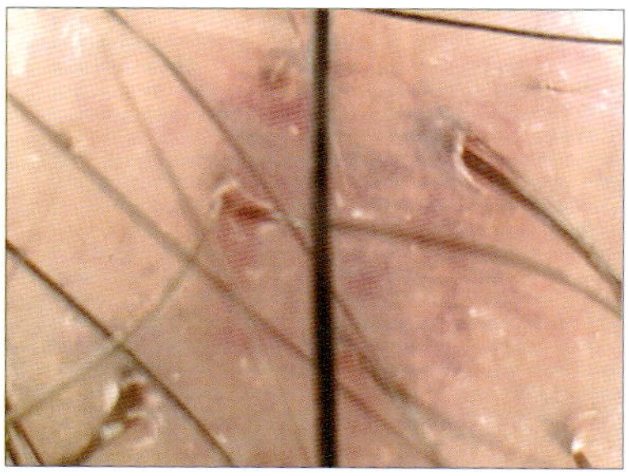

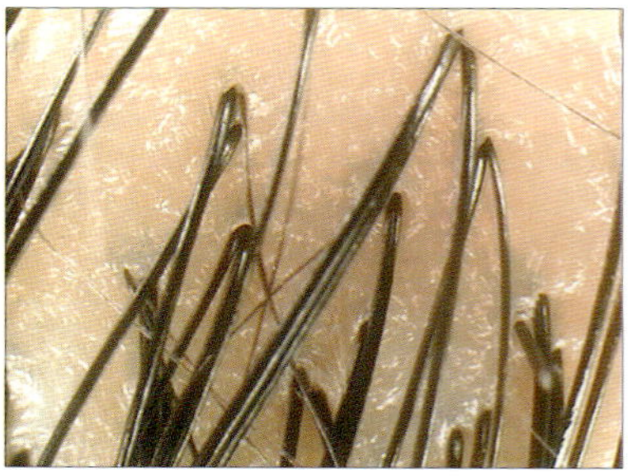

■ 300배율 : 두개피 관리 전 · 후

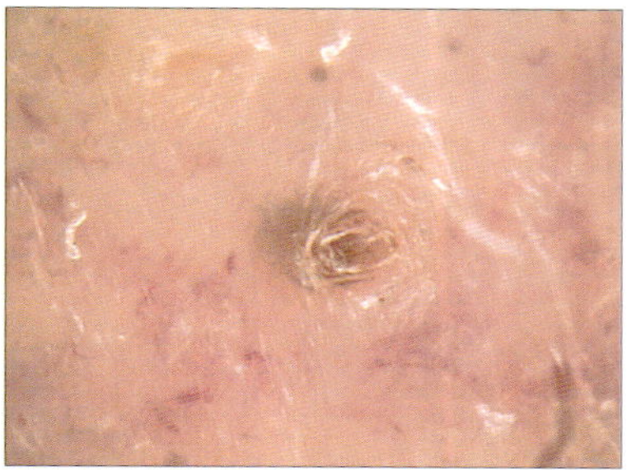

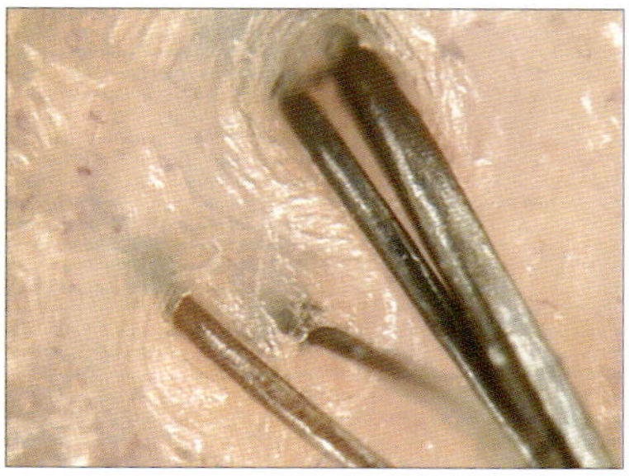

5. 관리 후 변화되는 유형

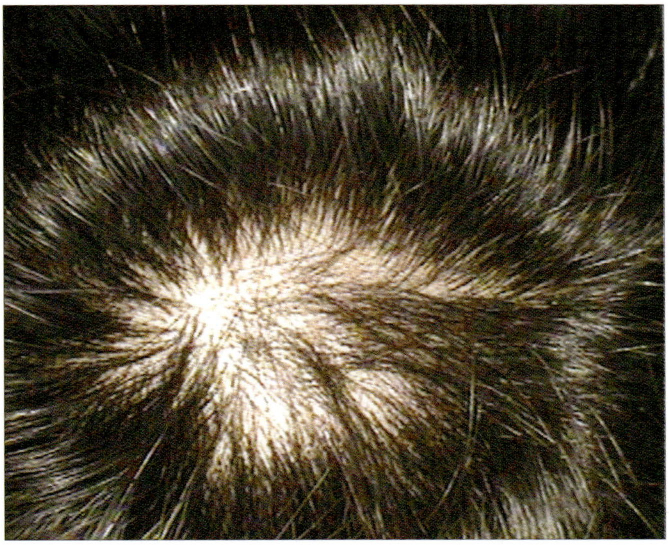

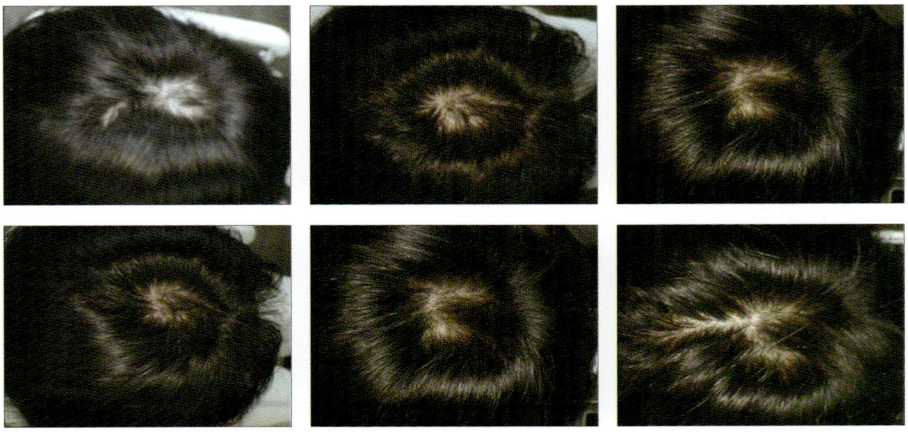

6. 관리 후 모근의 변화

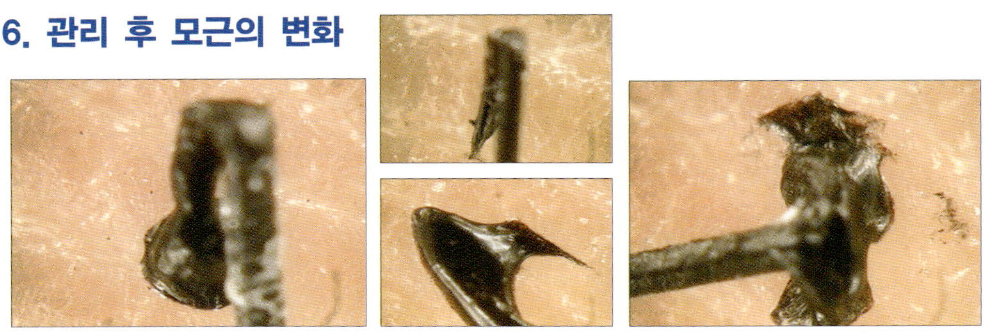

2. 다발성(사행) 탈모

- 두개피에 뱀이 기어가는 듯 모발이 빠지는 악성, 난치성 탈모다.
- 전신적 장해는 없다.
- 병리적으로 '악성' 이라고 할 때, 악성종양을 뜻하는 경우도 있기에 악성종양과 혼동하는 것을 피해 범발성 원형탈모라 부른다.
- 면역불균형, 신경성 스트레스, 신장 기능 저하로 나타남
- 유전인 경우도 있지만 확인 할 수 없고 드물다.

1. 문진

- 만성적
  - 두개피
    - 형태
    - 두상전체
    - 증상
      - 두개피 흡착
      - 피부염
      - 지루성
      - 건선 · 태선
  - 원인
    - 생리적
      - 면역계이상
      - 스트레스
      - 신경계이상
      - 신체질환
    - 자연적
      - 생활 습관병
    - 후천적
      - 성격
    - 영양
      - 미네랄검사

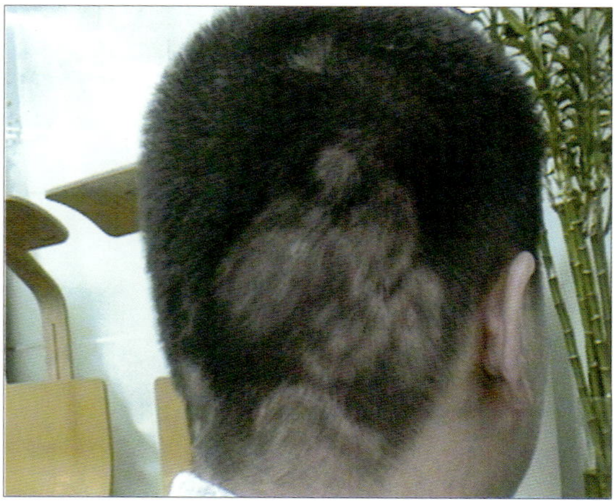

2. 배율별 두개피 이미지

▶ 기본 배율

● **형태**

- 두상에는 연결된 탈모반이 형성 되어 있다.

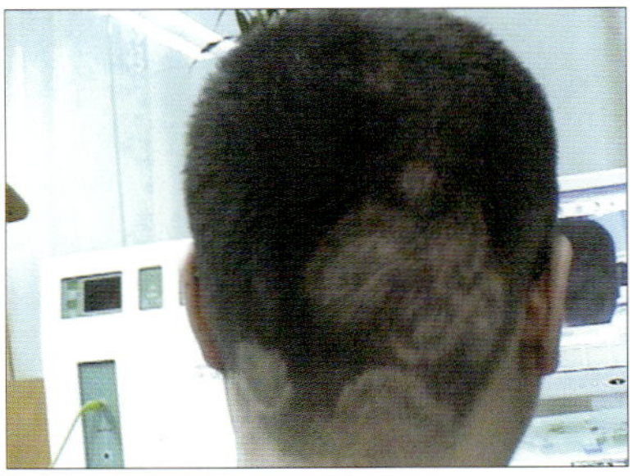

▶ 40배율

● **모발의 밀도**

- 탈모반에는 성모는 존재하지 않고 솜털이 많이 존재 한다.

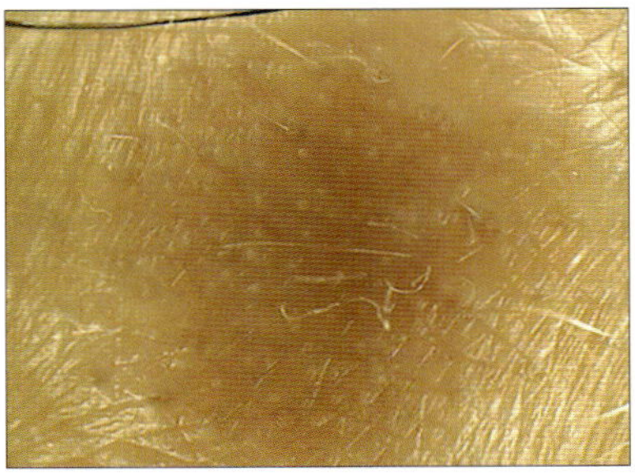

▶ 100배율

● **모발 수**

- 두개피 손상으로 비워 있는 모낭이 많고 탈모반에는 솜털이 존재한다.
- 모발의 형태가 불안정 하다.

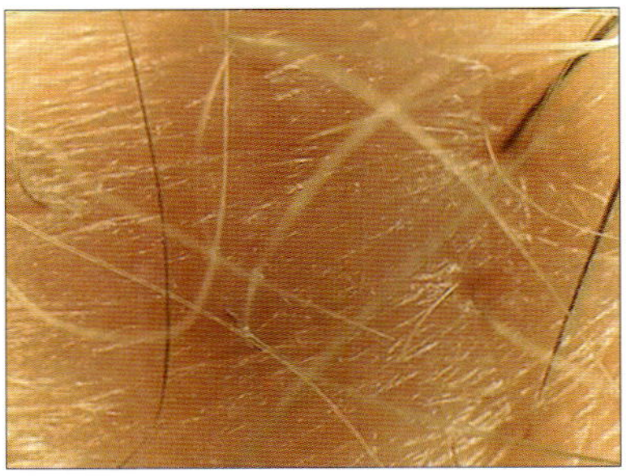

▶ 300배율

두개피

- 두개피의 조직적 손상
- 두개피는 불안정하게 흡착되어 있고 피지와 이물질은 두개피안에서 뭉쳐서 혈액 순환 장애를 유발시키고 모발의 생성을 방해한다.
- 두개피의 색이 투명하지 않고 방치시 모낭 손상은 모발 소실과 전두 탈모로 진행된다.

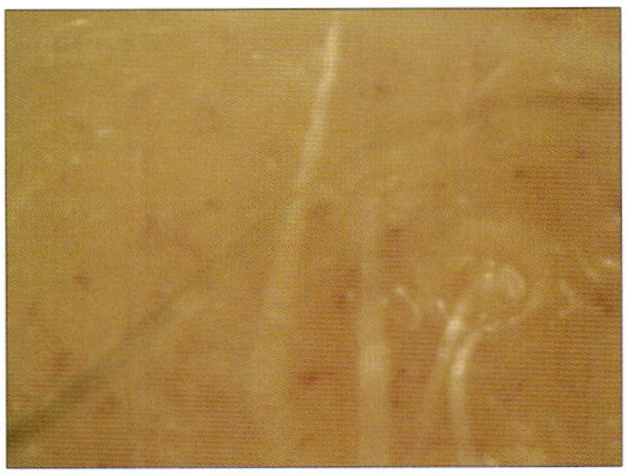

3. 문제성 두개피 이미지

- 전반적으로 탈모반 두피에서는 열의 발생으로 모발 소실을 초래 한다
- 모낭에서는 모발이 자라지 못하고 발생은 바로 탈락으로 진행되고 모근의 변화를 볼 수 있다.

■40배율

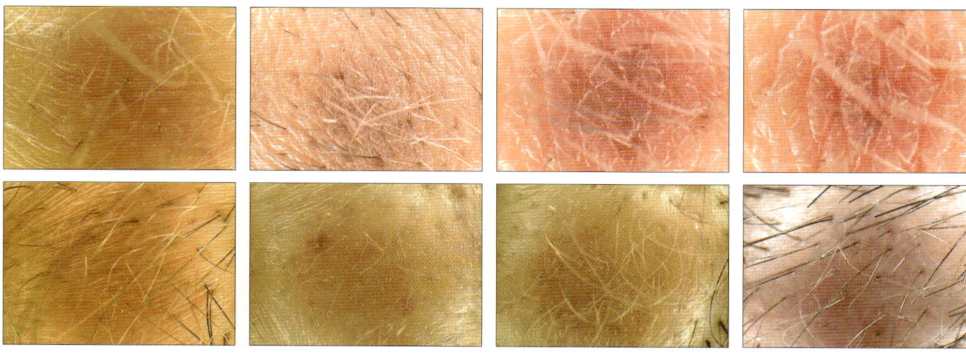

■100배율

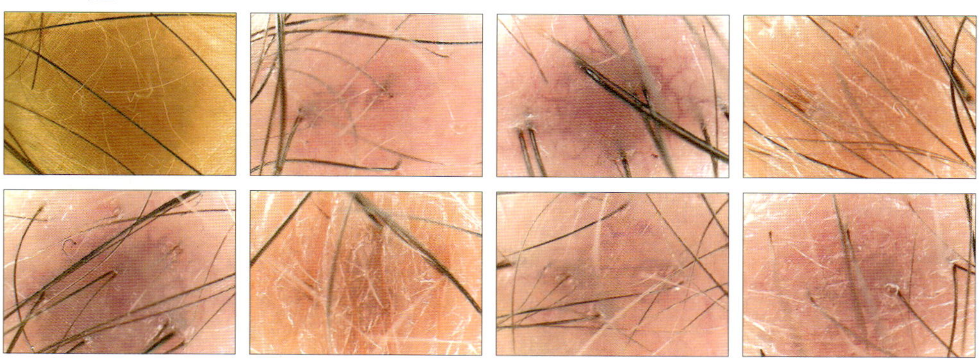

■300배율

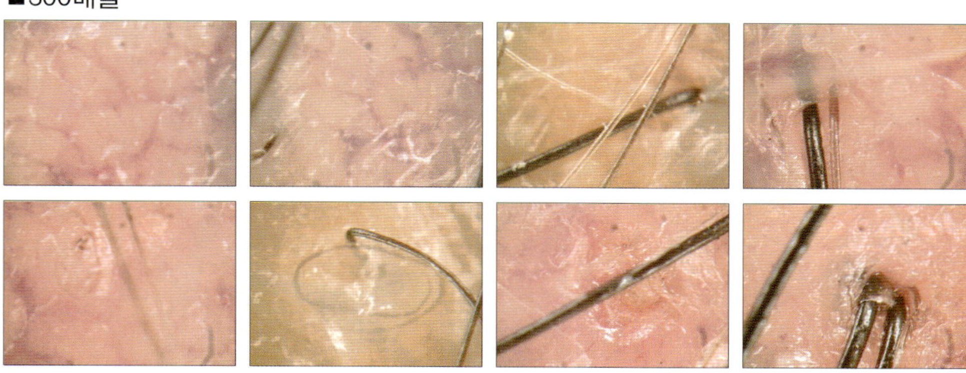

4. 관리 전 · 후 두개피 이미지 비교분석

■기본배율 : 탈모 형태 관리 전 · 후

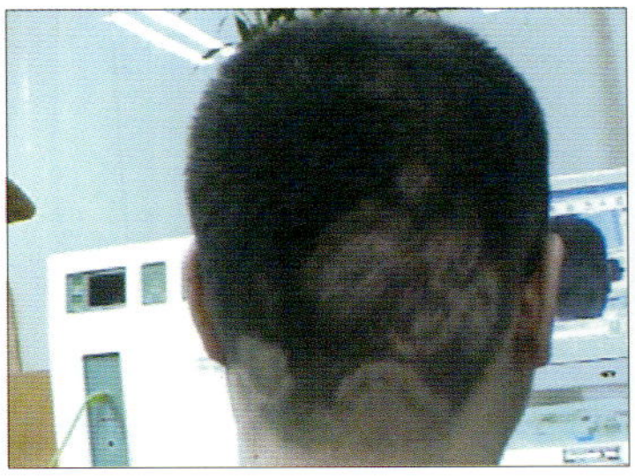
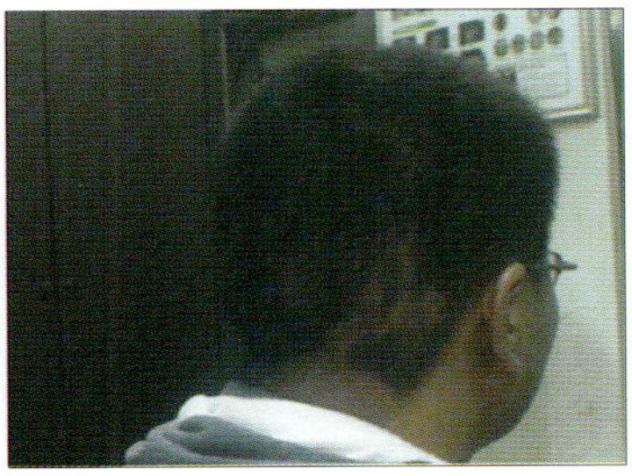

■40배율 : 탈모 량 관리 전 · 후

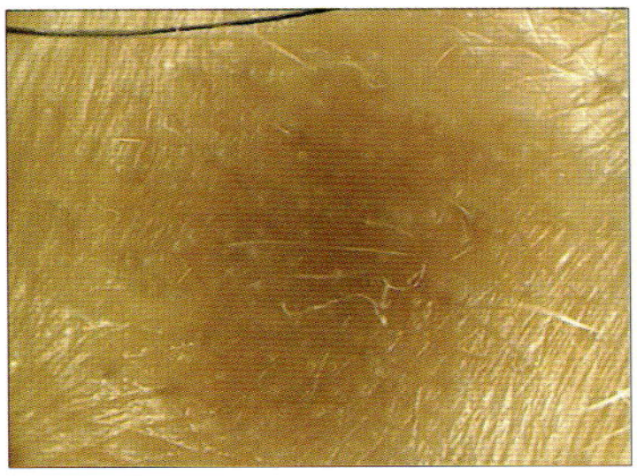
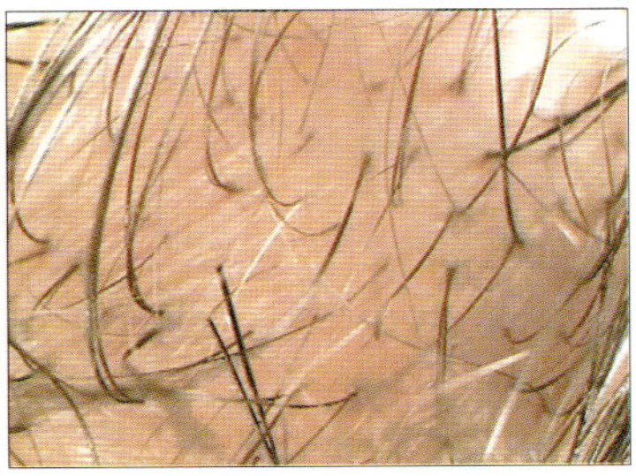

■100배율 : 모발 수 관리 전 · 후

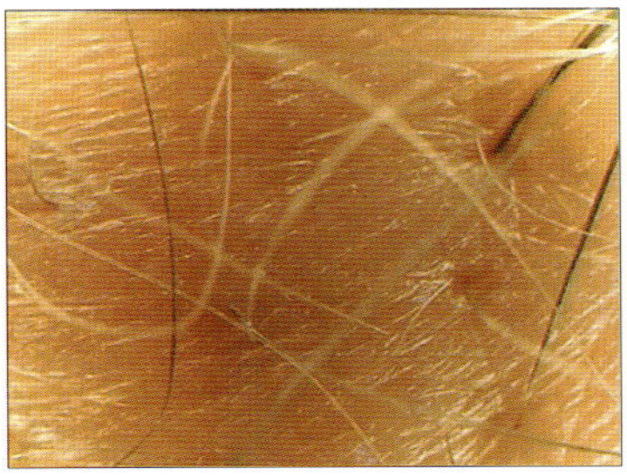
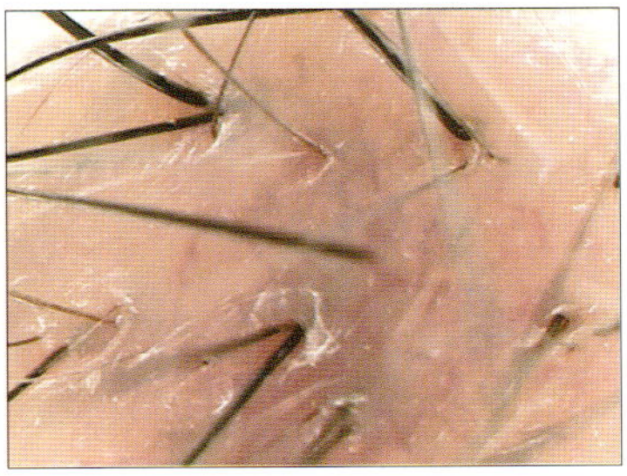

■300배율 : 두개피 관리 전 · 후

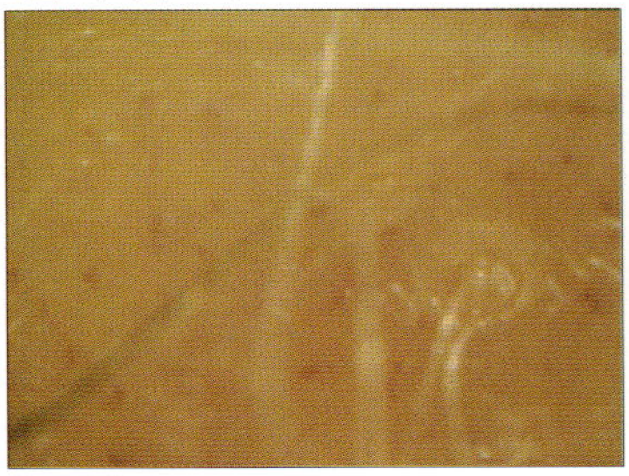
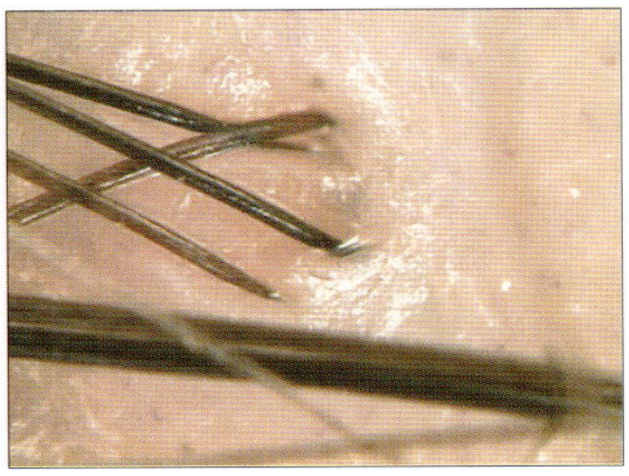

5. 관리 후 변화되는 유형

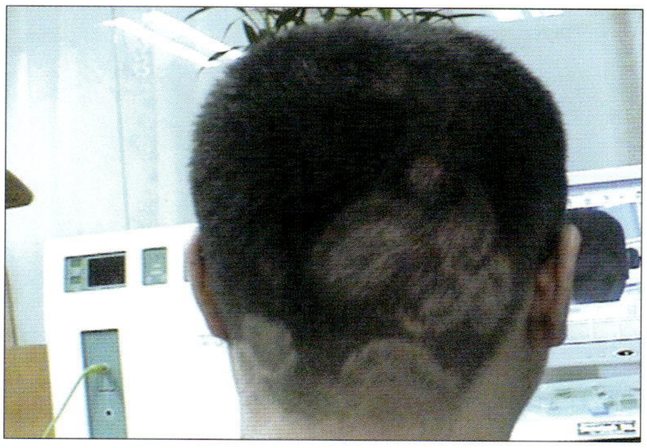

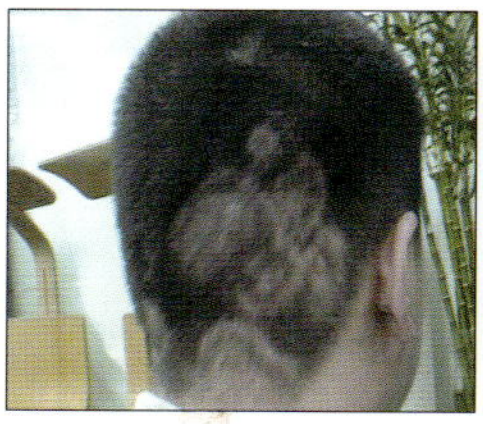
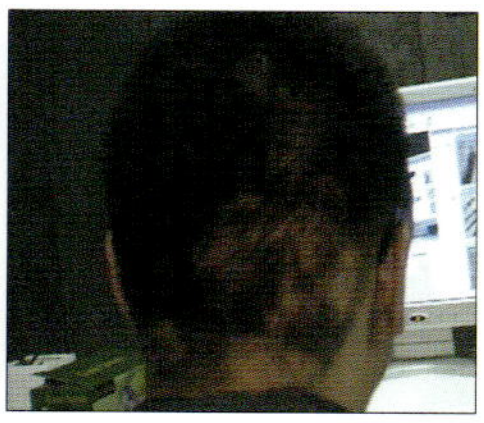
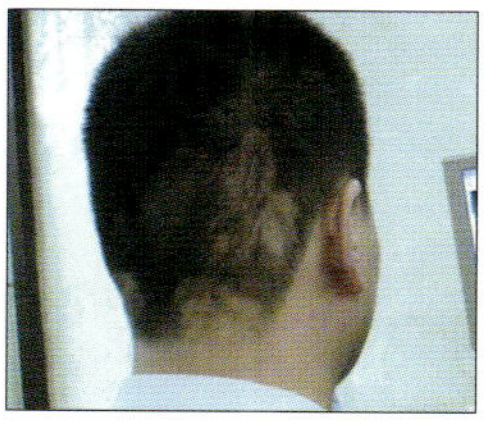
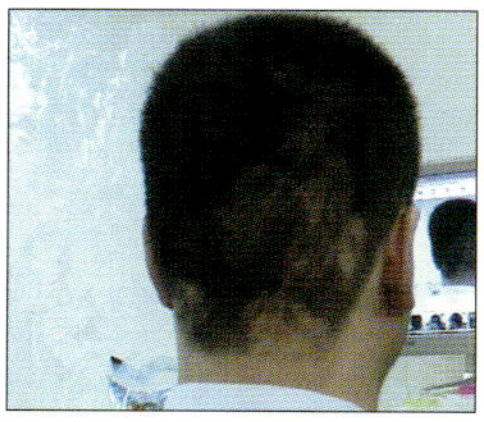

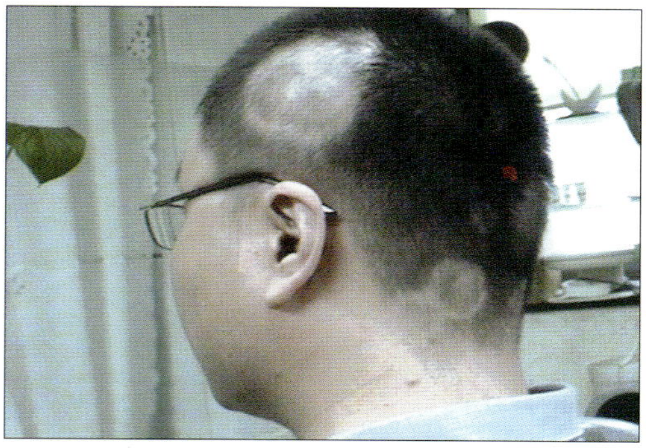

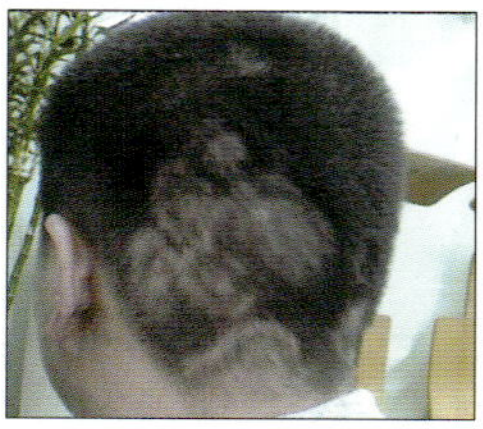
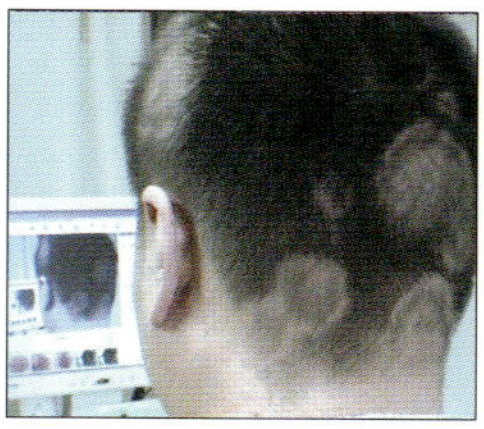
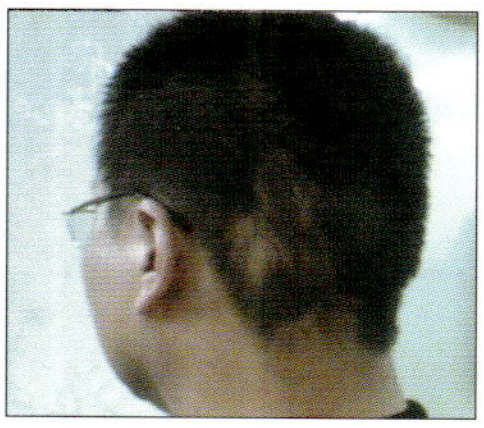
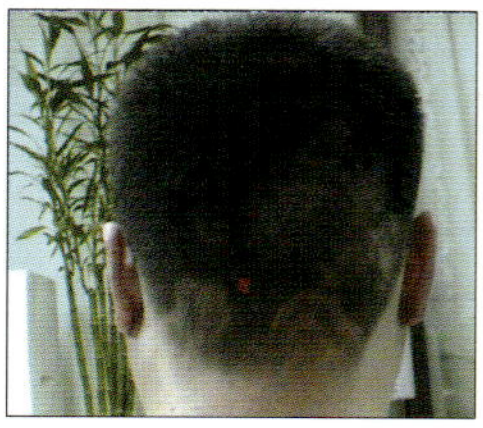

3. 다발성 탈모

1. 문진

- 만성적
  - 두개피
    - 형태
    - 두상전체
    - 증상
      - 두개피 흡착
      - 피부염
      - 지루성
      - 건선 · 태선
  - 원인
    - 생리적
      - 면역계이상
      - 스트레스
      - 신경계이상
      - 신체질환
      - 유전
    - 자연적
      - 생활 습관병
    - 후천적
      - 성격
    - 영양
      - 미네랄검사

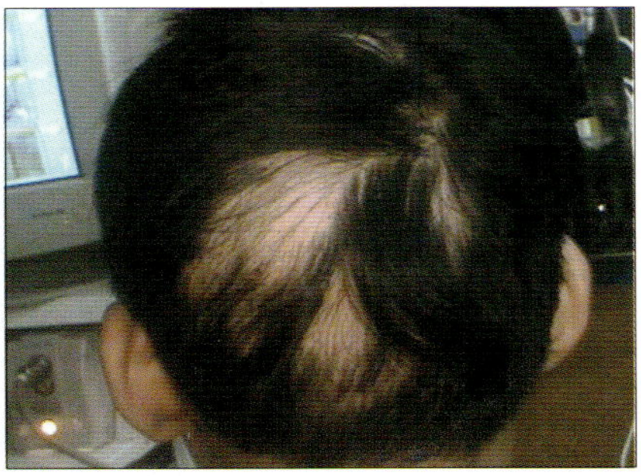

- 모낭의 위축
- 모낭의 염증으로 모발 소실
- 비워 있는 모낭
- 두개피 속에는 구름 모양의 피지 형태로 피부 이상을 볼 수 있다.
- 모공에는 배출 되지 못한 노폐물으로 막혀 있다.
- 두개피는 혈관 확장으로 예민 해져 있다.
- 신경성 스트레스로 인하여 자율 신경계의 실소는 건강한 세포를 바이러스로 착각하고 공격하는 데에서 시작된다.
- 스트레스로 인해 일시적으로 군데군데 눈에 띄지 않을 정도로 2~3개의 모발이 빠져나가는 경우도 있다.

※심각한 전두 탈모로 진행 된다.

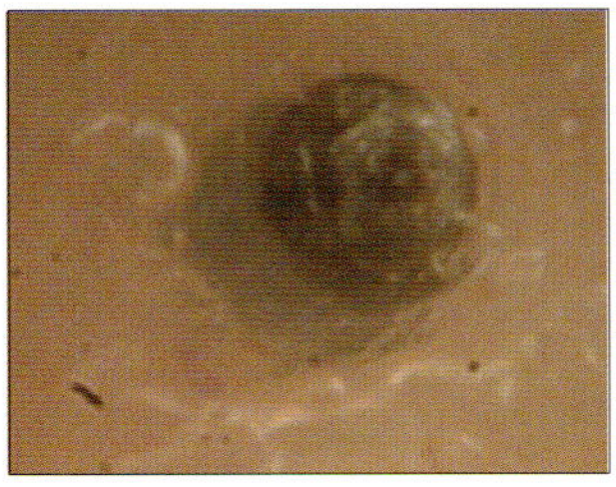
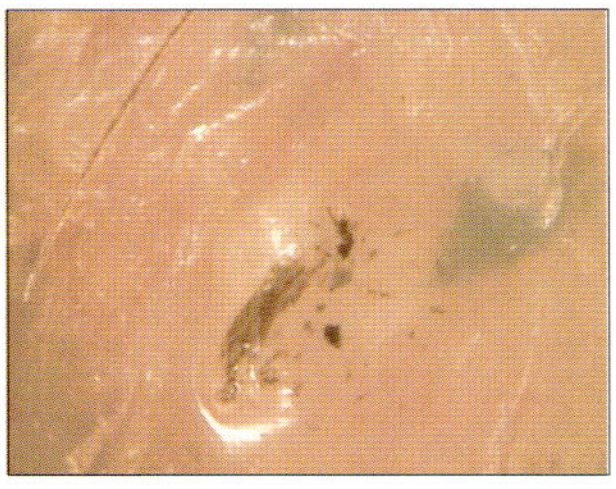
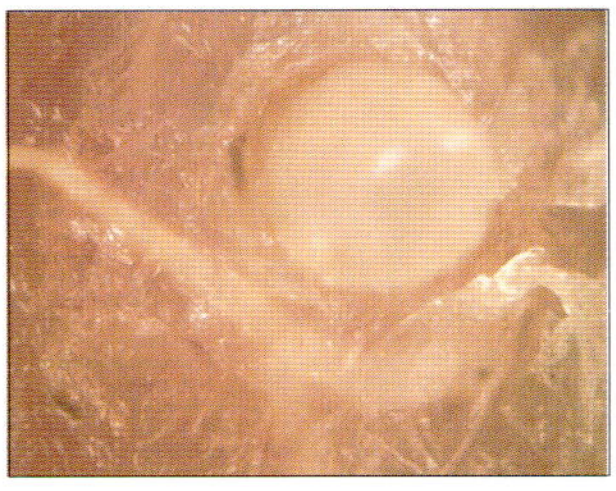

2. 배율별 두개피 이미지

▶ 기본 배율

● **형태**

- 두상의 군데 군데 탈모반이 형성된다.

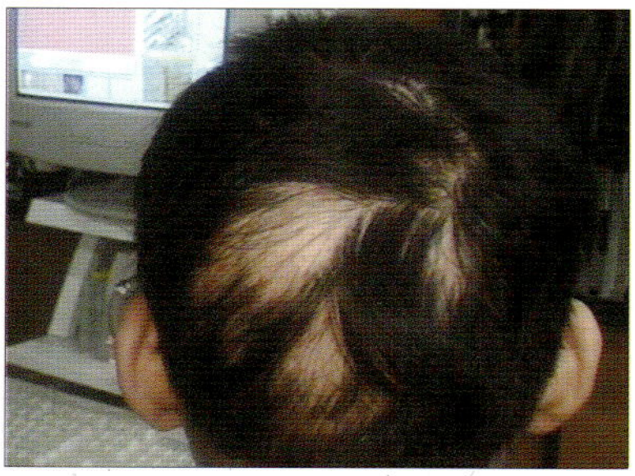

▶ 40배율

● **모발의 밀도**

- 모공에 모발의 형태는 있지만 자라는 모발은 없다.

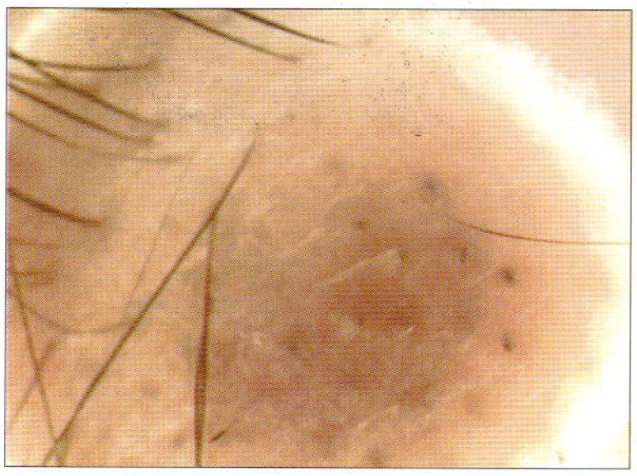

▶ 100배율

● **모발 수**

- 두개피 손상으로 비워 있는 모낭이 많다.
- 모발이 형성되지 못하고 모발의 형태가 불안정 하다.

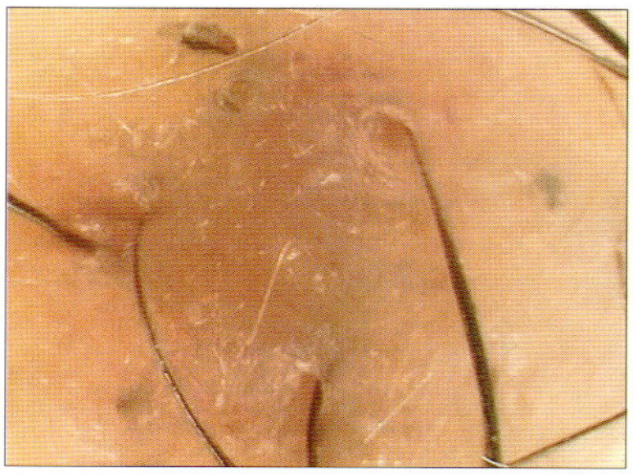

▶ 300배율

● **두개피**

- 두개피의 조직적 손상 여부판단
- 두개피는 불안정하고 피지가 두피속에서 뭉쳐있다.
- 모발의 형태는 알아 볼 수 없다.
- 방치시 모낭 손상은 모발 소실과 전두탈모로 진행된다.
- 모발이 형성되지 못하고 모발의 형태가 불안정 하다.
- 면역성 결핍, 신경 예민, 영양 불균형 두개피는 불안정하고 두피 속에 피지가 뭉쳐있다.
- 모발의 형태는 알아 볼 수 없다. 인 지질, 철, 구리, 아연, 부족도 의심해 볼 수 있다.
- 모발은 젤라틴처럼 엉켜있다

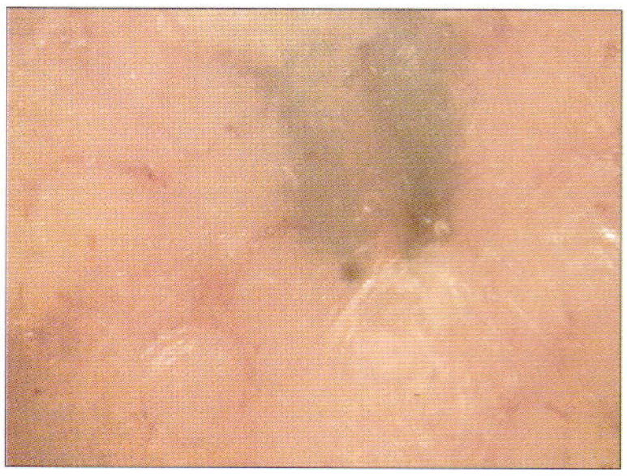

3. 문제성 두개피 이미지

- 탈모반 두개피에서 열의 발생으로 모낭에서는 모발이 자라지 못하고 바로 탈락으로 진행되고 모근의 변화를 볼 수 있다.

■40배율

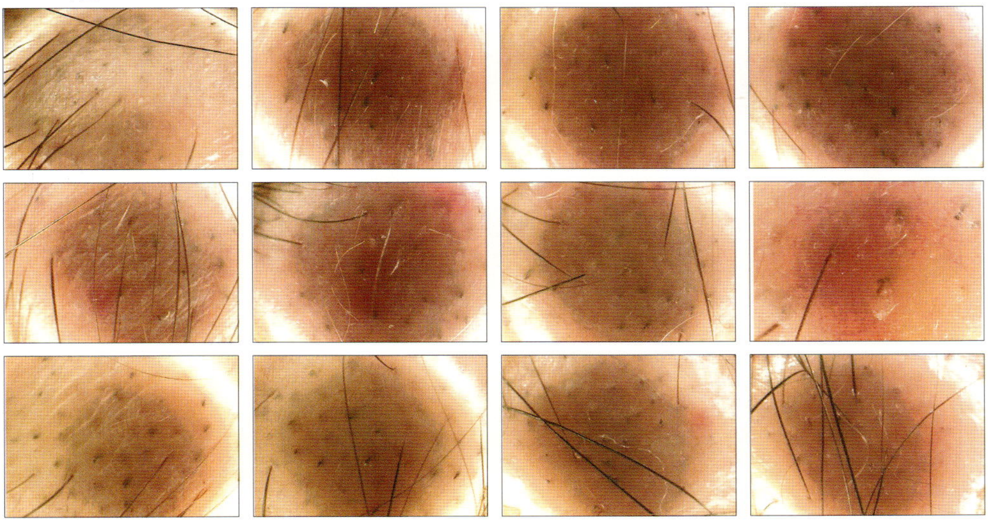

■100배율

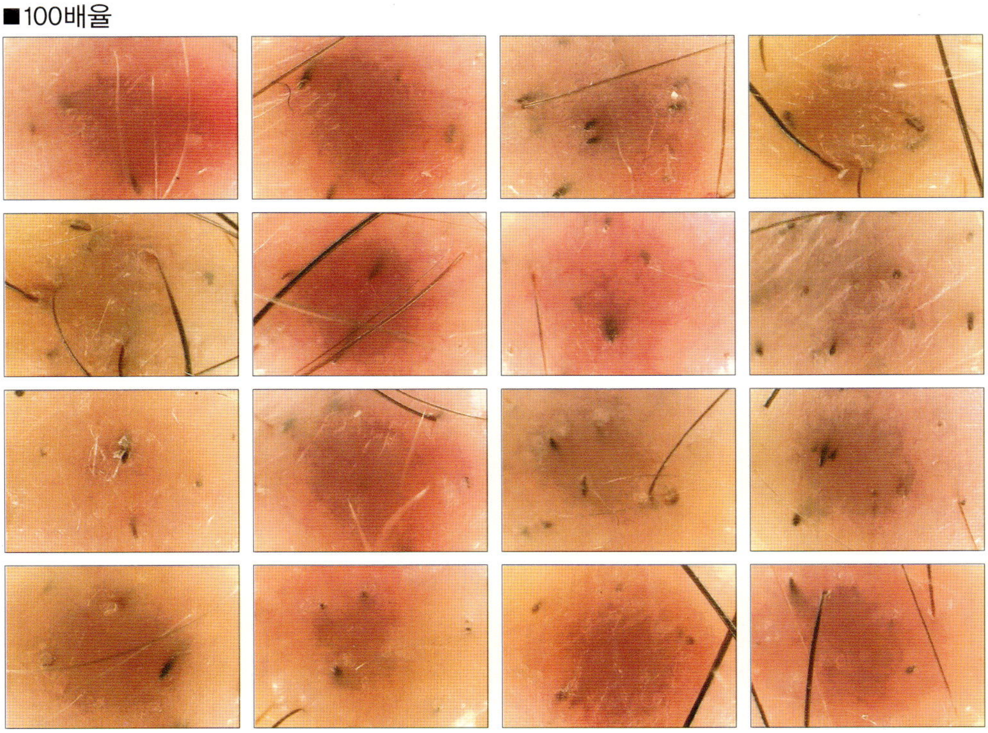

■300배율

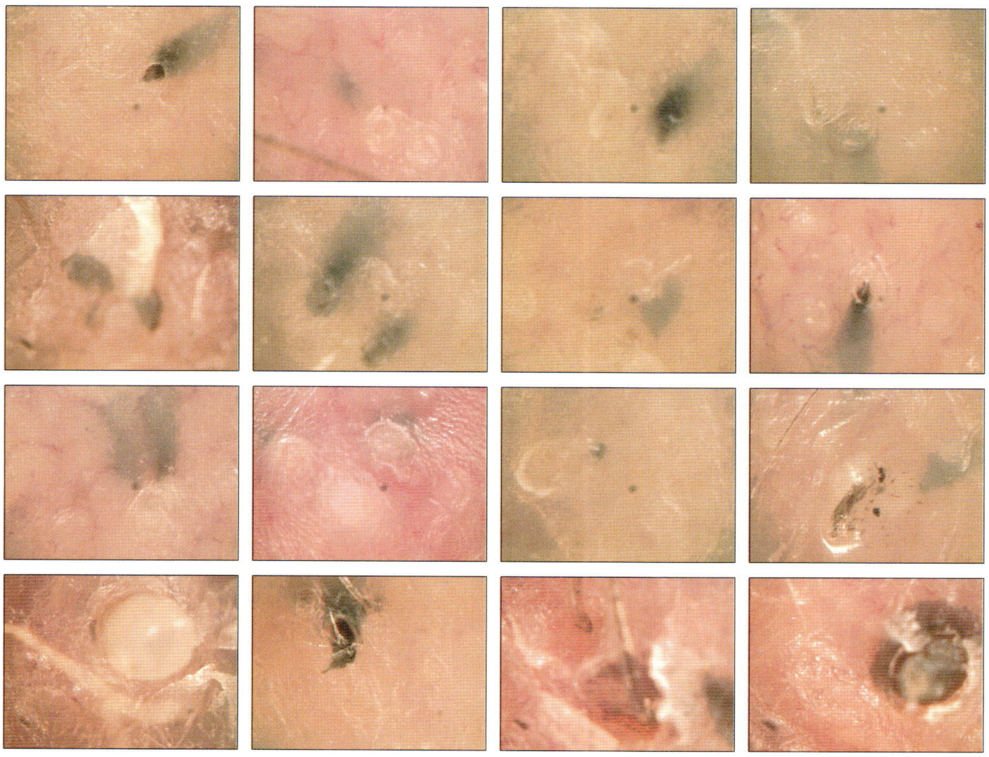

■모근

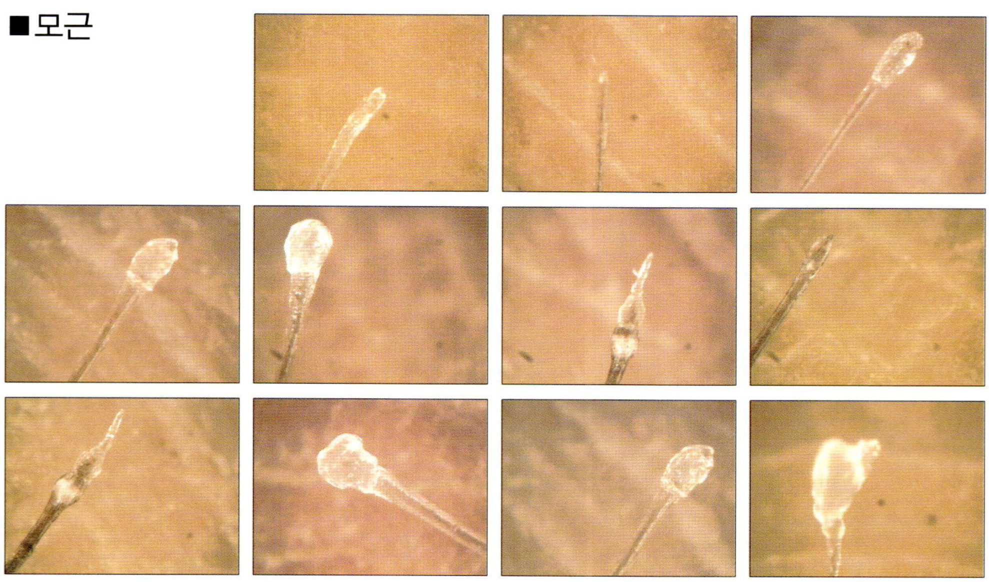

4. 변화되는 유형

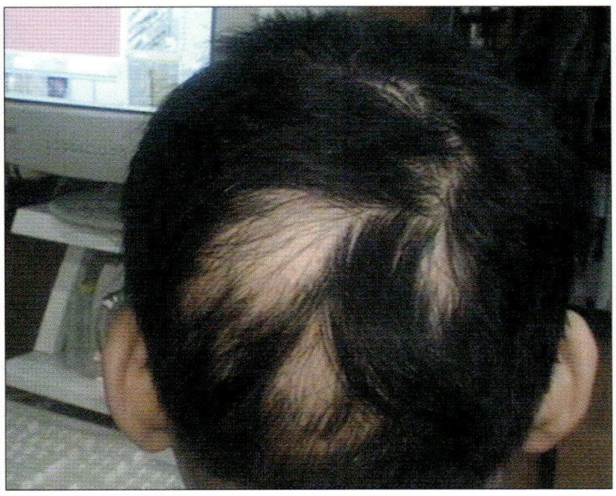
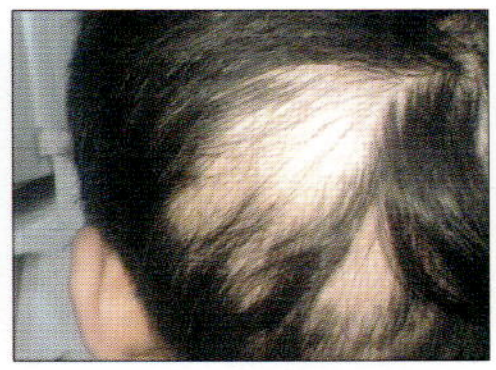
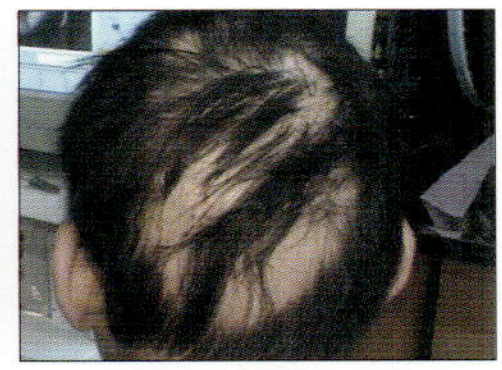
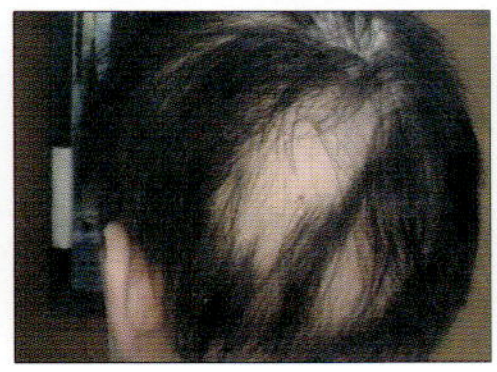
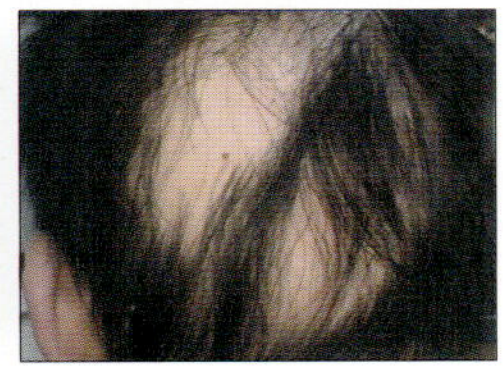

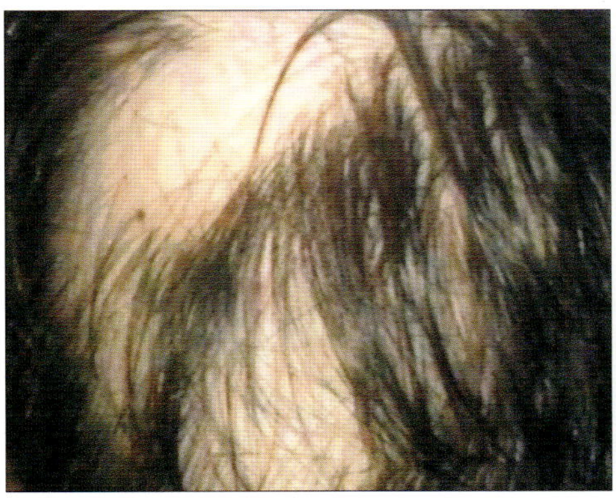
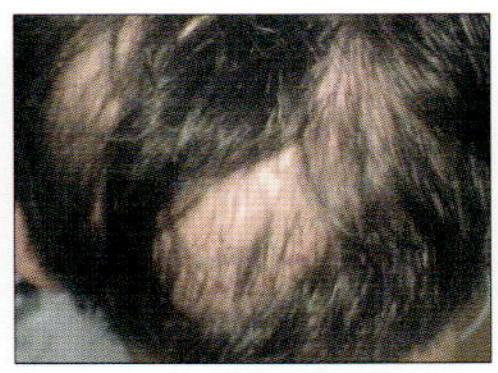
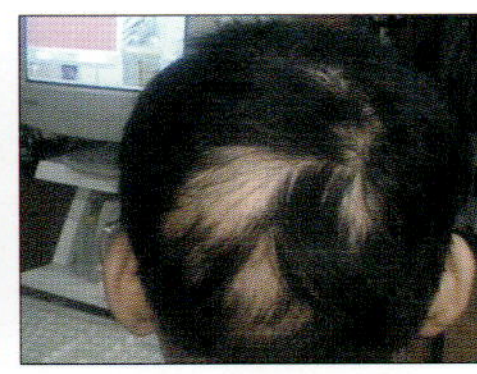
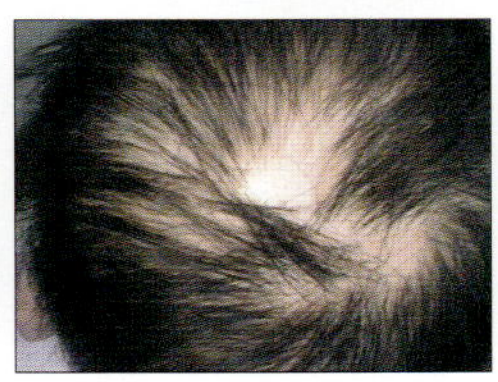
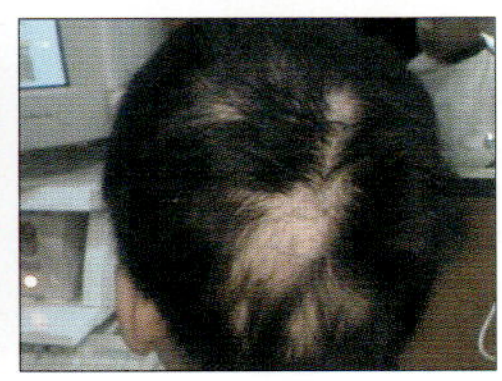

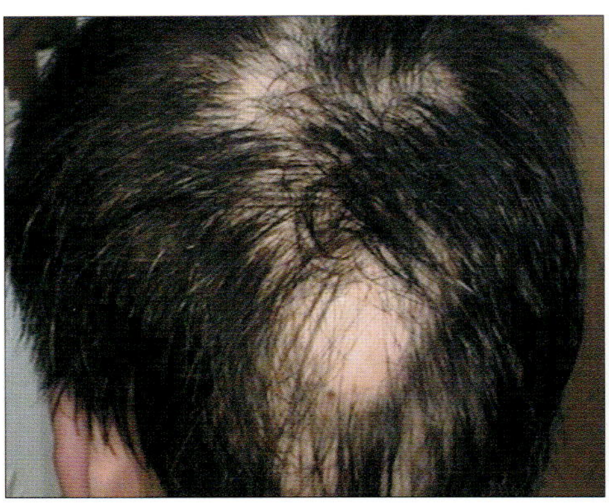
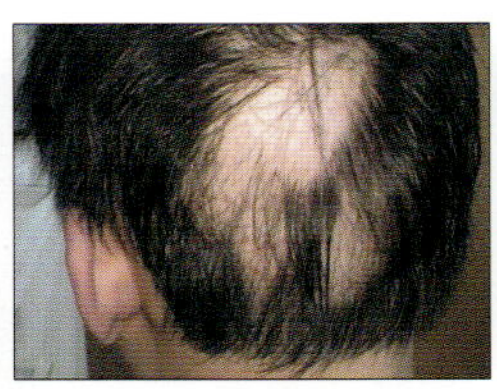
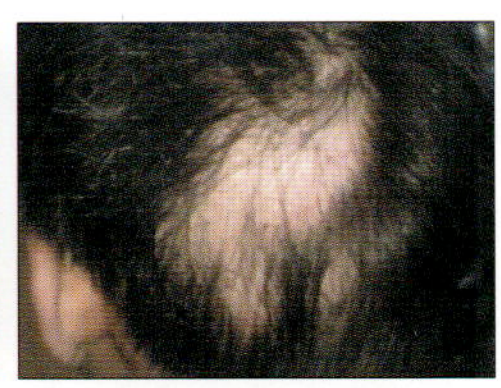
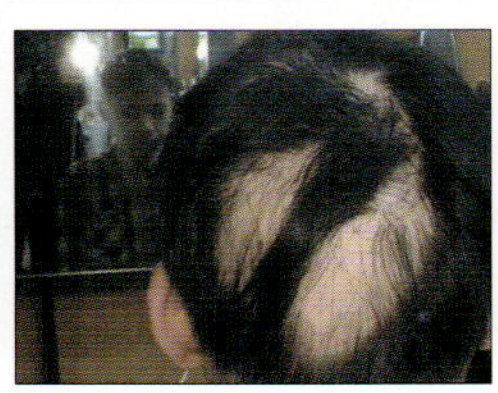
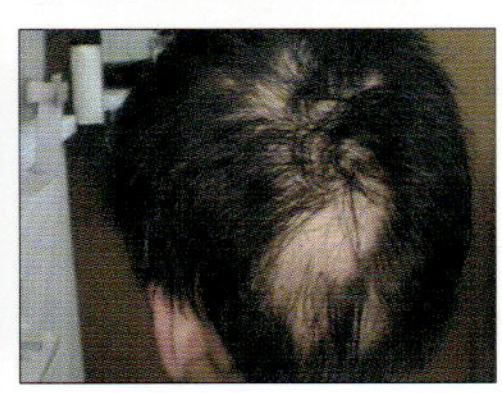

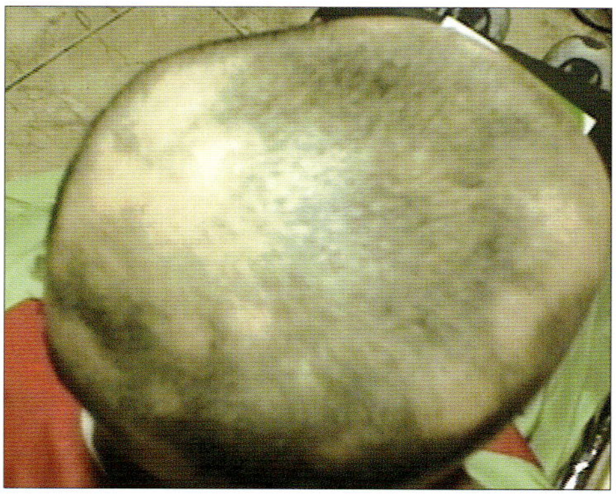
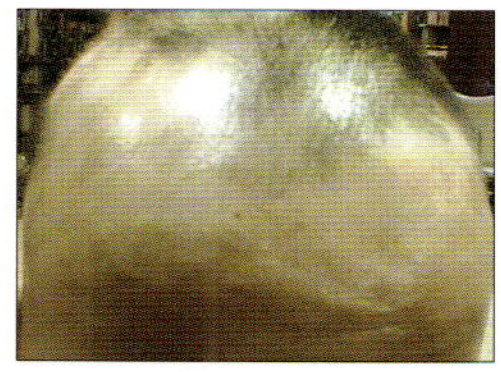
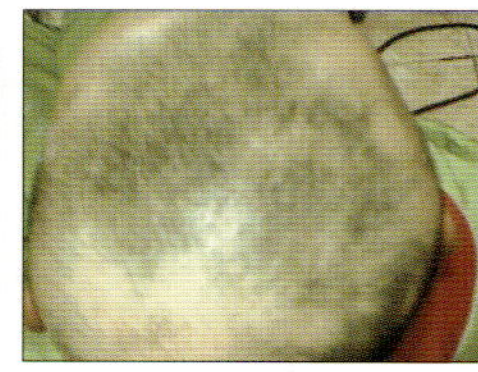
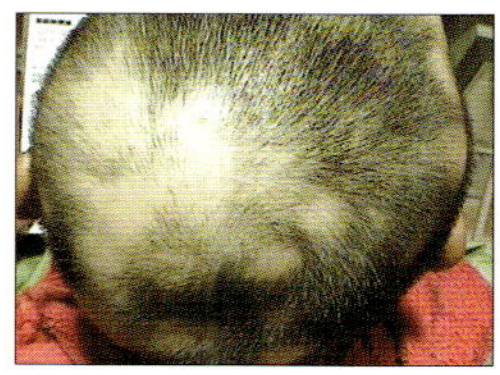
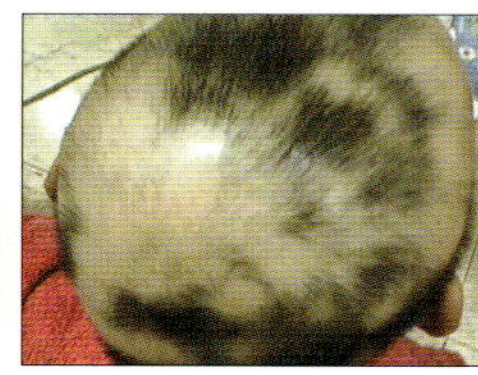

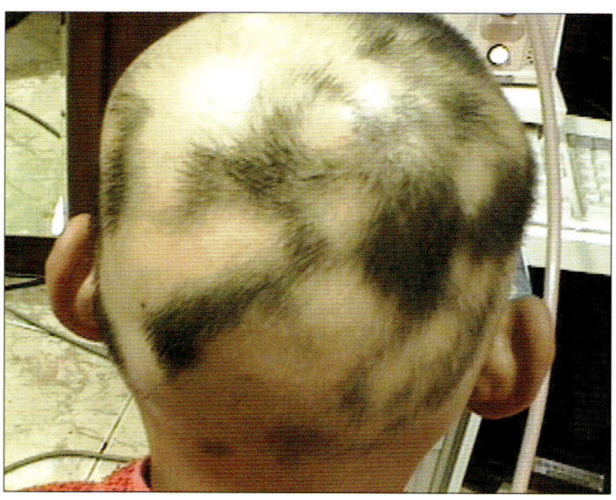
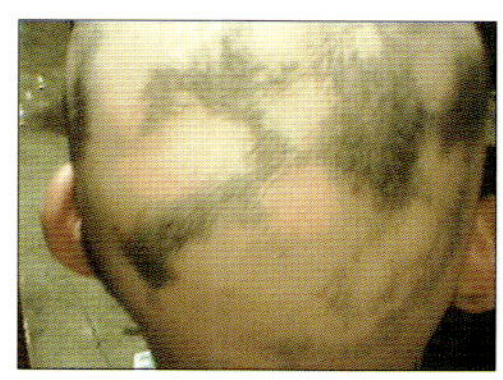
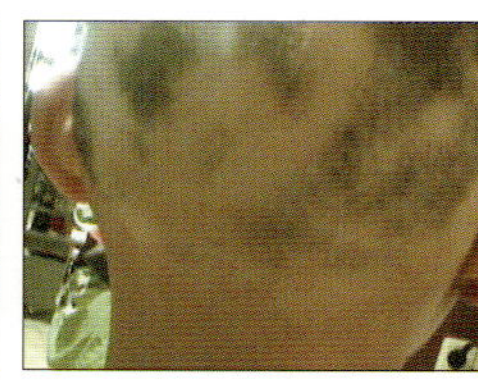
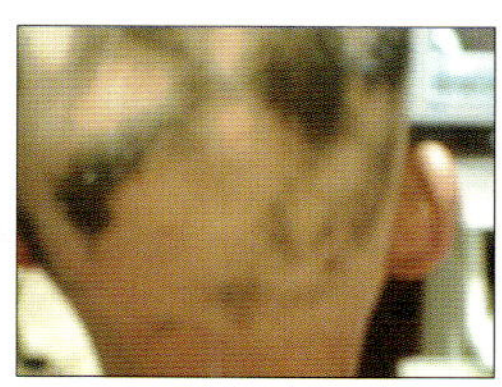
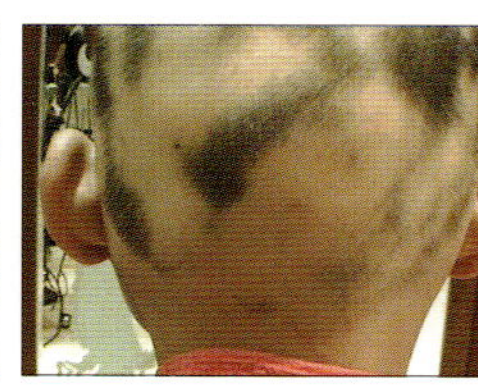

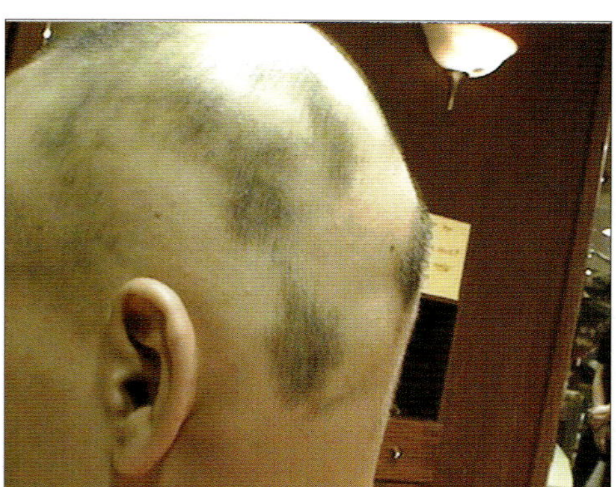
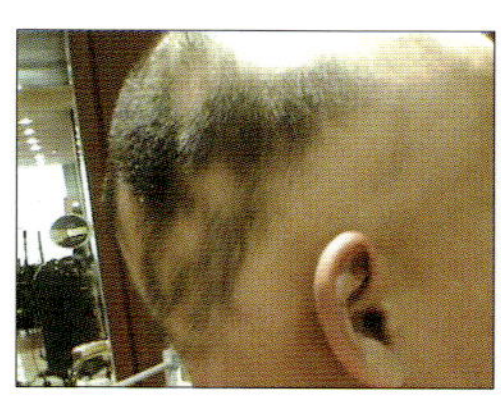
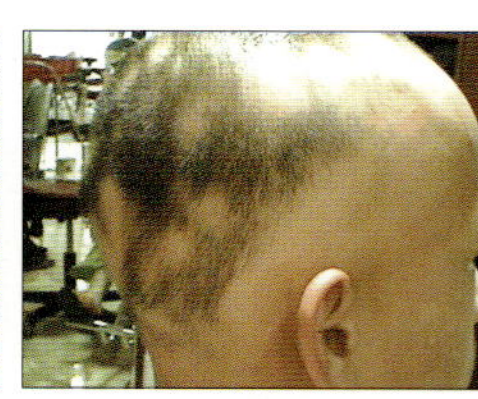
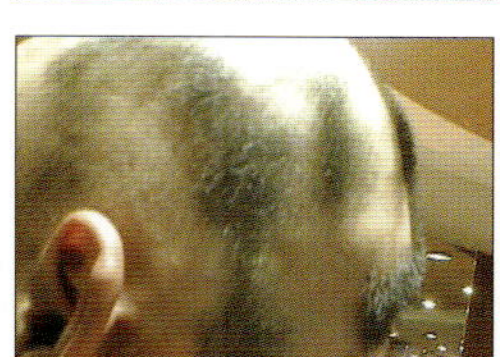
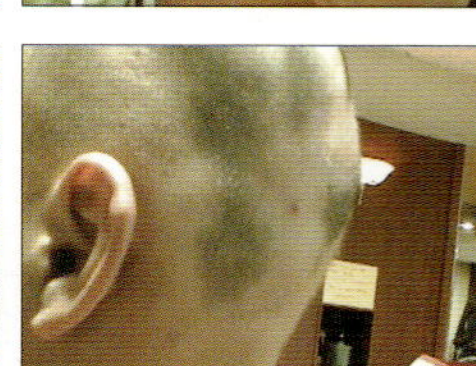

4. 전두 탈모

- 만성적
  - 두개피
    - 형태
    - 두상전체
    - 증상
      - 두개피 흡착
      - 피부염
      - 지루성
      - 건선 · 태선
  - 원인
    - 생리적
      - 면역계이상
      - 스트레스
      - 신경계이상
      - 신체질환
      - 유전
    - 자연적
      - 생활 습관병
    - 후천적
      - 성격
    - 영양
      - 미네랄검사

1. 문진

- 모낭의 위축
- 모낭의 염증으로 모발 소실
- 비워 있는 모낭

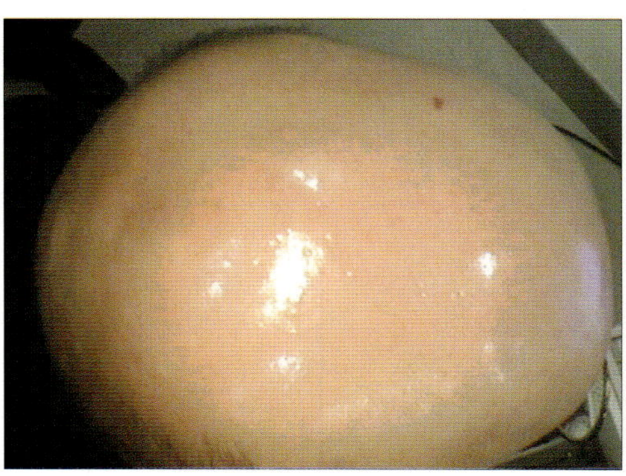

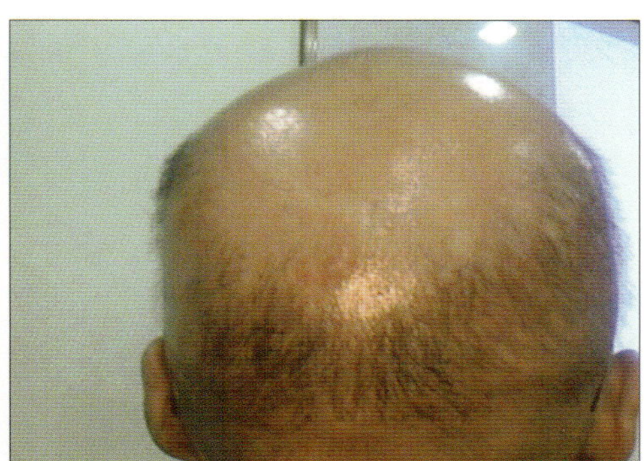

2. 문제성 두개피 이미지

● 40배율

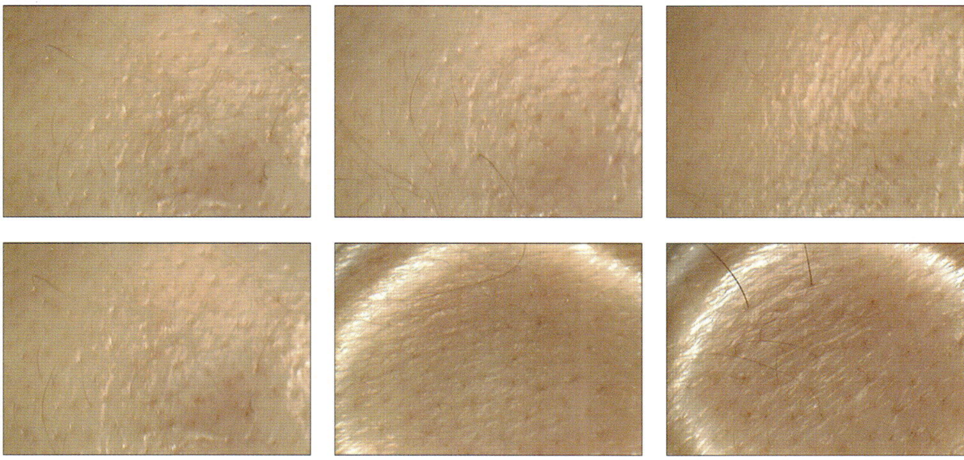

● 100배율

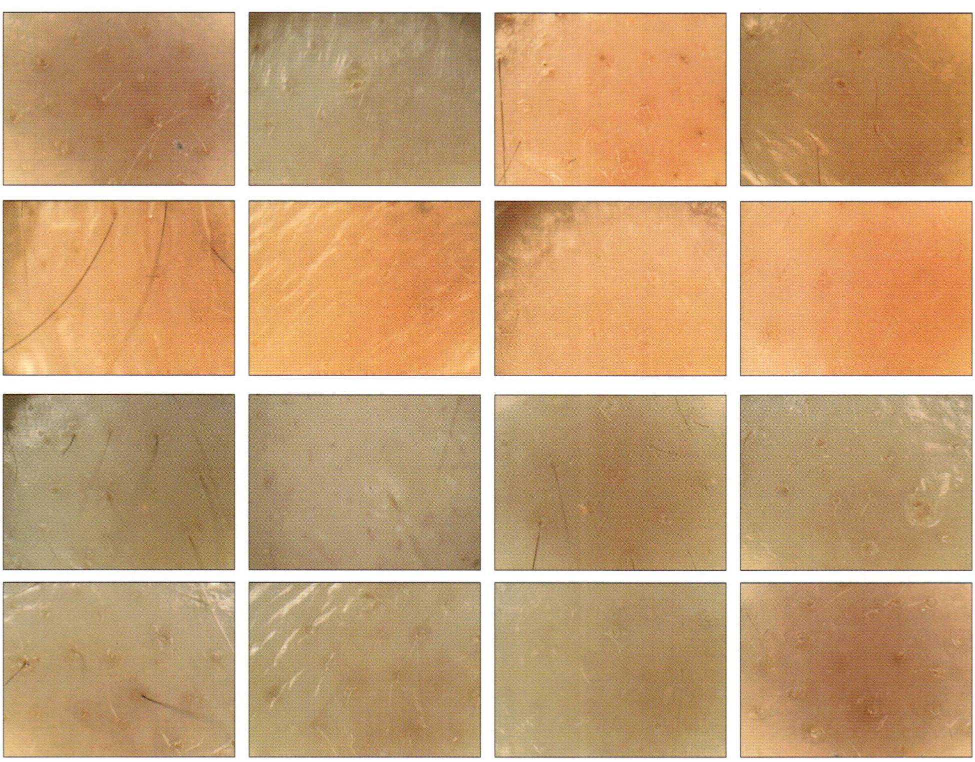

■300배율

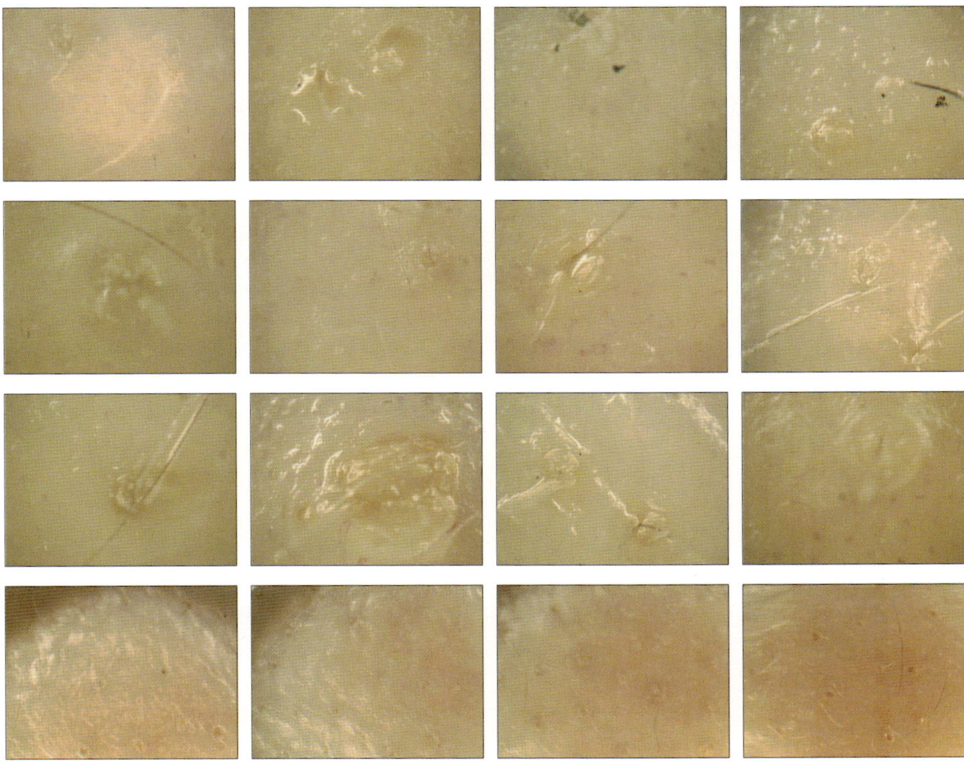

■관리 후 두개피

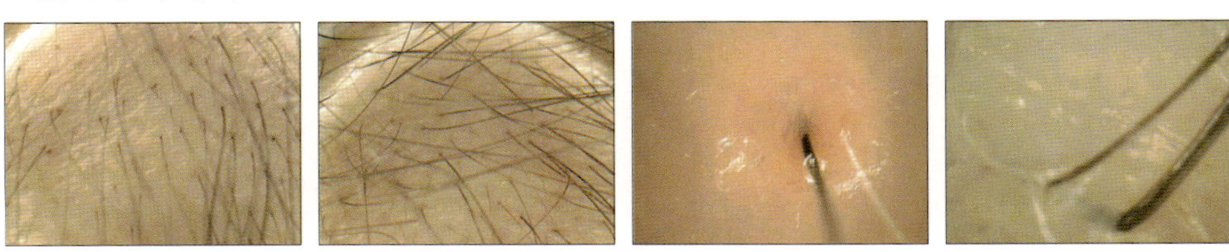

■모근

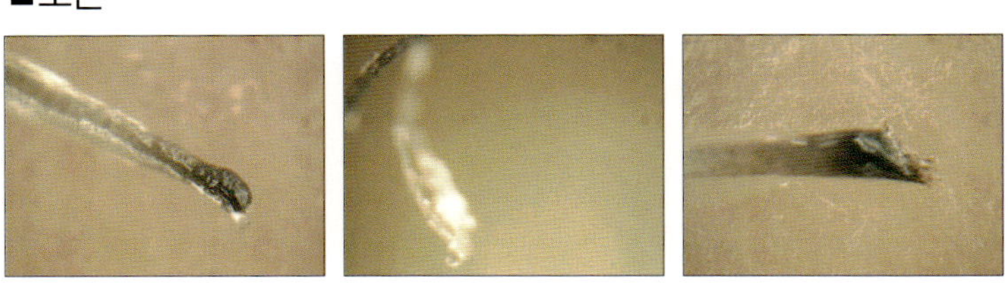

7. 화학제품 부작용 탈모

▶ 염색제

- 주성분이 천연성분이 아닌 화학성분으로 제작된 내용물질이 무엇인지 알 수 없어 유해성을 전혀 모르고 제품을 장기간 사용할 때 법적 허용 농도 이내의 화학물질 이더라도 지속적으로 노출됐을 때 건강상 장애를 일으킬 수 있음을 유념해야 한다.

- 염색약은 18가지 이상의 화학물질로 구성되어 있다.(유전자 변이물질, 발암물질) 염색 약은 다양한 화학물질로 만들어졌는데 두피에 남은 잔유물이 모낭에 손상을 끼쳐 모발이 약하게 성장하게 되는 경우도 있다.

- 염색은 단백질 결합을 변형시켜 헤어스타일을 만드는 과정으로 모발구조의 변형은 모간의 약화를 가져와 작은 힘에도 모발이 끊어질 수 있으며 탈모를 유발시 킨다.

- 산화 염색제 부작용
  - 1제 파라페닐렌디아민(검은색)(p-phenylenediamine)은 염색 접촉성 피부염을 머리, 이마, 목등에 결막부종 안구돌출 부작용
  - 파라아미노페놀 (paraaminophenol) 메타아미노페놀(metaaminophenol) (붉은색, 갈색)은 피부 민감증, 알레르기
  - 과붕산나트륨(sodium perborate)은 탈모증과 부종을 일으킬 수 있다
  - 모노에탄올아민은 피부와 눈, 호흡기에 자극을 준다.
  - 암모니아은 각막 손상, 두통과 시력 저하, 결막염
  - 염색시 눈이 시큰거리고 피곤한 경우 : 휘발성이 강한 암모니아 성분이 공기중으로 날아가면서 검은자에 자극을 주기 때문이다.
  - 염색약에 대한 면역력이 떨어져서 가렵거나 붉은색 발진등 알레르기성 접촉피부염이 생길 수 있다.
  - 화학약품을 머리카락에 1시간～2시간 동안 방치하는 퍼머나 염색은 독성이 강한 화학물질로 이루어졌기 때문에 두피에 매우 좋지 않다.
  - 퍼머, 염색,브릿지, 염소로 소독한 수돗물로 인한 모발의 손상 및 두피의 손상.

- 천연 헤나
  - 갈색(납,설퍼) 접촉성 피부염발생시 다른 종류의 염색약으로 바꿔도 마찬가지 반응이 나타난다면 염색약을 사용하지 않는 게 낫고 증상이 계속되면 반드시 병원에서 치료를 받아야 한다고 당부했다.

⊙ 2001년 미국에서는 염색약을 정기적으로 사용하는 여성의 방광암 발생률이 증가한다는 연구결과가 나왔다.

⊙ 영국에서는 미용사의 암 발생률이 높다는 조사결과 발표됐다.

※ 염색 부작용 1

1. 문진

- 염색은 단백질 결합, 모발구조의 변형은 모간의 약화를 가져와 작은 힘에도 모발이 끊어질 수 있으며 탈모를 유발시킨다.

- 염색제 부작용
  - 산화 염색제는 사람 체질에 따라 염색약에 대한 면역력 (항체)가 없으면 가렵거나 발진등 알레르기성 접촉 피부염(부작용)이 나타날 수 있다.
  - 접촉성 피부염 두개피, 이마, 목, 피부 민감, 알레르기 피부와 눈, 호흡기에 자극은 탈모증과 부종을 일으킬 수 있고 각막 손상, 두통과 시력 저하, 두개피 손상은 잘못된 염색 시술에 의하여 나타난다.
  - 면역력 저하
  - 두개피(피부)에 염모제 접촉
  - 열을 가했을 때
  - 두개피에 문제가 있었을 때

- 만성적
  - 두개피
    - 형태
    - 두상전체
    - 증상
      - 두개피 흡착
      - 피부염
      - 지루성
      - 건선 · 태선
  - 원인
    - 생리적
      - 면역계이상
      - 스트레스
      - 신경계이상
      - 신체질환
    - 자연적
      - 생활 습관병
    - 후천적
      - 화학물질
    - 영양
      - 미네랄검사

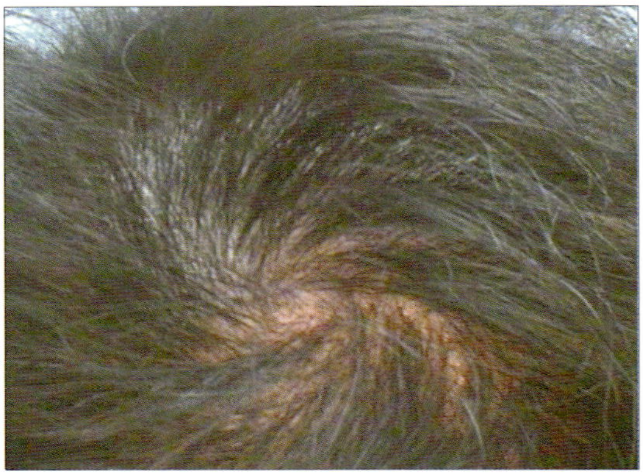

2. 배율별 두개피 이미지

▶ 기본 배율

● **형태**

– 염모제(화학 물질)의 두개피 흡착은 두개피의 손상과 발열으로 탈모가 진행 된다.

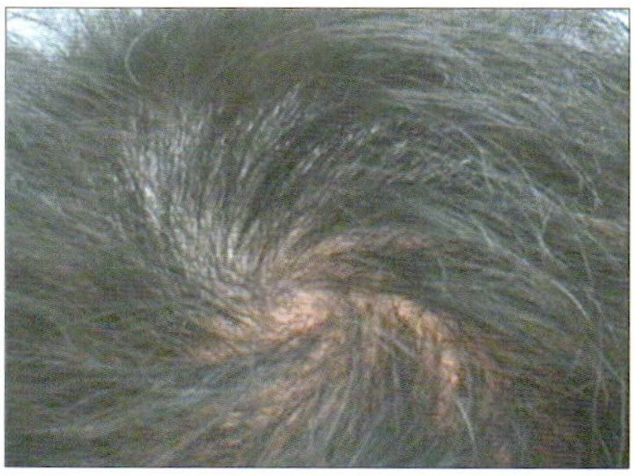

▶ 40배율

● **모발의 밀도**

– 두개피의 발열은 모근의 위축으로 모발이 감소 된다.

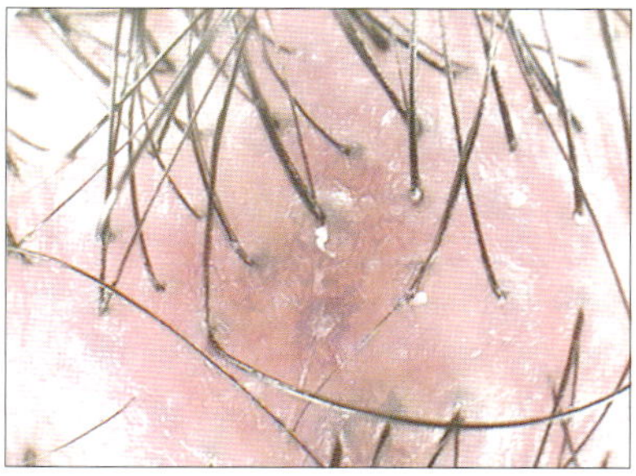

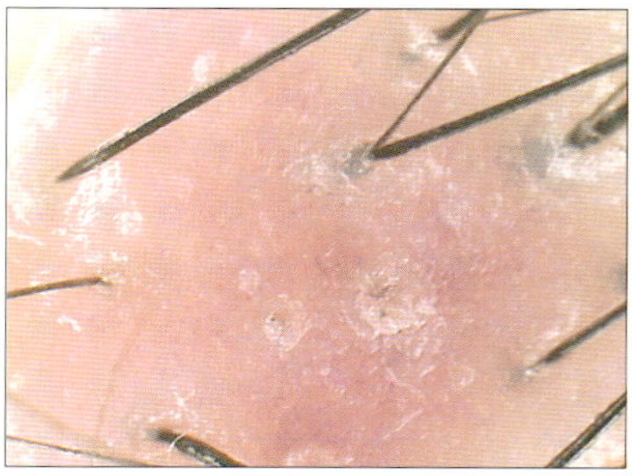

▶ 100배율

● **모발 수**

– 두개피 손상으로 비워 있는 모낭이 많다.

▶ 300배율

● **두개피**

– 두개피의 조직적 손상 여부판단

– 두개피에 염모(화학성분)제 접촉은 2°의 화상 또는 두개피 민감성과 염증을 유발하고 탈모로 유도하게 된다.

– 두개피의 발열은 모발의 형성을 방해하고 모발 소실과 방치 시 모낭 소실과 탈모(반흔성)을 발생 시킬 수도 있다.

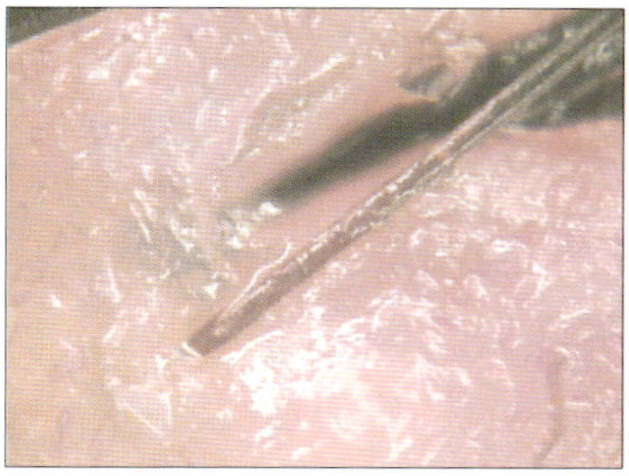

3. 관리 후 변화되는 유형

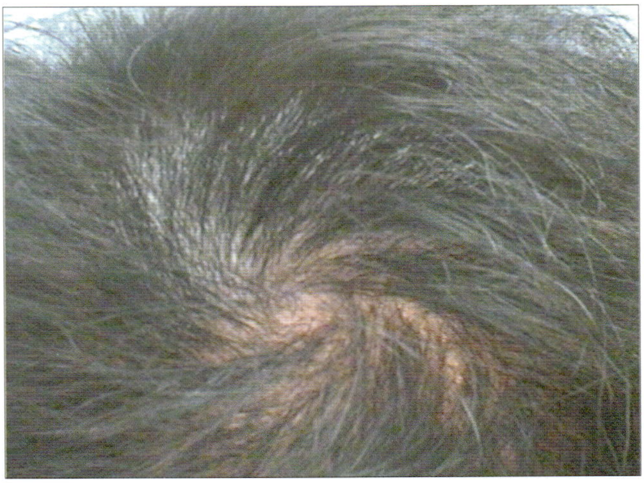

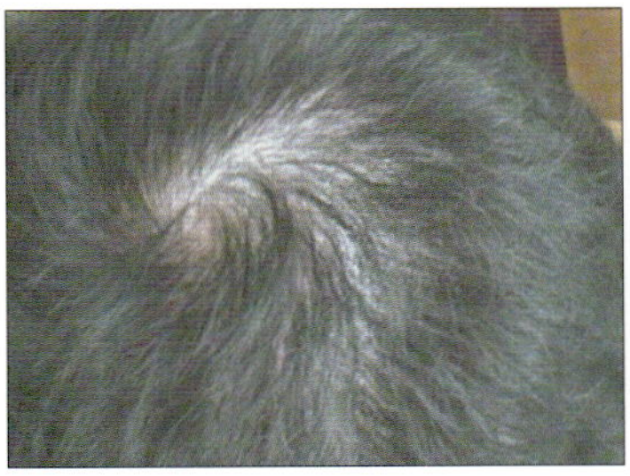

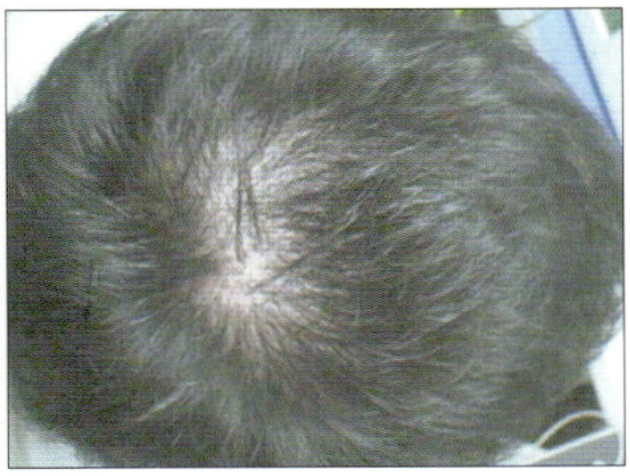

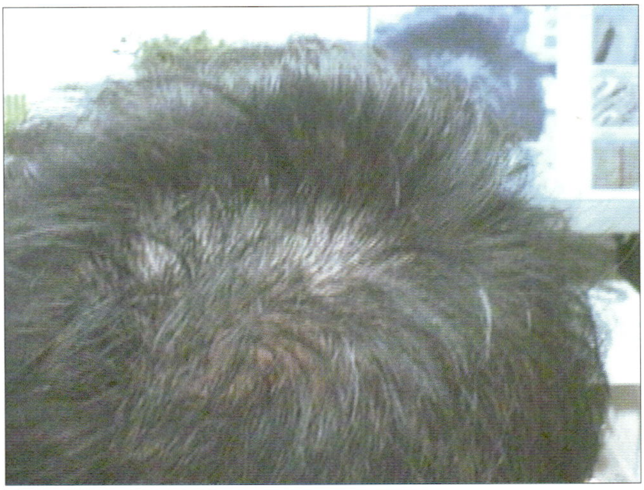

※ 염색 부작용 2

1. 문진

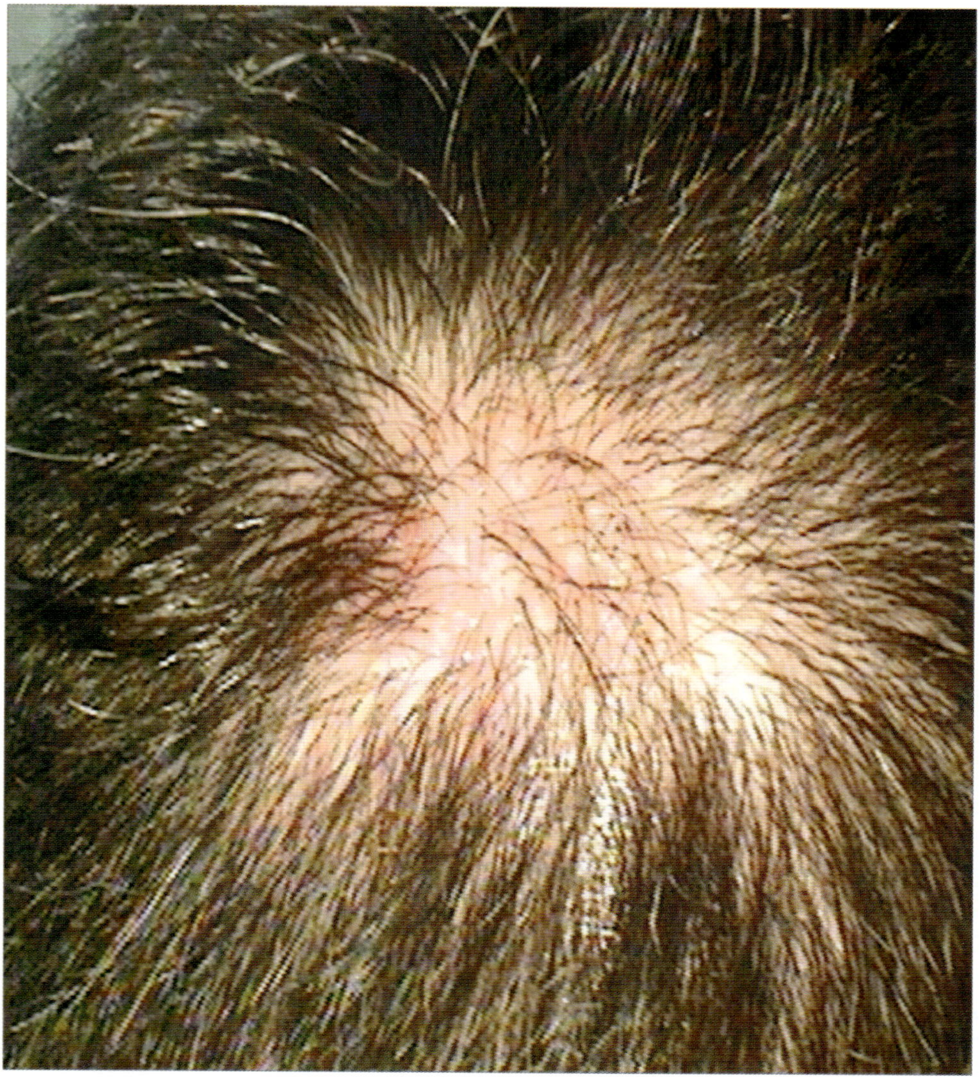

2. 관리 전 염색 부작용 두개피 이미지

■40배율

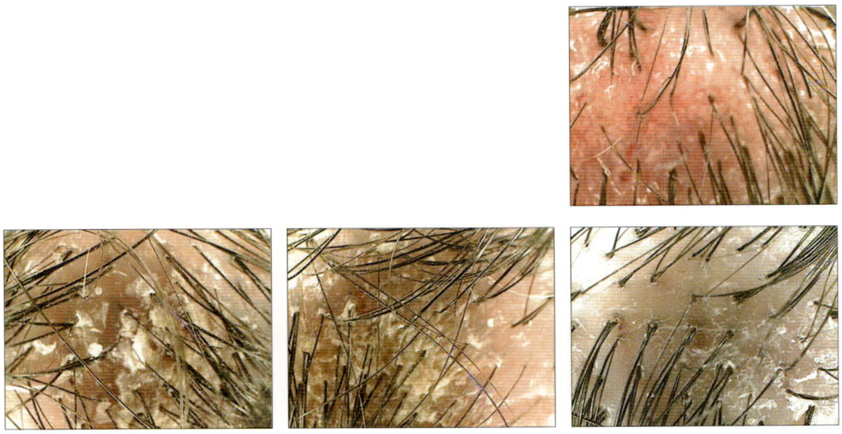

■100배율

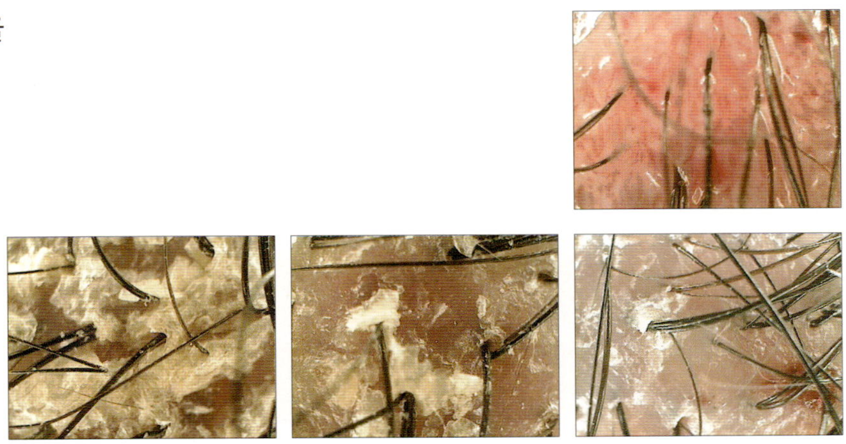

■300배율

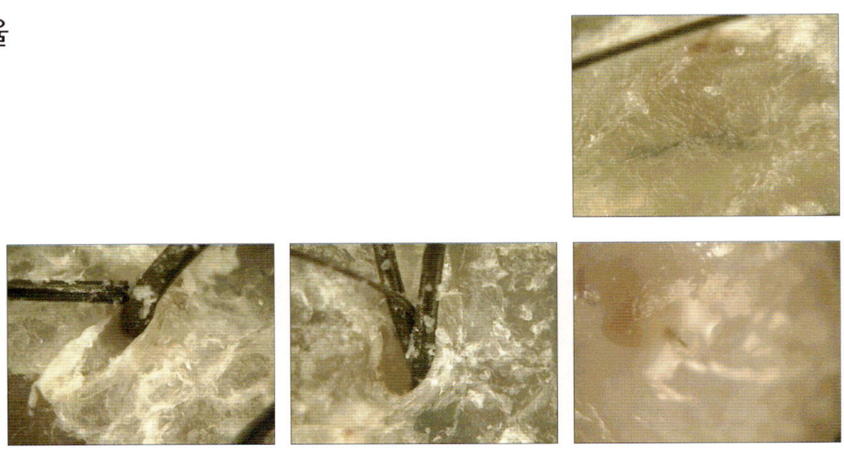

3. 관리 후 변화되는 두개피 이미지

■40배율

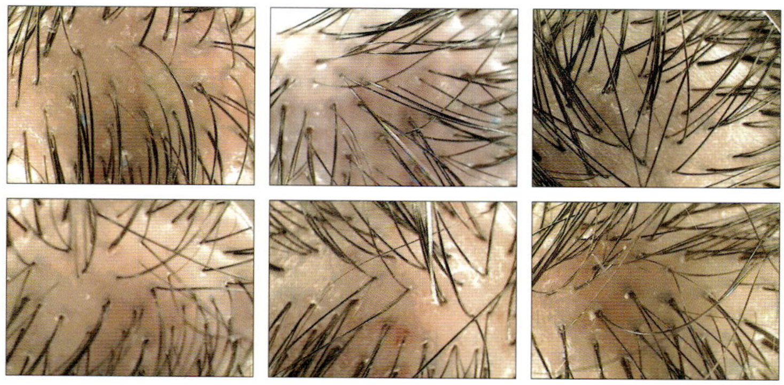

■100배율

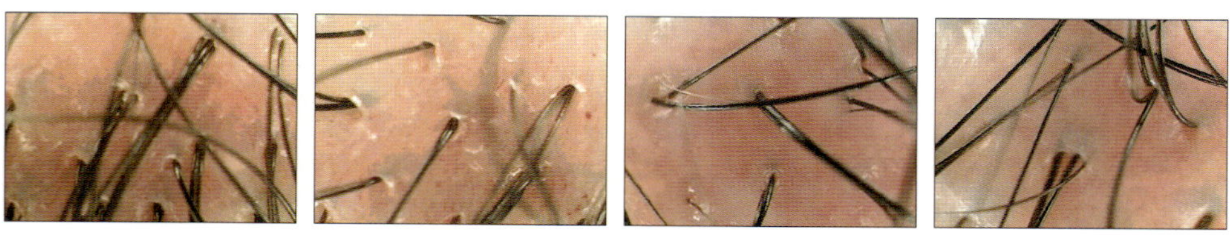

■300배율

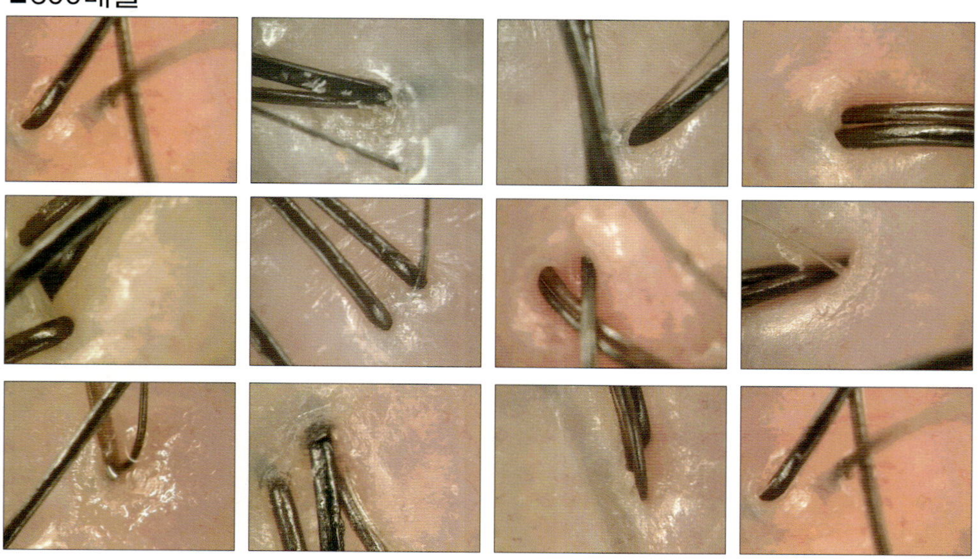

■관리 후 변화
되는 형태

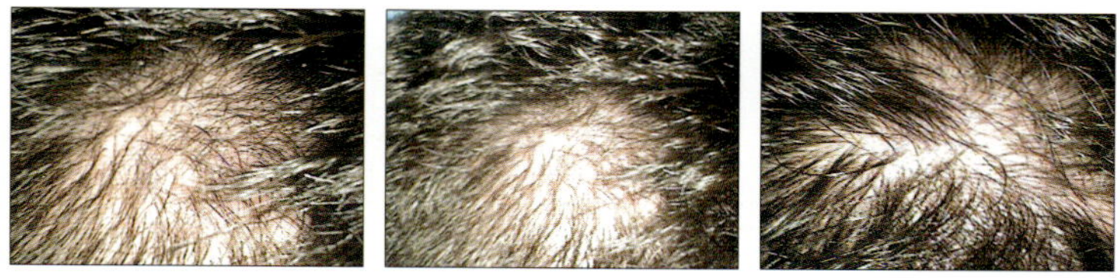

3. 탈색 부작용

1. 문진

- 두개피(피부)에 탈색(화학성분)제 접촉시 2° 이상의 화상은, 모낭 소실(반흔성)으로 모낭에서 모발의 단백질 결합을 하지 못하여 형태를 알아볼 수 없는 물질로 발생된다.

- 방치시 피부 민감, 염증을 유발하고 전두탈모를 발생하게 된다.

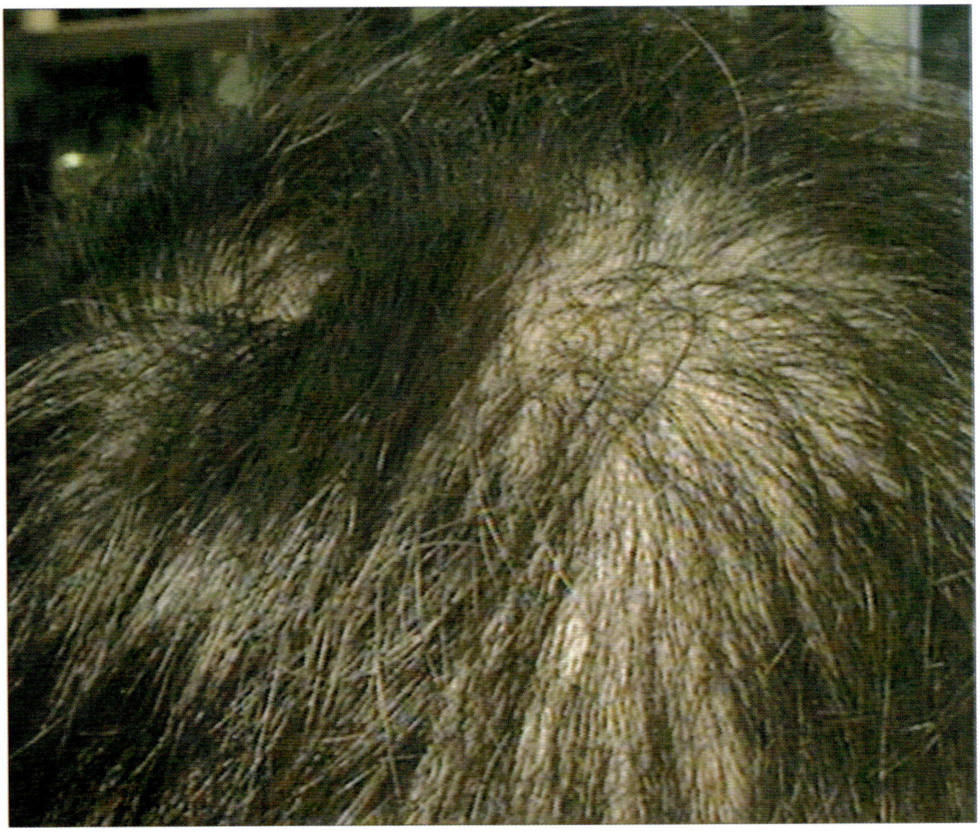

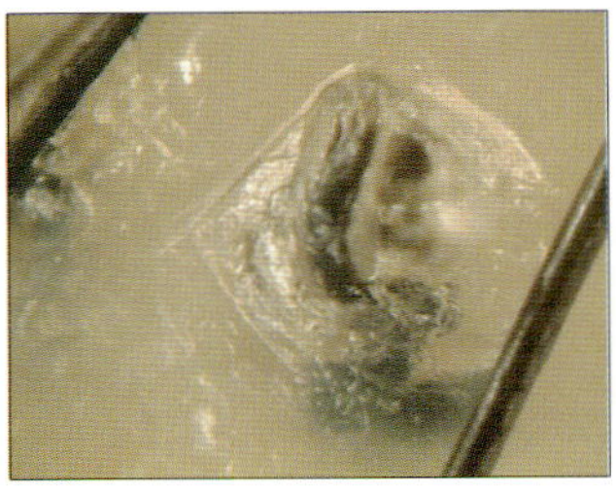

2. 배율별 두개피 이미지

▶ 기본 배율

- **형태**
  - 전형적인 화학 물질의 부작용은 두개피의 손상으로 탈모반이 형성되어 있다.

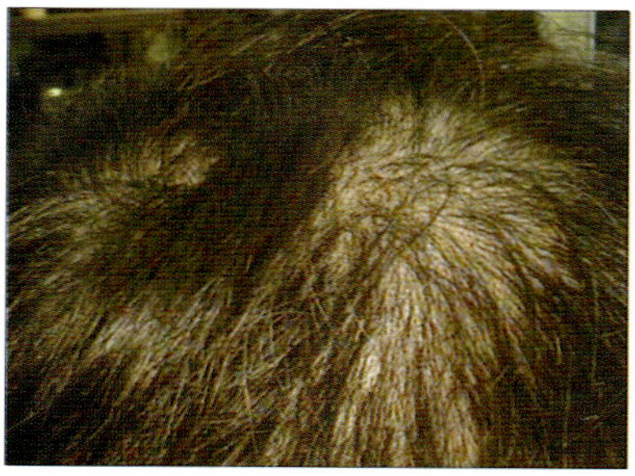

▶ 40배율

- **모발의 밀도**
  - 모발이 자라지 않는다.
  - 모발의 형태가 없다
  - 모발의 단백질 결합이 파괴되어 젤라틴 형태로 존재 한다.

▶ 100배율

- **모발 수**
  - 두개피 모낭의 손상은 모발의 결합을 방해하고 있다.

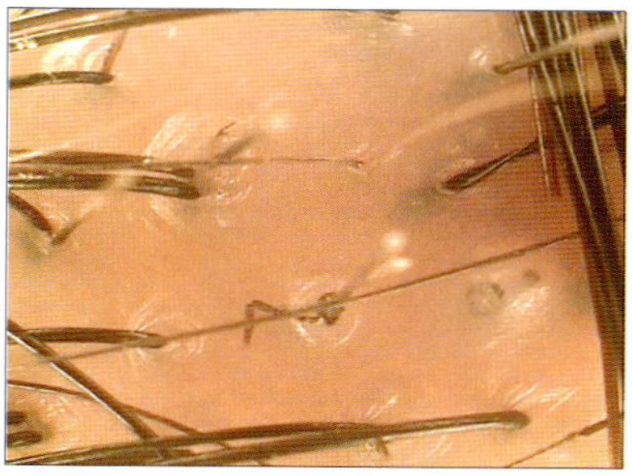

▶ 300배율

- **두개피**
  - 두개피에는 두꺼워진 각질이 겹겹이 붙어 있다.
  - 모공에는 미완성 모발과 산화된 피지가 엉켜 있다.
  - 모발의 형태는 불안정 하다.

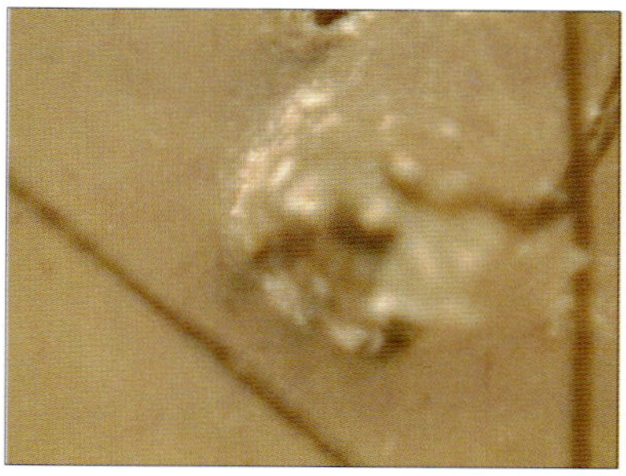

3. 문제성 두개피 이미지

■40배율

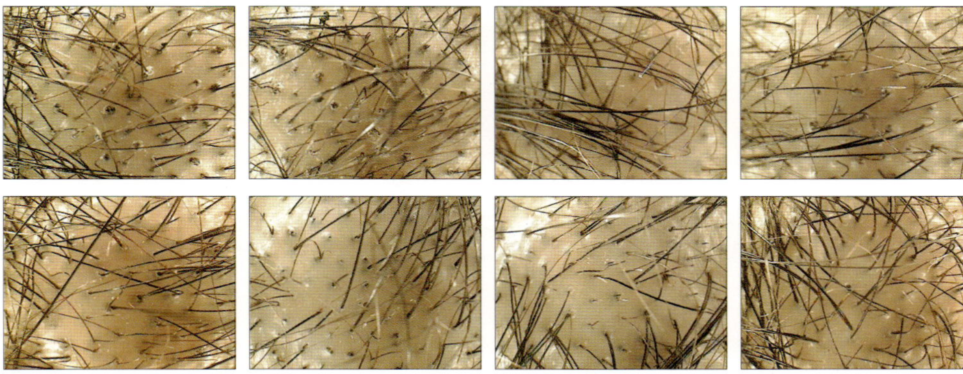

■100배율

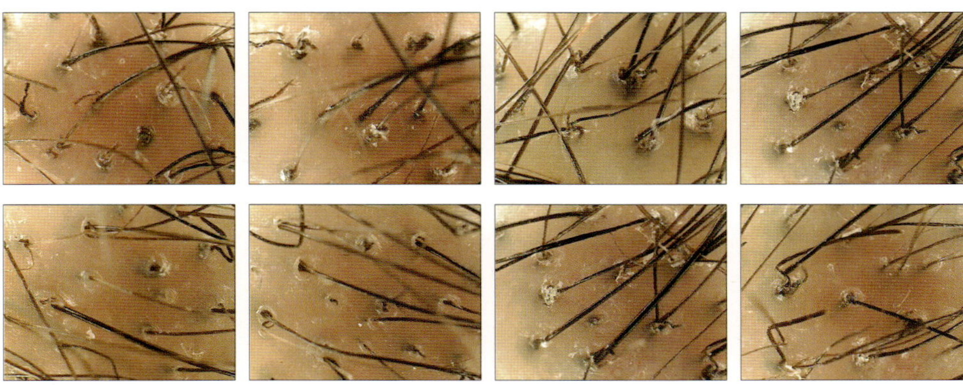

■300배율

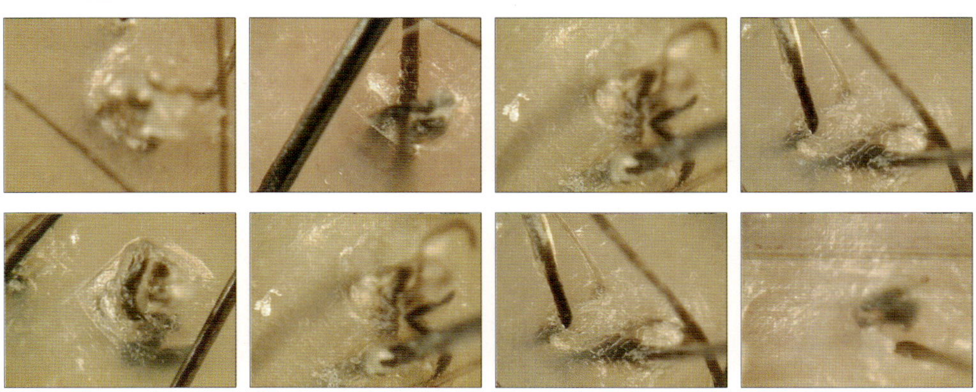

4. 관리 전 · 후 두개피 이미지 비교 분석

■기본 : 탈모 형태 관리 전 · 후

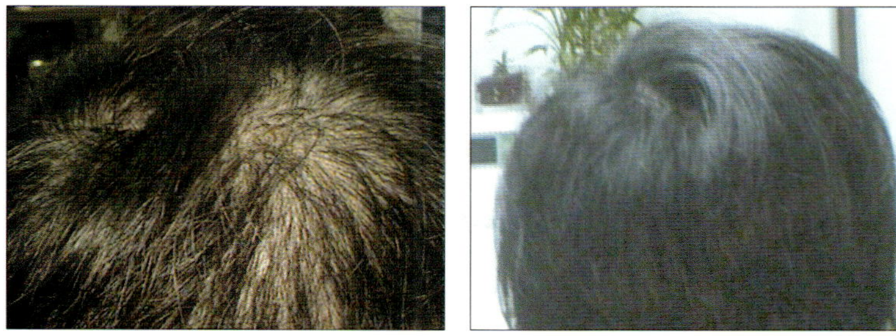

■40배율 : 탈모량 관리 전 · 후

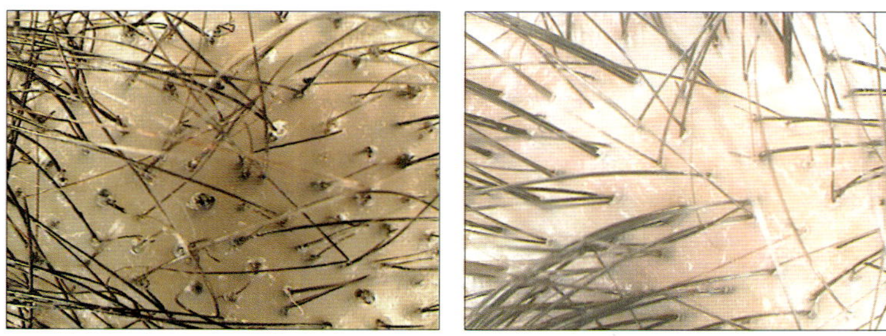

■00배율 : 모발 수 관리 전 · 후

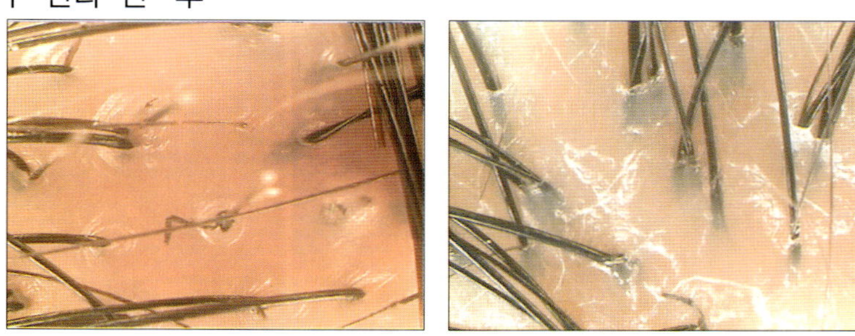

■300배율 : 두개피 관리 전 · 후

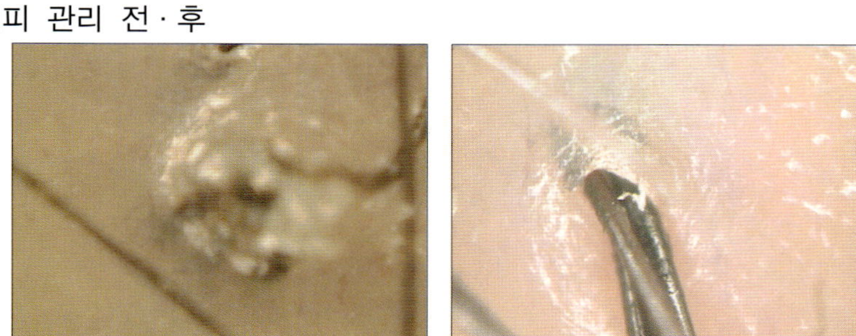

■모근

1) 관리 후

■300배율

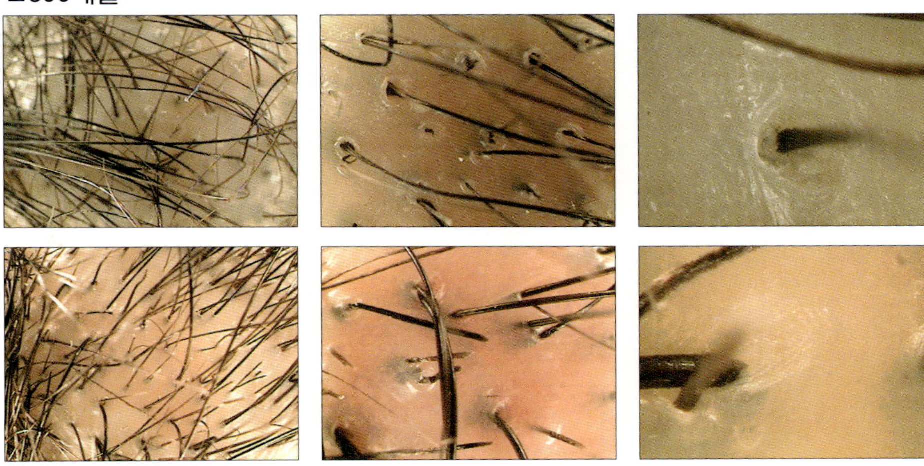

■3개월

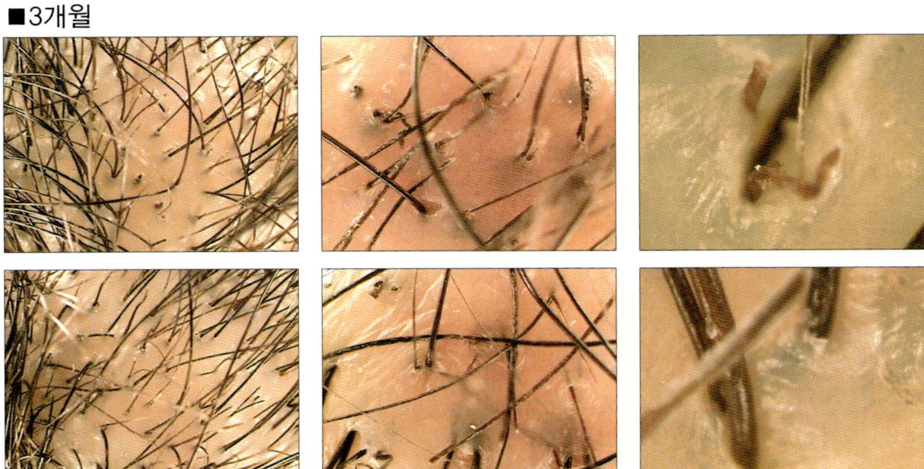

■5개월

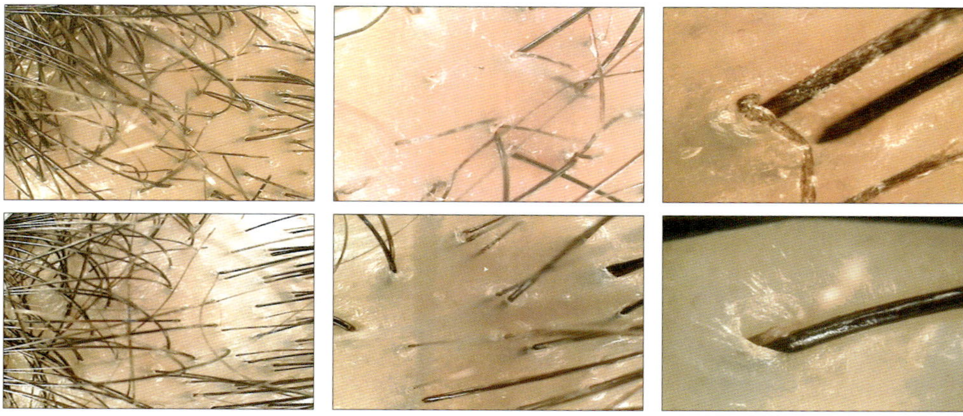

■7개월

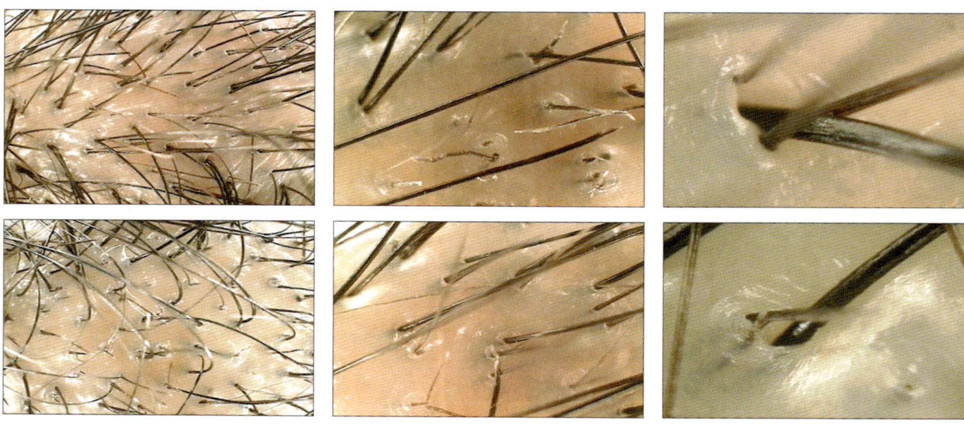

■9개월

4. 퍼머넨트 웨이브 부작용)

1. 문진

▶ 퍼머넨트

- 퍼머넨트의 경우 모발을 팽팽하게 당긴 상태에서 롤을 감기 때문에 모근이나 두개피에 손상을 입히기 쉽다.

- 탈모를 감추기위해 퍼머를 하는 경우가 많아 탈모와 퍼머의 악순환은 반복적으로 이루어지는 경우가 많다.

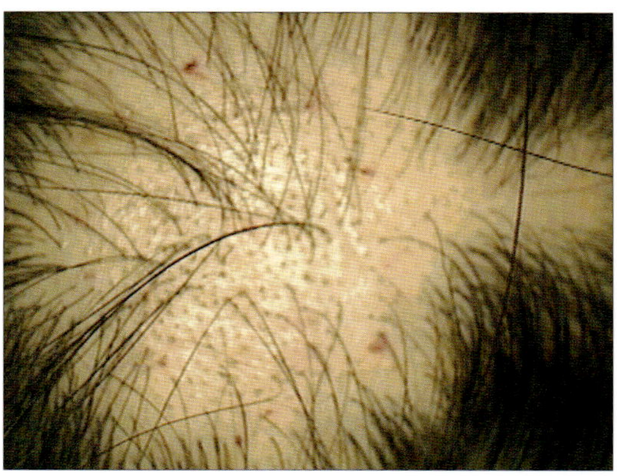

- 만성적
  - 두개피
    - 형태
    - 두상전체
    - 증상
      - 두개피 흡착
      - 피부염
      - 지루성
      - 건선 · 태선
  - 원인
    - 생리적
      - 면역계이상
      - 스트레스
      - 신경계이상
      - 신체질환
    - 자연적
      - 생활 습관병
    - 후천적
      - 화학물질
    - 영양
      - 미네랄검사

2. 배율별 두개피 이미지

▶ 기본 배율

● **형태**

– 전형적인 화학 물질의 부작용은 두개피의 손상으로 탈모반이 형성되어 있다.

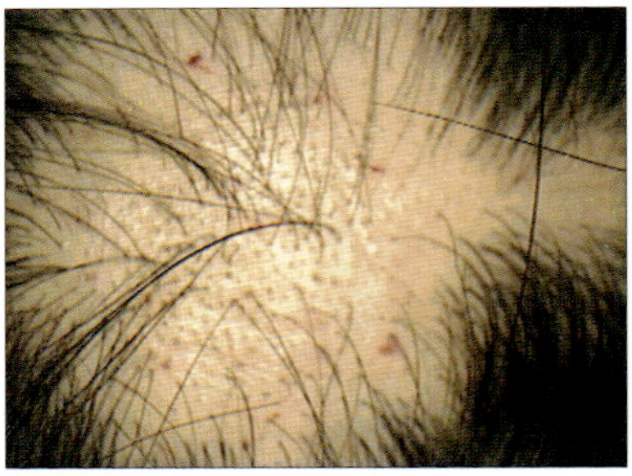

▶ 40배율

● **모발의 밀도**

– 모발이 자라지 않는다.

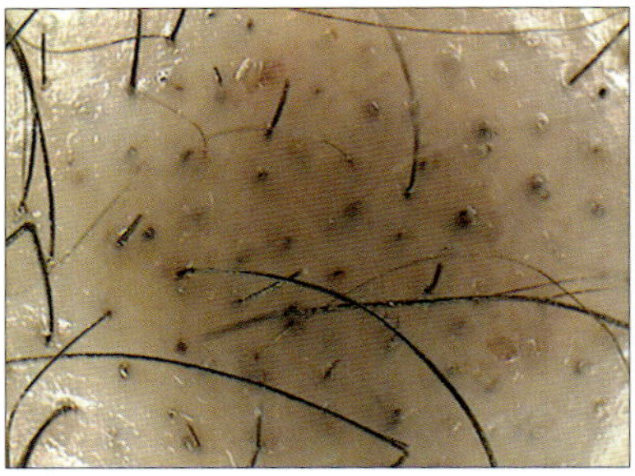

▶ 100배율

● **모발 수**

– 모발의 결합방해

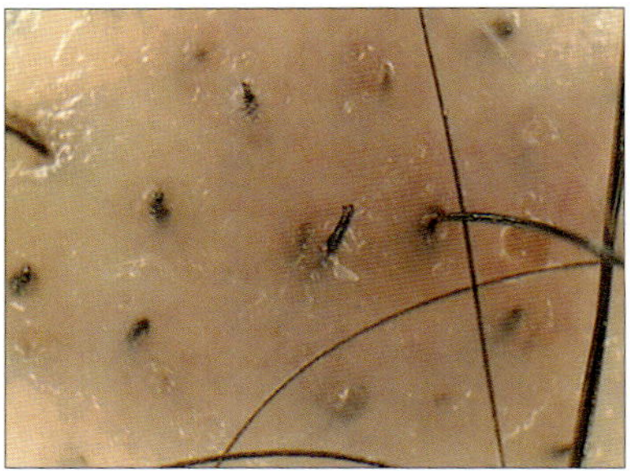

▶ 300배율

● **두개피**

– 이물질이 모공을 막고 있다.

– 모공의 이 물질은 모발의 결합을 방해하고 있다.

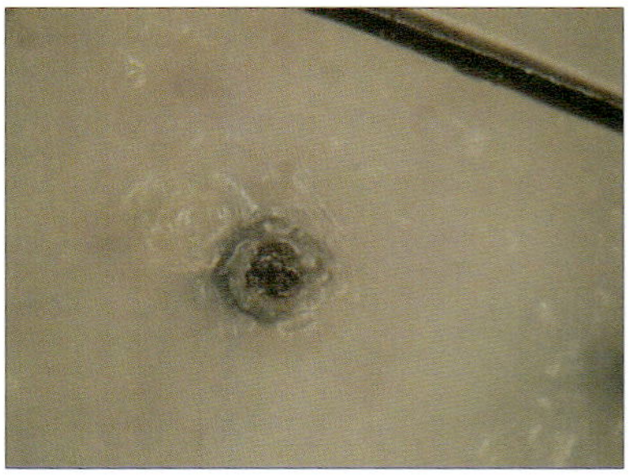

3. 문제(부작용) 두개피 이미지

■40배율

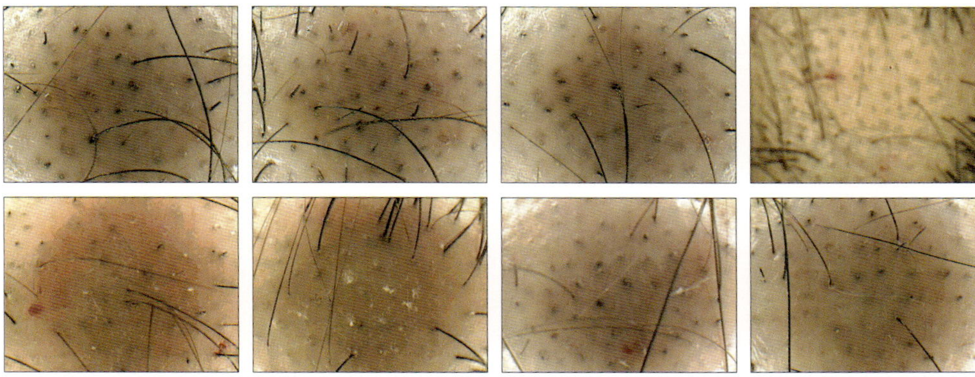

■100배율

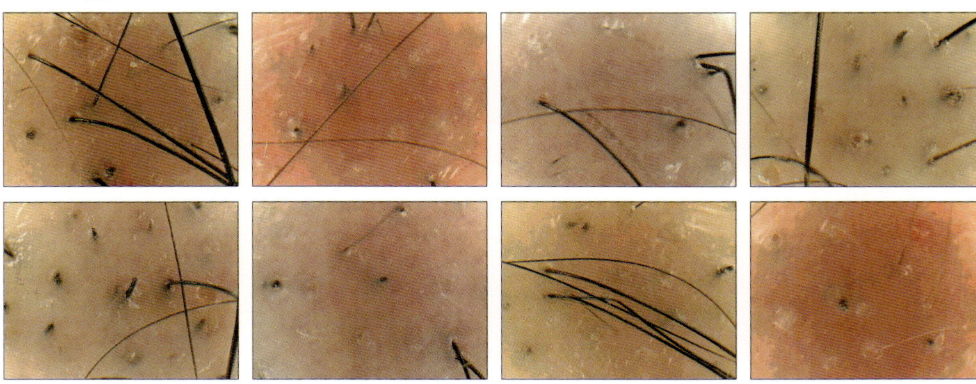

■300배율

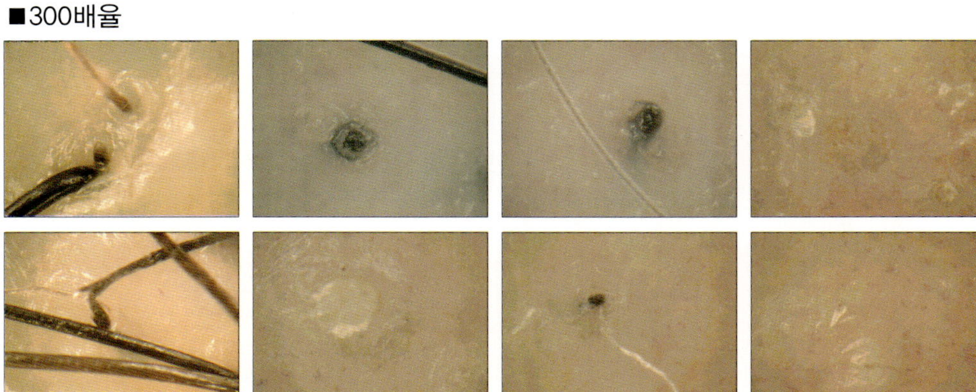

4.퍼머넨트 웨이브 부작용 모발

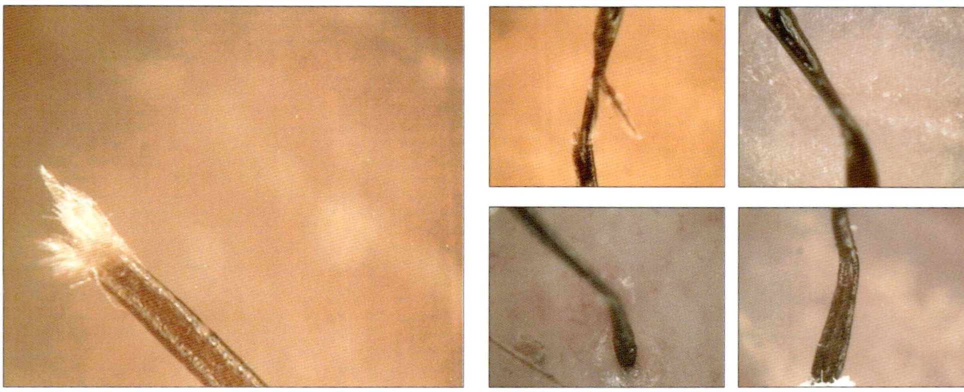

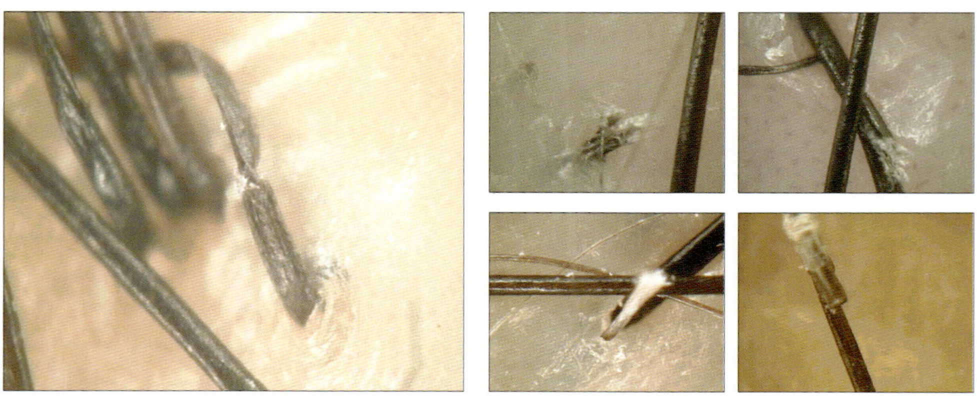

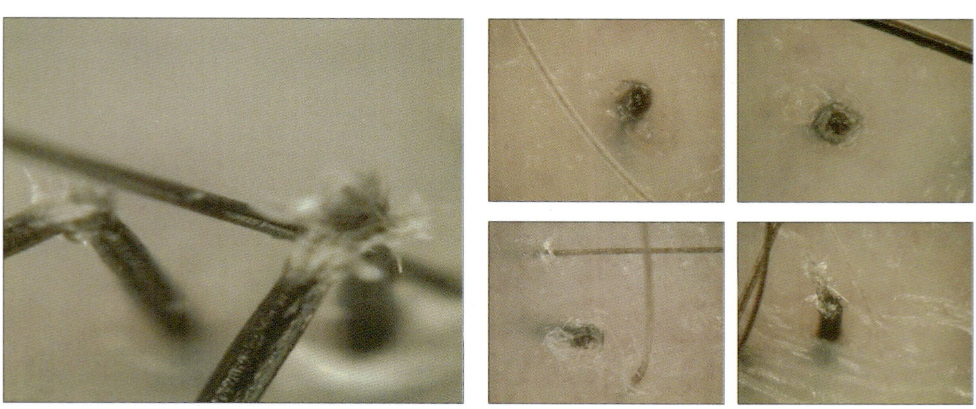

5. 의약품 (항암제)부작용

1.문진

- 만성적
  - 두개피
    - 형태
    - 두상전체
    - 증상
      - 두개피 흡착
      - 피부염
      - 지루성
      - 건선 · 태선
  - 원인
    - 생리적
      - 면역계이상
      - 스트레스
      - 신경계이상
      - 신체질환
    - 자연적
      - 생활 습관병
    - 후천적
      - 질병 · 화학물질
    - 영양
      - 미네랄검사

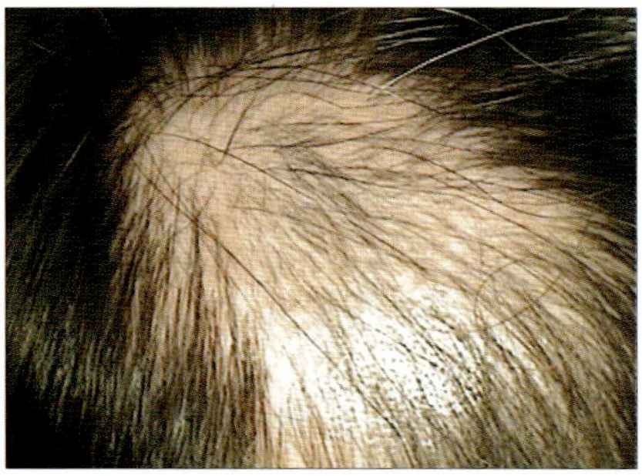

정상세포는 우리 몸을 위해 분열증식이 조절되어 일정한 세포수와 기능을 유지한다.
암세포는 우리 몸의 필요와는 상관없이 빨리 자라고 세포분열하여 세포수가 증가하고 어느 시기에 가서는 전신으로 퍼지는 특성을 갖고 있다.
항암제들은 세포의 분열증식에 관계되는 DNA, 효소 등을 공격하여 분열 증식하는 세포를 죽이게 된다.
지금까지 개발된 항암제들은 정상세포와 암세포를 구별하여 암세포만을 죽이지는 못한다.
항암제는 정상세포와 암세포 간의 약에 대한 감수성의 차를 이용하여 정상세포에 대한 독성은 비교적 적고, 암세포에 대해서는 보다 선택적으로 작용하지만, 정상세포도 어느 정도의 손상을 받기 때문에 부작용이 나타나게 된다.
항암제는 분열이 빠른 세포에는 어디라도 작용하는 성질이 있기 때문에 빨리 분열하는 암세포에만 작용하는 것이 아니라 정상세포 중에서도 빨리 분열 증식하는 세포, 즉 피를 만들어 내는 골수세포, 구강을 포함하는 위장관의 상피세포, 머리카락세포, 손톱, 발톱을 이루는 세포, 정자, 난자를 만들어 내는 생식세포등의, 정상세포도 타격을 받는다.

- **부작용**

일시적인 백혈구 및 혈소판 수가 감소, 빈혈, 입안이 헐고 오심, 구토, 구역질, 설사, 식욕감퇴, 탈모, 손톱, 발톱에 검은 줄이 나타나게 되며, 생식기능에 장애를 가져오는 부작용이 있을 수 있다.

2. 배율별 두개피 이미지

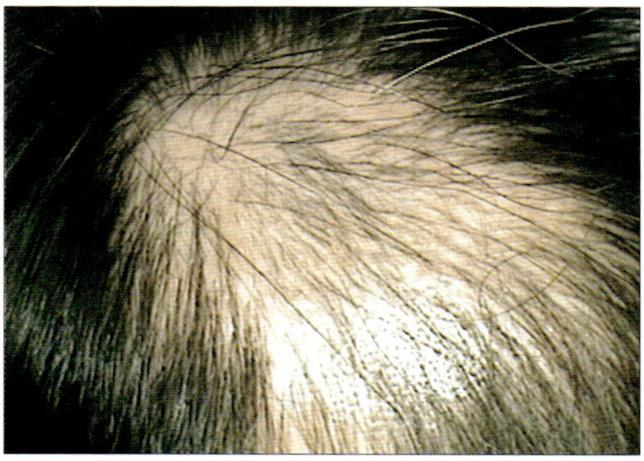

■기본 배율

탈모 형태

- 약품의 화학 물질의 부작용은 두개피의 손상으로 탈모반이 형성되어 있다.

■40배율

모발의 밀도

- 급성 헤어 싸이클 변화는 모발의 밀도에 변화를 나타낸다.

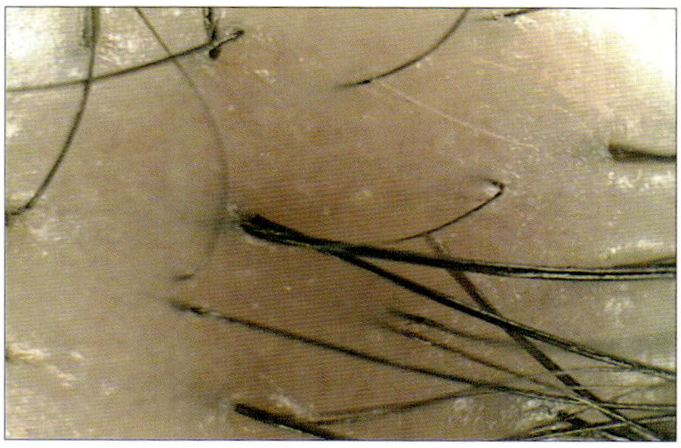

■100배율

모발 수

- 모발의 형성방해

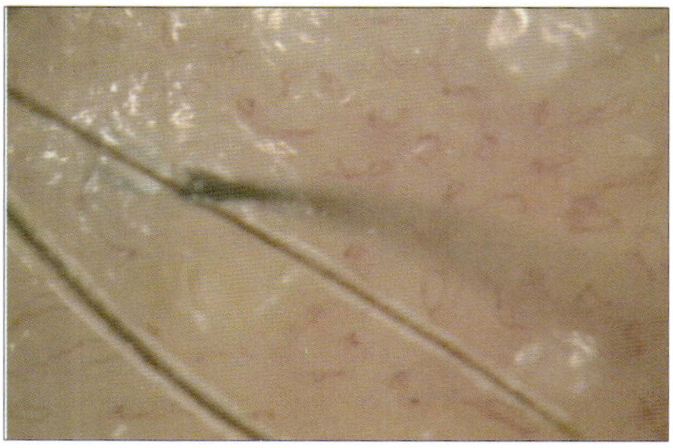

■300배율

두개피

- 두개피의 이물질
- 모공의 이물질

※ 약의 화학 작용

- 과한 피지 발생
- 예민, 민감성
- 혈액 순환 장애
- 두꺼워진 각질

3. 관리 전 문제성 두개피 이미지

■40배율

● 관리 전 문제성 두개피

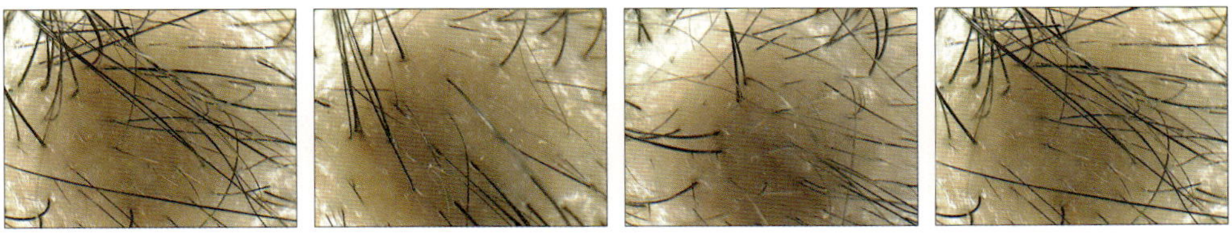

● 관리 3개월 후 변화된 두개피

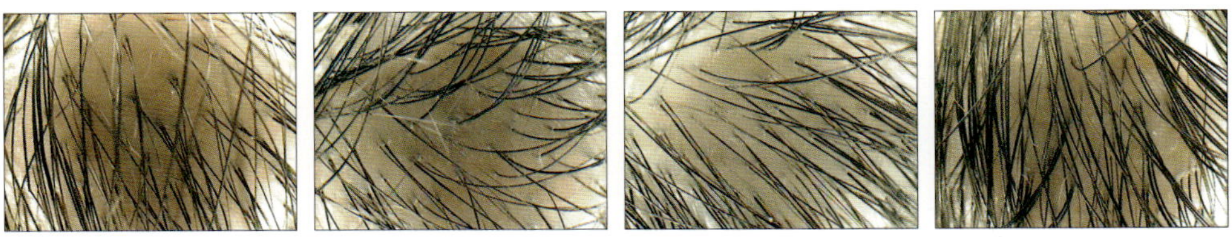

■100배율

● 관리 전 문제성 두개피

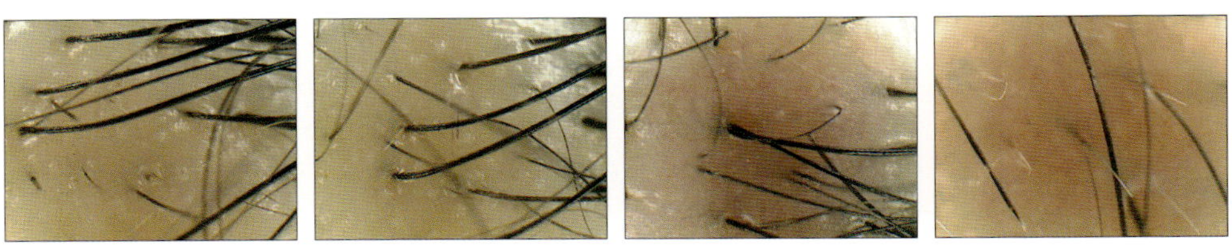

● 관리 3개월 후 변화된 두개피

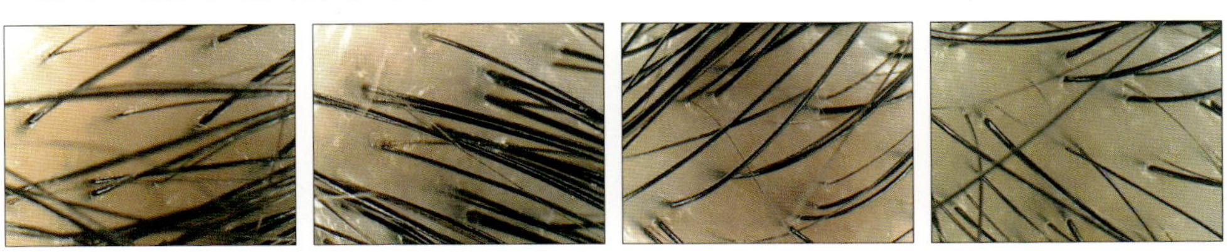

■300배율

● 관리전 문제성 두개피 이미지

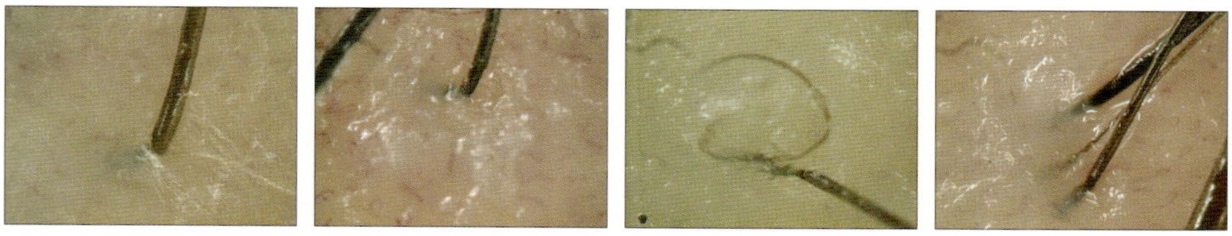

● 관리 3개월 후 변화된 두개피 이미지

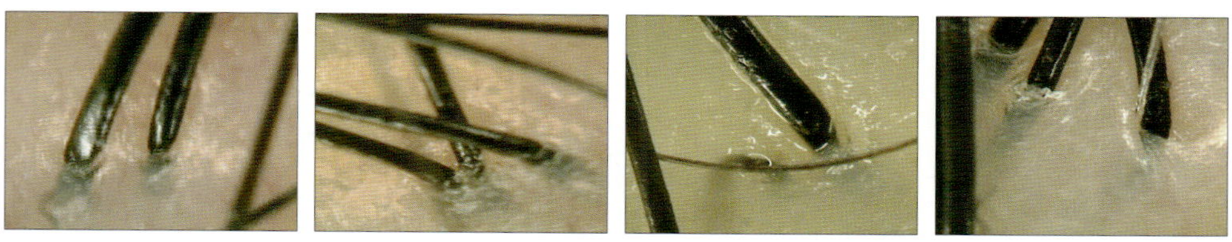

● 관리 전 문제성 모근

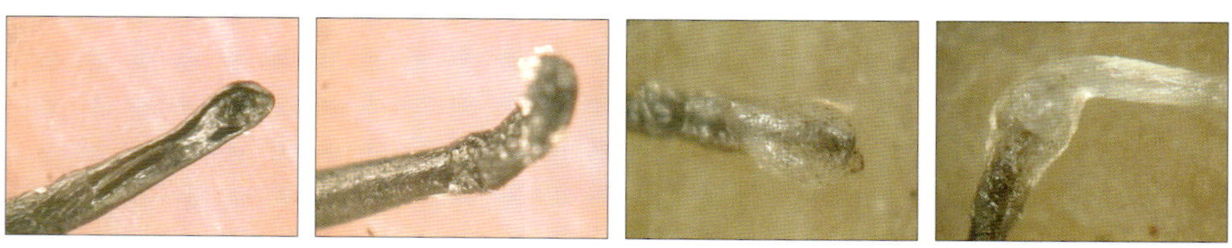

● 관리 3개월후 변화된 모근

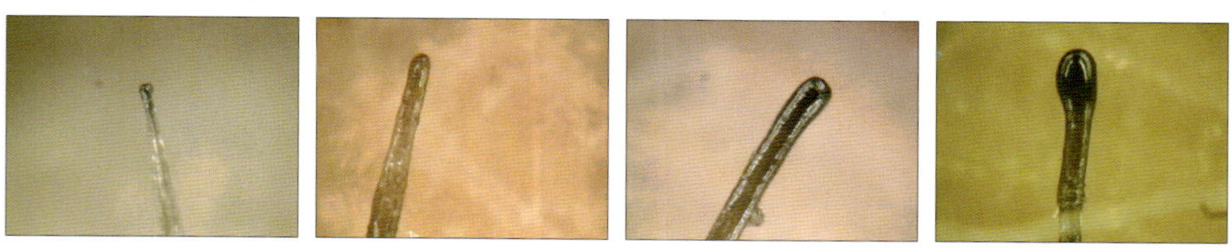

Scalp Care 탈모 임상 시술 순서

Chapter 07

모델 : 장병식 / 시술 : 이향욱

※ 시술순서

시술순서

- **1단계**
  - 화상이미지체크
  - 분석 : 상담, 문진
- **2단계**
  - 소독 : 모공세정 : 유분비듬)샴푸
  - 기구 : 바이브레이션 맛사지기
- **3단계**
  - 이물질제거: 머드팩
  - 혈액순환: 전위기, 안마기, 석션기
- **4단계**
  - 각질제거: 스크럽팩+비타민6샴푸
  - 미스트오존기+전동+수동맛사지기
- **5단계**
  - 화상이미지체크
  - 분석: 상담
- **6단계**
  - 영양:영양제품(시스티z) 미녹시딜
  - 기구 : 산소. 레이져
- 홈케어 탈모의 증상에 따라

1단계

남성 탈모

1. 문진

- **형태**
  - 만성적 탈모
  - 전두부, 두정부
- **두개피 증상**
  - 지루성, 피부염, 건선, 태선, 두개피 흡착·경화
- **자연적**
  - 유전, 호르몬, 생리적,
- **후천적**
  - 노화, 생활 식 · 습관, 스트레스, 신체질환, 영양

1) 배율별 문진

- **기본배율**
- **형태**
  - 전두부·두정부 M자형(유전)
- **탈모 진행형**
  - 생성되는 형태,(부분화 확산)
- **탈모 정도, 기간**
  - 증상

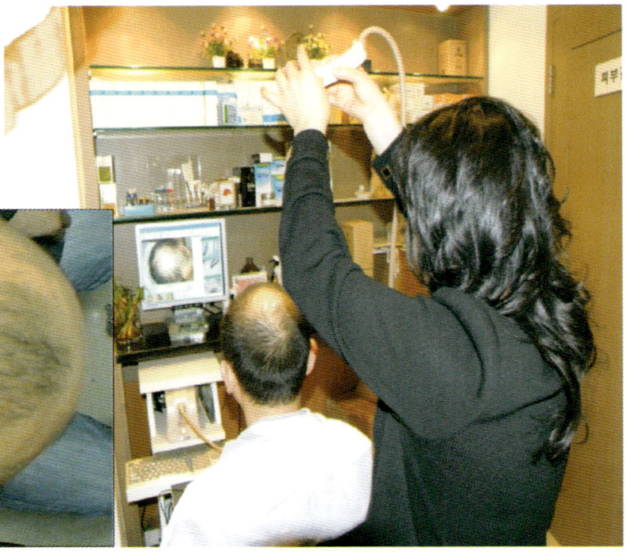

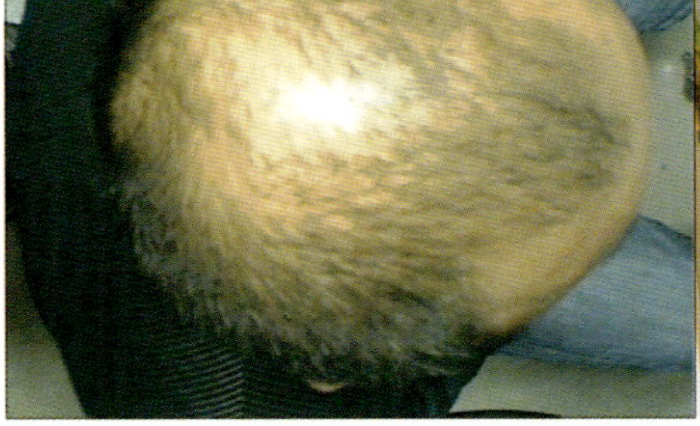

■40배율

- 두개피 상태와 두개피 이상이 나타난 부위를 체크
- 탈모의 양이 과도한지 판단
- 모발과 모발 사이가 넓다.
- 모발이 가늘어져 있다.
- 모발 량이 적다.

■100배율

※ 건강한 두개피 14본 – 21본

- 탈모량
- 모발의 굵기
- 모공 수 – 7개
- 모발 수 – 9본
- 연모 2본
- 취모 7본

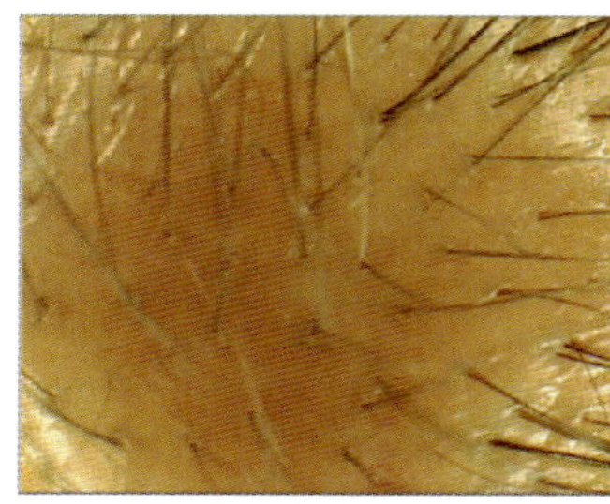

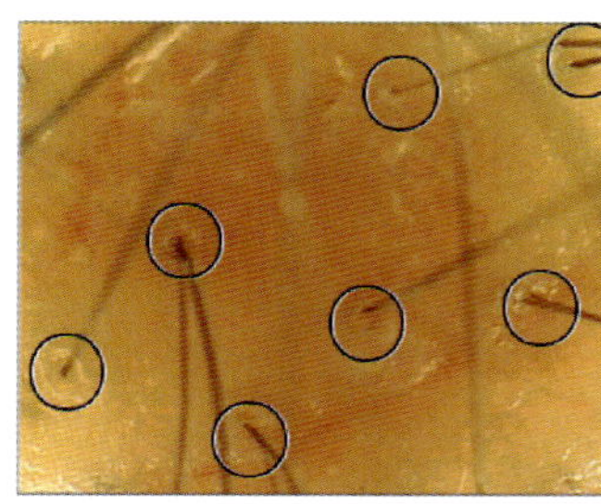

■300배율

- 모낭에 이물질(피지산화)
- 두개피 경화. 흡착
- 건강한 모발 없음
- 모낭충 현미경 검사

두개피 경화 흡착

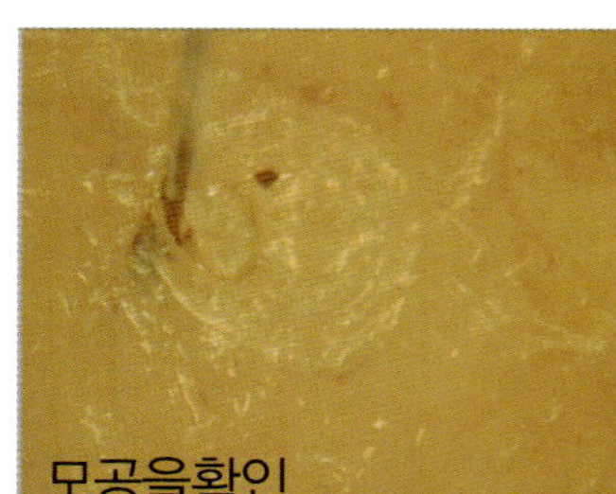

모공을확인

모근초

2) 4화면 두개피 이미지 문진

- 모발 성질의 변화 유무를 알아본다.
- 모발의 색깔에 변화가 있는지 알아본다.
- 건강한 모발은 (검정색)
- 휴지기 모발은(갈색)임을 알 수 있다
- 이상 탈모와 위축모, 흰모발, 등의 발생을 체크한다.
- 모근이 정상인지 판단
- 조직적인 모발 손상이 있는지 판단
- 곰팡이균에 감염되었는지 판단
- 단백질 부족이 의심되는지 판단
- 모발 결의 손상 판단
- 탈모의 유형과 심각성 판단
- 유전적인 문제가 있는지 판단
- 두개피 경화. 흡착

● 탈모가 시작된 전두부(유전) 부위에 M자형태의 탈모가 나타나기 시작하고 5 ~ 6 년 정도 되면 부분적으로 숱이 적어진다

2. 원인 문진

자연적

1. 유전

유전적인 요인

- 부부를 중심으로 그 근친인 혈연자가 주거를 같이하는 생활 어버이(모습, 성질, 습관)에서 DNA를 복제하여 자식에게 물려진다.

2. 남성호르몬

1) DHT(Dihydrotestosterone) 발생기전 콜레스테롤+디히드로에피안드로스테론에서 모낭의 5-alpha Reductase 효소와 남성호르몬(testosterone)의 만남은 DHT(Dihydrotestosterone)라는 활성형 남성 호르몬으로 전환시켜 주는 역할을 한다.

2) 5-alpha Reductase

- 각기 서로 다른 유전자와 전혀 다른 조직에 의해서 생산된다.
- 1형 5-a Reductase 와 2형 5-a Reductase 2가지가 있다.
- 5-a Reductase역할
- 1형은 주로 두개피와 피지샘 등에 분포되어 있다.
- 2형은 주로 모낭의 외벽 등에 분포되어 있다.

3) DHT의 탈모진행

- 1형은 약 40%~30%,
- 2형은 약 60%~70%
  - 1형만을 억제한다면 진행되고 있는 탈모의 40%~30%밖에 억제할 수 없다.
  - 프로페시아는 2형만 억제
  - 녹차는 1형만 억제

4) DHT에 의한 두개피 염증 발생 기전

- testosterone + (5-α -reductase)효소가 작용 → dihydrotestosterone → 피지선 자극 → 피지분비 촉진→ 모공 속 각질의 비후현상
- 모낭에서는 안드로겐 수용체와 결합하여 모낭세포의 단백질합성을 지연시켜 모낭의 생장기가 단축되는 헤어 싸이클변화로 휴지기 모발의 비율이 증가가 반복되면서 모낭이 좁아지고 모발의 수명은 단축 되어 대머리가 된다.

5) 남성호르몬(male hormone)의 작용

(1) 남성호르몬(male hormone)은 사춘기에 왕성하게 분비되는데, 이시기에는 발모가 매우 풍성하게 되고 고환에서 분비되는 (dehydroetosterone) 테스토스테론 오줌 속에 배설되는 안드로스테론(androsterone) 이나 디히드로에피안드로스테론(de-hydroepiandrosterone) 등과 부신 피질에서 분비되는 아드레노스테론등이 포함된다.

(2) 남성호르몬(male hormone)은 안드로겐(androgen)과 5−α 리닥타제(5−α reductase)의 작용으로 디하이드로테스토스테론 DHT dihydrotestosterone)에 대해 유전적으로 민감할 때 발생한다.

(3) DHT의 활동은 피지 샘의 활발한 활동으로 많은 피지 발생은 모낭을 소형화시켜 모발이 자라는 기간을 단축시키고 성모의 수를 감소시킴으로써 탈모를 일으킨다.

※ DHT 형성과정 도표

콜레스테롤 ⇨ Dehydroepiandrosterone(DHEA)
⇩
Androsteredicne ⇦ ⇨ Testosterone
Aromatase ⇩ Aromatase ⇩ ⇩ 5α−Reductase
Estrone ⇦ ⇨ **Esterogen** **Dihydrotestosterone**

⦿ DHT 형성과정

1) DHT 형성과정 (Dihydrotestosterone)

- 콜레스테롤 + (DHEA)Dehydroepiandrosrerone (디히드로에피안드로스테론) = Testosterone(테스토스테론) Testosterone(테스토스테론) + 5α −Reductase(리덕테이즈)=(DHT) Dihydrotestosterone(디히드로테스토스테론)

2) Estrone(에스트론) 형성과정

- 콜레스테롤 + (DHEA) Dehydroepiandrosrerone (디히드로에피안드로스테론) = Androstendione(안드로스테인디온) Androstendione(안드로스테인디온)+Aromatase(아로마테즈) = Estrone(에스트론)

3) E−에스트로겐(esterogen) 형성과정

- 콜레스테롤 + (DHEA)Dehydroepiandrosrerone(디히드로에피안드로스테론) = Testosterone(테스토스테론) Testosterone(테스토스테론)+Aromatase(아로마테즈) = E−에스트로겐(Esterogen)

- 남성호르몬(male hormone)이 여성에 비하여 많이 분비되고 안드로겐이 증가할수록 남성 특징인 수염은 증가하고 유지되지만, 이마나 정수리부위의 털은 줄어 들어 탈모를 진행시키기도 한다.

⊙ 여성

- 안드로겐의 양이 상대적으로 적어 수염이 나지 않거나 가늘게 나게 된다.
- 생식기관 : 성적 특징의 발육이나 유지 및 기능
- 조직 : 단백질의 증가, 신장의 무게와 크기 증가, 땀과 피지샘의 활동 증가, 적혈구 세포의 재생
- 피부 : 피지의 증가로 표피의 각질층이 두꺼워지고, 사춘기의 청소년들에게 발생되는 여드름의 원인
- 체모 : 다리털, 가슴털, 겨드랑이 털, 수염, 음모등 모든 체모의 성장이 빠르고 남성의 특징이 나타남

생리적

1. 노화

"노화"는 시간의 경과, 세월이 지남에 따라 인체의 전반에 수반되는 생체 구조 변화로 발생

1)노화의 징후

- 내분비 기능의 변화로 인체 호르몬의 감소

2)노화로 생기는 현상

- 나이증가에 따른 생리기능의 감소는 개인별로 차이가 매우 크다
- 피곤함, 무력감, 우울증, 집중력 저하, 근육량 감소
- 불면증, 소외감, 우울증, 자신감, 정신적 장애 증상이 나타남
- 신체 각 부위의 피하 지방은 감소, 상체 비만, (복부비만)
- 모낭 수가 줄어들고, 휴지기 모발 증가, 모발의 소실,

3)노화 현상

(1) 피부
- 피부의 콜라겐 감소, 예민,건조, 탄력저하, 주름, 반점, 혹 생김

(2) 신경계
- 뇌의 세포수감소로 위축되어 뇌의 무게 10%정도 감소 (치매)

(3) 시력저하
- 40세부터 진행 수정체가 두꺼워져 시력이 약화되며 근거리 물체에 초점이 잘 맞춰지지 않고 시력저하, 충혈, 안구건조증

(4) 청력 저하
- 고막이 두꺼워지고 귓속이 위축되면서 고음이나 고주파음을 인식하는 능력이 감퇴되는 이명증이 나타난다.
- 이명증 에서 난청으로 진행 한다.

(5) 노화로 인한 질병
- 고혈압, 당뇨병, 골다골증, 고지혈, 동맥경화, 갱년기, 류마티스 관절염, 퇴행성 관절염, 중풍, 성기능 장애

(6) 세포의 노화현상

- 노화색소의 침착, 소지방구의 축적, 세포의 실질감소, 핵의 위축, 신경세포(니슬소체)의 감소, 골 지체의 파괴가 일어난다.

※ 이와 같은 현상은 세포의 종류에 따라 다르게 나타난다.

(7) 노화를 진행시키는 원인

- 원형질 이력현상(protoplasmic hysteresis)에 의해서 세포의 물질대사가 장애를 받기 때문이라고 주장하는 설.
- 혈장 등 세포의 내부환경을 중시하는 외인설(外因說)
- 치사유전자와 같은 것에 의해서 세포의 수명이 유전적으로 결정된다는 설 최근에는 시간의 경과에 따라서 일어나는 세포 내의 DNA분자의 절단 증가, DNA분자 장애의 회복능력 감퇴, DNA의 유전정보의 전사· 해독의 오류, 콜라겐 감소, 면역기능 저하, 노화의 원인으로 밝혀지고 있다.

2.생활 습관병

- 식습관, 생활방식, 환경적 요인 등이 생활습관병의 발생에 관여가 되는데, 이 요인들은 인간의 삶의 질을 높여주는 것으로 간주되어 왔다.

1) 생활습관병의 원인들

- 격렬한 신체 운동의 감소
- 육체 노동의 현저한 감소
- 저렴한 가격의 식품을 대량으로 손쉽게 살 수 있는 사회적 접근의 용이
- 고지방, 고 열량 음식
- 가공 처리된 음식의 만연 (조리된 음식들, 계절과 상관없이 나오는 과일들)
- 자동차 이용의 증가
- 감염원에 대한 노출의 감소
- 여가 시간의 증가
- 비 활동 시간의 증가
- 음주와 흡연의 증가
- 항생제와 예방접종의 증가
- 평균 수명의 연장

(1) **유전적 (환경)**

① 할아버지 ⇒ 아버지 ⇒ 아들
할머니 ⇒ 어머니 ⇒ 딸

② 가족의 생활 식습관이 복합적으로 탈모의 가장 큰 원인으로 작용한다.

(2) **자연적**

- 기온이나 대기압력의 차이 오염된 환경 물질

(3) **물리적**

- 지나친 압력, 당김, 헤어 커트에 의한 손상 및 상처, 모자의 착용 비위생적인 두발관리

(4) **화학적**

- X광선, 항암제, 항생제 오남용으로 축척된 독소 또는 강하고 부적절한 두발제품의 사용 환경호르몬(오염물질),

(5) **잘못 된 습관**

- 밤을 자주 새운다
- 일, 오락, 컴퓨터를 오래하거나 PC방에서 많은 시간을 보낸다
- 스트레스를 많이 받는 환경, 직장일, 학업에 실증, 신경질(짜증, 화)를 잘낸다.
- 술을 일주일에 두번 이상 취하도록 먹는다.
- 담배를 하루에 1갑 이상 피우거나 담배연기를 많이 마신다.
- 두개피에 상관없이 아무샴푸나 비누로 머리를 감는다.
- 두발과 두개피를 자주 감지 않아 불결하다
- 파마, 염색을 매월 한다.
- 드라이어로 거의 매일 손질을 한다.
- 모발을 같은 방법으로 묶는다
- 고기나 육 가공제품 캔이나 병에든 음료수를 많이 먹는다.
- 다이어트를 위해 자주 굶거나 다이어트 보조식품과 약품을 사용한다.
- 편식을 한다.

(6) **운동(활동)부족** : 운동이 부족한 소극적 생활은 섭취량보다 활동량이 적어 에너지 소모 감소로 비만과 질병들이 나타난다.

후천적

1. 빠른 문명

(환경, 물질)의 변화에 적응하기가 힘들어 지면 인간은 스트레스로 인한 여러가지 문제가 발생 된다.

1) 원인

(1) 사회, 문화, 경제적 육체적 과로(직장생활), 정신적 근심, 걱정, 자녀교육, 금전적, 경쟁)

(2) 심리적 장애, 불확실성, 불안감(미래)

감정의 미숙 (과잉보호, 열등의식, 대인 관계 적응곤란, 학업성적불량, 부모의 사랑이 결핍)

(3) 강한 자존심, 콤플렉스, 완벽주의

(4) 심하게 흥분하는 사람, 쉽게 화를 잘 내는 사람의 흥분상태의 생활은 신체의 호르몬의 불균형으로 탈모는 빠르게 진행 된다

(5) 경제적 성장과 산업구조의 변화로 말미암아 식생활이 개선되고 활동량이 감소되면서 스트레스의 종류도 아주 다양하지만 탈모 탈모의 발생빈도가 높아지고 또 하나의 스트레스거리가 생기게 되는 것이다.

(6) 심한 스트레스에 노출되면 자율신경 실조증을 초래하여 모발의 발육의 저하로 탈모를 발생 시키는 원인이 될 수 있다.

2) 증상

- 심장 박동이 빨라지고, 혈압이 높아지고, 혈액순환 장애
- 모발의 성장에 필요한 산소와 영양공급을 차단하게 되어 탈모가 되니 두개피의 혈액 순환을 활발하게 만들어주는 관리가 필요하다.

3) 탈모을 호소하는 사람

- 학생, 사무직, 근로자, 주부, 건축업, 서비스업, 종사자순

4) 예방법

- 자기 자신의 스트레스의 원인을 자각하고 해결할 방법을 찾아내어 느긋하고 여유 있는 마음을 갖도록 노력하고 결과에 스스로 만족감을 얻어야 한다.

5) 건강한 생활

- 건강한 생활은 쾌식, 쾌면, 쾌변으로 탈모예방이 최선이다.

2. 질병

1) 발열

- 체온은 시상하부에 있는 체온조절 중추에 의해 조절된다.
- 체내의 물질대사 결과 발생하는 열과 인체 표면으로 방출되는 열의 균형으로 체온은 조절되고 있다.
- 체온은 36~37℃ 유지
- 탈모는 체내에 발생하는 열과 밀접한 관계를 갖고 있다.

2) 두개피에 열이 많으면

- 모발이 약해지고 가늘어진다.
- 모발이 힘없이 탈락되는 휴지기 모발이 많아 진다.

3) 두개피에 열이 발생되는 원인

- 몸 속의 에너지 밸런스 이상으로 발열되는 내인성 발열
- 세균감염에 의한 발열,
- 약물 복용에 의한 발열

4) 상체 열이 많은 체질 사람은

- 두개피에 혈액 순환 장애
- 모발의 내모근초(Inner Root Sheath) 외모근초(Outer Root Sheath)손상
- 모근의 지지력 상실로 세정 시 빗질 시 견인 되어 모발이 탈락

5) 초기의 탈모자 두개피

- 두개피에 높은 온도의 열이 발생한다.
- 모세 혈관이 충혈되어 있다.

3. 혈액 순환 장애

1. 혈액순환장애

1) 혈액성분의 변화로 나타나는 여러 증상

(1) 혈액 기능

- 항체를 만들어내고 우리 몸의 항상성과 면역성을 유지시켜 준다.

(2) 혈액 기능 장애

- 우리 몸의 항체와 항상성을 유지시켜주는 면역성 저하로 나타난다.
- 활성 산소
  - 우리들의 체내에서 일어나는 모든 과정 안에서 가장 기본적이고 가장 중요한 원리가 [산화와 환원]으로 혈액 순환 장애로 시작된다.
  - 산화 물질 (세포, 유전자, DNA)과 산소가 결합하는 것
  - 환원 물질 (세포, 유전자, DNA)과 수소가 결합하는 것
  - 당신의 피부가 산화되면 주름과 기미가 생긴다.
  - 당신의 간장의 세포가 산화되면 간염, 간 경변, 간암이 된다.
  - 당신의 췌장의 세포가 산화되면, 췌장염, 당뇨병, 췌장암이 된다.
  - 당신의 장기나 기관을 구성하고 있는 세포, 유전자, DNA가 산화되면 각각의 기관과 장기의 이상(질병)을 초래한다.
- 세포, 유전자, DNA + 활성 산소 = 세포, 유전자, DNA의 병

(3) 주요증상

- 손발이 저리거나 쥐가 잘 남
- 손발이 시리거나 차다.
- 온몸에 담이 잘 걸림
- 머리가 무겁다.
- 어지러움
- 건망증
- 피부에 멍이 잘 듬
- 근육 또는 피부의 마비

2단계

두개피 소독

■소독제를 바른다.

■샴푸를 바른다.

■ 두개피 맛사지

- 두개피에 순환 작용을 유도하기 위해서 한다.
- 바브레이션맛사지는 두개피 속에 흡착되어 있는 이 물질의 배출기능을 돕는 작용을 한다.

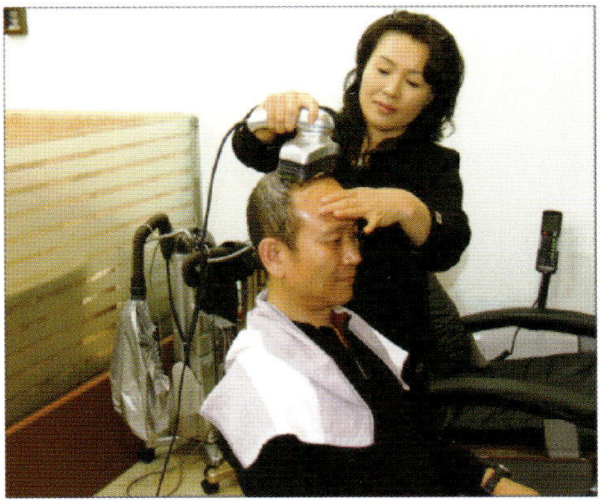

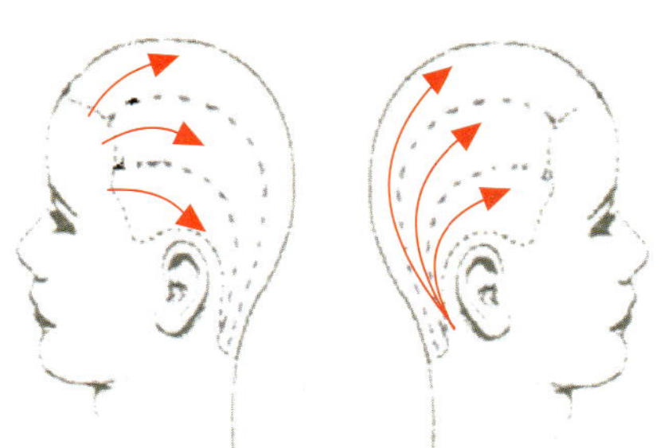

맛사지 순서

■ 수동 · 전동 두개피 맛사지기기 의 특징

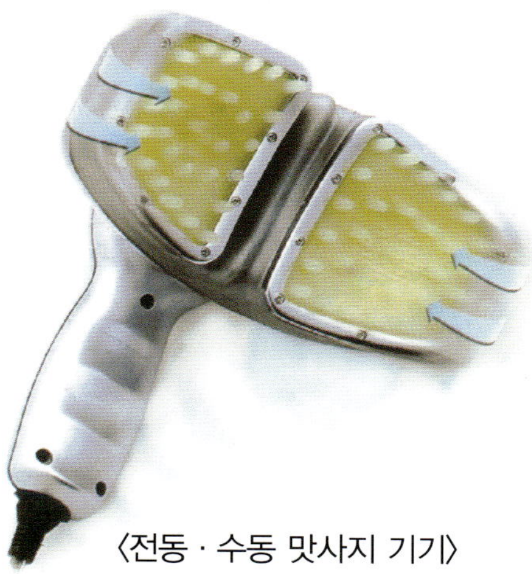

〈전동 · 수동 맛사지 기기〉

① 진동으로 두개피속 진피층까지 움직여 모낭 속의 (노화된 각질 산화된 피지오염된(먼지) 등 각종 이 물질들)을 밖으로 배출 시키는 역할을 한다.

② 돌기 끝이 모공 사이의 불순물을 깨끗하게 제거하고 모공을 열어 혈액순환을 도와 준다.

③ 돌기 끝으로 두드리면 수지침 효과가 있다.

④ 탈모 예방에 도움이 된다.

⑤ 화살표 방향대로 맛사지 한다.

■ 세정

– 물의 온도를 먼저 체크 해야 된다.

– 두개피에 붙어있던 세균, 이물질들을 제거하기 위해 한다.

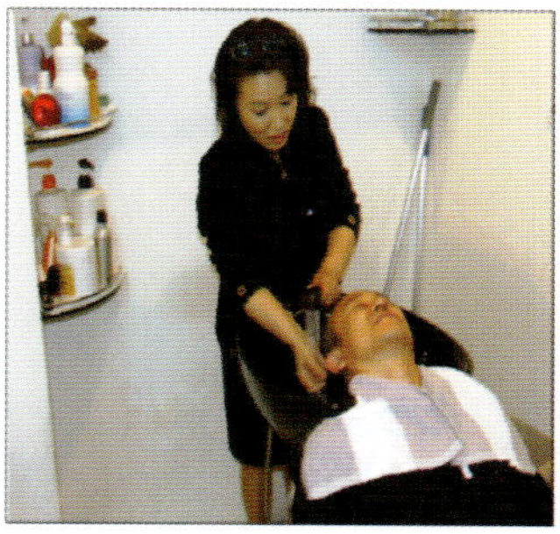

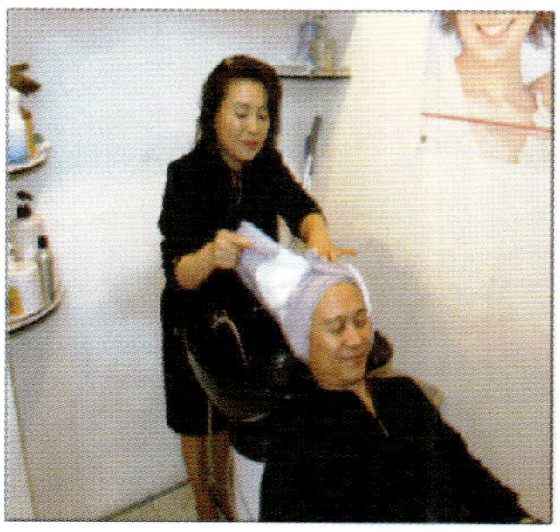

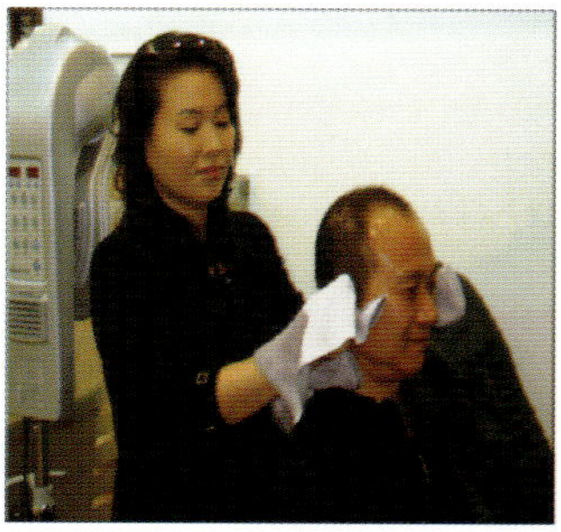

3단계

두개피 이물질 제거

■ 두개피 혈액순환 작용

머드 팩은 두개피에 영양공급과 피지 배출에 도움을 주는 작용을 한다.

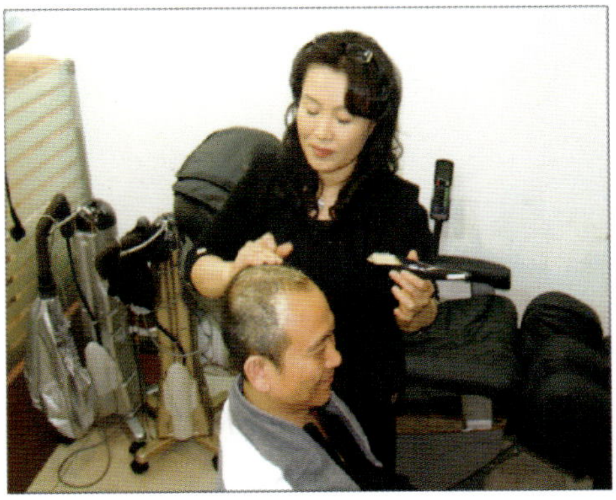

● 전위기

우리의 몸에서도 뇌파와 심전도 같은 생체전기의 존재를 확인 할 수 있으며 그 균형은 자연에서 얻어지는 천계를 받고 유지해 왔다. 생활환경의 급변화로 현대인들의 생활습관병인 혈액 순환 장애,자율 신경 밸런스를 정상적으로 유지 시키므로 현대 질환의 특징인 자율신경실조에 의한 증상들에 효과가 좋으며, 세포의 이온통로를 활성화시켜 신경세포 근육세포 체세포 적혈구등 인체의 모든 세포의 커디션과 기능 향상에 도움을 준다.
혈관 확장, 혈액순환, 노폐물 배출, 혈액 순환 개선.

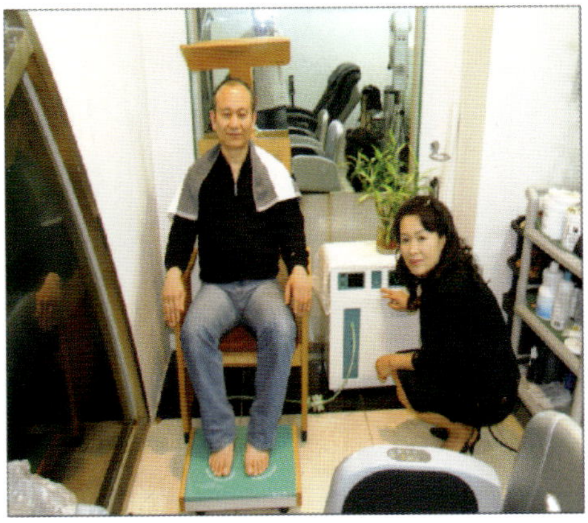

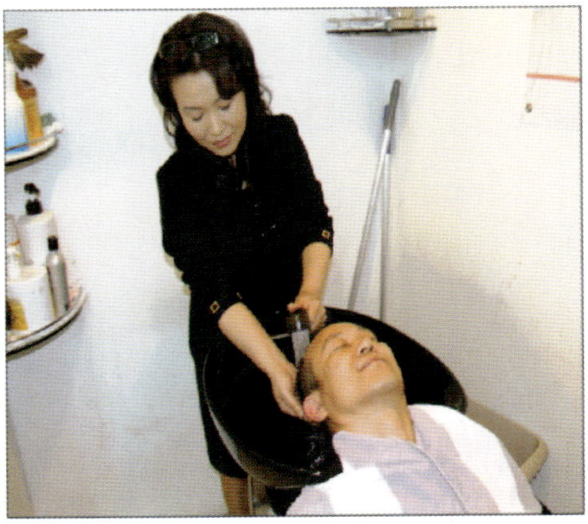

4단계

이물질 제거

■ 제품

- 스크럽팩 + 상황버섯 맛사지 기법으로 바른다.
- 스크럽팩 – 노화된 각질 제거
- 상황버섯 – 노화된 각질 제거 상황버섯의 항산화 작용은 피부재생

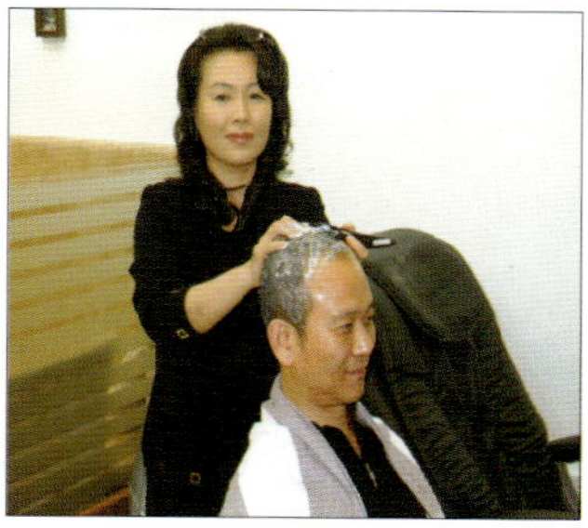
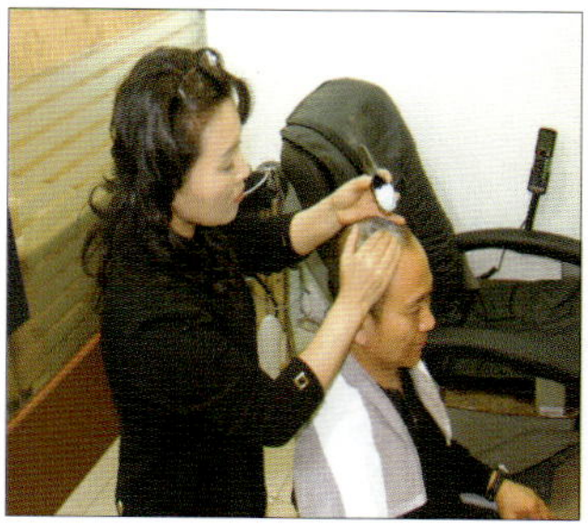
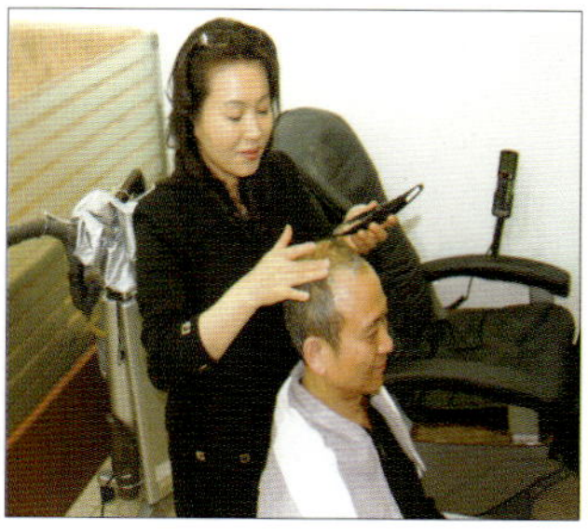

■ 오존 스티머

• 두개피 소독 두개피불림

두개피 안에 서식하는 미생물 중 유해 세균을 살균 하는 목적으로 인체에 해가 없는 오존을 사용 하였다.

①원리

수분공급을 통한 케라틴 단백질의 연화작용을 도와준다.

②효과

두개피 스케일링시 스케일링제품의 흡수와 두개피에 수분을 공급시켜주고 온열 작용을 통한 모공확장과 오존으로 소독을 위해 사용한다.

• 스티머 사용시 주의사항

고객의 두개피 상태에 다른 수분입자 선택
두개피 상태에 따른 관리시간 및 온도 조절

- 예민 – 7～8 M, 38.
- 비듬 – 15 M, 45
- 지성. 건성 – 10 M, 40

모발 및 두개피의 상태와 사용용도를 고려한 스티머 선택

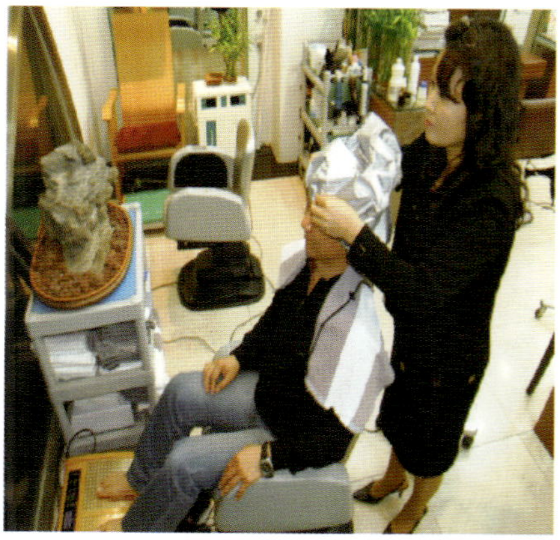

■ 작용

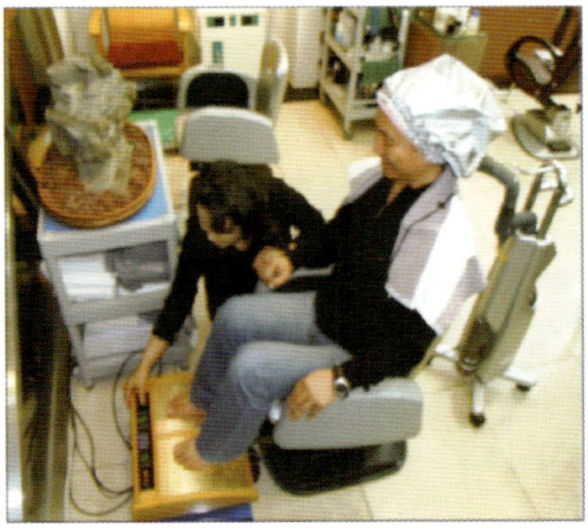

■발 맛사지 ⇒ 혈액 순환

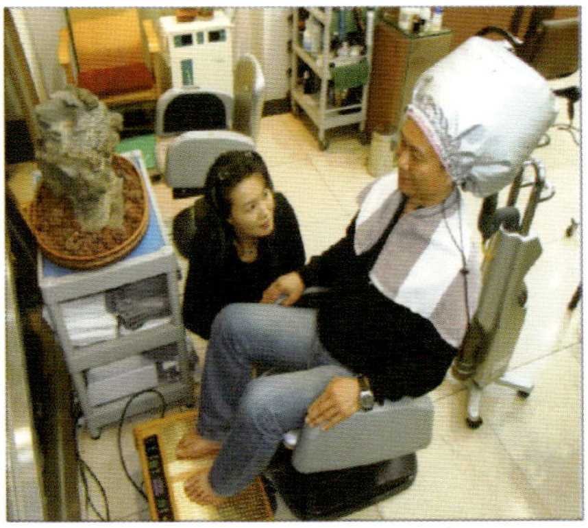

■골반의자 ⇒ 척추 교정

■샴푸 ⇒ 이물질 제거

■수동 맛사지 ⇒ 순환 작용

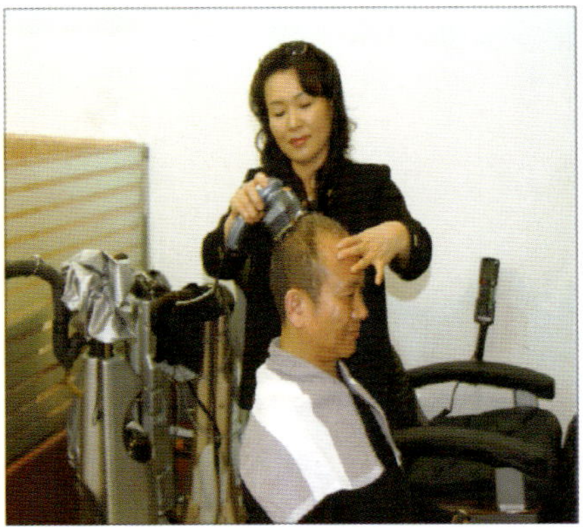

■전동 맛사지 ⇒ 뭉침 완화

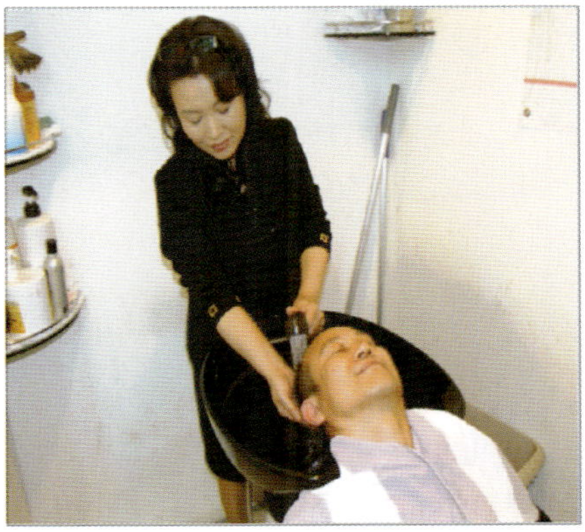

■세정 ⇒ 이물질 제거

5단계

1) 관리 후 이미지 체크

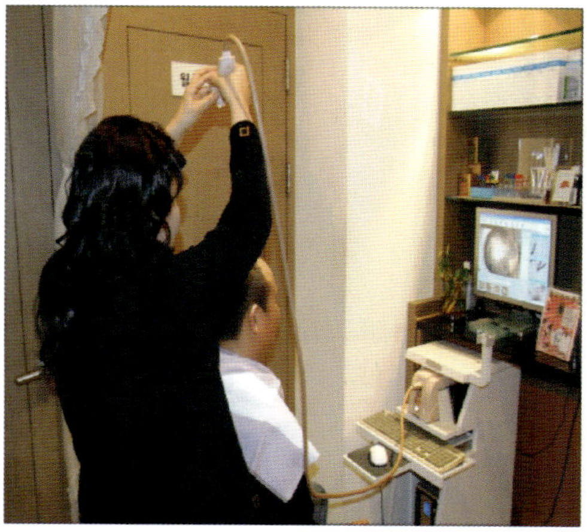

관리 전	관리 후

■기본배율

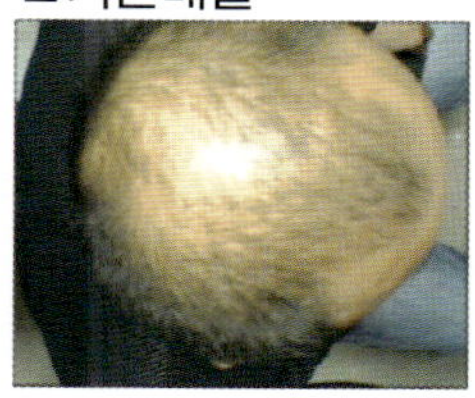

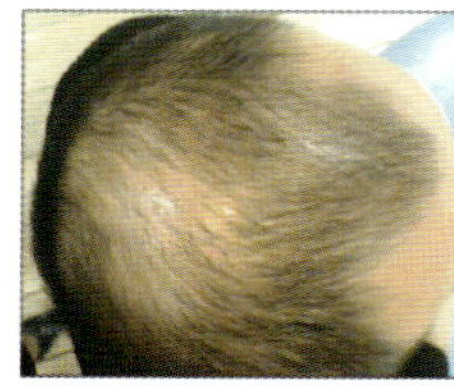

■40배율

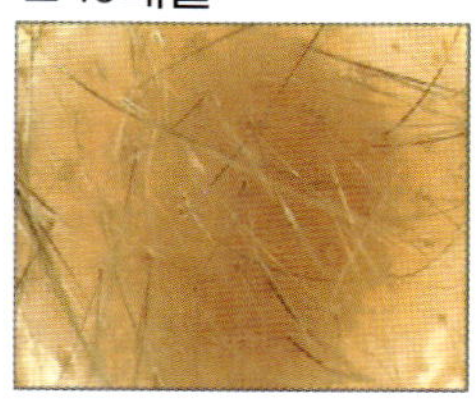

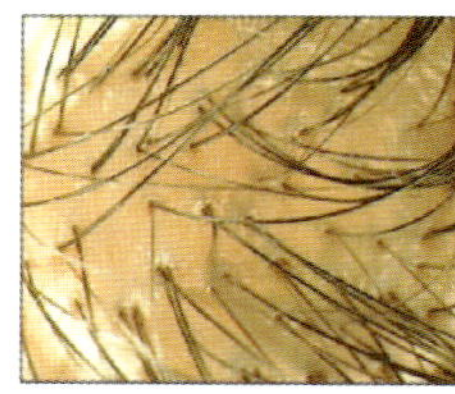

2) 4화면 이미지 분석

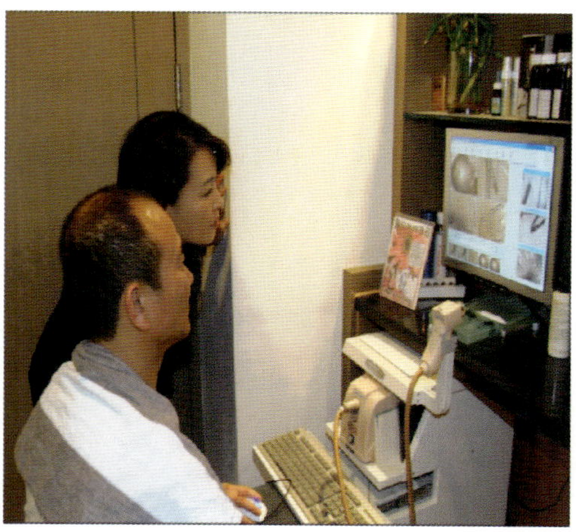

■100배율

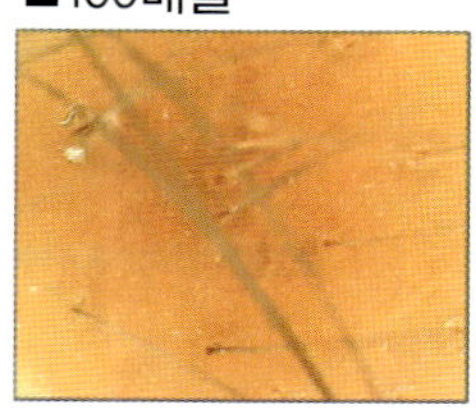

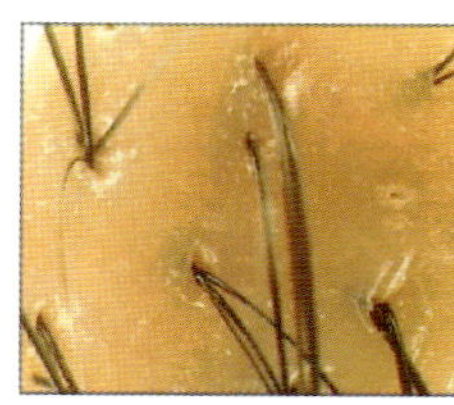

■300배율

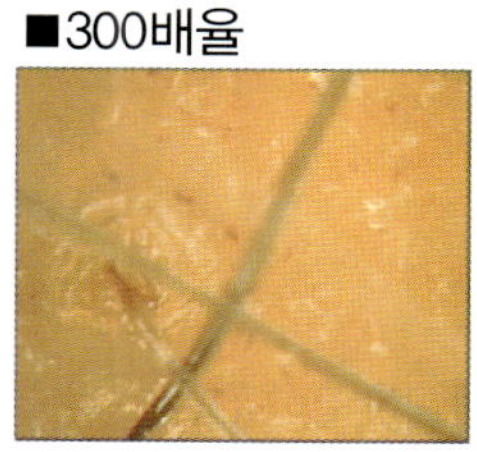

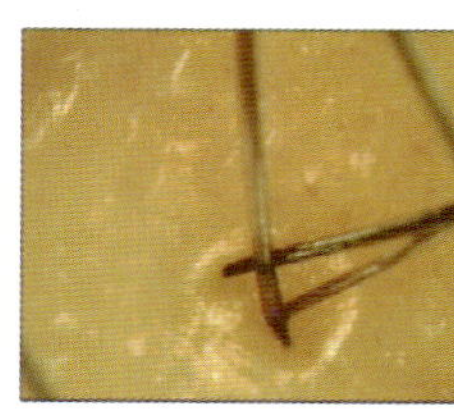

6단계

두개피 영양 공급

● 두개피 유형에 맞는 제품으로 마무리 한다

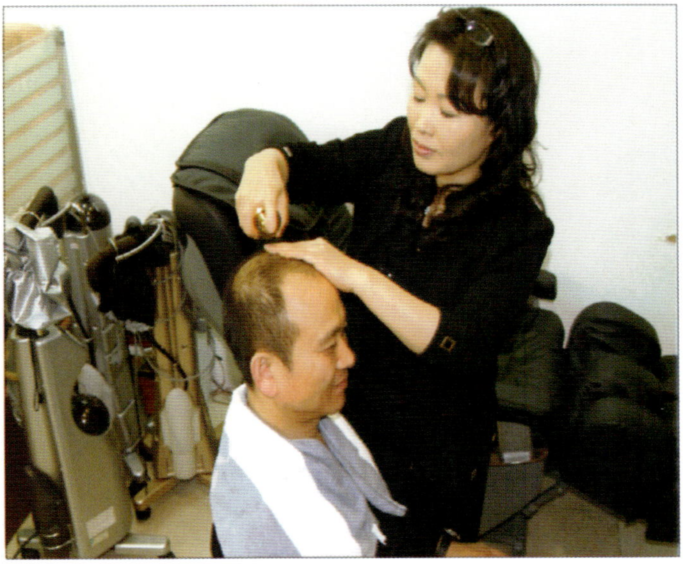

● 산소 – 두개피에 영양의 흡수를 도와준다.

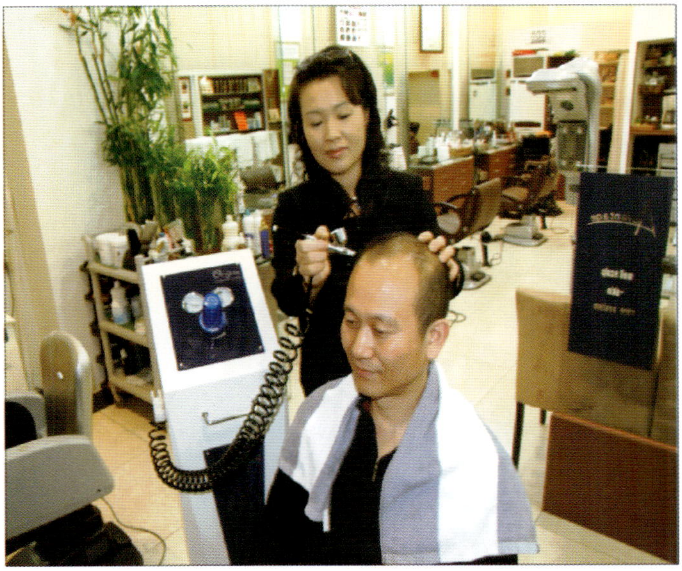

그외 두개피 관리에 사용 된 기구

●현미경 – 모낭충 검사

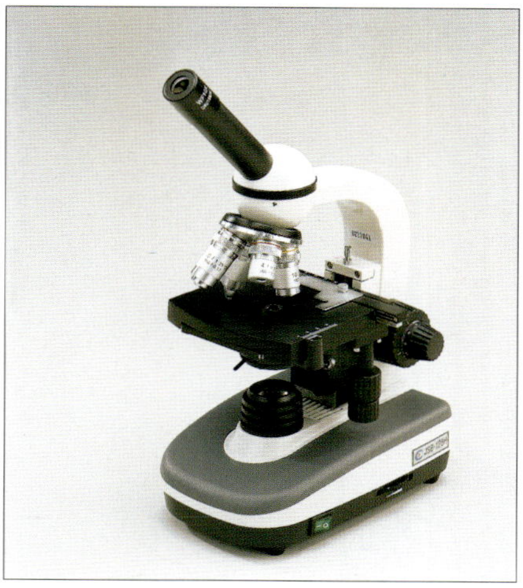

● **헤어 레이저**

레이저 광(650 & 830nm)을 두개피에 조사하여 모발 재생 사이클을 회복시켜주는 기기이다.

① 모낭에 혈액 순환 개선을 촉진(혈액 순환 활성화 유도) 시킨다.
② 두개피 질환 (비듬, 건성, 지루성 피부염,모낭 염)을 치료한다.

● **고주파**

①원리 : 10HMz이상의 교류 전류를 이용한 관리용 기기이다.
②효과 : 두개피 관리시 살균 및 소독을 통해 문제성 두개피의 변화를 예방하며 피부 진정효과와 두개피조직에 강화작용을 통해 영양흡수를 촉진시켜 주는 효과가 있다.

※고주파 사용 시 주의사항

사용목적에 따른 일정시간 유지 후 관리
휘발성 제품 도포 시 일정시간 유지 후 관리
고객의 약물 복용 여부 파악 후 관리

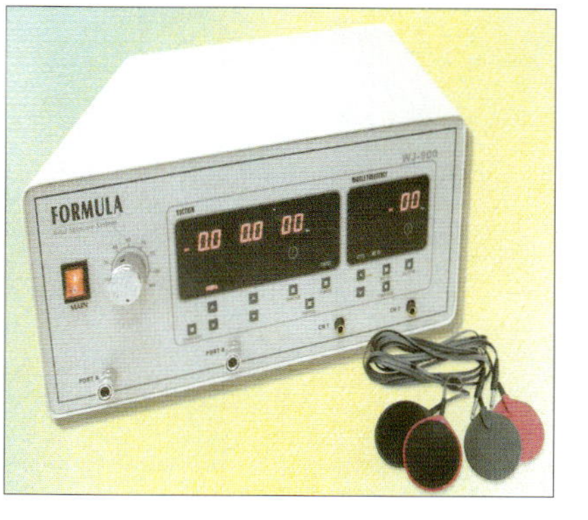

●**석션기**

현대인들의 생활습관병인 혈액 순환 장애, 현대 질환의 특징인 자율신경실조, 신경세포, 근육세포 , 체세포을 활성화시켜 정상적으로 유지 시키므로써 인체의 모든 세포의 커디션과 기능 향상에 도움을 준다.

※ 혈액 순환 개선됨을 느낄 수 있다.

● 초음파의 효과

■ 세정/살균효과

① 1초동안에 28.000회의 초음파 에너지 진동에 의해 세정수가 엷은 안개처럼 되어서 모공속의 피지, 화장 찌꺼기를 순식간에 유화시켜 유도전압으로 Probe의 선단에 끌어들여서 날려보내고 동시에 처리면을 살균한다. 그 때문에 여드름 같은 것도 단시간에 개선된다.

② Lifting효과
초음파 에너지 진동과 뼈나 근육에 대한 초음파 온열 효과에 의해 피부의 근육섬유가 활성화되어 주름, 처짐을 해소 시킨다.

③ 멜라닌 분해효과

④ 기미의 원인 멜라닌 색소를 활성화 시키는 티로시나제 효소의 고리를 유도 전압으로 제거하여 분해된 멜라닌 색소를 노폐물로 배출시킨다.

● 초음파의 사용범위

■ 세균에 의한 감염

① 딥 클렌징 – 피지의 과잉 분비에 대응한 모공 폐쇄 및 노폐물 제거

② 각질 필링 – 거칠고 딱딱한 피부 각질 부위를 초음파 특유의 진동에 의해 노화 각질을 개선하여 투명하고 건강한 피부로 소생시킨다.

③ 기미 및 색소 제거 – 멜라닌 소체의 생성을 억제함으로써 색소침착을 방지한다.

④ 피부염증 – 주파수에 의한 흡수 계수의 차이를 이용하여 염증 부위를 선별적으로 사멸시키는 효과와 함께 강력한 혈액순환 작용에 의해 면역학적 인자를 증가시켜 준다.

⑤ 셀룰라이트 관리 – SKIN SCRAIBER의 펄스모드는 초음파를 방출하여 지방세포가 파괴적인 상황이 되도록 이완을 시킴으로써 지방세포가 자체 분해 되도록 한다.

● 메조 건 (메조 테라피)

메조건을 이용 두개피 내에 영양 침투를 시켜 탈모에 효과적인 관리를 하기위한 기기이다.

① 5@ – REDUCTASE 억제하며 염증을 완화하여 탈모와 여드름에 효과적으로 사용된다.

② 태반 추출물 : 아미노산, 비타민, 각종 활성 펩타이드, 미네랄, 효소, 핵산, 성장인자 (EGF, FGF) 등이 모발 형성에 도움을 준다.

두개피 관리의 허와 실

우리나라의 탈모인구 23세 이상 성인 남·여 중 350만명!!

그 동안 근거 중심 실무에 기초한 지식을 갖춘 전문인과 실제 임상사례에 근거한 전문 자료 부족으로 경영에 어려움 있었다. 두개피 관리는 여러분들이 체계적인 지식 습득을 통해 탈모진행과정 즉 체의 이상과 습관에서부터 시작 되는 신체적, 정신적, 생활 식습관, 질병,을 이해 하는 것부터 시작된다. 탈모는 가발 ⇒ 발모제 ⇒ 병원(이식-식모술) ⇒ 두개피 관리로 변화되어 왔다.

현재 두개피 관리 실정

병원

모발이식 약 (바르는 약, 복용 약, 주사), 메조테라피등 약물을 사용한 탈모 치료가 주종을 이루고 있다.

모발이식이식술

두개피의 피하지방층 상부까지 잘라내 모근(毛根)을 한 올씩 분리한 후
특수 바늘(Choi needle)로 탈모 부위에 한 올씩 심는 단일모 이식수술

탈모반(화상, 사고)

탈모반 두개피를 절제하고 정상부위의 두개피판을 가져다 심는 방법이 있다.
펀치(Punch) 모발이식술 두개피에 요철부위가 있음.
모발이식술의 생착률은 70~90%정도.
이식한 모발의 70%정도는 탈락되고 약3개월 이후에 새로운 모발이 자란다

바르는 약

미녹 시딜, 로게인은 고혈압 치료제로 개발됐는데, 투약시 털이 나는 부작용을 발견,
발모제로 전용된 경우다.

먹는 약

프로페시아/프로스카라는 전립선 비대증에 전립선의 크기를 줄이는 용도로 개발됐지만,
부작용으로 모발성장을 를 촉진하는 작용을 발견해 발모제로 개발 됐다.

주사

모근을 강화해주는 약물을 두개피에 주사하는 '메조 치료법'이 있다.
의료기기를 사용 한다.

부작용

후두부 두상에 흉터가 남는다.
약의 사용이 중단되면 탈모가 바로 진행되는 부작용을 가지고 있다.

한의원

한약, 침 요법

한방에서는
사상체질 구별, 음 양 구별, 기와 혈의 균형을 맞춰주는 것에 초점을 맞춰
한약 조제와 침 요법, 근래에 의료기기와 두피전문점의 기능성 제품으로 병행한다.

두개피 관리점

두개피 관리를 통해 탈모를 예방하는 코스메틱(Cosmetic) 업체들이 브랜드화 시켜
직영점 또는 가맹점들이 운영되고 있다.

두개피 전문 관리점

전문적인 지식을 습득한 전문관리사들이 상담을 통해

기능성 제품, 영양 식품, 혈행 순환장애(두개피흡착 두개피경화) 생활 식·습관개선,
두개피 관리(두개피 맛사지)를 병행 하고 있다.

두피관리

전문적인 지식을 습득한 전문관리사들과 상담을 통해 필요한 관리를 받아야 된다.

기능성 제품

1. 기능성 제품이 모든 탈모에 적용되는 것은 아니다.
2. 상담을 통해 문제와 원인을 정확하게 파악하고 용도에 맞는 기능성 제품을 사용해야 된다.

헤어샵

헤드 스파 (샴푸+아로마+모발 영양)
두개피 스케링(제품위주로 한다)

가발전문점

예전

접착제 사용 불편

현재

0.03mm초 극세망으로 일상 생활과 운동에 불편이 없으며 다양한 스타일을
마음대로 연출할 수 있을 정도까지 발전했다.

탈모란

우리들의 신체적, 정신적, 생활 · 식습관, 질병, 등 건강상태 변화를 육안으로 체크할 수 있는
중요한 "건강지표"의 하다.

여러분의 성공…

이향욱

참고 문헌

《미용 해부 생리학》, 광문각, 2004
《인체 생리학》, 광문각, 2001
《해부 생리학》, 고문사, 2001
《알기 쉬운 해부 생리》, 정담미디어, 2006
인체의 신비, 2005
대한피부과학회 교과서 편찬위원회
《피부과학》, 여문각, 2001
두피 이미지 자료 로쉬 탈모 예방 관리실
피부 이미지 자료, 나노팜(주)
헤어 어드벤티지

임상 헤어 두피 관리

2012년 7월 23일 1판 1쇄 인쇄
2012년 7월 27일 1판 1쇄 발행

저 자 : 이향욱 · 유미금 · 김정숙 · 정미경 · 김정남
발 행 : 박정태

펴낸곳 : **광 문 각**

413-756
경기도 파주시 문발동 파주출판문화도시
500-8번지 광문각빌딩 4층
등 록: 1991. 5. 31 제12-484호
전화(代): 031)955-8787
팩 스: 031)955-3730
E-mail: kwangmk@unitel.co.kr
홈페이지: www.kwangmoonkag.co.kr

ISBN: 978-89-7093-694-9 93590

정가: 40,000원